RANQI-ZHENGQI LIANHE XUNHUAN JIZU
SHEBEI GUZHANG DIANXING ANLI HUIBIAN

燃气－蒸汽联合循环机组设备故障典型案例汇编

中国华电集团有限公司天津分公司 编

中国电力出版社
CHINA ELECTRIC POWER PRESS

内 容 提 要

为便于燃气－蒸汽联合循环发电企业人员学习、了解和吸取近年来燃气－蒸汽联合循环机组设备故障案例经验教训，有针对性地制订和落实防范措施，避免同类事件的重复发生，中国华电集团有限公司天津分公司以华电系统内外部分重型、航改型燃气轮机电厂设备故障案例为素材，从事件经过、原因分析和防范措施三个方面入手，整理汇编本书。

本书共收编典型案例175例，案例涉及燃气轮机系统、汽轮机系统、余热锅炉系统、发电机及电气系统、天然气及增压机系统、热工控制系统、公用系统等各个方面。

本书可供燃气－蒸汽联合循环发电企业技术管理人员、生产相关人员阅读使用，同时也可作为相关企业基建工程管理人员、项目前期管理人员的参考用书。

图书在版编目（CIP）数据

燃气－蒸汽联合循环机组设备故障典型案例汇编／中国华电集团有限公司天津分公司编．—北京：中国电力出版社，2019.8

ISBN 978-7-5198-3457-9

Ⅰ. ①燃… Ⅱ. ①中… Ⅲ. ①燃气–蒸汽联合循环发电–发电机组–设备故障–案例–汇编 Ⅳ. ①TM611.31

中国版本图书馆CIP数据核字（2019）第160254号

出版发行：中国电力出版社
地　　址：北京市东城区北京站西街19号（邮政编码100005）
网　　址：http://www.cepp.sgcc.com.cn
责任编辑：刘汝青（010-63412382）董艳荣
责任校对：黄　蓓　马　宁
装帧设计：赵姗姗
责任印制：吴　迪

印　　刷：三河市万龙印装有限公司
版　　次：2019年8月第一版
印　　次：2019年8月北京第一次印刷
开　　本：787毫米×1092毫米　16开本
印　　张：14.75
字　　数：311千字
印　　数：0001—2000册
定　　价：68.00元

编 委 会

前 言

天然气发电作为优质、高效的清洁能源，对于改善能源结构、保护环境、提高能源利用效率具有重要作用。随着国家相关政策的推动，以及燃气发电在环保、调峰等方面的优势，截至 2018 年底，中国华电集团有限公司燃气发电装机容量为 1509 万 kW，在集团装机中占比 10.2%；全国燃气发电装机容量共计 8330 万 kW，在全国装机中占比 4.38%。根据中国天然气发展“十三五”规划，到 2020 年国内天然气发电装机规模将达到 1.1 亿 kW 以上，占发电总装机比例超过 5%；一次能源消费结构中，天然气消费总量将达到 10%，对国家能源结构调整将起到积极促进作用。

为便于燃气–蒸汽联合循环发电企业各级人员深入、全面和系统地学习掌握近年来发生的设备故障案例，吸取教训，举一反三，并利于新建项目生产基建一体化管理，有效防范同类事件的发生，中国华电集团有限公司天津分公司组织收编了近年来华电系统内外燃气–蒸汽联合循环机组发生的一些典型案例，并汇编成书。本书共收编案例 175 例，涉及燃气轮机系统、汽轮机系统、余热锅炉系统、发电机及电气系统、天然气及增压机系统、热工控制系统、公用系统等各个方面。

本书由中国华电集团有限公司天津分公司安全生产部陈自雨担任主编，第一篇（一）部分由陈自雨、冯红亮、宋腾飞编写，第一篇（二）部分由孙国斌、刘辉编写，第一篇（三）部分由付饶、李晓军编写，第二、三篇由陈自雨编写，第四～七篇由王东振编写，全书由王东振、宋腾飞统稿。本书由中国华电集团有限公司谢云、饶庆平、田亚、王兴合、吴立增、闵聿华审查，并提出了相关修改意见。同时，在收集资料、编撰过程中，得到了华电系统内外同类型兄弟电厂的大力支持和帮助，在此一并表示感谢。

限于编者水平，疏漏与不足之处在所难免，恳请读者不吝赐教，以便再版时更正。

编 者

2019 年 7 月

目 录

第一篇　燃气轮机系统

（一）9F 燃气轮机

案例 1　88TK 风机电动机轴承过热烧损

一、事件经过

2015 年 1 月 3 日 09:45，某电厂 1 号燃气轮机正常运行，总负荷为 220MW 左右。1 号燃气轮机 1 号 88TK 风机运行中跳闸，风机运行电流从 215A 降至 0A。2 号燃气轮机联启正常。机组负荷维持正常。

对 1 号 88TK 风机电动机进行检查试验，绝缘试验正常，直阻试验三相电阻偏差大 2%以上，相间无绝缘，判断电动机绕组损坏。并对电动机进行解体检查，发现电动机驱动端轴承外机械密封小盖脱落，轴承过热损坏，非驱动端轴承油脂由蓝色已变黑，手动盘车转动有死点。对电动机进行解体发现，电动机驱动端静子绕组有异物，线圈匝间有短路现象。2015 年 1 月 4 日 22:55，更换国产替代备件，电动机联锁试运正常。

设备型号如下：

（1）原设备型号：M3BP 315 MLB2　IMV15/IM2011。原设备相关信息见表 1－1。

表 1－1　原设备相关信息

设备名称	容量	额定电压	额定电流	制造厂
燃气轮机扩压段罩冷却风机电动机 88TK	160kW	380V	271A	ABB 公司

（2）现设备型号：Y2－315L1－2　B35。现设备相关信息见表 1－2。

表 1－2　现设备相关信息

设备名称	容量	额定电压	额定电流	制造厂
燃气轮机扩压段罩冷却风机电动机 88TK	160kW	380V	279A	天津大明电机股份有限公司

二、原因分析

（1）在 2014 年 9 月 10 日—10 月 17 日机组检修中对电动机轴承进行补油，由于新投产安装设备，叶轮直接连在电动机轴头，所以在检修时没有拆开风机端盖进行检查，直接对电动机轴承进行加油处理。事故后对风机及电动机进行解体检查发现外驱动端外机械密封小盖脱落（见图 1-1），轴承油脂流出，造成轴承过热损坏（见图 1-2），轴承支架破碎的杂物等进入电动机静子绕组端部，造成绕组绝缘损坏（见图 1-3），风机跳闸。

图 1-1　外驱动端外机械密封小盖脱落

图 1-2　电动机轴承过热损坏

图 1-3　电动机绕组损坏

（2）经过对 2 号燃气轮机 88TK 风机停备检查结果进行分析，1 号燃气轮机 88TK 风机轴封脱落的原因是轴承过热，造成轴封热套紧力消失，脱落。

（3）轴承质量差。

三、防范措施

（1）通过此事，举一反三，对各机组风机电动机加强巡视检查，每周 1 次定期对电动机轴承温度进行监视、分析。

（2）根据风机运行情况，定期对风机电动机进行补油。

（3）根据现场噪声实际情况，拆除电动机降噪装置，便于对电动机轴承进行检查，加强点检数据采集分析。

（4）核对电动机安装方式，选用更好的立卧两用电动机。

（5）采用国产电动机替代进口电动机，缩短采购周期或提早准备好优质的进口备用电动机。

（6）采用进口 SKF 轴承。

案例2 88TK风机未启动导致机组并网后跳机

一、事件经过

2015年4月7日，某电厂按调度指令进行机组启动操作。08:52，燃气轮机定速3000r/min后，运行人员按照操作票，手动进行油泵及风机切换试验，发现燃气轮机排气框架冷却风机88TK未自动启动，汇报机务专工。

副值班员口头通知热工检修人员，并通知巡检人员现场检查88TK风机断路器位置，经确认断路器状态正常，无报警。

08:56，机组运行参数正常，无异常报警，运行人员在不知道88TK未启动会造成机组甩负荷的情况下执行燃气轮发电机组并网命令。

08:58，燃气轮发电机组并网成功，带初始负荷20MW。

09:00:18，燃气轮机报“EXH FRAME & #2 BRGCOOLING TRBLE－UNLD”（排气框架2号轴承冷却故障）及SOE信息“Indication runback[PDIO－93 relay07]”，燃气轮机自动降负荷。燃气轮机画面排气框架冷却风机1号88TK风机仍未自动启动。运行人员手动将风机切至“#2lead”（2号风机），2号88TK风机也未启动。

09:01:45，燃气轮机报“52G TRIP”（52G断路器跳闸）、“52L BREAKER TRIP”（52L断路器跳闸）、“GENERATOR BREAKER TRIP”（发电机断路器跳闸）、“GENERATOR BREAKER TRIP REVERSE POWER”（发电机逆功率保护跳闸）、燃气轮发电机出口断路器52G断开。燃气轮机转速维持3000r/min。

09:02:48，运行人员手动将风机切至“#1lead”（1号风机），1号88TK风机未启动。

09:03:49，盘前及就地无操作，1号88TK风机自动启动。

09:05左右，电气专工就地启动2号88TK风机，风机正常启动。

09:23左右，运行人员手动点击画面“#2lead”（2号风机），1号88TK风机停运。

二、原因分析

燃气轮发电机组并网情况下，88TK两台风机均未启动，联锁保护燃气轮机降负荷全速空载。空载状态下控制系统调整不好，引起燃气轮机控制系统逆功率保护动作（非电气逆功率），发电机出口断路器跳开。

三、防范措施

（1）并网等重大操作前发现设备运行不正常，应待相关检修人员确认或处理后再进行下一步操作，不能急于进行并网等重大操作。

（2）需要尽快下发正式完整版联锁保护清单，运行部门定期进行培训学习。在未下发清单前，运行人员根据GE公司培训资料相关内容，对可能存在的燃气轮机RB及自动停机等条件进行学习。

（3）根据联锁保护清单，燃气轮机所有辅机在操作画面上均无启停操作权限，关键时候无法手动启停，组织讨论，对不合理的逻辑进行修改。

（4）根据联锁保护清单重新制定启机前重要设备试转清单，以便提前发现设备隐患。

（5）启机前 12h 进行燃气轮机试点火。

案例 3　88TK 风机电动机日常维护不到位导致机组停机

一、事件经过

2010 年 1 月 23 日，某厂机组“二拖一”运行，AGC（自动发电控制系统）投入，总负荷为 650MW；1、2 号燃气轮发电机组负荷均为 230MW，汽轮发电机组负荷为 190MW，供热量为 1200GJ/h。

14:00，监盘人员发现 1 号燃气轮机 MARKⅥ界面发报警（排气框架风机风压低），“EXH FRAME OR #2 BRG COOLING TRBL－UNLOAD（排气框架或 2 号轴承区冷却风机故障）”，立即派人至就地检查该风机并点击 MARKⅥ界面“#2 lead”（2 号风机）和主复位按钮，该风机仍无法启动。

14:01，1 号燃气轮发电机组开始自动减负荷，运行人员手动退出 AGC，降低热网负荷，机组维持低负荷运行；15:06，负荷下降至 3MW，调度通知停机；15:09，1 号燃气轮机停机。

二、原因分析

检查发现 1 号燃气轮机 88TK 2 号风机电动机停运，断路器就地报“接地保护”动作。将电动机本体动力电缆接线拆开后，测量电动机本体绝缘，三相对地为 0.1MΩ，手动盘电动机风扇可以盘动。拆出风机后，风机叶轮本体扇叶端部有不规则坑状损坏，电动机本体驱动端轴承小盖及挡油环明显过热且有缺损。

将风机叶轮拆下后发现电动机本体驱动端轴承小盖及挡油环处明显缺损（见图 1－4），将挡油环及甩油环拆下后，发现轴承保持架粉碎（见图 1－5），滚珠过热变形，轴承外环与电动机大盖之间有摩擦，轴承内挡油环与转子轴明显摩擦，转子轴被内挡油环啃出环状沟道（见图 1－6）。电动机非驱动端未见任何异常。将转子抽出发现定子端部有短路放电、绕组过热痕迹，定子铁芯有轻微扫膛现象（见图 1－7），电动机非驱动端定子端部未见任何异常。

图 1－4　轴承小盖及挡油环处明显缺损

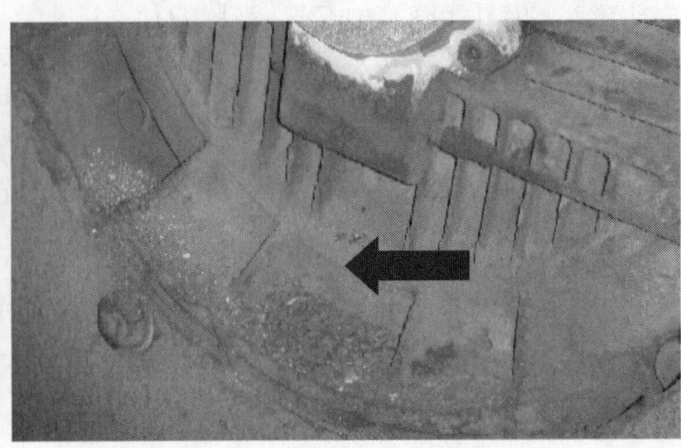
图 1－5　轴承保持架粉碎

图 1-6 转子轴被内挡油环啃出环状沟道

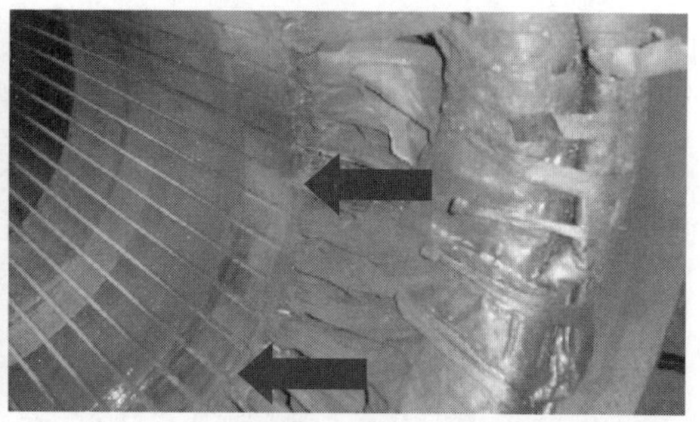

图 1-7 定子端部有短路放电、绕组过热痕迹，定子铁芯有轻微扫膛现象

从故障现象看，电动机驱动端轴承因长期处于高温下工作，导致轴承油脂乳化后流失，轴承处于干涩状态下运行；因摩擦逐渐导致轴承区域明显过热而引发定子端部区域过热，绝缘老化，最终定子绕组匝间短路，产生高温烧损。缺润滑脂是本次故障的直接原因。

三、防范措施

（1）加强设备缺陷管理，对失去备用的运行设备制定防范措施，加强检查，同时尽快修复被用设备，保证设备安全、稳定运行。

（2）改造 88TK 2 号风机电动机，将加油孔、排油孔引至电动机外侧，加装轴承测温元件，上传到集控室监视。

（3）对同类型和同安装形式的电动机进行全面排查，确认设备健康水平，对不能满足运行要求的电动机进行改造。

（4）利用小修时间对所有同类电动机进行解体检查，更换轴承，补充油脂。

（5）对同类型设备，做好备品备件工作，定期进行更换检修。

（6）加强设备管理，认真点检，及时消除缺陷，使备用设备处于良好备用状态。

案例 4 88BN 风机风压低导致机组解列

一、事件经过

2014 年 8 月 11 日，某电厂 1、2、3 号机“二拖一”运行，总出力为 450MW；2 号燃气轮机负荷为 130MW，轴承冷却风机 2 号 88BN 风机运行，1 号 88BN 风机备用。

09:13，2 号燃气轮机 2 号 88BN 风机发风压低报警信号后跳闸，1 号 88BN 风机自投后仍发风压低信号，燃气轮机自动减负荷至 0MW 后，09:16 解列。经检查发现，2 号燃气轮机 88BN 风机入口滤网堵塞，导致风压低。进行清理后，10:17 具备启动条件，13:45 按调度令，2 号燃气轮发电机组转停备。

二、原因分析

（1）风机入口风道滤网堵塞。经现场检查、清理滤网发现，滤网只有轻微灰尘（此滤网曾在7月24号清理）。调取2瓦区域温度历史曲线发现，在风机自动倒换之前的温度趋势平缓，基本没有变化，说明风机进风量能够满足要求，2瓦区域冷却效果很好。88BN两台风机共用一个进风道和一套滤网，设计不合理，两台风机不能起到互为备用作用。

（2）出口压力开关故障。压力开关过于灵敏也可能导致前面的结果，经调研同类型电厂，将压力开关改为压力变送器，可及时根据压差变化清理滤网。

三、防范措施

（1）定期清理风机滤网，一周清理一次或根据季节变化进行调整，完善并形成定期工作制度。

（2）定期对压力开关进行校对。

（3）定期对压力表管进行疏通、清理。

（4）压力开关更换为压力变送器，及时监视压差变化。

案例5 叶片通道温差大导致自动停机

一、事件经过

2006年8月3日，某厂1号燃气轮发电机组按中调令于08:12启动，08:24点火，08:45并网；08:49负荷升至50MW时7号叶片通道温度与平均值偏差达到26.44℃，超过设计值25℃，时间超过30s，触发“BPT温度（叶片通道温度）偏差大”，机组自动停机。

二、原因分析

（1）2005年11月，调试期间曾出现7号叶片通道温度高现象，报警值由20℃调到23℃，自动停机值、跳闸值未做改动。其他叶片通道温度报警值维持20℃不变。

（2）由于日方技术人员在对BPT温差定值进行调整时，考虑不周，设定值偏低（自动停机BPT温差定值实际是25℃，定值最高可小于40℃），导致自动停机。

三、防范措施

（1）在控制系统中，修改燃气轮机负荷35～65MW阶段1～20号BPT温差定值，尤其7号BPT在启动期间报警由原来的23℃提高到30℃，自动停机由原来的25℃提高到33℃，跳闸由原来的30℃提高到35℃。

（2）其他19个BPT温差定值，在燃气轮机负荷35～65MW启动期间报警由原来的20℃提高到25℃，自动停机由原来的25℃提高到30℃，跳闸保持原来的35℃。

案例6 空气过滤器压差大引发燃烧器压力波动大停机

一、事件经过

2010年3月14日，某电厂1号燃气轮发电机组带供热运行，负荷为365MW。

09:56:57，由于雨雪天气，1 号燃气轮机压气机入口空气滤网差压增大；10:08:07，发出“19 号燃烧器 HH2 频段压力波动越限”报警；10:08:11，发出“3、18 号燃烧器 HH2 频段加速度越限”报警；10:08:12，发出“燃烧器压力波动大降负荷”信号；10:08:13，又发出“1、2 号燃烧器 HH2 频段压力波动越限”报警。

10:08:14，因燃烧器压力波动大跳闸保护动作，停机。

二、原因分析

（1）根据三菱公司设计，其燃烧器是通过调整燃料流量和空气流量来控制燃烧状态的。其中扩散燃烧（值班喷嘴）与预混合燃烧（主喷嘴）的燃料比通过值班燃料控制信号（PLCSO）进行控制；进入燃烧器的空气量通过燃烧器旁路阀（BYCSO）进行控制。为了抑制燃烧振动增加，保持燃烧器最佳连续运行状态，三菱公司设计了燃烧振动自动调整系统，由自动调整系统（A－CPFM）和燃烧振动检测传感器组成。燃烧振动检测传感器共 24 个，包括安装于 1～20 号燃烧器的压力波动检测传感器和分别安装于 3、8、13、18 号燃烧器的加速度检测传感器。自动调整系统（A－CPFM）根据燃烧振动检测数据和燃气轮机运行参数，对燃烧器稳定运行区域进行分析，并根据分析结果自动对 PLCSO 和 BYCSO 进行修正，从而实现燃烧调整优化。

（2）1 号燃气轮机控制系统对燃烧器压力波动传感器和加速度传感器检测数据分为 9 个不同的频段进行分析，分别为 LOW（15～40Hz）、MID（55～95Hz）、H1（95～170Hz）、H2（170～290Hz）、H3（290～500Hz）、HH1（500～2000Hz）、HH2（2000～2800Hz）、HH3（2800～3800Hz）、HH4（4000～4750Hz）。在不同频段针对燃烧器压力波动传感器和加速度传感器，分别设置了调整、预报警、降负荷、跳闸限值，其中，调整功能由 A－CPFM 系统完成；预报警、降负荷、跳闸功能由燃气轮机控制系统实现。当 24 个传感器中任意 2 个检测数值超过降负荷限值时，触发燃气轮机降负荷；当 24 个传感器中任意 2 个检测数值超过跳闸限值时，燃烧器压力波动大跳闸保护动作。此次燃气轮机跳闸即是由于 1、2、19 号压力波动传感器 HH2 频段检测数值均超过跳闸限值引起。

（3）根据三菱公司对燃气轮机跳闸前后运行数据进行分析，在燃烧器压力波动 HH2 频段数值出现越限报警时，H1 频段数值也出现异常升高。此外，由于该天降雪天气的影响，压气机入口空气滤网差压在原有基础上出现异常增大，最高达到 1.6kPa。压气机入口空气滤网差压增大，进入燃气轮机的空气流量减少，燃气轮机运行区域非常接近燃烧器压力波动 H1 和 HH2 频段越限报警区域。该台燃气轮发电机组日计划出力曲线于 10:00 从 360MW 升到 370MW，由 AGC 自动控制。燃气轮机负荷上升燃料阀打开，此时要求进口空气量同时增大，以满足合适的燃空比；但由于压气机入口空气滤网差压大致使进入燃气轮机的空气流量减少，造成燃烧不稳定，引起燃烧振动。燃烧振动出现后燃气轮机控制系统 ACPFM（燃烧自动调整系统）已动作并进行调整。当振动值达到报警值时 RUNBACK（自动减负荷）功能也启动，但是由于振动值升高太快，在调节系统发挥作用前，燃烧振动达到跳机值，导致燃气轮机因燃烧器压力波动越限而跳闸。

（4）空气滤芯为纸质材料，纸纤维遇潮膨胀使得空气过滤器差压升高。遇雨雪天气（尤其是小雨、小雪），空气湿度大时空气过滤器差压升高；雨雪停止，空气湿度降低，差压会快速下降。

入口空气过滤器滤芯于2009年10月更换，进入冬季供热后机组长周期高负荷运行，空气过滤器差压上升较快。冬季大雾及雨雪天气较多，纸质空气滤芯处于恶劣运行工况下。

三、防范措施

（1）机组跳闸后，立即启动两台启动炉，一方面向热网系统供蒸汽，使热网系统能够低温运行；另一方面为汽轮机提供轴封蒸汽，维持凝汽器真空，为燃气轮机的随时启动做准备。

（2）将运行数据发送到三菱公司总部进行数据分析。3月15日04:00，日方提供初步分析结果，确认燃气轮机本体及燃烧器正常，机组跳闸原因为空气过滤器差压大，涨负荷时空气量不足造成燃烧不稳，出现燃烧振动。

（3）针对供热季机组连续高负荷运行，机组空气滤芯差压升高现象，开展了以下几个方面的工作：

1）多次进行在线人工清理，清理后增加一层包面，减少灰尘进入空气滤芯。

2）连续投入反吹系统，减少灰尘在滤芯上的积累。

3）在空气进气口外侧搭设防雨雪棚，减少进入空气过滤器的雨雪量。

（4）在压气机空气入口原有单级滤网基础上，增加粗滤，以减小恶劣天气情况下对滤网差压的影响。

（5）重新进行燃烧调整。由于机组跳闸时（机组在高负荷工况），机组的自动燃烧控制系统已进行调节，调节参数已改变，所以机组启动后需在高负荷段进行燃烧调整，重新对调节参数进行确认、优化，以保证燃烧稳定。三菱公司的燃烧调整专家16日到达，3月17日开始进行燃烧调整，3月17日16:30完成燃烧调整工作。

（6）对于雨雪天气情况下空气过滤器差压升高，而且不能在线更换滤芯，影响机组长周期连续运行的问题，与燃气轮机入口空气系统设计制造商美国唐纳森公司（三菱公司的分包商）进行技术交流，确定了技术方案，在进气系统的入口加装PE材质的粗滤系统，这样能过滤大部分灰尘和雨雪，大量减少进入后面纸质空气滤芯的灰尘和雨雪，并可以在线进行水清洗。通过改造，一方面可以有效控制空气系统差压，确保机组安全运行；另一方面能极大地延长空气滤芯的使用寿命。

案例7 热网抽气调节阀伺服阀故障处理不当，燃烧器压力波动大跳机

一、事件经过

2010年12月4日，某电厂热网抽汽调节阀出现控制指令与阀位反馈偏差较大现象（最大偏差为16%），经分析认为伺服阀油门卡涩或油路堵塞，从而造成阀门无法动作到位。

由于燃气轮机运行过程中无法更换伺服阀，现场采取调整执行器油缸弹簧和修改阀门最小开度逻辑限制，使热网抽汽调节阀控制指令与阀位反馈偏差的现象有所缓解，但没有根本解决；若伺服阀异常情况恶化，则会导致热网抽汽调节阀无法朝关闭方向继续动作，热网抽汽流量也无法增加，进而影响燃气轮机轮机和热网系统正常运行。

热网抽汽调节阀电控部分 PLC（可编程逻辑控制器）的控制逻辑：阀门的控制指令和反馈在 PLC 内部进行偏差比较并放大后，输出驱动伺服阀动作；通过修改 PLC 逻辑增大 PLC 输出，在目前控制指令和阀位反馈存在偏差的情况下，可以增加阀门进油量，进而使阀门可以继续跟随指令进一步关小，从而达到缩小指令和反馈偏差的目的。经现场与阀门厂技术人员讨论决定采用在线修改 PLC 内部伺服逻辑中的比例放大系数来增加 PLC 的输出电压。

12 月 9 日 17:00，燃气轮机带电负荷 350MW，抽汽量约为 117t/h，机组 AGC 投入。18:18，热网抽汽降至 80t/h。因为热工人员无法完成在线下载，所以运行值班人员将热网抽汽降至 50t/h，并按热工人员要求将热网抽汽调节阀调整为手动方式。

在热网抽汽流量降低至 50t/h，与运行人员共同确认安全措施都完成后，于 19:03:14 开始进行 PLC 逻辑修改，离线下载；19:03:24，离线下载完成，随后热网抽汽调节阀动作出现大幅波动，导致热网抽汽量和中压缸排汽压力也出现较大波动。19:03:41，发出“中压缸排汽压力高”报警；19:04:08，发出“中压缸排汽压力低”报警；19:04:50，陆续发出“2、3、7、8 号燃烧器 H1 频段压力波动越限”预报警和报警；19:04:51，发“燃烧器压力波动大降负荷”信号；19:04:54，发“燃烧器压力波动大跳闸”保护动作信号，1 号燃气轮机跳闸。

二、原因分析

通过对燃气轮机停机前后进行趋势分析，19:03:14，开始进行离线下载，此时控制指令为 28.31%，阀位反馈为 35.7%；19:03:24，离线下载完成，此时阀位反馈为 39.91%，此后阀门开始关闭，最低关至 14.06%，此过程中运行人员手动开启阀门，指令最大至 50%，但是阀门并没有跟随指令开启，而是继续朝关方向动作，约 20s 后，阀门迅速开启，最高开至 70%；而在此过程中运行人员手动关闭阀门，阀门依然没有跟随指令关闭，而是继续朝开的方向动作，约 40s 后又迅速关闭，最低关至 11%。由于热网抽汽调节阀动作出现大幅波动，造成热网抽汽流量和中压缸排汽压力波动，进而引起汽轮机负荷和燃气轮机负荷计算值波动；燃气轮机负荷计算值的波动造成进口可转导叶（IGV）控制伺服阀的动作，进而影响燃气轮机进气量的变化，在燃料量未发生明显变化的情况下（由于此时机组负荷指令未发生变化，所以燃料阀门的动作未发生明显变化），造成 1 号燃气轮机因燃烧振动而引起燃烧器压力波动大跳闸保护动作，机组跳闸。

通过检查分析认为本次机组跳闸的原因如下：

（1）经检查发现伺服阀油路堵塞，造成伺服阀阀芯动作卡涩，在控制指令变化后，伺服阀不能准确动作到位。表现为当运行人员手动操作阀门时，阀门没有迅速跟随控制指令动作，直到控制指令和阀位反馈偏差到一定程度时，伺服阀阀芯才动作，造成阀门迅速开启和关闭，从而引起阀门动作出现大幅波动。

（2）厂家对 PLC 逻辑中阀门参数的调整增强了 PLC 的输出作用，造成在离线下载完毕后，阀门向关方向运动较大，已经影响到了中压缸排汽压力，同时由于伺服阀阀芯动作卡涩，从而引起阀门动作出现大幅波动。

（3）在逻辑下载前厂家提供的上位机组态软件信息与下载后实际情况相差较大，是造成本次事件发生的原因之一。

三、防范措施

（1）进行控制系统逻辑修改、下载工作时，一定要对下载的风险进行仔细、全面的评估，必须对修改后可能造成的问题进行充分讨论，通过技术手段将危险因素进行闭锁。

（2）在热网停运后对热网抽汽调节阀油缸进行冲洗，确保伺服阀工作油质可靠。

（3）热网抽汽调节阀作为冬季供热中重要设备，在燃气轮机运行过程中无法在线更换，需要在控制油系统加装隔离阀门。

案例 8　燃气轮机燃烧不稳定，排气分散度高跳机

一、事件经过

2010 年 5 月 13 日 00:50，某电厂 1、2 号燃气轮机拖 3 号汽轮机以“二拖一”方式运行，1 号燃气轮发电机组负荷为 110MW，2 号燃气轮发电机组负荷为 195MW，3 号汽轮发电机组负荷为 200MW，总负荷为 505MW。

00:51，按调度曲线将总负荷降至 450MW，运行人员将 1 号燃气轮机负荷降至 90MW，根据燃气轮机特点，1 号燃气轮机燃烧模式自动由预混燃烧模式（PM1＋PM4 喷嘴运行）切至亚先导燃烧模式（PM1＋PM4＋D5 喷嘴运行）。

00:52，1 号燃气轮机报“High exhaust temperature spread trip”（排气分散度高跳闸），1 号燃气轮发电机组解列停机，2、3 号机组继续以“一拖一”方式运行。

二、原因分析

通过对 1 号燃气轮机跳闸信号和机组运行状态进行分析，此次 1 号机组跳闸事故的原因是 1 号燃气轮机在降负荷过程中，由于自身特性当运行负荷低于 90MW 时，燃烧模式自动切换，由预混模式进入亚先导预混燃烧模式后，由于 2、3 号燃烧器（总共 18 个燃烧器）在燃烧模式切换后未能有效稳定燃烧，导致 2、3 号燃烧器灭火，致使在燃烧模式切换完成后燃气轮机排气温度在 15、16、17、18、19 号 5 个测点温度不升反降（482～593℃），相比于其他 26 支排气温度（649～704℃）较低，最终满足跳闸条件[最高排气温差 TTXSP1（268.492℃）大于允许排气温差 TTXSPL（268.155℃），延时 2s 跳闸]，导致 1 号燃气轮机因排气分散度高而使保护动作跳闸。

GE 公司技术人员通过远程检查分析，确认了上述机组跳闸原因，并有针对性地提出

了机组现场检查的项目和要求，具体检查项目如下：

（1）检查 16～19 号排气热电偶状态。

（2）检查 1、2、3、4 号联焰管是否泄漏。

（3）检查燃气轮机清吹阀、燃烧调整阀动作情况，重新进行逻辑传动。

按照要求检查后均未发现异常，再次联系 GE 公司技术人员，经技术人员再次确认和分析后，GE 公司确认其之前燃烧调整的定值在燃烧切换过程中存在部分参数配比不合理的问题，需要对机组重新进行燃烧切换点的燃烧调整工作，5 月 14 日 1 号燃气轮发电机组启动并网后在燃烧模式切换点进行两次燃烧模式切换试验，切换正常。

三、防范措施

（1）采集近期 1 号燃气轮机模式切换和 5 月 13 日 1 号燃气轮机故障跳机时模式切换的报警信息、机组参数、趋势图，联系 GE 公司给出 5 月 13 日 2、3 号燃烧筒灭火的具体原因，并提供正式工作方案和安全措施。

（2）热工人员需尽快熟悉燃气轮机燃烧调整的技术问题。

（3）加强部门专业人员对 GE 公司设备结构、性能和维护的培训。

案例 9　燃气轮机伺服阀故障停机

一、事件经过

2010 年 7 月 4 日，某电厂机组 1、2 号燃气轮机拖 3 号汽轮机以“二拖一”方式纯凝工况运行，AGC 投入，总负荷为 580MW，其中 1 号燃气轮发电机组负荷为 180MW，2 号燃气轮发电机组负荷为 180MW，3 号汽轮发电机组负荷为 220MW。2 号燃气轮机速比阀前压力 p_1 为 3.15MPa，p_2 为 2.93MPa，IGV 开度为 51%。14:18，2 号燃气轮机跳闸，跳闸首出原因为 EXHAUST OVER TEMPERATURE TRIP（排气温度高跳闸）。

2 号燃气轮机跳闸后，运行人员按照正常操作程序进行停机操作，1、3 号继续以“一拖一”方式运行，1 号燃气轮发电机组负荷为 170MW，3 号汽轮发电机组负荷为 99MW，总负荷为 269MW。

二、原因分析

14:18:08，检查历史曲线发现 2 号燃气轮机平均排气温度到达 671.3℃，超过保护动作值 671.1℃，保护动作正确。从历史趋势分析，14:18:05，2 号燃气轮机 IGV 在指令未变化情况下关小，此时 IGV 指令增大，指令与反馈偏差不断增大，平均排气温度迅速上升，14:18:08，IGV 指令为 74%，IGV 反馈为 57%，排气温度越过跳闸值，机组跳闸。从以上过程来看，IGV 控制伺服阀的失控是导致排气温度上升的直接原因。从 IGV 控制伺服阀电流曲线发现，14:17:44，IGV 控制伺服阀电流开始异常波动，至 18:05 控制伺服阀电流至零（见图 1－8）。初步认为燃气轮机压气机 IGV 控制伺服阀故障引起 IGV 开度减小，燃气轮机压气机进风量减少，导致排气温度高，保护跳闸。

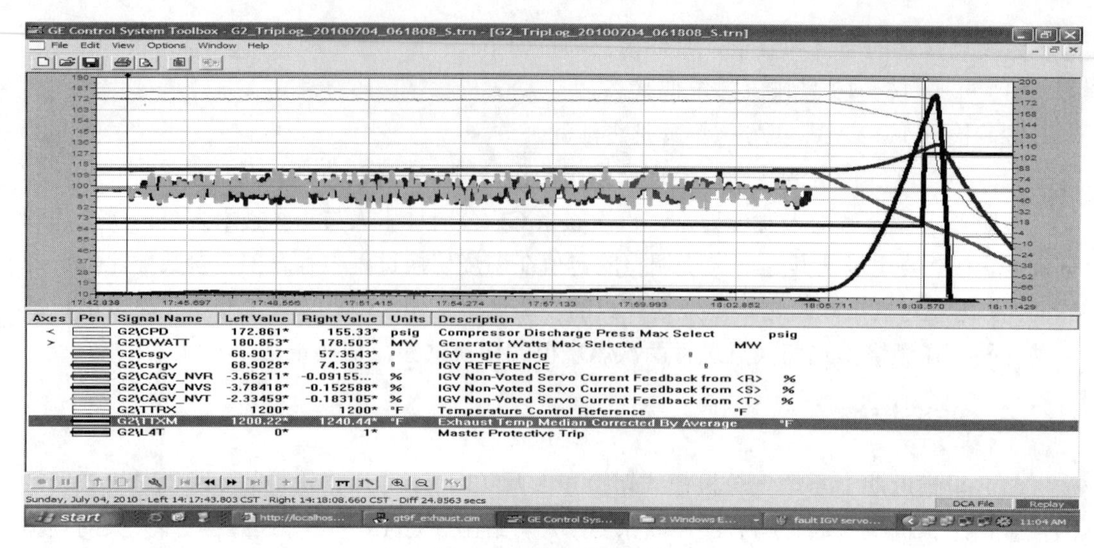

图 1-8 事故跳闸曲线

经 GE 公司维护项目代表确认，IGV 控制伺服阀存在故障。对 IGV 控制伺服阀卡件及电缆进行检查，无异常。进行 IGV 控制伺服阀传动试验，IGV 控制伺服阀电流仍有波动。曲线见图 1-9。

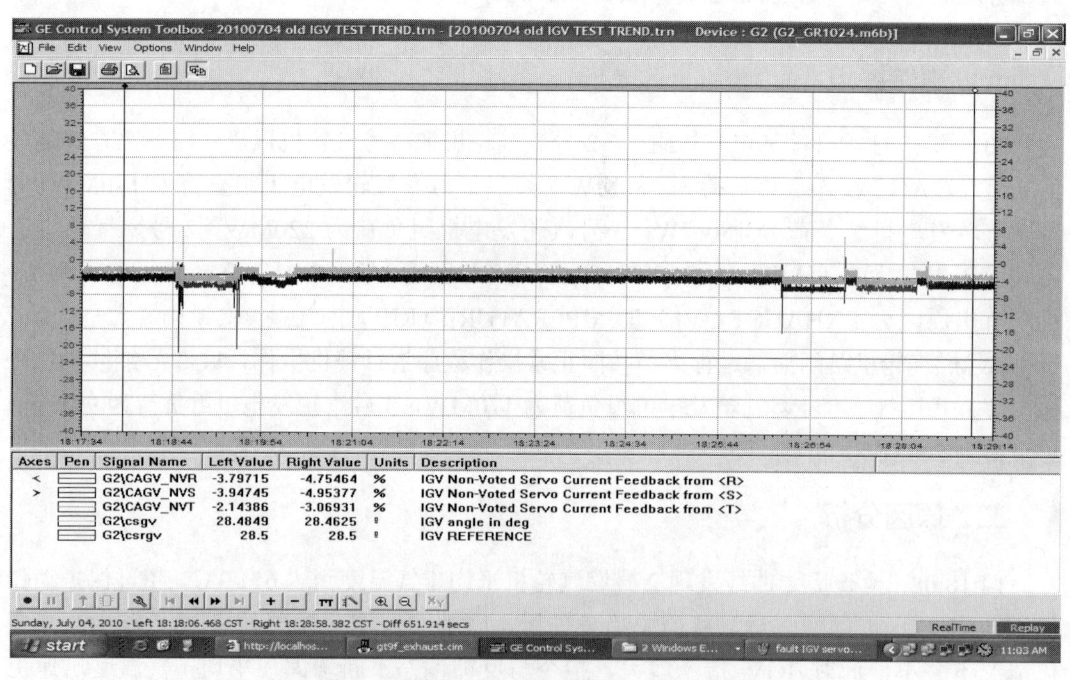

图 1-9 跳闸后 IGV 伺服阀传动电流曲线

20:50，更换 IGV 控制伺服阀；21:00，IGV 控制伺服阀传动试验正常（见图 1-10）；23:46，机组启动，IGV 工作正常；00:56，机组并网。

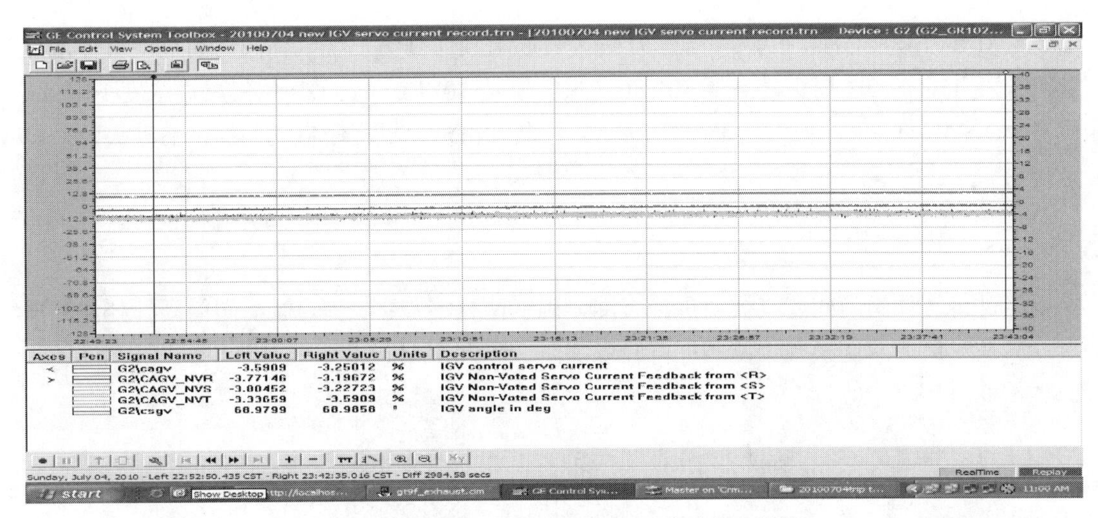

图 1-10　更换 IGV 控制伺服阀后传动电流曲线

通过与伺服阀制造商沟通，结合已采集到的数据信息进行分析，伺服阀控制失灵可能的原因主要如下：

（1）伺服阀阀体内喷嘴或节流孔堵塞，导致控制油油路不通，伺服阀控制失灵。

（2）伺服阀阀球或阀芯、阀套磨损量偏大，引起伺服阀偏置电流波动，伺服阀控制失灵。

针对以上情况，检查了最近几个月 2 号燃气轮机润滑油的油务监督报表，报表显示在此期间，燃气轮机润滑油的油质始终合格。另外，燃气轮机控制油取自润滑油供油母管，经过液压油泵加压后供给各液压控制阀，在液压油泵出口和各液压控制阀供油管上均配置高精度过滤器，即供给伺服阀的液压油油质优于油务监督的结果，满足伺服阀对油质的要求。

按照伺服阀制造商的要求，每两年应进行定期清洗检测。此次故障的伺服阀截止到事故前，投入运行 1 年，未到定期清洗检测期。故障控制伺服阀于 2010 年 7 月 5 日送上海 MOOG 控制有限公司检测，结果为内部磨损，属偶发故障。

三、防范措施

（1）严格按照伺服阀制造商建议，定期清洗检测，保证伺服阀良好的工作性能。

（2）充分调研并吸取同类型燃气轮机电厂在伺服阀检修方面的经验，将伺服阀的检修纳入燃气轮机小修的标准项目。

（3）深入学习并掌握伺服阀的工作原理和结构，提高原因分析和解决问题的能力。

（4）保证伺服阀备件合理的库存数量。

（5）做好滤油工作和油务监督，防止油质恶化。

案例 10　燃气轮机启动过程中气体阀门泄漏导致启动失败

一、事件经过

2011 年 7 月 5 日 04:40，某电厂 2 号燃气轮机启动清吹过程中，发“HAZ GAS MONITOR

RACK 3LEVEL HIGH”报警，查看MARKⅥ危险气体画面发现气体阀门间危险气体浓度监测仪表45HT-9B探头最高至10LEL（报警值是10LEL，表示天然气爆炸浓度下限4%的10%），45HT-9C探头最高至4LEL，2号燃气轮机启机程序自动闭锁，启动失败，降速停机。

二、原因分析

经过对气体阀门间燃气模块进行查漏，确认两处漏点：一是PM4阀门阀杆处泄漏严重；二是双筒滤网切换阀一侧阀杆有轻微渗漏（见图1-11）。

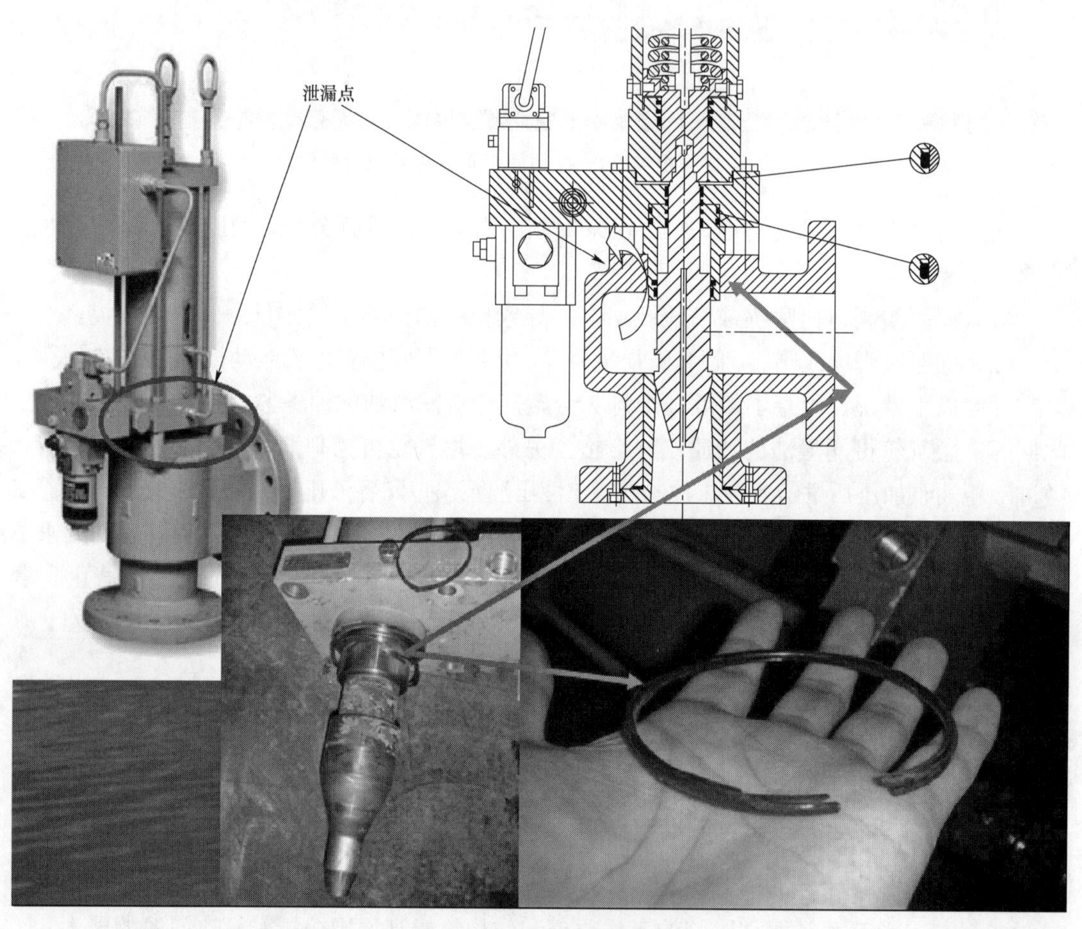

图1-11　天然气泄漏点

经过对PM4阀门进行解体发现，该阀门的阀杆密封（O形圈）破裂，导致天然气泄漏。主要有以下几个方面的原因：

（1）从解体拆除的O形圈破裂情况看，属于O形圈材料缺陷。该O形圈无法很好地适应天然气冷热温度变化带来的塑性变形，从而破裂，导致天然气泄漏。

（2）该阀门在阀杆处的密封结构设计不合理。

1）机组运行期间，天然气温度高达185℃。

2）燃气轮机本体外壳无保温层，机组运行期间，透平罩壳内的局部温度高约120℃。

3）燃气模块与透平罩壳相通。

以上3点会引起燃气模块内部温度偏高，即燃气控制阀的运行环境很差，如此工况下，燃气控制阀阀杆密封采用的单O形圈极易因塑性变形导致密封失效。

三、防范措施

（1）请专业机构对损坏密封圈进行检查分析，确定其材质、质量适用性，必要情况下联系原厂家对密封材料进行升级。

（2）燃气小间在机组停备时系统不带压，无法进行天然气查漏；考虑在每次机组启动前一天，联系热工专业强制开辅助关断阀，对燃气模块内的管道系统进行充压查漏，确保发现问题及时处理，并将其作为今后机组启动前的定期工作执行。

（3）组织设备制造厂家就事故原因进行讨论，制定有针对性的技术改造方案，并对库存的阀门进行改造实施；待停机检修过程中，分别对在装的两套燃气控制阀进行相应改造。

案例11　燃气轮机提前进入BPT温度控制

一、事件经过

2009年6月7日，某电厂2号燃气轮机由300MW向330MW升负荷过程中，当负荷升至306MW时，2号燃气轮机即进入BPT温度控制，整个升负荷过程缓慢耗时11min，而正常仅需不到3min。

2010年2月24日15:09，2号燃气轮机由300MW升至350MW过程中，机组提前进入BPT温度控制，导致升负荷速率降低和最大出力降低；15:21，进入EXT（排气温度）控制，最高负荷仅为325MW。

2010年11月24日10:24，当时大气温度为27.70℃，3号燃气轮机升负荷至320MW时，提前进入BPT温度控制，升负荷速度减慢。

二、原因分析

随着机组运行时间增加，机组性能发生变化，3台机组先后数次出现提前进入BPT温度控制的问题。另外，冬天和夏天环境温度变化较大，燃气轮机燃烧不能适应环境温度变化也导致提前进入温控。

三、防范措施

一般的解决办法是进行压气机水洗以及重新进行燃烧调整。从实施效果看，水洗效果不是很明显，重新进行燃烧调整效果较好；但是季节变化后又会再次出现提前进入BPT温度控制的问题，讨论将环境温度变化放进IGV控制模块，使燃烧控制适应温度变化的需要。

案例 12 燃气轮机调压段 SSV（快速关断）阀故障关闭

一、事件经过

2008 年 4 月 15 日 17:07，某电厂 3 号燃气轮机运行过程中，调压段 SSV 阀故障跳开，天然气自动切换到备用调压旁路。现场检查发现 SSV 阀已关闭，且阀体大量漏气，立即隔离漏气区域，并将 3 号燃气轮机调压路隔离、泄压，关闭备用路至 2 号燃气轮机调压路球阀，交检修处理。

二、原因分析

经检查分析，认为 SSV 阀指挥器阀口垫片老化导致指挥器故障。

三、防范措施

（1）更换 3 台机组调压段 SSV 阀指挥器。

（2）做好机组调压段跳闸、备用调压段不能正常投运的事故预想。如果有机组在停运状态则关闭备用调压段至停运机组调压段的球阀。如果机组调压段无天然气外漏、阀门损坏等异常情况，只是 SSV 阀误动作，可以考虑恢复机组调压段。

案例 13 主燃料流量控制阀前后压差频繁波动导致机组负荷波动

一、事件经过

2010 年 11 月 30 日 13:00，某电厂 3 号燃气轮正常运行，负荷稳定，主燃料流量控制阀前后压差在 0.388～0.395MPa 之间频繁快速波动，主燃料压力控制阀 A 指令及现场实际位置也在小范围内频繁变化，导致机组负荷有约 1MW 的波动。

二、原因分析

经检查分析，故障原因为主燃料流量控制阀压差变送器、主燃料流量控制阀及压力控制阀 A 存在问题。

三、防范措施

进行了主燃料流量控制阀压差变送器校验，并调整了 3 号燃气轮机主燃料流量控制阀及压力控制阀 A。

案例 14 机组轴承振动大导致故障停机

一、事件经过

2009 年 1 月 21 日，某电厂 2 号燃气轮机 2 号轴承振动开始略有增大，1 月 23 日晚上检修停机时，X 向振动最大至 87μm，Y 向振动最大至 88μm，而之前该值皆为 50μm 左右；其他轴承振动皆低于 60μm。

2 月 7 日，2 号燃气轮机启动升速至 3000r/min 过程中，2 号轴承轴振动 X、Y 向振动值均达 120μm（随转速逐渐升高），手动停机。后经三菱工作人员检查分析后确认是压气机转子第三级有裂痕，需停机检修，更换转子。

二、原因分析

燃气轮机的压气机转子设计制造存在问题，运行中产生裂纹，导致振动大。机组过一、二阶临界转速的时候，振动也会增大。

三、防范措施

当出现振动异常时，应该严密监视机组蒸汽参数，真空，差胀，轴向位移，汽缸金属温度，润滑油压、油温，轴承金属温度等重要参数。机组突然发生强烈振动或清楚听出机内有金属摩擦声时，应立即打闸停机。

案例 15 IGV 和旁路阀控制偏差大导致故障停机

一、事件经过

2010 年 5 月 15 日 06:27，某电厂 3 号燃气轮发电机组并网时控制油供油压力瞬间降至 8.64MPa，备用控制油泵联锁启动，控制油压力恢复正常值 11.63MPa，就地检查无异常。

06:29，3 号燃气轮发电机组发出“GT COMB BY.V SERVO MODULE DEVI”（燃气轮机燃烧旁路阀控制偏差大）报警，机组跳闸（当时机组出力为 37MW）。

经检查，控制油系统无异常。初步分析可能为控制油杂质影响旁路阀动作造成旁路阀指令值与实际阀位偏差过大，超过跳机值，导致机组跳机；检查确认控制油系统及燃烧器旁路阀正常后，3 号燃气轮发电机组重新启机，运行正常。

2010 年 5 月 25 日，3 号燃气轮发电机组启动时，发 IGV 和燃烧旁路阀控制偏差大报警（26 日启动时出现 IGV 控制偏差大报警），而后立即复归，表明控制油系统仍然存在隐患，需进一步查找原因并彻底消除缺陷。

二、原因分析

这两次事件都是因为控制油系统存在杂质造成。原因是控制油再生回路硅藻土过滤器过滤效果不好，而且长期运行情况下过滤器本身也会产生杂质。

三、防范措施

（1）增加控制油再生装置，更换原来的硅藻土过滤器滤芯。

（2）增加在 IGV 和旁路阀控制偏差达 3%时报警逻辑。出现报警时，且报警未复归，应暂停升负荷，避免偏差进一步加大导致机组跳闸。

案例 16　启动过程因天然气温度低被迫降负荷

一、事件经过

06:44，某电厂 4 号燃气轮机清吹阶段手动启动中压给水泵，投入性能加热器，进水及出水阀开启。但进、出口通风阀均未正常关闭，性能加热器未正常投入，温控阀一直处于全关状态。性能加热器原有的蓄热以及少量的中压给水经过性能加热器从出水管通风阀直接排向废液池循环，天然气温度维持在 150℃左右。

06:53，4 号燃气轮机点火成功。07:02，机组并网；07:27，随着机组负荷增加，天然气流量增大后，天然气温度开始下降；07:38，天然气温度下降到 141℃，进行燃烧模式切换，此时，DCS（分散控制系统）发韦伯指数超限报警。

07:41，4 号燃气轮发电机组负荷为 266MW，因韦伯指数低触发燃气轮机 RUNBACK（自动减负荷）条件，机组负荷降到 125MW。07:42，手动开启温控阀到 55%；07:44，手动关闭进、出水通风阀。天然气温度从 129℃开始回升，07:52 回升至 172℃，燃烧模式切换正常。

二、原因分析

在机组启动过程中，采取手动投入性能加热器方式，但未能及时检查设备运行状态。在燃烧模式切换前，未能注意到重要监视参数值（天然气温度）及相关 DCS 重要参数报警。

三、防范措施

加强对重要参数监视，及时发现异常情况并制定防范措施。启停过程中应重点确认各辅机系统的正确投运或退出；严格执行“两票三制”。

案例 17　燃气轮机防喘放气阀故障导致机组跳闸

一、事件经过

（1）2012 年 9 月 18 日，2 号燃气轮发电机组正常运行（负荷为 345MW），16:23，突然降负荷；16:28，负荷降到 0，2 号发电机解列。

（2）2013 年 8 月 6 日，1 号燃气轮机启动做防喘阀离线试验时发生 1、2 号防喘阀不能关闭触发机组跳闸信号。

（3）2014 年 5 月 13 日，2 号燃气轮机启动点火冲转至 2400r/min 时发生 3 号防喘阀开故障，导致机组跳闸。

（4）2014 年 7 月期间，2 号燃气轮机 3、4 号防喘阀因排气扩压间温度高等原因反复出现位置反馈故障，导致机组启动时跳闸。

（5）2015 年 6 月 8 日，2 号燃气轮机启动，防喘阀离线试验结束后发生 3 号防喘阀不能打开，触发机组跳闸信号。

二、原因分析

（1）第一次故障。通过事件追忆确认为 4 号防喘阀关到位信号翻转触发燃气轮机自动减负荷信号。到现场打开位置反馈装置盖，对磁性开关和接线进行检查，发现关到位开关中有一根多股软导线在接线端子处似断非断，导致关到位信号反复翻转，致使 4 号防喘阀位置错误（开、关信号均未置“1”），触发减负荷信号 L70L。

2 号燃气轮机在 2011 年 10 月中修期间压气机由 GE 公司进行升级改造，4 个防喘阀的位置反馈进行了功能升级，由原来一个开信号开关改成两个开关。本次故障的开关就是改造后新增的关到位开关。断线是从开关本体引出到接线端子的预制线，该线采用多股软导线，线径较细，端子上螺钉的紧力都作用在线上，加上长期在振动环境下工作致使导线在接线端子处断裂。

（2）第二次故障。通过事件追忆确认为做离线试验时，9 级两个防喘阀不能关闭，触发机组跳闸信号。

对 9 级两个防喘阀进行校验，发现电磁阀 20CB－1 得电后两个阀门都未动作，拆开气缸进气管接头发现进气量很小，拆开电磁阀出口气源管接头发现出气量很小。对电磁阀进行解体确认为电磁阀阀体滑杆卡涩导致 1、2 号防喘阀不能正常关闭。电磁阀 20CB－1 控制 9 级两个防喘阀的开、关，当电磁阀得电时，两个防喘阀关闭；失电时，两个防喘阀打开。由于电磁阀安装在排气扩压间内，长期在高温环境下工作使得电磁阀滑杆内的润滑脂失效，引起滑杆卡涩，导致故障的发生。

（3）第三次故障。通过事件追忆确认为机组冲转到 2400r/min 时，3 号防喘阀开信号出现抖动，导致开故障触发了机组跳闸信号。对防喘阀进行离线校验发现开关动作正常，时间符合要求。机组再次启动冲转到 2400r/min 时又出现跳闸，原因为 3 号防喘阀开故障。到现场对反馈装置进行仔细检查发现固定磁性开关连接片上的两个螺钉有松动现象。静态校验时因为没有振动，阀门动作正常，开关信号到位；机组冲转到 2400r/min 时振动较大，固定连接片上的螺钉松动使得磁性开关出现抖动，反馈装置抖动明显，与磁头的接触位置发生偏移，导致反馈信号出现反复抖动，机组跳闸。

（4）第四次故障。第四次故障发生在 2014 年 7 月间，因夏季温度高，加上排气扩压间部分管道法兰存在泄漏等原因使防喘阀周围环境温度升高，机组运行时用点温仪测量位置反馈装置表面达 160℃，远超出磁性开关最高工作温度，致使磁性开关损坏、磁头出现失磁，导致了反馈装置频繁故障，机组启动时跳闸。

（5）第五次故障。通过事件追忆确认为防喘阀离线试验结束后，3 号防喘阀开故障，触发机组跳闸信号。

对 3 号防喘阀进行检查发现阀门在中间位置，开、关信号均未触发，强制电磁阀带电使气缸进气阀门关闭正常，释放强制信号后阀门未能正常打开仍在中间位置。联系机务对气缸弹簧力进行调整后阀门开关恢复正常。

防喘阀是气关式的两位式气动执行机构，当电磁阀得电时压缩空气进入气缸推动阀门关闭，电磁阀失电后靠气缸弹簧使阀门打开。本次故障正是由于防喘阀离线试验结束后电磁阀失电阀门打开的时候，3 号防喘阀因气缸弹簧弹力不足导致阀门不能开启到位，触发了跳闸信号。

三、防范措施

通过对以上 5 次防喘阀故障进行原因分析，基本上故障类型可以归纳为磁性开关电缆接线问题，电磁阀故障，磁性开关连接片固定螺钉松动，高温、振动等环境因素致使开关故障，气缸和阀门卡涩、弹簧力调整不当等。

针对以上分析的故障类型，采取的防范措施如下：

（1）对磁性开关本身的预制线、送至控制系统导线的线头做好接线柱，接线柱采用耐高温材质，防止因螺钉直接压在导线上由于紧力过紧、振动等原因造成导线断裂。对开关本身的预制线及至控制系统电缆导线部分套上耐高温套管，避免因高温、检修维护拆接线导致导线绝缘性能降低情况的发生。修改完善逻辑，删除当机组正常运行时任一个防喘阀位置错误（开、关信号均未置“1”）触发减负荷 L70L 信号逻辑（在机组正常运行时，防喘阀应在关闭位置，关信号置“1”，开信号置“0”，如果开关故障、接线断裂都会使关信号置“0”，而实际阀门是在关闭位置，使得保护误动作，触发减负荷信号），保留任一防喘阀打开（开信号置“1”，关信号置“0”），触发减负荷 L70L 信号逻辑。

（2）利用机组检修、停机消缺机会对防喘阀进行校验，检查电磁阀动作是否灵活、阀门开关时间是否满足要求、有无卡涩漏气现象，检查过滤减压阀、管路接头有无漏气，对接头进行紧固，做好电磁阀的使用周期、更换记录，对使用年限较长、有老化现象的电磁阀进行更换。

（3）利用燃气轮机启停频繁、停机时间较多的特点，定期到现场对反馈装置进行检查。打开盖子对固定磁性开关的连接片进行检查，对固定螺钉加装弹簧垫圈并紧固，对接线端子上的接线螺钉进行紧固。

（4）对于排气扩压间温度高，通过开两台冷却风机来加强冷却。同时，在反馈装置上加装压缩空气连续吹扫冷却装置。即在杂用气管道上取一路气源，加装阀门、过滤减压阀，敷设气源管路到每一个反馈装置的端盖上，在端盖底部开两个孔，一个用于连接气源管，另一个用于空气的流通和端盖底部冷凝水的排出。根据气源管路的粗细、管道的长度调整好气源压力，用压缩空气对每一个反馈装置进行连续吹扫冷却，从而降低磁性开关的工作温度，延长开关的使用寿命，确保机组安全、稳定地运行。

（5）由于防喘阀工作的空间温度较高，阀门、气缸的机械部分也容易发生故障。在机组检修、停机消缺期间热工人员会同机务人员定期对防喘阀进行校验，到现场查看防喘阀的动作情况，一旦发现阀门卡涩、气缸漏气、开关动作迟缓等现象及时进行处理，把事故扼制在萌芽状态。

案例 18 燃气轮机 PM（燃料气管道）3 清吹阀故障导致停机

一、事件经过

2017 年 3 月 15 日，某电厂机组在长期停运后保养性开机（前次运行时间为 2016 年 11 月 11 日），04:09，机组冷态启动。机组启动前已执行“燃料气吹扫阀开关试验程序”，燃料气清吹系统清吹阀门动作情况正常；05:09，机组并网。

07:21，机组逐步升负荷至 78MW 后进行燃烧模式切换，由亚先导预混模式（D5+PM1）切至先导预混模式（D5+PM1+PM3），PM3 燃料气阀准备投入前，PM3 清吹管路自动撤出。07:21:05，PM3 管道上的 VA13-3、VA13-4 清吹阀发出关闭指令；07:21:07，收到关闭反馈信号，燃料气 PM3 清吹通风阀发出开启指令（该阀无反馈）。

07:21:13，清吹阀管道内压力为 427.49kPa，燃气轮机 PM3 支管清吹压力高报警，气体清吹故障，机组被迫手动停机。

目视检查 VA13-3、VA13-4 清吹阀和燃料气 PM3 清吹通风阀的气动执行机构、定位器、反馈器、仪用气、阀杆定位情况，均未发现异常。检查 PM3 管道清吹阀、清吹通风阀的动作符合控制逻辑顺序，未发现异常。断开燃料气 PM3 清吹通风阀出口管，目视检查燃料气 PM3 清吹通风阀（球阀）阀芯的开启情况，未发现异常。

采取充氮气密性试验，将氮气注入后，只能建立 0.12MPa 的压力，且压力无法保持，约 3min 后，氮气瓶内氮气耗尽，由此可基本判断为清吹阀 VA13-3、VA13-4 内漏。拆除清吹阀后，注水进行气密性试验（试验方法：阀门关闭状态，一端法兰加堵板并留有试验接口，阀门另一端加水，试验压力为 1.5MPa），试验结果验证 VA13-3 清吹阀泄漏严重，VA13-4 清吹阀轻微泄漏。

二、原因分析

燃料气清吹阀内漏导致在清吹切断指令发出 8s 后，清吹阀间的压力仍大于 344.75kPa，触发气体清吹压力高报警。气体清吹故障是导致机组被迫手动停机的直接原因。因燃料气清吹阀为球阀，在机组频繁调峰启停运行方式下，清吹阀密封面易产生磨损，从而导致清吹阀内漏。

三、防范措施

（1）加强燃料气系统定期检查维护工作，增加燃料气模块清吹阀定期密封性试验。

（2）加强燃气系统阀门的入厂验收，阀门更换前，对新阀门全部进行气密性试验，确保密封性满足技术要求。

（3）加强监视手段，在 PM3 清吹管增设 1 只压力变送器，定期跟踪该压力变化趋势，同时对 D5、PM2 清吹管道加装压力变送器，并在运行监视画面上增加清吹管内压力报警信号。

案例19 VGC（燃料控制阀）3、VGC4卡涩导致跳机

一、事件经过

2015年4月15日16:57，某电厂1号燃气轮机启动点火失败。现场检查点火器电源无异常，逻辑检查正常；18:36，再次启动点火失败。检查点火变压器正常，19:10，再次启动点火失败。热工人员将点火时间由10s改为13s，20:43，再次启动点火失败。将点火燃料阀D5调大，22:05，启动点火失败。将点火器拆除检查，发现2号燃烧室点火器断线，3号燃烧室点火器电极未伸出，活动3号点火器，确保电极伸出后回装。

4月16日02:38，启动点火成功。04:44，机组并网，带初始负荷20MW；04:45，报"G4 NOT FOLLOWING REFERENCE TRIP"（天然气VGC4阀门反馈与指令偏差大于4%导致跳机），机组跳闸。传动VGC4阀门动作正常，于11:13重新点火，LCI（变频启动装置）未启动。检修人员检查后发现LCI内端子接线松动，11:35重新启动点火失败。运行和检修人员现场检查无异常，12:37启动再次点火失败。

检修人员现场确认3号点火器电极已经伸出，试点火可以听见打火声，13:48重新启动点火成功。14:44机组并网，升负荷至40MW时，在14:57，报"G3 NOT FOLLOWING REFERENCE TRIP"（天然气VGC3反馈与指令偏差大于4%导致跳机），机组跳闸。检修人员依次检查油质、伺服阀、跳闸阀、控制回路等都正常，VGC3传动仍然无法打开。

4月18日，更换VGC3，再次进行阀门传动正常，同时更换2号点火器电缆。

4月19日15:43，机组启动，燃料阀泄漏试验不合格，运行人员现场检查发现SSOV（天然气安全关断阀）后过滤器压差测点放散阀可能在更换阀门时误碰打开，导致p_2压力（燃气控制阀前压力）泄压故障。16:13 重新启动点火失败。检修人员现场检查点火器工作正常，运行人员重新置换天然气，将天然气浓度提高至94%；20:17重新启动，励磁系统故障停机。

现场检查励磁系统无异常报警，开关等状态正常，21:17重新启动，励磁系统故障停机。将励磁系统等相关设备全停电后重新上电，22:28燃气轮机启动清吹正常，但点火失败。

检修人员将2号点火器隔离，4月20日00:24机组重新启动点火成功，00:33燃气轮机定速3000r/min后正常停机。

二、原因分析

（1）点火器电缆断裂、卡涩、电压不足等。

（2）LCI接线松动。

（3）励磁系统受信号干扰。

（4）放散阀误开。

（5）VGC3、VGC4故障，原因待查。

三、防范措施

（1）更换VGC。

（2）更换点火器电缆，活动电极，更换变压器，停机检修期间加强点火器检查。

（3）检查端子接线，停机检修期间紧固。

（4）增加中间继电器。

案例 20　火灾报警误动导致跳机，启动后 VGC4 卡涩导致再次跳机

一、事件经过

2015 年 6 月 4 日 10:37，某电厂机组正常运行，AGC 投入，机组负荷为 300MW，其中燃气轮机负荷为 190.7MW，汽轮机负荷为 109.3MW，各项参数正常，无操作。

10:37:26，机组突然跳闸，同时监盘人员发现监控画面出现多组报警信息，DCS、NCS（电力网络计算机监控系统）画面声光报警。经查，跳机时最初的报警信息为“General Fire Alarm（any zone）”（火灾报警动作），60ms 后出现火灾报警信号 G1.L45FTXA_ALM “GENERAL FIRE ALARM ANY ZONE”。联系热工人员查找跳机原因，热工人员告知可能是火灾报警动作所致，并去现场查看，回复说火灾报警系统显示屏显示正常，无火灾动作信号。

13:52，机组重新并网，初始负荷为 20MW。13:54:26，燃气轮机报“G4 NOT FOLLOWING REFERENCE”（燃料控制阀 4 阀位与指令偏差大）；13:54:31，机组跳闸，同时发“G4 NOT FOLLOWING REFERENCE TRIP”保护动作信号。

经查，在燃气轮机燃烧模式从 1D（扩散燃烧模式）向 Premix Mode 3（预混模式 3）切换时，天然气控制阀 VGC4 反馈与指令偏差达到 6%，大于保护值 4%，延时 0.25s，触发燃气轮机跳闸。在燃气轮机投入盘车后，运行人员配合热工传动 VGC4 和 VGC3，现场传动正常。

二、原因分析

（1）火灾报警信号干扰。

（2）VGC4 反馈与指令偏差大原因待查。

三、防范措施

（1）加强消防报警系统日常维护，针对消防报警元件灵敏性问题采取相关技术措施，适当降低灵敏性。

（2）更换 VGC。

案例 21　辅助截止阀（ASV）故障关闭导致 p_2 压力低跳闸

一、事件经过

2016 年 1 月 6 日 16:45，某电厂机组负荷为 360MW，其中燃气轮机负荷为 233MW，汽轮机负荷为 127MW。

16:45，燃气轮机发“GAS AUX STOP VALVE POSITION FAULT”（燃料气辅助截止阀位置故障）、“GAS AUX STOP VLV TROUBLE”（燃料气辅助截止阀故障）、“FUEL GAS PRESSURE APPROACHING TRIP LIMIT”（燃气压力接近跳闸极限）、“shutdown AUX stop valve position problem”（燃料气辅助截止阀故障停机）。燃气轮机跳闸，联跳汽轮机。

机组跳闸后，值班人员立即查看 TCS（燃气轮机控制系统）、DCS 画面，确认燃气轮机天然气供气系统已关断，燃气轮发电机、汽轮发电机出口断路器确已断开，检查汽轮机高压、再热主汽阀和调节阀确已关闭，在检查各辅助系统正常的同时，立刻派人就地调节轴封、辅助蒸汽等保障机组安全停机的系统，使机组顺利、安全停机。

二、原因分析

（1）经检修检查，VS4－1 伺服阀绕组烧坏，导致 VS4－1 失电关闭。

（2）燃气轮机燃料间为密闭空间，空间温度为 70～75℃，天然气辅助截止阀 VS4－1 电磁阀因长期处于高温环境运行，导致绕组损坏，电磁阀关闭。

三、防范措施

（1）加强监视燃气小间温度监视，超过 50℃时及时汇报处理。

（2）对设备进行定期检查维护或更换，防患于未然。

（3）机组启动前，严格执行燃气电磁阀的传动工作，传动过程中发现缺陷，立即处理。

（4）研究确定设备改造方案，加装空气通风装置，降低设备运行环境温度。

（5）完善天然气 p_2 压力低跳闸首出及报警。

案例 22　速比阀（SRV）故障导致机组熄火跳闸

一、事件经过

2016 年 9 月 14 日 10:21:26，某电厂燃气轮机跳闸，联锁汽轮机跳闸。通过查看报警记录和故障时历史曲线（见图 1－12）发现，10:21:26，SRV 开度为 60.6%，经 0.24s 后关至 36.1%，又经 0.19s 后恢复至 60.1%，同时速比阀后压力 p_2 由 2.84MPa 降至 1.78MPa，0.2s 后恢复至 2.94MPa，速比阀关闭时阀门指令为 60.7%未变化。

速比阀故障关闭后，由于速比阀为调压模式，压力降低后阀门指令增加，最高增至 71%。速比阀故障关闭后，由于天然气压力低只持续 0.2s，未触发“天然气 p_2 压力低于 2.29MPa 延时 2s”跳闸保护。

10:21:26，燃气轮机 4 个火焰检测器均检测为熄火，触发燃气轮机“三个或以上火焰检测器检测熄火燃气轮机跳闸”保护，燃气轮机跳闸，同时联锁汽轮机跳闸。

经查看数据曲线，机组跳闸前液压油压力为 10.9MPa，未发生波动，燃气小间温度为 47℃正常；天然气温度为 198℃，正常。机组跳闸后，传动速比阀 SRV 正常，更换新速比阀伺服阀后，传动速比阀 SRV 正常。

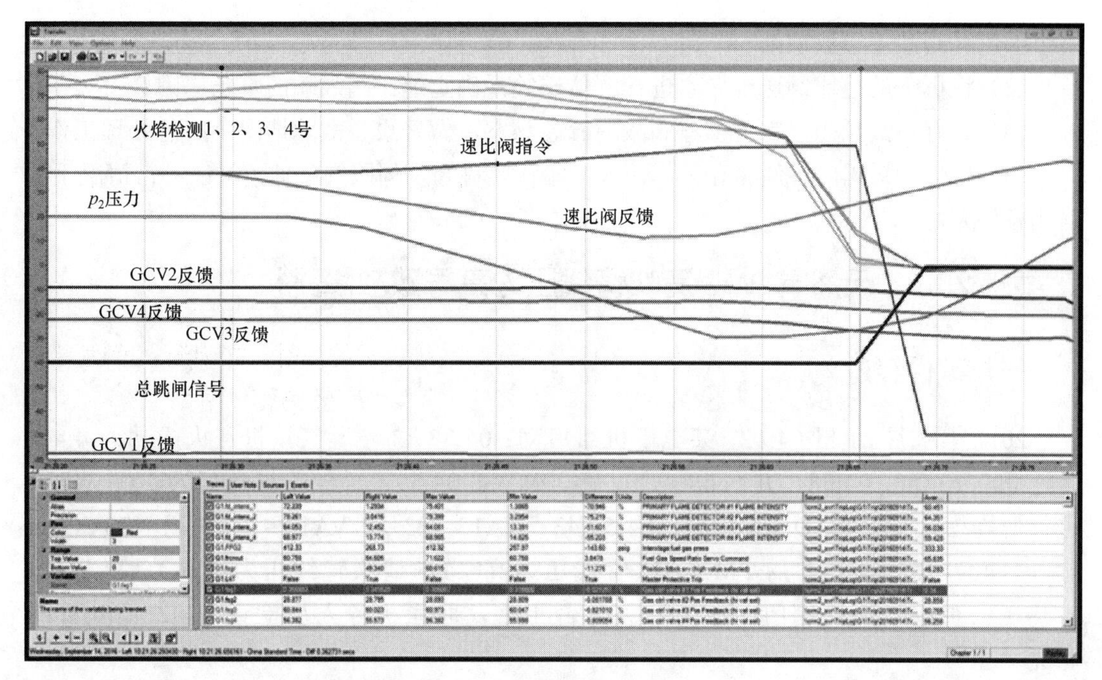

图 1－12　故障时历史曲线

经向调度申请同意，燃气轮发电机于 9 月 15 日 08:36 并网，汽轮发电机于 09:50 并网。

二、原因分析

经分析认为，导致跳闸的直接原因为速比阀在指令未变化的情况下由 60.6%突然关至 36%，进而导致阀后天然气压力 p_2 降低，造成燃烧波动，火焰熄灭。速比阀故障原因如下：

GE 公司 9F 级燃气轮机油系统设计为润滑油和 EH 油（液压抗燃控制油）共用一种油，通过与 GE 公司人员进行技术交流和对类似事件进行分析，发现该机组油系统在机组运行过程中，会出现润滑油漆化现象，润滑油的漆化有可能造成伺服阀内部滤芯堵塞导致阀门的异常动作。

经咨询，在某电厂同类型的 GE 公司 9FB 型机组，多次出现过由于油脂恶化导致燃气轮机跳闸的情况，其中也包括由于速比阀故障导致燃气轮机跳闸的情况。2016 年 5 月该电厂对燃气轮机油系统进行了分离改造（润滑油和 EH 油系统分开），改造后至今未出现燃料阀门故障导致燃气轮机跳闸的情况。

综上所述，初步判断导致速比阀故障突然关闭的原因为润滑油与 EH 油共用，在运行过程中润滑油在局部管路存在漆化的情况，导致速比阀滤芯堵塞不畅，伺服阀因控制油压不足而异常关闭。电厂准备将故障的速比阀伺服阀送至生产厂家进行解体鉴定。

三、防范措施

（1）与设备供应商研究制定燃气轮机油系统改造方案，并申报实施。

（2）与 GE 公司沟通，敦促 GE 公司配合制定燃料阀故障情况下系统控制方案，避免机组因燃料阀故障导致跳闸。

（3）将拆下的速比阀送至厂家进行解体试验，确定速比阀故障的真正原因。

（4）做好事故预想，完善燃料阀故障应急预案，做好设备故障情况下应急处理工作。

（5）加强燃料阀门备件储存工作，盘点库存燃料阀及伺服阀备件，保证异常情况下燃料阀备件充足。

案例 23　天然气 PM2 清吹管线压力高导致故障跳机

一、事件经过

2017 年 7 月 21 日 04:12，某电厂机组启动；04:33，3 号燃气轮机点火成功；04:42，定速 3000r/min；04:58，并网带初始负荷 20MW。04:59，燃气轮机负荷为 20MW 时，进行燃烧模式切换（1D 切至 3）；04:59:43，VA13－23 和 VA13－24 关闭，20VG－6 打开，40s（05:00:24）后 PM2 清吹管线压力高（D5 清吹管线压力不高）跳闸。联系热工人员检查清吹阀门、压力开关是否正常，联系机务人员检查 PM2 清吹管线有无堵塞。

05:57，3 号燃气轮机第二次启动，定速 3000r/min 后，06:35:43，强制 13－23 和 13－24 关闭，20VG－6 打开，PM2 清吹管线压力高，D5 清吹管线压力高，2min 后切除强制，D5 清吹管线压力仍高，现场检查管线温度正常（35℃左右），20min 后（06:56:33）燃气轮机停机，2400r/min 左右时，压力高信号消失。检修人员开始清理清吹放散管路。

10:56，3 号燃气轮机第三次启动；11:26，定速 3000r/min，热工人员通过强制信号，试验 PM2、PM3 清吹管线压力，正常。11:58，3 号燃气轮发电机并网；12:58，4 号汽轮发电机并网；13:31，机组投入 AGC，恢复正常运行。

二、原因分析

（1）3 号燃气轮发电机组并网后，燃烧模式由 DLN Mode 1D 切至 DLN Mode 3 过程中，PM2 清吹放散管线堵塞，PM2 管线清吹压力高保护动作跳机。

（2）清吹放散管线未设置排污管道阀门，无法有效监测放散管线内部是否积水、脏污甚至堵塞。

（3）机组检修期间，检修人员未对清吹放散管线内部情况进行检查，未及时发现脏污堵塞情况并有效清理。

三、防范措施

（1）3 号燃气轮机清吹放散管线增加排污管道及阀门。

（2）运行人员按照专业要求对放散管线进行定期排污。

（3）检修人员将放散管线内部情况检查作为机组检修时的定期检查项目，并择机进行彻底吹扫清理。

案例 24　燃料阀指令反馈偏差大导致机组跳闸

一、事件经过

2015 年 8 月 26 日，某电厂 1、2、3 号机组以“二拖一”方式最大出力运行，1 号机组负荷为 246MW，2 号机组负荷为 243MW，3 号机组负荷为 259MW。16:31，1 号燃气轮机发“2 号燃料阀指令反馈偏差大”主保护动作，机组跳闸。

查看历史曲线，16:31 VGC2 的指令与反馈信号稳定在 35.1%，突然在信号稳定的情况下，VGC2（燃料调节阀）的反馈 0.4s 从 35.1%飞升至 40.4%，达到跳闸阈值，引起机组跳闸（在逻辑中，当 VGC2 的指令信号与反馈信号偏差大于 4%，延时 0.25s 会触发上述保护跳闸信号），保护动作正确。热工专业做燃料速比阀、燃料调节阀阀门特性曲线，发现燃料速比阀（SRV）、燃料调节阀（VGC2、VGC3）线性度差。经电厂专业工程师与 GE 工程师分析，认为最可能引起这一现象的因素是阀门本体上的伺服阀出现不稳定，导致阀门不可控。8 月 27 日 02:00 对 SRV、VGC2、VGC3 的伺服阀进行更换后进行特性试验，阀门动作的线性度得到了很大的改善。

27 日 06:20，1 号机组启动；06:47，1 号燃气轮机跳闸，首出信号为“1 号燃料阀指令反馈偏差大”。查看历史曲线，06:47，转速约为 1932r/min，VGC1 的反馈、指令信号稳定在 41.2%，之后 0.4s 时间内 VGC1 的反馈迅速下降至约 18%，引起机组跳闸。热工专业更换了 VGC1、SRV 所公用的 CA001－1C4A－TSVC 端子底板；机务专业更换了 VGC1、VGC4 的伺服阀。

27 日 11:37，1 号燃气轮机再次启动；12:32，发“火焰消失跳闸”报警，机组跳闸。

经查直接原因是 SRV 0.3s 内自行快速全关，导致 p_2 压力快速降低，进而导致燃烧火焰不能维持。在启动过程中多次发生备用液压油泵联启的异常现象，联启的原因是液压油泵出口压力开关 63HQ－1A、63HQ－1B 同时动作。跳闸后电厂专业工程师与 GE 公司工程师召开专业会，通过分析认为，引起液控阀门的波动有两种可能，即液压油系统波动和跳闸油失去。发生跳闸时，液压油泵出口压力开关未发生油压低报警（报警动作值为 10MPa），故怀疑跳闸油系统出现问题。热工专业检查总的跳闸油电磁阀 20TV、20FG－1A、20FG－1B 均正常，线路可靠，模拟动作正确。机务专业更换 SRV、VGC1、VGC2、VGC3、VGC4 的跳闸油错油阀模块，同时更换 2 号液压油泵，并在盘车状态下调整液压油压、顶轴油压至标准值。在对拆下的伺服阀、跳闸油错油阀进行检查中发现，阀芯表面、油口处存在明显的胶质物、碳化物颗粒和硬质颗粒物。

28 日 04:57，1 号燃气轮机第三次启动，点火正常。06:16，燃气轮机跳闸，首出信号“1 号燃料阀指令反馈偏差大”。VGC1 的指令与反馈偏差大于 4%，延时 0.25s 跳闸。28 日上午召开了分析会，初步分析认为，由于液压油中存在胶质物、碳化物及硬质颗粒，从而导致燃料系统阀门的伺服阀卡涩、动作异常，致使燃料阀指令与反馈偏差大，保护动作、跳闸。而导致液压油中产生胶质物、碳化物及硬质颗粒的主要原因分析如下：

（1）液压油管道局部超温。

（2）伺服阀在安装前，液压油系统管道未进行冲洗所致。现场对润滑油、液压油管道附近进行超温检查发现：

1）燃气轮机 2 号轴承隧道内部温度长期在 110～155℃范围内，2 瓦回油管长期暴露其中（设计 168℃报警）。

2）燃气轮机 2 号轴承回油管在穿越排气扩散段筒壁处，温度高达 100℃。

3）IGV、IBH 液压油、跳闸油管在燃气轮机透平间内部分管道附近有高温管道（约 200℃）。

4）燃料模块内的液压油管道局部靠近高温管道保温等。

31 日再次组织召开了分析会。GE 公司工程师将本次跳机过程中相关数据发给其技术支持部门，排除了因燃烧系统故障导致跳机的可能。并通过对 1 号燃气轮机几次跳闸的现象进行分析和相关机群的经验，认为 1 号燃气轮机近期跳闸的原因为润滑油系统漆化所致。与会其他人员通过对跳机过程的相关参数、曲线进行分析，对检查过程中发现的问题进行充分讨论，意见集中在润滑油系统的油质劣化所致，并对下一步的检查工作进行了安排。

9 月 1 日，将 1 号燃气轮机润滑油箱中的润滑油倒运至检修油箱中进行过滤，并对 1 号燃气轮机润滑油箱进行清理，发现润滑油箱底部有明显的泥状胶质物、碳化物，润滑油箱壁上的液位线处有明显的棕色胶状物，进行了清理。

9 月 3 日，将过滤合格的润滑油重新倒运至 1 号燃气轮机润滑油箱，将伺服阀拆下后加装冲洗堵板对液压油系统进行冲洗，之后检查并更换了全部油系统滤芯。检查润滑油滤芯、液压油滤芯表面没用明显的异物，但手触有发黏的感觉，端盖接缝处有轻微的浅黄色胶状物。检查 4 只 VGC 伺服阀滤芯发现，滤芯内部存在严重的棕褐色沉积物。IBH（进气加热系统）伺服阀滤芯内部同样存在严重的棕褐色沉积物，且滤芯有明显胀粗变形，手摸有发黏感觉。更换新滤芯后对液压油系统再次进行冲洗后安装伺服阀，做阀门整体特性试验无异常。

9 月 5 日 20:16，进行处理后启动，启动过程顺利，运行正常。

9 月 7 日 06:00，1 号燃气轮机正式启动；06:45，机组并网。

二、原因分析

（1）燃气轮机液压油系统管道在伺服阀安装前未进行冲洗，并且液压油管道存在局部超温，导致液压油中产生胶质物、碳化物及硬质颗粒，造成伺服阀运行中卡涩，进而导致阀门指令与反馈偏差大保护动作。

（2）对燃气轮机液压油系统的隐患认识不够，没有认识到环境温度对油质的危害影响，油务监督没有针对性的措施，缺少定期检查、监控的手段，管理不到位，分工不明确。

三、防范措施

（1）加强设备隐患排查，按照集团公司隐患排查手册，对表、对标、对照逐项进行排查。要充分认识到超温对油质劣化的影响，及时消除设备隐患。

（2）对超温部位进行全面排查，制定严密可行的超温处理方案，严格执行保温的施工工艺，加强过程管理，严把质量验收关。

（3）制定燃气轮机油系统改进方案，对燃气轮机透平间的液压油管道路进行优化，尽可能采用焊接连接以减少法兰连接存在漏油风险；针对顶轴油、IGV 用油时液压油波动大，适当增加蓄能器，提高系统的稳定性；借鉴兄弟电厂的先进经验，加装静电式滤油机，提高润滑油品质，降低油质劣化趋势，同时储备必要的新油。

（4）进一步细化设备分工，按照有利于生产管理的原则，明确伺服阀的责任制。制定伺服阀合理的检查、检验周期，热工人员对伺服阀特性及时进行分析，及时掌握设备劣化趋势并及时进行处理。

（5）继续加强油务监督管理，重新梳理、规范油务监督流程，按照相关规程进行相关检测、检验，并将检验结果按时通报给设备部、发电部等部门及专业，履行签收手续。针对燃气轮机油质特点，进一步完善油质检验手段，如斑点检测法等；利用燃气轮机停机机会，及时提取液压油系统中的油样进行检验分析；对本次油中杂质进行定性分析，以便采取针对性措施。

（6）完善燃气轮机技术通报的管理，相关专业指定专人负责。加强相关通报的学习和签字，并能举一反三，提高燃气轮机的专业技术管理水平。

（7）针对 1 号燃气轮机存在的问题，利用“一拖一”大修和“二拖一”机组停运时机，对 2、5 号燃气轮机采取针对性的措施和技改，杜绝类似事件重复发生。

（8）进一步明确、细化设备管理、维护责任，将每个设备的管理、维护责任落实到人，将安全生产压力、责任逐级传递、分解，全员共同努力，保证安全生产的稳定。

案例 25　燃气轮机速比阀后压力高导致跳机

一、事件经过

某电厂天然气气源由东海天然气改为西气后，天然气压力上升到设计值 4.0MPa，但在 2 号燃气轮机启动点火后，却连续出现 SRV TRACKING（速比阀跟踪）故障，造成机组因速比阀后压力（p_2压力）高，机组熄火跳闸的故障，燃气轮机燃烧系统控制图见图 1-13。

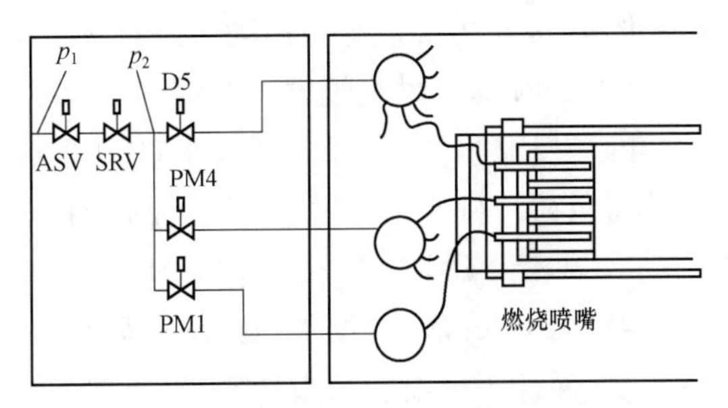

图 1-13　燃气轮机燃烧系统控制图

ASV—辅助截止阀；SRV—速比阀；D5—扩散燃烧管；

PM1—预混燃烧管 1；PM4—预混燃烧管 4

二、原因分析

MARKⅥ控制逻辑规定，在燃气轮机点火时FSR（燃料基准给定值）取大值19.7%，相应SRV开大；当点火成后即进入暖机值，此时FSR取值为11.56%，SRV要关小，p_2压力也要降低。如果SRV指令与反馈偏差超过5%或者SRV未跟踪，将导致阀后p_2压力高，延时5s机组将跳闸。

导致故障现象的原因：一是p_2压力高；二是SRV未及时关小，导致指令与反馈的偏差超过5%，一度超过15%。SRV未及时关至工况要求的原因通常有两个：一是阀门卡涩；二是阀门内漏导致关不严。为此，专门对阀门进行内窥镜检查，没有发现任何异常现象，从阀门开关情况来看，十分灵活，没有卡涩迹象。

通过运行参数对比分析，发现出现p_2压力高的几次故障的时候，燃气轮机的进气压力普遍比较高，为3.5MPa，而当天然气压力为3.2MPa时，则没有出现故障。因此，分析是由于天然气压力高，天然气流速增加，在同样的SRV开度下，其压力偏高。由于p_2压力高，不断控制给SRV指令关小，直至到零，但实际不能执行到位，所以最终导致指令反馈偏差大故障跳机。

三、防范措施

根据GE公司的燃气轮机运行维护说明书要求，机组的天然气进气要求值为2.89～3.23MPa，而目前天然气压力达到3.5MPa，超过了额定值，因此，只要控制天然气的进气压力p_1在额定值内即可。

案例26　燃料速比阀内漏导致启动失败

一、事件经过

某电厂机组投运初期，因燃气速比阀内漏引发启动失败比例较高。据2005年9月—2007年底的资料统计，在启动过程中共发生36次该类事件，原因是机组启动泄漏检查时，燃气速比阀内漏大，造成速比阀后p_2压力高，导致启动失败。

某机组启动，在阀门泄漏检测阶段，燃气辅助关断阀开启，此时燃气速比阀后p_2压力快速升高超过设定值689.5kPa，发泄漏检测失败报警，ETD（机组遮断保护）保护动作，机组启动失败。由于电网急需负荷，将速比阀后p_2压力定值由689.5kPa改为896.35kPa后，机组重新启动并网成功。第二天机组再次启动，在阀门泄漏检测阶段，速比阀后p_2压力超过896.35kPa，机组再次启动失败。为使机组能尽快启动，速比阀后p_2压力定值由896.35kPa改为1034.25kPa，才保证了机组启动成功。

二、原因分析

机组临检中，对速比阀进行解体检查，发现阀头有严重的磨损痕迹，已不能严密关闭。从磨损痕迹看，速比阀阀头磨损可能是天然气管道中含有杂质，被天然气夹带冲刷造成。

三、防范措施

对磨损的速比阀阀头进行研磨修理，并对天然气辅助关断阀前的天然气滤网、天然气前置模块系统内的燃气过滤器进行全面的检查和清理。

案例 27　燃气轮机 PM1 接管焊口运行中泄漏导致机组故障停机

一、事件经过

某电厂 1 号燃气轮机先后于 2009 年 11 月 24 日、2011 年 7 月 5 日、2011 年 7 月 7 日在燃烧器喷嘴 PM1 接管变径角接焊口处发生裂纹，事故发生后，该电厂先后三次以邮件和传真通知 GE 公司相关领导和现场 CPM，要求 GE 公司予以确认，并安排缺陷处理事宜，均没有明确答复。2011 年 7 月 26 日，再次发生因燃气轮机 PM1 接管焊接裂纹导致机组被迫停机事故。

二、原因分析

燃烧器结构不合理。

三、防范措施

（1）根据此前 GE 公司 PM4 改造经验，将 1 号燃气轮机 18 个喷嘴全部进行改造，PM1 改造前、后焊接连接形式对比见图 1－14，改造后可增加原裂纹区域的强度，减少应力集中，改造后比改造前结构更合理。

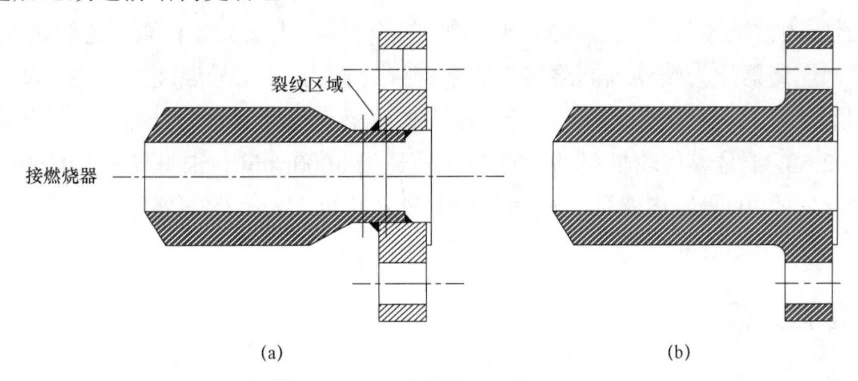

图 1－14　PM1 改造前、后焊接连接形式对比图

（a）改造前；（b）改造后

（2）1 号燃气轮机 PM1 裂纹已发生过 4 次共 6 只喷嘴，已不是个例，关于 PM1 裂纹原因查找工作与 GE 公司落实，包括 1、2 号燃气轮机燃烧器 PM1 处振动数据的检查方案及对比比较，对裂纹处附近管材及焊口进行金相、力学、材质化学分析，天然气环管支撑等，尽快查出原因，避免类似事故再次发生。

案例 28　天然气 PM1、PM4、D5 支管控制阀泄漏

一、事件经过

燃气轮机天然气 PM1、PM4、D5 支管控制阀由于设计缺陷多次导致阀门外漏天然气。2011 年 7 月 5 日机组准备启动时，发现 2 号燃气轮机燃气小间天然气检测装置报警，检查为 PM4 支管控制阀阀体法兰部位泄漏天然气，解体发现阀体密封圈损坏，更换密封圈后运行正常。

二、原因分析

控制阀密封圈设计有缺陷。

三、防范措施

PM1、PM4、D5 支管控制阀密封采用了一道密封圈进行密封，对于关键部位特别为燃气轮机燃料的控制阀，此设计安全性差，计划对密封圈进行改造，由一道密封圈密封改造为三道密封圈密封。

案例 29　燃烧器压力波动高导致燃气轮机跳机

一、事件经过

2006 年 10 月 5 日 20:14，1 号燃气轮机发“20 号燃烧器压力波动传感器异常信息”及“燃烧器压力波动预报警”光字牌。通知维护部检修班人员到场检查，之后此报警频发。23:02，发“燃烧器压力波动高高跳闸”光字牌（经查为 6、7 号燃烧器压力波动高高），1 号燃气轮机跳闸。停机后，技术人员查找压力传感器、信号回路未见异常，经与电网调度协商 6 日 02:50，1 号燃气轮机启动；03:21，转速为 3000r/min，未见异常；03:49，机组并列，04:33，发“20 号燃烧器压力波动传感器异常信息”及“燃烧器压力波动预报警”光字牌，机组维持 200MW 运行。

二、原因分析

10 月 8 日申请停机消缺，更换 20 号燃烧器压力波动传感器，当时故障排除。运行 5 天后发“20 燃烧器压力波动传感器异常信息”及“燃烧器压力波动预报警”光字牌。因仅有 20 号燃烧器压力波动传感器出现异常报警，且未发生灭火现象，判断为报警信号误发。

三、防范措施

由于此信号报警屏蔽后不影响机组正常运行，且机组运行中无法处理，决定暂时将 20 号燃烧器压力波动传感器信号屏蔽，待燃气轮机停运检修时彻底检查处理。

案例30　停机过程预混模式下火焰熄火导致故障跳机

一、事件经过

2010年7月3日，某电厂2号机组在停机降负荷过程中，在负荷为260MW预混模式下发生火焰熄火跳机，而后将停机切换温度点提高了12℃，但在7月8日晚再次发生在255MW预混模式下火焰熄火跳机。

二、原因分析

在查出问题和GE公司正式明确处理方案之前，保持提高燃烧模式切换点温度，在负荷为270MW进行燃烧模式手动切换的方法确保机组正常运行，同时进行如下检查：

（1）检查校验控制阀以及压力传感器；通过打开双联滤及燃气环管低点排水，检查管道系统是否有液体或固体杂物，检查滤网的完整状况。

（2）检查校验压气机IGV、进气加热控制阀（IBH）及CEMS（烟气在线监测系统），发现IBH有较高误差；收集和统计机组从满负荷降到270MW过程中IGV、IBH的动作变化情况。

（3）对燃料喷嘴的检查未发现异常，同时机组在升负荷及满负荷运行时排气温度分散度很好，基本可以排除燃烧系统硬件的因素。

（4）天然气环管压力波动较大。

（5）天然气参数、华白指数、NO_x排放对比未发现异常波动。

（6）对各燃气轮机进行分析对比，各机组不同燃烧温度下PM1燃料比例对比见表1-3。

表1-3　　各机组不同燃烧温度PM1燃料比例对比表

温度（℃）	1号机组	2号机组	3号机组
1260	10.5	11	11
1288	13	15.5	13.5
1316	14.5	16	16
1332	14.5	16	15.5

通过对比，认为在预混方式下的1288℃时，2号机组的PM1比例偏大，造成在该点的预混燃烧不稳定。

（7）2号机组在2010年检修后的第一次燃烧调整是3月21—22日，由于在6月19和20日两次停机过程中燃烧切换时熄火跳机，在6月21—22日进行了第二次燃烧调整，把燃烧切换点1260℃的PMI比例值从13%调整为11%，而对预混燃烧的比例值未进行调整。

（8）1288℃对应的机组负荷大致在260MW左右，可能是造成两次在250～260MW点附近熄火跳机的因素之一。

三、防范措施

（1）7 月 23 日，GE 公司技术人员进行燃烧调整，由于设备未到，仅仅把 1288℃的 PM1 值改为 14%后，反复切换正常。

（2）7 月 25 日，2 号机组燃烧调整，将高负荷时 PM1 量减小，增加 PM4 的量，此时火焰脉动与稳定性都得到改善，解决了停机降负荷至 260MW 时出现燃烧故障的问题。

案例 31　前置模块天然气泄漏导致机组停机

一、事件经过

2015 年 6 月 2 日，某电厂 5 号燃气轮机运行，燃气轮机负荷为 254MW，汽轮机负荷为 137MW，总出力为 391MW。

19:25，集控室消防中央控制柜发“5 号机组前置模块天然气浓度高”报警，就地查 5 号燃气轮机前置模块处漏气声很大，天然气味浓烈，立即汇报领导，对泄漏区域进行监测、警戒，5 号燃气轮机轮机和 4 号汽轮机紧急停运，并对相关燃气系统进行氮气置换隔离。6 月 3 日 05:00，天然气浓度检测合格，相关人员进入现场确认为 5 号燃气轮机涤气器下部排污口法兰泄漏（法兰结构图见图 1－15），拆下法兰后发现，法兰 O 形密封圈有 3/4 已被吹损不见（见图 1－16）。经专业人员研究后将排污口下法兰密封槽填焊后车平，加装高压石棉纸垫后紧固。14:30，充氮气，气密性试验合格。

图 1－15　涤气器排污口法兰结构图

图 1－16　拆下的法兰及残存 O 形密封圈

19:03，燃气轮发电机组并网；19:56，汽轮发电机组并网，机组恢复正常。

5 号燃气轮机涤气器设计压力为 4.17MPa、工作温度为 1～204℃。涤气器在制造厂组装完毕后运至安装现场，设备安装人员至此次事故前未曾进行过相关检修工作，设备的密封材料在相关资料中无具体说明。2 月 26 日，生产厂家技术人员提供了排污口法兰 O 形密封圈的规格、材质等信息，电厂按提供的信息购买备件。

在其他同型号燃气轮机大修时发现燃气轮机涤气器中有大量天然气中残留粉末状杂质，为预防事故发生，在 5 号燃气轮机停机检修期间，安排进行了燃气轮机涤气器的清理工作。涤气器排污口法兰O形密封圈槽结构尺寸见图1－17，槽宽9.4mm、槽深5.8mm、截面积54.52mm^2，按照GB/T 3452.3《液压气动用O形橡胶密封圈　沟槽尺寸》，该尺寸密封槽应选用直径为ϕ7的O形密封圈。而厂家在装密封圈及提供的备件购买尺寸却为ϕ10，ϕ10 O形圈截面积达到了78.53mm^2，是密封槽截面积的1.44倍，虽短时间能够密封，但最终会因密封圈失效而泄漏。从拆下的原装密封圈看出已经失效，见图1－18。更换的ϕ10密封圈被挤出密封槽，也不能保证法兰受力均匀，见图1－19。

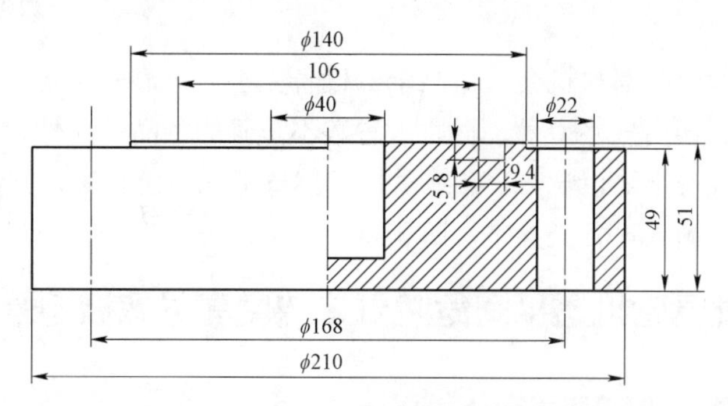

图1－17　排污口法兰O形密封槽结构尺寸

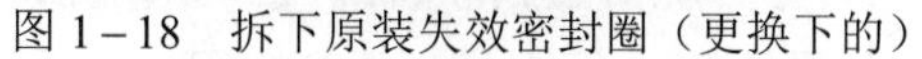

图1－18　拆下原装失效密封圈（更换下的）　　图1－19　更换了ϕ10密封圈后的情况

咨询太阳宫电厂涤气器排污口法兰O形密封圈尺寸已改为ϕ8（密封槽尺寸无相关资料），并再次向大连派思公司反应现场实际情况，其同意使用ϕ8密封圈。1号燃气轮机涤气器排污口法兰更换为ϕ8密封圈后打压4MPa、保压30min无异常。考虑设备安全可靠性，最终将3台燃气轮机涤气器排污口法兰改为高压石棉纸密封形式。

二、原因分析

（1）5号燃气轮机涤气器清理后，更换的涤气器排污口法兰O形密封圈由于尺寸不当导致密封失效，这是造成天然气泄漏的直接原因。

（2）相关专业技术人员、检修人员在更换O形密封圈过程中，对拆下的已经失效的密封圈以及新更换的密封圈未能及时进行比对、分析，过分依赖厂家，安装工艺不能全面掌握，验收把关不严，是造天然气泄漏的间接原因和主要原因。

三、防范措施

（1）加强密封材料相关知识的学习、培训，特别是针对天然气系统、抗燃油系统、主蒸汽系统使用密封材料的培训。不能简单地进行原拆原装，对缺陷的原因进行及时、细致分析，不能完全依靠厂家。

（2）加强密封材料的技术管理工作，设备订货要有详细的运行参数、介质性质、安装结构及特殊要求。

（3）结合机组检修、消缺机会，建立全部设备完善、可靠的设备、备品、配件台账，防止再次发生错用、误用规格型号、材质、参数不正确的备品、配件。

（4）加强天然气安全知识学习，熟练掌握天然气泄漏应急预案，完善应急机制，提高事故处理的能力，果断处理各类异常，防止事故扩大。

案例 32　燃气轮机透平间危险气体浓度高导致被迫停机

一、事件经过

5 月 29 日，2 号燃气轮机透平间危险气体探头 5A、5B、5C、5D 监测天然气探测浓度最高分别为 7%、8%、4%、3%，夜间 2 号燃气轮机停运后，对 2 号燃气轮机燃气小间打压查漏，检查未见漏点。

5 月 30 日，2 号燃气轮机轮发电机组并网后透平间危险气体探头 5A、5B 监测天然气探测浓度最高分别 11%、10%。夜间 2 号机组停运后，设备管理部机务班对 2 号机组透平间进行检查，目视检查 PM1、PM4、D5 燃料环管热控测点、金属软管及管道法兰、膨胀节，未发现漏点。

5 月 31 日，2 号燃气轮发电机组并网后透平间危险气体探头 5A、5B 监测天然气探测浓度迅速上升至 10%、15%。11:35，2 号燃气轮机停机处理。停机后，对透平间内天然气管道进行打压查漏，一共查到 3 处漏点。一处是 11 号燃烧器金属软管漏气严重，另两处是 PM1 卡套接头轻微漏。对 11 号燃烧器 PM1 金属软管进行更换后重新打压，未发现漏点。

二、原因分析

（1）2 号燃气轮机 11 号燃烧器 PM1 金属软管有漏点、机组透平间危险气体浓度高是造成机组被迫停机的主要原因。

（2）连续 2 天出现机组透平间危险气体浓度高，相关部门对危险气体浓度高数据分析不到位，停机后检查不到位，未能及时采取有效应对措施，造成机组存在较大隐患投入运行。

三、防范措施

（1）完善设备寿命管理，做好燃气轮机透平间和燃料小间天然气管道定期检查打压试验工作。

（2）做好机组运行状态分析，加强技术分析判断，完善预防措施。

案例 33　天然气泄漏导致机组跳闸

一、事件经过

2008 年 2 月 18 日，某电厂 1 号机组带基本负荷 410MW 运行。15:39，低压汽包水位调节阀故障关闭，低压汽包水位快速下降。机组立即降负荷，并去现场（炉顶平台）进行检查，发现该阀门的仪用空气管接头脱落，导致关闭。

15:45，在对高、中、低压汽包及凝器水位进行调整的过程中，机组负荷在 335MW 时燃气轮机进行燃烧模式切换，检查发现性能加热器退出，立即手动开启性能加热器进、出口门及调节阀，重新投用性能加热器。15:49，1 号机组燃气模块、燃气轮机罩壳内“危险气体高高跳闸”保护动作，机组跳闸。

事后检查历史记录发现，15:43，机组发“性能加热器水侧进水隔离阀不一致”“性能加热器给水－燃气压差低”“性能加热器给水－燃气压差低低”报警，但未能查出性能加热器的退出指令。因性能加热器退出，导致天然气温度由 180℃骤降至 115℃，燃气轮机因天然气温度低于预混燃烧要求的温度而切换燃烧模式。由于天然气温度快速降低导致燃料模块双联滤网前堵头的法兰垫片收缩而吹损，天然气泄漏导致“危险气体高高跳闸”保护动作。

机组跳闸后，紧急进行天然气隔离、泄压，氮气置换合格后更换法兰垫片，处理完成后于 18:33 机组启动正常。

二、原因分析

（1）低压汽包水位调整门仪用压缩空气管接头脱落是由于运行中管道有一定的振动，长期运行造成接头松脱。

（2）性能加热器进水电磁阀运行中关闭的原因初步分析为误动作。

（3）由于机组启停频繁，管道长期受冷、热交变应力影响，燃料模块处天然气管线法兰垫床吹损，致使法兰螺栓紧力下降；在温度突然下降时，垫片收缩较快，在天然气压力作用下，导致法兰垫片吹损、泄漏。

三、防范措施

（1）对 1、2 号机组的各仪用空气管道进行检查，找出仪用管道接头不牢固的地方进行加固处理，防止再出现仪用空气接头断裂的问题。

（2）制定针对因调节阀故障而引起的凝汽器，高、中、低压汽包水位突降的事故处理预案，并组织运行人员深入学习，确保在发生类似事故时做到心中有数，沉着处理。防止因此类故障引起的停机。

（3）对性能加热器进、出口电磁阀的控制及电源回路进行检查，找出电磁阀自动关闭的原因，加以消除，并对类似的电磁阀进行处理，防止再次出现类似的问题。

（4）对天然气管线上的所有堵板及各接头处法兰进行排查，发现有疑问的法兰垫片及时进行更换，防止类似问题再次发生。

案例 34　燃气轮机透平罩壳内天然气泄漏导致故障停机

一、事件经过

2011 年 7 月 4 日 19:59，某电厂 1 号燃气轮机组并网，2011 年 7 月 5 日凌晨，机组运行数据显示 1 号燃气轮机透平罩壳内危险气体浓度监测仪表（45HT－5C、45HT－5D）显示一定读数，接近报警值（报警值为 5%），同时，其他监测仪表未见读数。机务专业人员随即与运行人员一起，在透平罩壳冷却风机出口处实测危险气体浓度为 1.1%，且在风机排放口周围能够闻到天然气的味道，初步确认罩壳内存在天然气泄漏点。该电厂专业人员使用天然气检漏仪等手段分别对具备检测条件的喷嘴及法兰结合面进行检查，初步确认 1 号燃气轮机 5 号燃烧器 PM1 喷嘴节流孔板下游反法兰结合面区域和 15 号燃烧器 PM1 供气金属软管两端法兰面存在天然气泄漏迹象（见图 1－20）。2011 年 7 月 6 日 02:18，1 号燃气轮机停机。

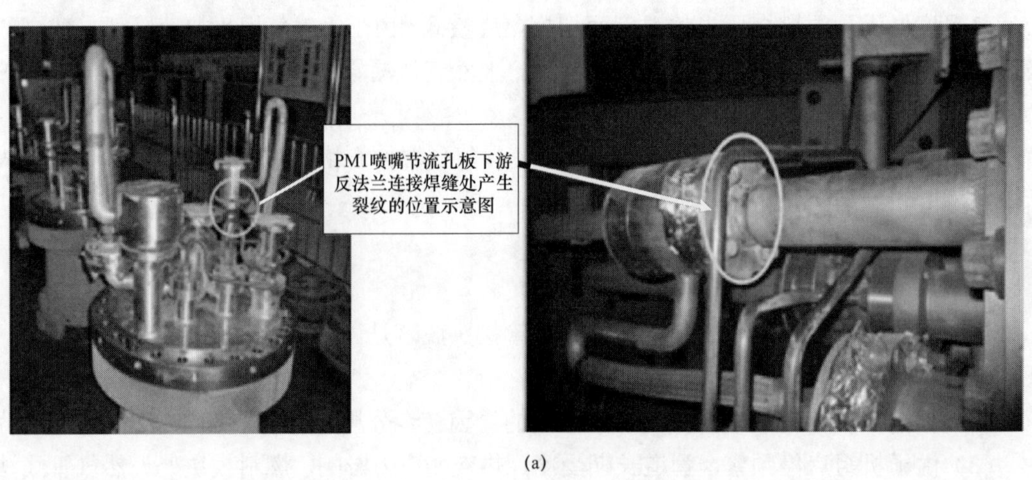

(a)

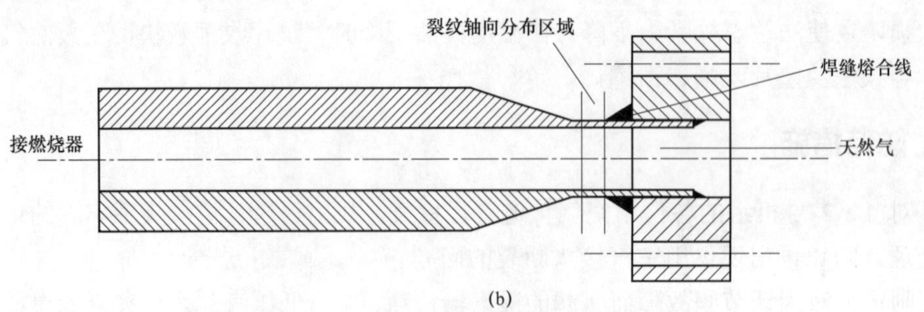

(b)

图 1－20　天然气泄漏点现场及示意图

（a）泄漏点现场；（b）示意图

鉴于机组安全运行考虑，在请示公司领导后，随即安排紧急抢修。

（1）对裂纹处进行补焊。

（2）对其他燃烧器容易产生裂纹的位置进行普查，由于燃气轮机未完全冷却，只能用肉眼观察，焊缝表面明显气孔、裂纹等缺陷，经检查未发现异常。

（3）对透平罩壳内天然气管道法兰螺栓进行复紧。

1 号燃气轮机组于 2011 年 7 月 7 日凌晨启动，01:57，并网。04:00，燃气轮机燃烧模式切换至预混燃烧模式（在启动 1.5h）后，透平罩壳内的危险气体浓度监测仪表再次出现读数。进入罩壳检查确认 6 号燃烧器 PM1 喷嘴法兰焊缝处存在裂纹，导致发生天然气泄漏。2011 年 7 月 7 日 11:31，1 号燃气轮机停机。

经研究讨论采用下列方案：

（1）更换 1 号燃气轮机 5、6 号燃烧器。

（2）由 GE 公司派专业技术人员对罩壳内燃烧器上所有焊缝进行排查。

（3）对透平罩壳内天然气管道所有法兰进行力矩复核并紧固。

（4）由于机组在初负荷期间振动偏大，在此次更换燃烧器期间，对 1 号燃气轮机转子进行动平衡。

1 号机组于 7 月 9 日凌晨启动，运行正常。低负荷振动正常。

二、原因分析

（1）喷嘴焊缝产生裂纹，从 5、6 号燃烧器喷嘴裂纹情况看，属于初始焊缝有瑕疵，未完全熔合，经过一段时间的运行后，焊缝未熔合部位随管道的振动逐渐恶化，形成裂纹。

（2）燃气轮机喷嘴 PM1 结构存在设计缺陷，从裂纹示意图看出，PM1 接管由渐缩大小头与法兰插焊而成，焊接部位管壁嘴最薄，强度最低；与法兰对接集块质量较重，焊缝承受较大应力。

（3）喷嘴结构设计缺陷与机组振动偏大的叠加效应。产生裂纹的焊缝属角焊缝结构，焊接一端的管道较长，另一端（远端或自由端）较重，在运行期间，远端对燃烧器本身的振动有放大效应；加上机组自今年春季解体检修后低负荷的振动高于报警值，且在最近两次启机过程中在低负荷停留时间较长，在此两种问题的共同叠加下，该处的焊缝产生裂纹。

（4）1 号燃气轮机 5 号燃烧器 PM1 喷嘴法兰焊缝已经出现裂纹，抢修补焊期间，虽对其他燃烧器进行过排查，但由于环境温度较高，无法采用着色专业方式进行检查，造成对潜在隐患排查不彻底。

三、防范措施

（1）严格审查新到或返修后的重要部件的检修检验报告，切实做好验收工作。

（2）吸取两次天然气泄漏的教训，充分利用停机时机，对已经存在的薄弱环节进行有针对性的检查，及时发现隐患并消除。

（3）立即组织与设备制造厂家就事故原因进行讨论，制定有针对性的技术改造方案，并要求在正在进行返修的部件上实施，待下次燃气轮机检修过程中，分别对在装的两套燃烧器 PM1 连接方式进行改造，将渐缩大小头与法兰插焊方式，改为整体锻造机加工而成，取消焊缝。

（4）强化“应修必修，修必修好”的理念，全面客观地评估检修的各个环节，切实保证检修过程的完整性和有序进行。

案例 35　燃气轮机华白指数超限导致快速降负荷

一、事件经过

7 月 16 日 06:31:08，某电厂 2 号燃气轮发电机组并网成功，2 号燃气轮机带初负荷（21MW）；操作员选择“预选负荷”控制模式，于 06:32:29 将 2 号燃气轮机的负荷指令设置为 40MW，06:35:49 将 2 号燃气轮机的负荷指令设置为 60MW，进行 2 号燃气轮机升负荷操作。

06:31:53，2 号燃气轮机的燃烧模式由 Mode1D 切换至 Mode 3，此时负荷约为 24MW。

06:35:20，2 号燃气轮机的燃烧模式由 Mode 3 切换至 Mode 6.2，此时负荷约为 43MW。

06:36:31，2 号燃气轮机的燃烧模式由 Mode 6.2 切换至 Mode 6.3，此时负荷约为 56MW。

在 2 号燃气轮机的燃烧模式进入 Mode 6.3 的同时，触发了快减负荷保护，逻辑名称为 L70L_FGWI（Fuel Gas System Lower Due to Wobbe Index），即由于华白指数超限，引起了快减负荷保护，历史曲线见图 1－21。

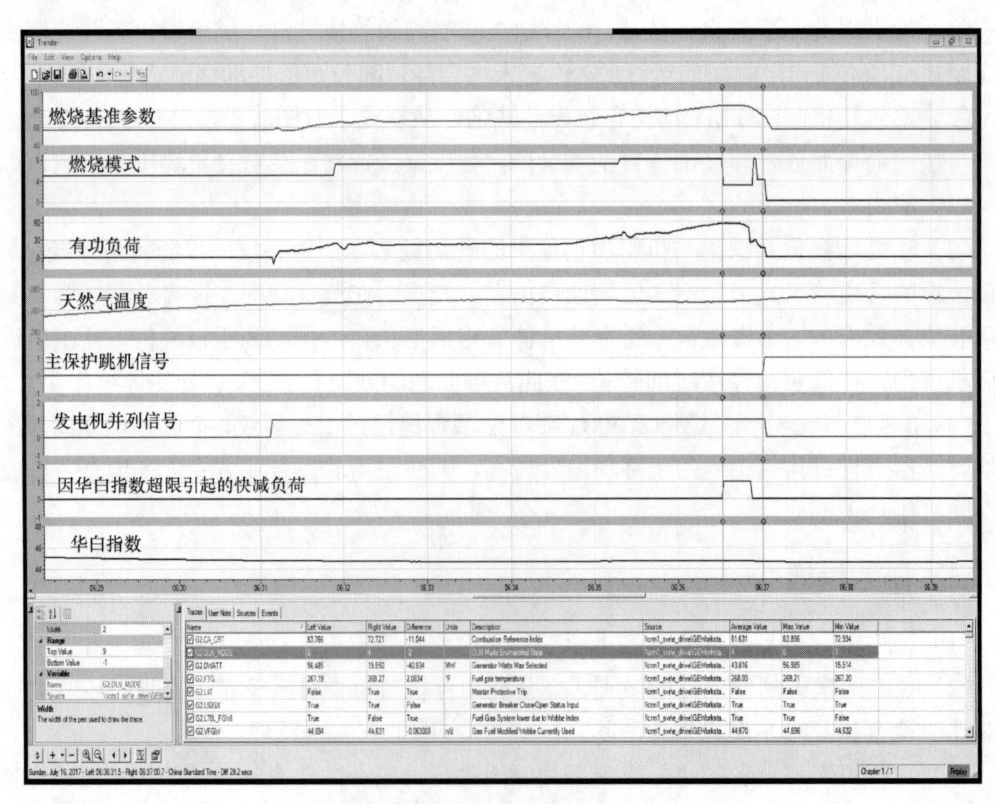

图 1－21　2 号燃气轮机华白指数超限时历史曲线

06:36:53，随着负荷的快速降低，2号燃气轮机的燃烧模式被拖出 Mode 6.3，由于华白指数超限而引起的快减负荷自动停止，2号燃气轮机回到 Mode 6.2。但是同时，由于天然气温度低，在前一个快减负荷的过程中，2号燃气轮机的燃烧已经出现了燃烧分散度大的问题，以至于1、2、3、4号分散度同时超过允许值，历史曲线见图1－22。

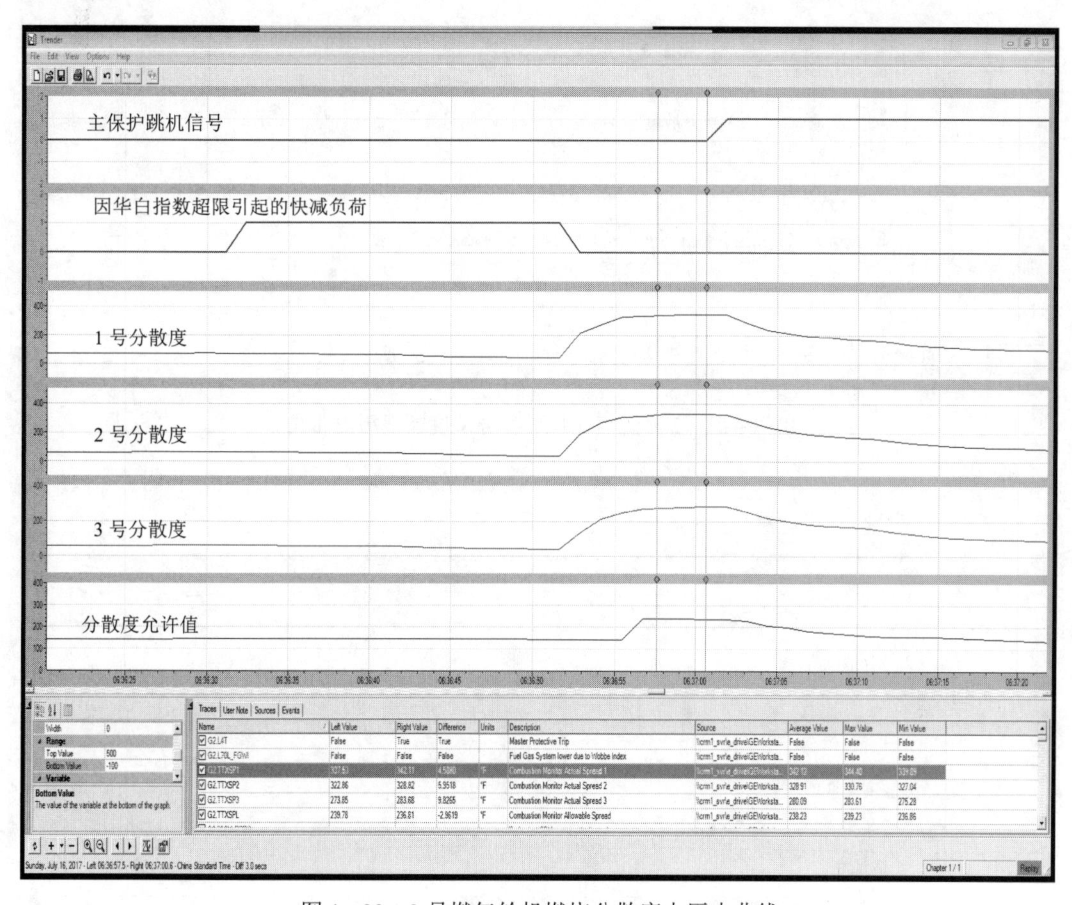

图1－22　2号燃气轮机燃烧分散度大历史曲线

1号分散度为217.3℉（102.9℃），2号分散度为196.1℉（91.2℃），3号分散度为136.0℉（57.8℃），允许分散度为141.7℉（60.9℃）。

06:36:52，由于2号燃气轮机分散度的进一步恶化，导致3号分散度超过允许的分散度，启动主保护跳机逻辑，若9s内3号分散度不能回落到允许范围内，保护将动作，历史曲线见图1－23。

06:36:57，由于分散度过大，触发了由于分散度大而引起的快减负荷保护（L70LSP2），此时1号分散度、2号分散度、3号分散度均超过允许分散度，历史曲线见图1－24。

1号分散度为333.0℉（167.2℃），2号分散度为314.9℉（157.2℃），3号分散度为271.1℉（132.8℃），允许分散度为240.1℉（115.6℃）。

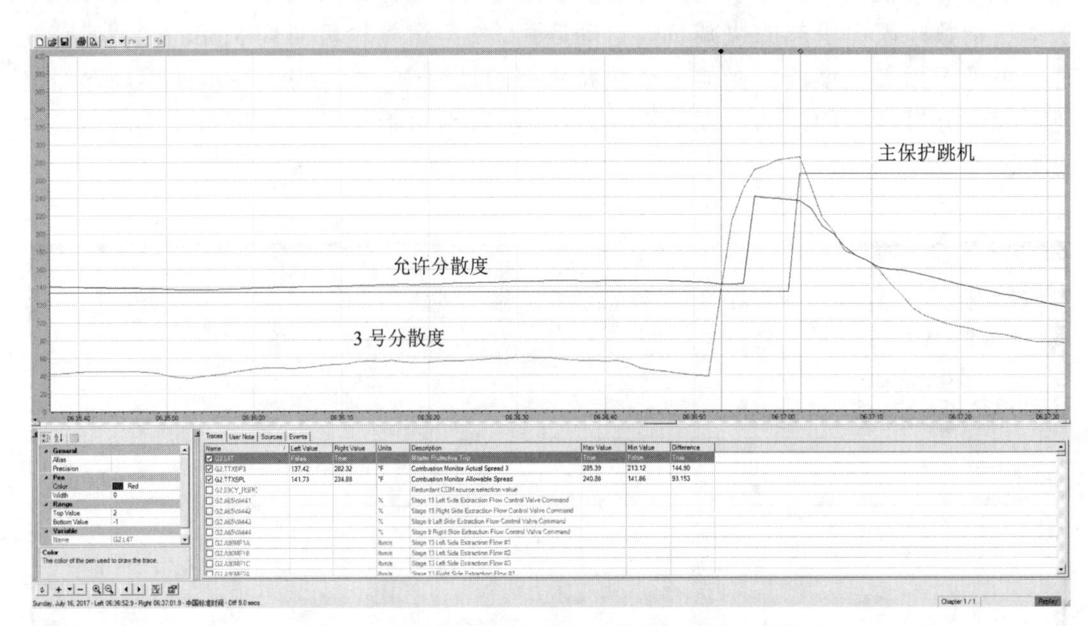

图 1-23　2 号燃气轮机 3 号分散度超限历史曲线

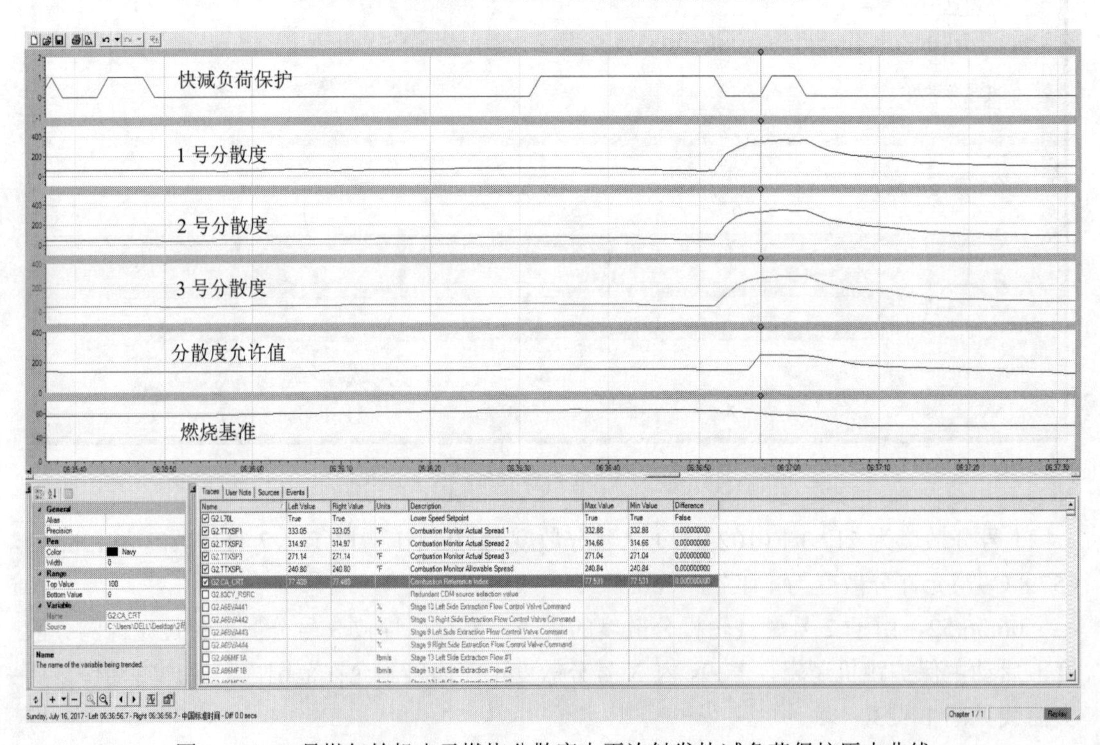

图 1-24　2 号燃气轮机由于燃烧分散度大再次触发快减负荷保护历史曲线

06:37:01，随着 2 号燃气轮机的快减负荷，燃烧分散度并没有得到改善，触发由于分散度大引起的机组跳机（L30SPT），首出报警为“High Exhaust Temperature Trip”（燃烧分散度高），见图 1-25。

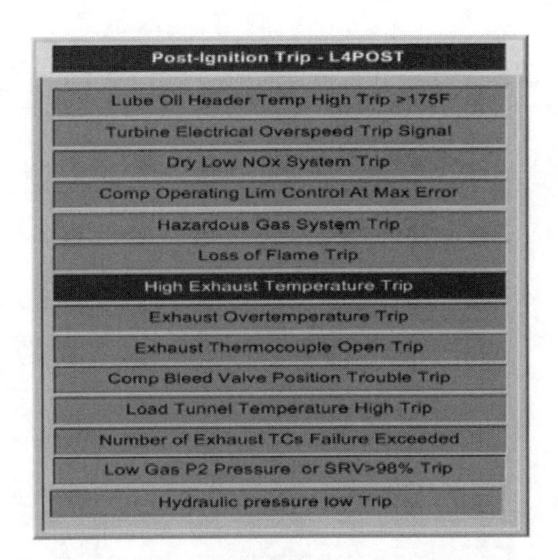

图 1－25　2 号燃气轮机跳机时的首出报警（黑色）

通过查询历史曲线，排气温度的实际变化情况与上述报警过程相符。

从图 1－26 中可以看出伴随着快减负荷的过程，2 号燃气轮机的燃烧分散度呈现逐渐增大的趋势，下降较快的温度曲线所对应的排气热电偶均安装在排气缸的上半缸（4、3、2、1、18、17、16、15 号），且随着快减负荷的发生，2 号燃气轮机燃烧的火焰强度下降了约 10%（见图 1－27），最终造成上半缸的燃烧不稳定，引起分散度的不断增大。

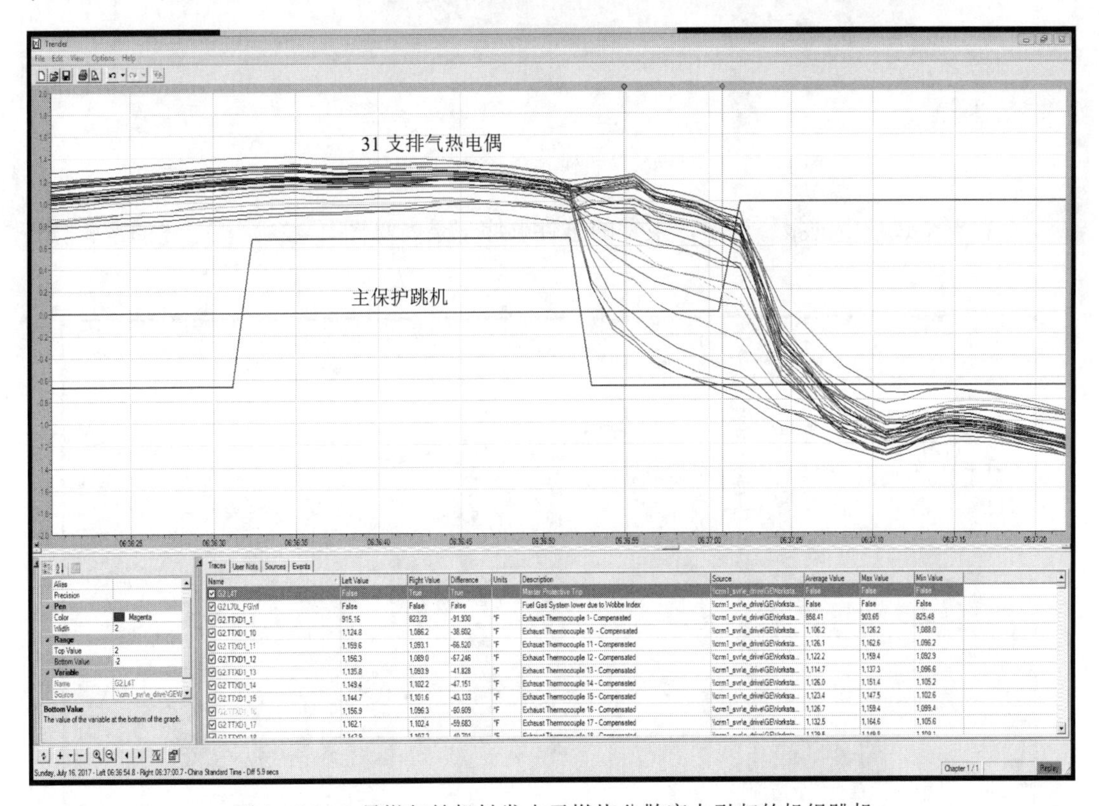

图 1－26　2 号燃气轮机触发由于燃烧分散度大引起的机组跳机

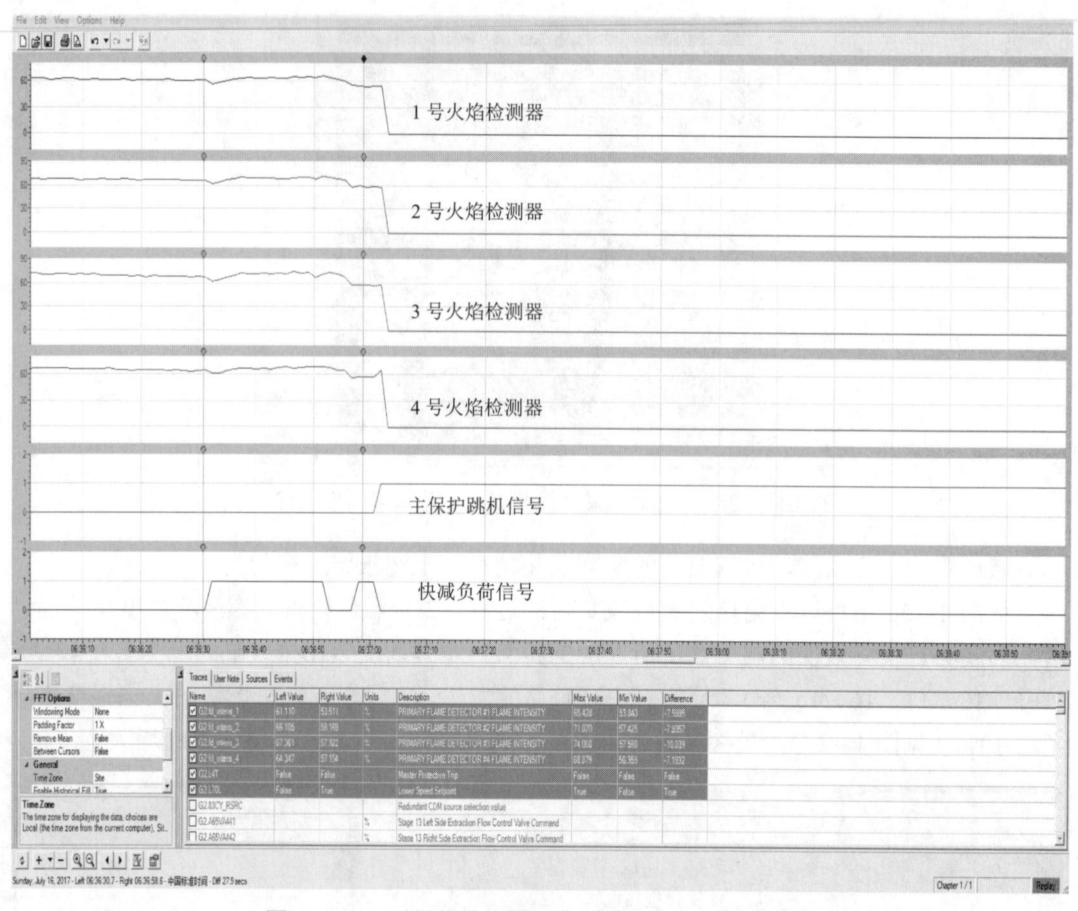

图1-27　2号燃气轮机快减负荷过程中火焰强度变弱

查看整个过程中的报警记录，报警的事件顺序记录（见图1-28）与上述的逻辑分析相符。

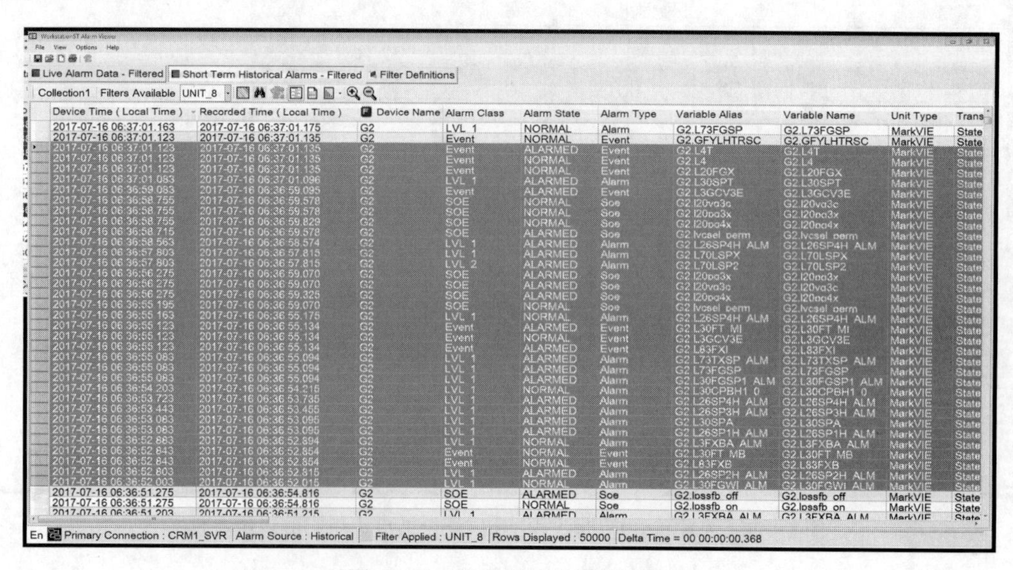

图1-28　整个事件的报警记录

二、原因分析

2 号燃气轮机跳机的首出为“燃烧分散度大引起的跳机”，但是造成燃烧分散度大的直接原因是操作员在华白指数未回落到允许范围时就进行升负荷的操作，引起机组快减负荷，由于 2 号燃气轮机初启动，天然气温度较低，所以在负荷的快速降低过程中，造成了燃烧不稳定，形成燃烧分散度，并使分散度进一步扩大，最终达到跳机条件。

华白指数仅与两个因素有关：

（1）华白指数与色谱仪实测的组分值成正比。（即天然气的发热能力）

（2）华白指数与天然气温度成反比。（即天然气温度越低，华白指数越高；天然气温度越高，华白指数越低）

在燃气轮机控制系统的逻辑中，设置关于天然气华白指数超过允许范围后触发的快减负荷保护（RB），其条件为：当燃气轮机进入燃烧模式 Mode 6.3 后，若此时天然气的华白指数偏离标准值的±10%区间（标准设计值为 39.6，允许区间为 35.64～43.56），就会触发快减负荷保护，直至将燃气轮机拖出 Mode 6.3 燃烧模式，快减负荷自动停止。

在 7 月 16 日 2 号燃气轮机跳机的案例中，2 号燃气轮机在进入 Mode 6.3 时，天然气温度仅为 267℉（130℃），该电厂使用的天然气组分稳定，查询热值无变化，经过折算后，当时的华白指数为 44.69，已超过允许的上限值（43.56），所以 2 号燃气轮机进入 Mode 6.3 后，触发了快减负荷保护。由于天然气温度低，在快减负荷的过程中，引起了分散度增大。

三、防范措施

（1）在机组启动过程中，随时监视天然气性能加热器画面，关注天然气温度的变化情况，由于加热天然气的性能加热器所使用的热源来自于中压给水，在机组启动初期，由于负荷低，排气温度低，会导致锅炉侧给水、天然气温度存在升温的过程，尤其是冬季工况下的冷态启机，天然气温度升高的过程就会更加缓慢。建议将燃气轮机升负荷至 Mode 6.2，之后进行等待，监测到华白指数低于 43 后再进行后续的升负荷操作，将燃气轮机燃烧模式提升至 Mode 6.2 有以下两个优点：

1）将燃气轮机的负荷小幅度升高，避开初负荷系统工况波动较大的区间，远离逆功率动作点。

2）在燃气轮机进入燃烧模式 Mode 6.2 之前，性能加热器回水调整门 VA41－9 会维持在最小开度 15%，当燃烧模式进入 Mode 6.2 后，该调整门会跟随来水温度来调整阀门开度，可加速天然气温度的升高。

（2）建议不要使用负荷点来描述燃烧模式的切换点，由于在不同工况（冬季/夏季、天然气温度、天然气成分）下会导致燃烧模式的切换点存在差异，所以以负荷点来描述燃烧模式的切换容易造成误导。建议参考 Control－DLN2.6＋画面中的参数 CA_CRT（燃烧参考基准）的数值作为燃烧模式切换点，见图 1－29。

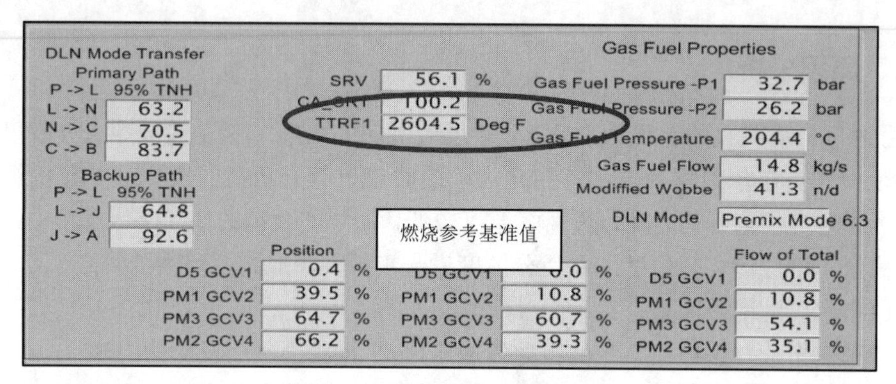

图 1－29　燃烧模式切换的依据

（3）提前做好相关的事故预想，若燃气轮机性能加热器水侧的截断门、调整门、滤网等发生故障，或锅炉侧加热天然气的热源管线上发生故障，有可能会中断性能加热器加热天然气的过程，使天然气温度快速降低，建议操作员发现异常后及时进行响应，申请手动降低燃气轮机负荷，将燃气轮机的燃烧模式拖出 Mode 6.3，避免快减负荷发生时造成的燃烧扰动。

案例 36　天然气温度低导致燃气轮机排气分散度大跳机

一、事件经过

2014 年 11 月 13 日，某电厂 1、2、3 号机组“二拖一”方式正常运行，总负荷为 356MW（1 号机组为 54MW、2 号机组为 200MW，3 号机组为 102MW）。

15:17，1 号燃气轮机启动过程中，机组负荷升至 54MW 时，1 号发电机出口断路器跳闸，报警信号为燃气轮机排气分散度大。经处理，20:52，1 号机组并网。

二、原因分析

1 号燃气轮机负荷达到 60.79MW，此时 CA_CRT（燃烧参考基准）达到 83.7，即 Mode 6.2（Mode C）到 Mode6.3（Mode B）的切换点，随即进行燃烧模式的切换，当时的天然气温度低（FTG=293℉），导致天然气修正后的韦伯指数高（VFGW=44.310）；在逻辑设定中，当燃气轮机的燃烧模式进入 ModeB，且韦伯指数偏离设计值±10%的范围时，就会触发快速减负荷逻辑 L70L_FGWI，直到将燃烧模式拉出 Mode 6.3。韦伯指数的设计值为 39.6，±10%的区间即 35.64～43.56。15:16:43，触发 L70L_FGWI，燃气轮机开始自动减负荷。15:17:05，CA_CRT 降到 81.6，此时负荷已下降到 34.8MW，燃烧模式从 Mode 6.3 切换回 Mode 6.2。

在 1 号燃气轮机启动前，GE 公司对燃烧自动调整 Autotune 的部分功能常数进行了修正，修正完成后，需重启 1 号燃气轮机控制器，新的 Autotune 功能即可生效，但是由于当时正处于 APEC 重大活动期间，且 2 号燃气轮机正在运行，1 号燃气轮机和 2 号燃气轮机之间有相互联络信号，为避免影响 2 号燃气轮机，故未重启 1 号燃气轮机控制器，且保持强制信号 L83MBC=0，即燃烧自动调整功能 Autotune 未投入；在 1 号燃气轮机的负荷降低过程中，IGV 开度一直保持为 41.5。故导致燃烧不稳定，甚至已导致上半部的几个火焰筒失去火焰。1 号燃气轮机故障历史曲线如图 1-30 所示。

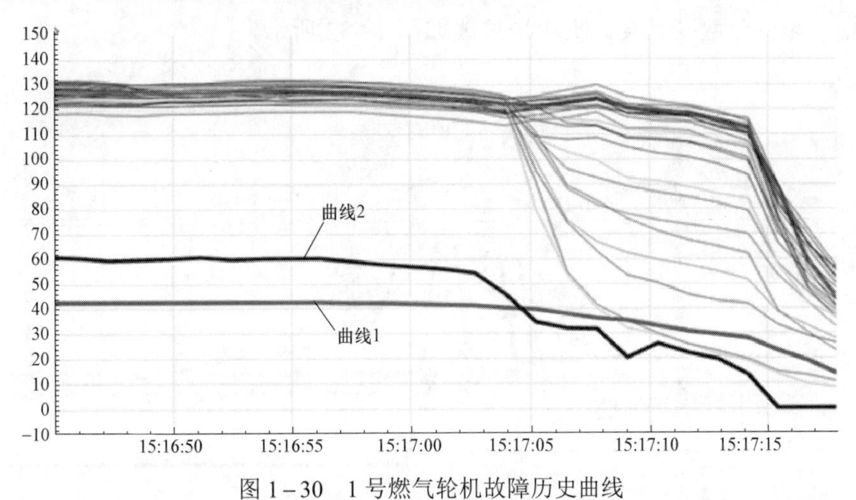

图 1-30　1 号燃气轮机故障历史曲线

在图 1-30 的历史曲线截图中，在开始位置最下方数字 42 处曲线 1 代表 CA_CRT，中间数字 60 处曲线 2 代表负荷，其余的上方数字 120～135 之间细线代表 31 支排气热电偶的温度值，可以看出，当负荷降低后，这 31 个温度值出现了明显的偏差，下降明显的曲线代表的是 23、24、25、26、27、2、29、30、31 号排气热电偶的温度实测值，说明上半部的几个火焰筒温度异常，甚至可能已经失去火焰。

当机组切换到 Mode 6.2 后，自动减负荷保护 L70L_FGWI 消失，但是由于上述的原因，导致燃气轮机的燃烧分散度过大。1 号燃气轮机分散度历史曲线如图 1-31 所示。

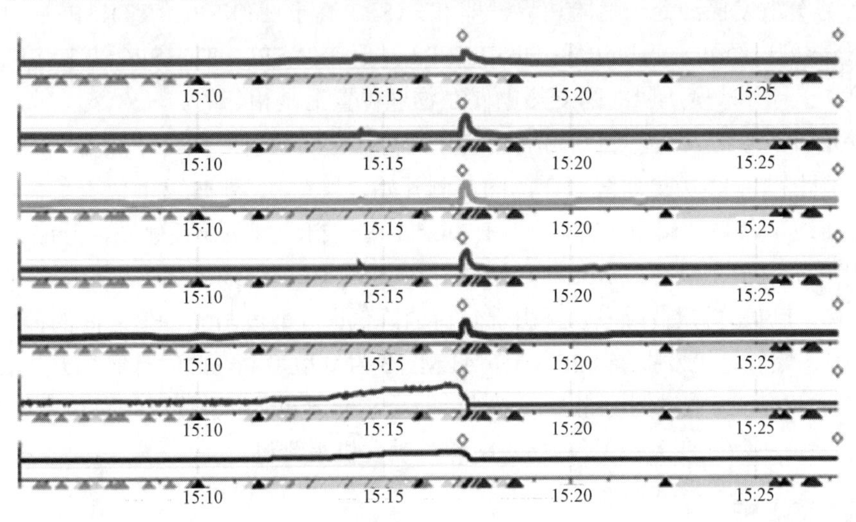

图 1-31　1 号燃气轮机分散度历史曲线

图 1-31 的历史曲线截图中，1 号分散度 TTXSP1 为 286.52℉，2 号分散度 TTXSP1 为 283.13℉，3 号分散度 TTXSP1 为 202.44℉，4 号分散度 TTXSP1 为 189.19℉。

可以看出，1、2、3、4 号分散度均已高于允许分散度值，因此触发报警 L26SP1H_ALM（1 号分散度高报警）、L26SP2H_ALM（2 号分散度高报警）、L26SP3H_ALM（3 号分散度高报警）、L26SP24H_ALM（4 号分散度高报警）。

1 号燃气轮机分散度触发跳机历史曲线如图 1–32 所示。

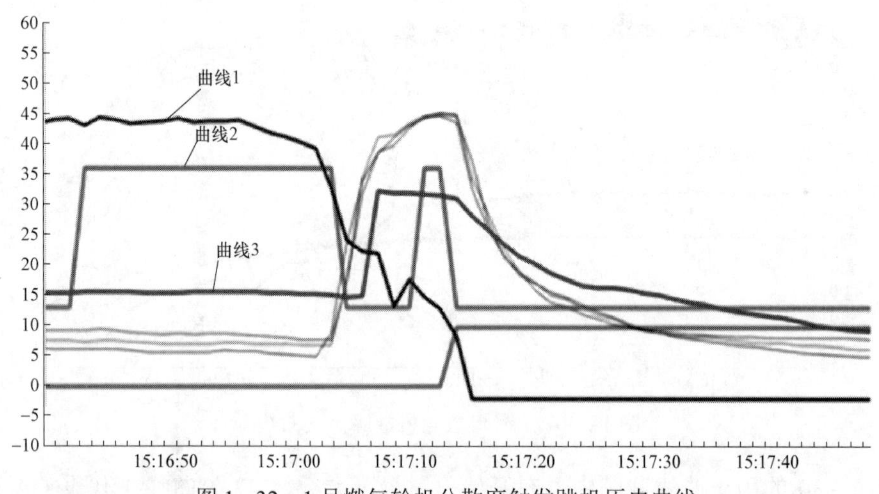

图 1–32　1 号燃气轮机分散度触发跳机历史曲线

由于上述 4 个分散度高的逻辑均已经被触发，在逻辑中，当以下两个条件任意一个成立，延时 6s，会触发 L70LSP2（Exhaust Temperature Spreads at Risk Level）：

（1）1 号分散度已经处于危险边界，即 TTXSP1 高于 TTX1SPL × TTKSP5 = TTXSPL × 0.76；2 号分散度已经处于危险边界，即 TTXSP2 高于 TTXSPL × TTKSP6 = TTXSPL × 0.67。1 号分散度、2 号分散度所属的两支热电偶在物理位置上是相邻的。

（2）2 号分散度已经处于危险边界，即 TTXSP2 高于 TTXSPL × TTKSP5 = TTXSPL × 0.76；3 号分散度已经处于危险边界，即 TTXSP3 高于 TTXSPL × TTKSP6 = TTXSPL × 0.67。2 号分散度、3 号分散度所属的两支热电偶在物理位置上是相邻的。

当 L70LSP2 被触发后，燃气轮机继续减负荷，由于负荷降低，分散度大的现象会越发明显，详见图 1–32 历史曲线截图，图左侧开始位置在 45 处曲线 1 代表负荷，开始位置在 14 处曲线 2 代表逻辑量 L70L，当 L70L = 1 时，自动减负荷被触发，开始位置在 16 处曲线 3 代表允许分散度 TTXSPL，开始位置在 0.5～10 处细线簇代表机组的分散度。

15:17:10，L70L 再次被触发，且由于负荷的降低，分散度与允许值之间的偏差越来越大，15:17:05，燃气轮机发报警 L26SP3H_ALM，3 号分散度高，此时计时器开始计时，并网后延时 9s，若在 9s 内，3 号分散度仍然高，即会引起跳机。由于持续减负荷带来的影响，使分散度的差值不断地变大，最终导致 9s 后，触发机组跳机。

三、防范措施

（1）在条件允许的情况下，重启 1 号燃气轮机控制器，使燃烧自动调整 AutoTune 功能生效，保证在瞬态条件下保持燃烧的稳定。

（2）由于性能加热器是以中压省煤器给水为热源来加热天然气的，在机组低负荷状态下，燃气轮机排气温度低，导致锅炉侧的给水温度低，天然气的温度就不能很快地升高，天然气的温度低会直接影响到天然气的韦伯指数，若韦伯指数偏离设计值的±10%范围，则机组无法升到 ModeB，按照经验值，这个负荷点在 50～60MW 之间。尤其是在冷态启动的过程中，且随着天气的逐渐变冷，这个现象会更加明显，可以通过在启机过程中投入启动电加热器并延长暖机时间等手段来降低韦伯指数，避免频繁的燃烧模式切换对燃烧过程带来的扰动。

案例 37　燃气轮机排气分散度大导致燃烧器损坏

一、事件经过

某电厂自 2008 年 5 月开始，1 号燃气轮机排气分散度呈现出逐步增大的趋势，尤其是从 7 月中旬开始到下旬的 2 周内排气分散度迅速增大，在基本负荷时达到 100°F。故对燃烧器内部进行检查，发现 1 号火焰筒有明显的鼓包现象，火焰筒部分热障涂层已脱落，并有一个长度约 20mm 的贯穿裂纹。2、5、17 号火焰筒涂层剥落情况也很严重。2009 年 11 月，1 号燃气轮机排气分散度再次逐步增大，11 月 16 日 280MW 负荷时，分散度达 106°F，并发现燃气轮机排气扩压段至余热锅炉进口连接段有强烈的气流脉动声。11 月 19 日，通过内窥镜检查发现 4 号燃烧器有两个燃料喷嘴上有积碳现象，并发现燃气轮机透平第一级动叶烧蚀缺损的情况，见图 1－33。

（a）

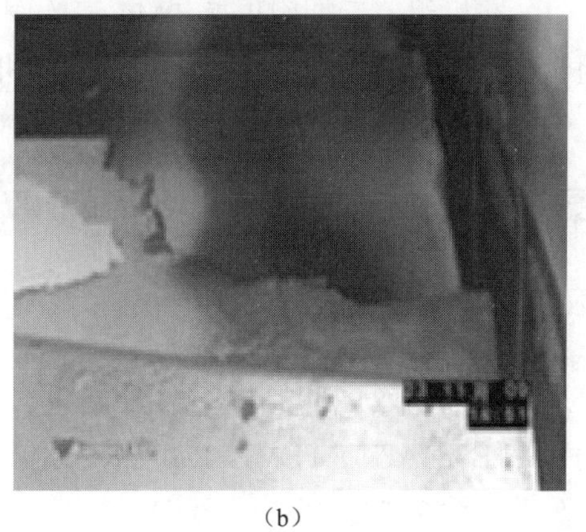

（b）

图 1－33　燃料喷嘴及透平一级动叶损坏情况

（a）喷嘴积碳；（b）一级动叶烧蚀

二、原因分析

（1）火焰筒部分热障涂层脱落。

（2）燃料喷嘴上有积碳现象、透平第一级动叶烧蚀缺损。

三、防范措施

（1）根据火焰筒的损坏情况，对1、2、5、17号4只火焰筒进行更换备品处理。

（2）2009年12月，安排相关抢修工作，更换了3片一级动叶、4号燃烧器端盖、7号导流套、全套火焰筒和过渡段。

案例38　PM4清吹阀VA13-6内漏导致燃气轮机分散度大跳闸

一、事件经过

某电厂3号燃气轮机按调度令停机，预选负荷为250MW，22:58:48，机组负荷为258MW，TTRF1=2252。燃气轮机报“COMBUSTION TROUBLE G3/L30SPA”“HIGH EXHAUST TEMPERATURE SPREAD TRIP G3/L30SPT”，机组跳闸，1号分散度为352℃，2号分散度为333℃，3号分散度为330℃，20～28号排气热电偶出现低温区。

二、原因分析

经查为PM4清吹阀VA13-6内漏，3号燃气轮机燃烧系统不稳定，出现LBO熄火现象。

三、防范措施

（1）在机组停运期间更换PM4清吹阀VA13-6，并定期活动清吹阀。在未查出具体原因时，临时抬高燃烧切换点温度，确保机组正常启停。

（2）联系GE公司厂家，进行季节性燃烧调整。

案例39　燃烧模式切换时分散度大导致机组跳闸

一、事件经过

2010年7月21日，某电厂机组启动，在机组负荷为220MW时进行燃烧模式切换时，发“HIGH EXHAUST TEMPERATURE SPREAD TRIP”报警，燃气轮机燃烧分散度高跳闸，最大分散度达285℃。

7月22日，同样在机组启动至燃烧切换时发生分散度大跳机，最大分散度达275℃。

二、原因分析

（1）从跳机现象分析，在燃气轮机燃烧模式切换时因燃烧火焰部分熄灭而造成燃烧分散度高跳机。

（2）经查找造成火焰熄灭的原因：由于在7月19日查直流接地故障时将燃气轮机控制系统MARKⅥ主控制器断电，而6月23日GE公司做燃烧调整修改的部分参数没有下装，造成暂存控制器的参数丢失，使控制器的参数恢复到6月23日燃烧调整之前的参数，燃烧调整前存在火焰熄灭的现象。本次火焰熄灭原因应为燃烧调整参数失效。

三、防范措施

重新进行燃烧调整，及时下装参数，机组恢复正常。

案例 40 燃气轮机排气分散度大导致机组跳闸

一、事件经过

2015 年 4 月 6 日，某电厂 1 号燃气轮机小修后启动，11:27 燃气轮机正常启动负荷逐渐升至 60MW，当时以预混燃烧模式运行，1min 后负荷突降至 21.3MW，此时燃气轮机排气温度 TTXM 有所下降，伴随分散度上升超过 220℃，燃气轮机发出 L30SPT（排气温度分散度大跳闸信号）。

经初步检查，发现燃气轮机在无任何指令和异常情况下突然甩负荷。FSR（燃料基准）、TNH（转速）、CPD（压气机排气压力）、CTD（压气机排气温度）均未发生明显变化。1～11 号排气温度热电偶标示温度值有明显下降，1、2、3 号排气分散度 TTXSP1、TTXSP2、TTXSP3 均超过允许排气分散度，TTXSP1 达 220℃。

为了能够使机组尽快投入正常运行，同时能够更好地收集数据，观察故障现象，再次启动燃气轮机，转速升至空载全速时，以亚先导预混燃烧模式运行，燃烧室火焰波动较大，1 号排气温度分散度 TTXSP1 达到 80℃，接近允许分散度 97℃，且第 3～25 号热电偶指示区域出现低温区，基本确认燃烧室燃烧故障，手动停机。

二、原因分析

11:26:53，燃烧模式正常切换至预混燃烧模式，带负荷为 60MW，燃烧参考基准 CA_CRT＝82.54。11:27:57，燃气轮机甩负荷至 21MW，同时分散度开始增大，在 3～10 号排气温度热电偶指示区域出现低温区，最低温度位于 6 号排气热电偶处。

检查 D5、PM1、PM2、PM3 各燃料通道控制阀阀位 FSG1、FSG2、FSG3、FSG4 均没有明显变化，火焰强度出现小幅波动，CO 排放体积分数异常增大至 1500×10^{-6}，NO_x 排放量有所降低，基本判断故障为部分火焰筒火焰熄灭。

在第 2 次启动至全速空载时，位于第 3～25 号热电偶区域出现低温区，最低温度位于第 27 号热电偶指示区域。启动过程中，转速升至 54%额定转速时分散度开始增大，同时 2、4 号火焰探测器显示火焰闪动直至熄火现象。

根据 9FA 燃气轮机在 60MW 负荷时的扭转角并结合两次排气热电偶所测温度数据，初步判断为 7～12 号火焰筒存在异常。经现场检查，未发现可疑脏污和喷嘴堵塞现象。从现场数据分析原因如下：

（1）近期天然气成分有所变化，热值有所降低，约 0.5%，虽然对高负荷燃烧没有太大影响，但是因为环境温度升高，所以对机组启动过程有一定影响。

（2）第 2 次启动时分散度虽然高达 80℃，但是火焰波动及燃烧脉动情况好于第 1 次启动状况，说明燃烧状况逐渐趋于稳定。

（3）近几次启动过程中已经有火焰闪动、燃烧不太稳定的情况。

三、防范措施

（1）根据天然气成分和运行工况，对控制常数进行适当调整，提高燃烧稳定性。

（2）高速盘车，从燃气环管底部排污口处进行喷嘴反吹，去除喷嘴的脏污物。

（3）延长空载时间，运行参数稳定后并网。

（4）不能完全排除分散度高的状态时，可以边运行边观察，若不再发展即正常投入运行。

（5）根据 GE 公司意见，对以下参数进行调整：

1）暖机时燃料基准 FSKSU_WU 从 11.97 改为 12.69。

2）启动加速阶段 FSR 基准 1 FSKMNUI[0]从 9.96 改为 10.26。

3）启动加速阶段 FSR 基准 2 FSKMNU2[0]从 11.97 改为 12.69。

4）启动加速阶段 FSR 基准 3 FSKMNU3[0]从 16.79 改为 17.8。

5）启动加速阶段 FSR 基准 4 FSKMNU4[0]从 17.79 改为 18.86。

以上参数调整增加了启动暖机及升速前段的燃料量 FSRMIN。燃气轮机启动进入高速盘车后，打开燃气环管底部排污口，对喷嘴及环管进行反向吹扫约 30min。随后燃气轮机开始点火到空载全速，整个启动过程非常稳定，空载时排烟温度分散度低于 15℃。燃气轮机带负荷后各运行参数正常，燃烧模式切换稳定、正常，可以满负荷正常运行。

案例 41　燃气轮机排气分散度异常增大导致停机

一、事件经过

2014 年 3 月，某电厂 2 号燃气轮机运行中 1 号分散度逐步由 28℃上升并维持在 35～38℃（允许分散度为 90℃），运行人员加强对分散度的监控，并将数据发送 GE 公司进行分析，GE 公司当时反馈为部分排气温度测点需检查并加强监视。在停机备用时检查相关温度测点未发现问题。2014 年 4 月 8 日，2 号机组调峰启动后 1 号分散度逐步上升，最高达到 60℃。由于燃烧监测保护存在着明显的“事后”监测问题，即当燃气轮机本身的燃烧监测发出“燃烧故障”报警时，燃气轮机燃烧系统已经损坏比较严重，考虑到排气分散度出现大幅变化，为了避免设备损坏，当日向电网调度申请临时进行停机检查。

二、原因分析

（1）2014 年 4 月 8 日，2 号机组基本负荷为 385.3MW，IGV 开启角度为 86°，平均排气温度为 613℃，排气热电偶最高温度处于 21 号测点，温度为 634℃。排气热电偶最低温度处于 14 号测点，温度为 583℃。排气热电偶各点温度值见表 1－4，排气热电偶偏差玫瑰图见图 1－34。

表 1－4　　　　　　　　　　　　排气热电偶各点数值

点	TTXD1－1	TTXD1－2	TTXD1－3	TTXD1－4	TTXD1－5	TTXD1－6	TTXD1－7	TTXD1－8	TTXD1－9
温度（℃）	619	594	605	609	609	625	607	605	618
点	TTXD－10	TTXD1－11	TTXD1－12	TTXD1－13	TIXD1－14	TIXD1－15	TTXD1－16	ITXD1－17	ITXD1－18
温度（℃）	604	615	596	599	583	591	623	627	613
点	TTXD1－19	TIXD1－20	TTXD1－21	TTXD1－22	TIXD1－23	TTXD1－24	TIXD1－25	TIXD1－26	TIXD1－27
温度（℃）	616	622	634	625	612	596	613	609	627
点	TIXD1－28	TIXD1－29	TTXDI－30	TTXD1－31					
温度（℃）	624	612	616	618					

根据稳定负荷下排气热电偶旋转一定角度与燃烧通道对应的关系，结合近年来成功处理事故的实践经验，总结以下计算偏转角度的经验公式，仅供参考，即

$$P=\frac{18\times N}{31}+\frac{W}{56}-9$$

式中　P——燃烧通道位置编号；

　　　N——异常热电偶的位置编号；

　　　W——机组负荷。

该公式适用于在稳定负荷下取样异常热电偶的位置，同时考虑计算公式可能存在误差，应将公式计算到的燃烧通道位置往前后各延伸一个位置，这样可以相对全面地对故障点进行排查。通过计算分析认为需要对 1、4、5、6、7、16、17、18 号燃烧器进行检查。

（2）2 号燃气轮机停机后电厂技术人员会同 GE 公司专家进行燃烧器孔窥检查。孔窥检查发现燃烧器有多处损坏，1 号火焰筒涂层脱落，过渡段出现裂纹；3 号燃烧器点火器端部烧损，端盖支撑断裂；5 号过渡段外壳体断裂；6 号过渡段出口侧内部密封条断裂；7 号过渡段外壳体断裂；13 号过渡段外壳体断裂；14 号过渡段鱼口处磨损严重，壳体出现裂纹；17 号火焰筒出现裂纹。浮动密封环均出现磨损，最大处为 4mm。1～18 号燃烧器弹性密封垫片均出现不同程度的磨损，燃烧器有涂层部分脱落、裂纹、局部断裂的现象，其中 12 号燃烧器烧损，已无法再次使用。此次检修工作更换的主要部件有过渡段（18 只）、火焰筒（18 只）、羊角架（10 只）、浮动密封环（10 只）、排污管（1 根）。设备损坏情况见图 1－35～图 1－38。

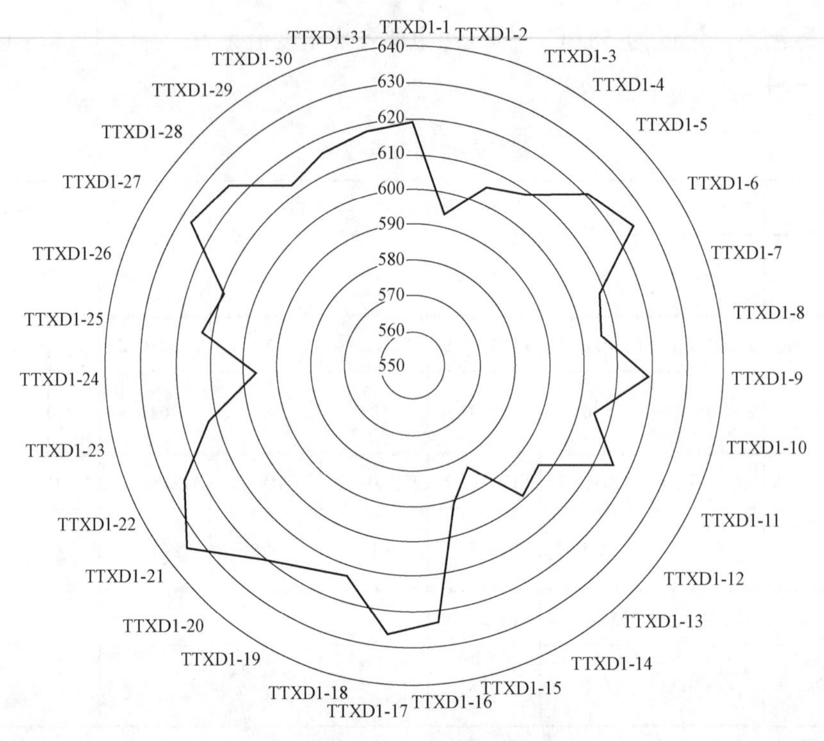

图 1－34 排气热电偶玫瑰图

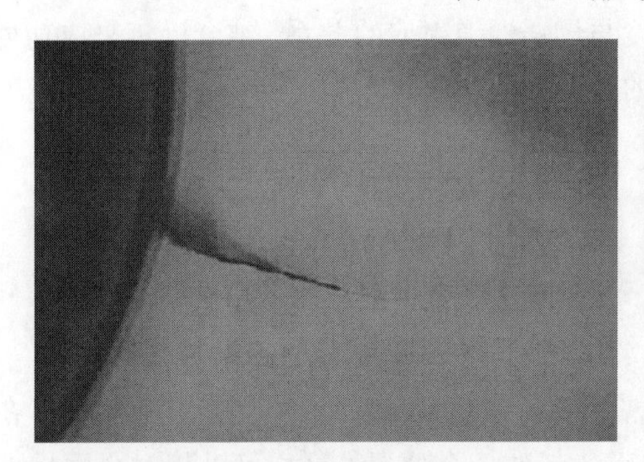

图 1－35 1 号火焰筒裂纹

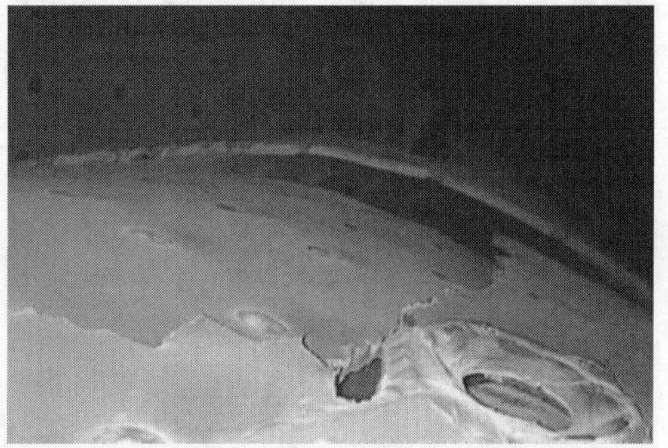

图 1－36 5 号过渡段外壳体断裂

图 1－37 6 号过渡段出口侧内部密封条断裂

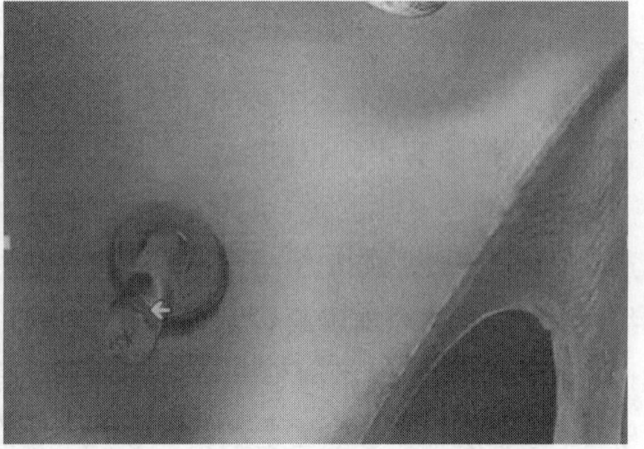

图 1－38 3 号燃烧器点火器端部烧损

（3）燃烧器损坏原因分析。燃气轮机的燃烧器、火焰筒、过渡段是高温部件，机组检修后运行一个检修周期（8000h），均会出现涂层脱落、筒体产生裂纹、密封件磨损、支撑结构件断裂等现象，造成机组分散度大。但此次2号燃气轮机检修后仅运行3747h即出现燃烧器损坏问题，说明机组运行过程中出现了燃烧不稳定现象，部分负荷下燃烧超温，且出现燃烧脉动，造成燃烧部件因振动大而损坏。

为了进一步证实设备损坏原因，2014年7月30日2号机组检修后GE公司技术人员利用实时燃烧动态压力监测装置（CDM）对燃气轮机启动全过程进行监视和分析，结论为此次故障是由于燃烧脉动高（由于不稳定的热扩散和燃烧器本身特性造成的燃烧系统内的压力波动高）造成，现场部件损坏类型与其他现场由于燃烧脉动高造成的部件损坏情况高度一致。对于DLN2.0+燃烧系统，可能造成燃烧脉动原因如下：

1）燃料气体成分变化大。如果气体成分变化大，修正的韦伯指数超过2.5%，则机组燃烧需要重新调整，以避免燃烧脉动高。

2）环境温度的变化大导致干式燃烧器（DLN）燃烧调整问题。该机组自2013年小修到故障检修前，共进行了3次燃烧调整，分别在2013年3月9日、2013年6月17日和2014年3月22日。其中2013年3月9日为全部负荷点优化调整，2013年6月17日和2014年3月22日为部分负荷点优化调整。因环境温度的改变，在优化调整中没有调整的负荷点，修正的韦伯指数超限2.5%，可能会引起燃烧脉动高。

3）天然气温度超出规范要求。根据现场试验发现2号燃气轮机负荷为145MW，燃气轮机ASV前温度为145℃，燃烧室低频脉动压力到达36.7kPa（GE公司要求34.5kPa以内），由于2号余热锅炉中压省煤器出水温度偏低，导致燃气轮机性能加热器出口天然气温度未能达到设计值185℃。如果机组在燃料气体温度为165℃下运行，则修正的韦伯指数可能超过5%。这将导致燃烧脉动高。

4）燃烧模式切换造成修正的韦伯指数可能超过5%，使燃烧脉动升高。燃烧模式切换点依据TTRF1（燃烧基准温度）值，在切换时修正的韦伯指数必须满足GE公司规定值，特别是由PPM（先导预混燃烧模式）切至PM（预混燃烧模式），否则将导致燃烧脉动高。

5）此批燃烧部件是经过第二次返修后的备件，即已运行16 000h以上。有GE公司返修质量不高的因素。

三、防范措施

（1）加强对天然气成分的监视，当燃料成分发生较大变化时，及时联系GE公司技术人员进行燃烧调整，避免天然气成分变化造成燃烧脉动压力大，损坏设备。

（2）机组日常运行中，加强对排气分散度、NO_x排放的监视，当出现明显变化时及时分析原因。

（3）当环境温度变化较大时，及时联系GE公司技术人员做燃烧调整，避免由于环境温度变化大，造成燃烧脉动高，建议夏季、冬季工况应分别做燃烧调整。

（4）机组启动过程中，尽快提高性能加热器出口天然气的温度，当机组负荷在140MW以上时，尽快将燃气轮机ASV前天然气温度提高至165℃以上。避免天然气温度低导致机组燃烧脉动压力大。

案例42 燃烧分散度大导致跳闸

一、事件经过

2017年4月，某电厂燃气轮机检修时完成对清吹阀VA13-1气动执行机构下线检查。5月25日09:14，燃气轮机点火成功；09:23，因冲转过程中D5清吹管路压力高保护动作，机组跳闸，检查发现D5清吹管路清吹阀VA13-1阀门内漏导致，维护人员调节清吹阀限位。

16:12，燃气轮机点火；16:48，燃气轮发电机组并网；17:33，汽轮机挂闸冲转；17:47，汽轮机升速至955r/min时中压缸上、下壁温差升至61℃，汽轮机被迫打闸停机。

检修人员通过打磨掉温度元件卡箍的方法来调节元件的插深，用细铁丝对温度元件套管深度进行测量，发现套管外径大、内径较小，温度原件只插到外孔径的深度，未到达内孔径位置。随后热工人员对汽轮机上缸所有温度元件进行检查，发现大部分温度元件有类似情况，立即对全部温度原件进行修复。

5月26日03:28，因燃气轮机扩散段温度分散度高高报警，触发保护动作，导致燃气轮机跳闸，联锁余热锅炉及汽轮机跳闸。

经与GE公司技术人员共同分析，确定导致本次燃气轮机跳闸的主要原因为在燃气轮机燃烧模式由先导预混燃烧模式（Mode6.2）切换到预混燃烧模式（Mode6.3）后，燃烧不稳定，造成部分燃烧器熄火（4号火焰检测器位于18号燃烧器），燃气轮机扩散段温度分散度高高报警，触发燃气轮机跳闸。

二、原因分析

（1）检修热工、机务专业监督不到位，重要阀门下线检修无专人跟踪，在清吹阀使用过程中出现故障，缺陷未完全处理就交付使用。

（2）清吹阀VA13-1执行机构回装时，对清吹阀限位未检查，限位调整不到位，导致阀门不严。09:23，因冲转过程中检查发现D5清吹管路清吹阀VA13-1阀门内漏，检修部验收不到位，未对清吹阀缺陷进行处理。

（3）检修人员技能水平不够，不能很好地掌握执行机构与阀体的配合安装方法，未与厂家及时沟通。

（4）热工人员安装时对温度元件插入深度未进行测量，仍按照检修前的插入深度对温度元件进行回装，导致汽轮机启动升温过程中上、下缸温差值大。

（5）燃气轮机在60MW负荷附近，处于燃烧模式切换交叉阶段，会对燃烧稳定性造成一定影响。运行人员对燃烧性能不熟悉，处理紧急情况能力不足，在升负荷发生异常情况未采取紧急处置。

（6）在5月小修中，对燃气轮机燃烧系统和透平系统设备进行了定期更换，其中包括喷嘴、端盖、火焰筒、过渡段、透平第一级动叶。燃气轮机系统设备变化，会对燃烧造成一定影响。

三、防范措施

（1）应加强质量验收，严格执行质量验收制度。在阀门下线检修时，拆执行机构就必须做压力测试。

（2）在系统动态带压时先做阀门试验。

（3）热工人员对汽轮机上缸所有温度元件进行检查，发现温度元件有插入深度不够情况，立即进行修复。以后在热工人员安装温度元件时，对插入深度要进行测量，不能凭借经验施工。

（4）燃烧模式切换负荷暂由60MW调整到70MW，在燃烧模式切换过程中，适当提高升负荷速度，快速通过切换时的不稳定区。

（5）进行燃烧调整试验，吸取本次跳闸经验，结合燃烧模式切换过程中燃烧不稳定的情况，制定燃烧调整方案。

案例43 进行DLN燃烧调整时机组跳闸

一、事件经过

2013年1月10日09:31，某电厂12号机组进行DLN燃烧调整，负荷带至基本负荷。燃气轮机发出报警信号：燃料压力下降速率高（GAS PRESSURE DROPRATE HIGH），导致燃气轮机保护动作，机组跳闸。检查确认为因满负荷下天然气速比阀后p_2压力低于保护定值而跳闸。燃气轮机重新启动点火，于10:27机组恢复并网运行。

二、原因分析

由于天然气燃料特性的变化，GE公司要求9FA燃气轮机在天然气热值变化超过2.5%的工况下必须进行DLN燃烧调整工作，以确保燃烧部件正常运行由于LNG（液化天然气）气源的投入，进厂天然气热值由36 550kJ/m³增加到38 800kJ/m³，变化率超过5%，必须进行燃烧调整工作。

1月9日，GE公司派现场专业人员对11号机组进行DLN燃烧调整试验，发现燃烧脉动较大，通过调整，控制燃烧脉动及排放指标在合理范围内，确保了燃烧稳定。根据11号机组工况，确认必须对12号机组进行DLN燃烧调整。1月10日，对12号机组进行调整中，在BASE LOAD（基本负荷）模式下，负荷为403.9MW，进气温度为5℃，压气机排气压力（CPD）为1.565MPa，天然气进口p_1压力为2.854MPa，速比阀后p_2压力至2.771MPa；09:31，当燃烧模式由PM模式切换至PPM模式时，压气机排气压力（CPD）对应的p_2压力定值为2.772MPa，在PPM模式下p_2压力低于定值，L4TFG2L（GAS PRESSURE DROP RATEHIGH，燃料压力下降速率高）发信号，燃气轮机跳闸。

三、防范措施

（1）检查增加燃气轮机控制系统跳闸逻辑回路，在 IGV 开度全行程内，在速比阀后 p_2 压力低于定值时禁止增加负荷，运行人员应加强对 p_2 压力进行监视。

（2）提高 12 号机组调压站出口压力限制，适当提高 p_2 压力限制条件。

（3）加强燃气轮机 DLN 燃烧调整安全管理工作，在 DLN 燃烧调试前制定详细、有可操作性的调试方案，并在具体实施时由专业人员进行二次确认确保安全措施能得到正确执行。

（4）增加燃气轮机 CDM 燃烧脉动监视系统，实时监视机组燃烧工况。

案例 44　燃料变化导致燃气轮机过渡段产生裂纹及后支架中枢螺栓断裂

一、事件经过

某电厂于 2008 年 11 月，进行 2 号燃气轮机第一次小修，现场检查过渡段无变形、损坏现象，有轻微的涂层脱落及较少的裂纹，故用 2007 年 1 号燃气轮机返修的过渡段予以更换。

2009 年 8 月，2 号燃气轮机排气分散度从 55℉升至 110℉，停机检查热通道部件，发现 5、8、10 号过渡段后支撑架中枢螺栓断裂，在 10 号过渡段外侧浮动密封与 1 级喷嘴处有较大的间隙，冷空气漏入热通道是导致排气分散度高的原因。针对相关损坏部件进行更换处理。

2009 年 10 月，2 号燃气轮机再次出现排气分散度高的异常现象，停机检查热通道部件，发现 7 号过渡段后支撑架中枢螺栓断裂，9、10 号过渡段后支撑架中枢螺栓变形，下半圈过渡段后支撑架区域均有裂纹。将 2 号、5～13 号 10 个过渡段拆卸出，发现其外框表面靠近后支撑架衬圈的焊接区域有裂纹、金属缺失现象，故全部更换浮动密封、侧密封、后支撑架中枢螺栓并补焊裂纹。

2010 年 2 月，2 号燃气轮机在第 2 次过渡段消缺检修后不久，在加负荷过程中再次出现排气分散度偏高的问题，停机检查热通道部件，发现 1、6、17 号过渡段后支撑架螺栓断裂，并在此区域的过渡段外壳有金属材料脱落，且所有过渡段均出现裂纹。

二、原因分析

机组长期处于天然气韦伯指数接近或超过给定值的 105%的情况下运行，振荡燃烧引起的大幅度压力脉动，使燃烧部件易产生材料磨损、脱落等故障。火焰筒靠弧形密封片与燃料喷嘴端盖和过澳段连接密封，燃烧振荡会造成弧形密封件磨损或脱落，而火焰筒本体损坏的可能性大大减小。过渡段临近 1 级喷嘴的区域，燃气温度最高，工作条件最恶劣，如果燃烧脉动高，在与较大的燃烧振荡引起的大幅度压力脉动的共同作用下，容易引起过渡段后支撑架螺栓断裂，涂层剥落甚至在基材出现裂纹。

三、防范措施

现场更换所有过渡段；针对机组启动做燃烧调整，以控制动态燃烧特性及不同燃烧模式下的振动频率；在运行方式方面，控制机组启动过程中天然气温度及燃烧温度，以确保韦伯指数在5%以内。

案例45　燃料PM4通道发生堵塞导致机组跳闸

一、事件经过

2009年4月25日，某电厂1号机组在运行中发现燃气轮机排气温度分散度有上升趋势，25日最大排气温度分散度为26℃，29日最大为45℃。取4月29日满负荷时31个排气温度热电偶数据，作玫瑰图，见图1-39。

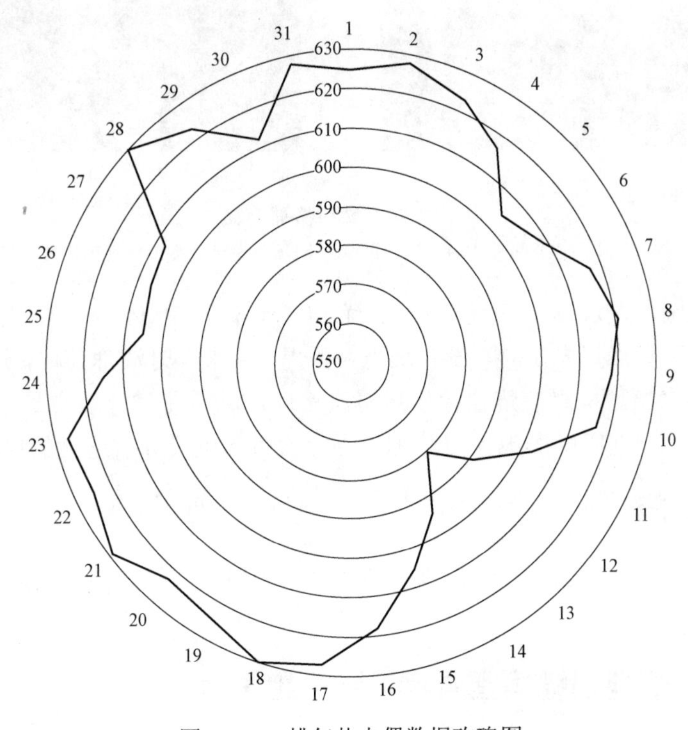

图1-39　排气热电偶数据玫瑰图

二、原因分析

（1）在燃烧参考温度TTRF1小于986℃时，即PM4控制阀VGC3未投入前，排气温度分散度随负荷的增加略有增长，但维持低于20℃的数值。

（2）当燃烧参考温度TRFI大于986℃时，即PM4控制阀VGC3投入调节流量分配，此时排气分散度随负荷的增加逐渐增加。

（3）当1号排气分散度TTRF1大于1260℃进入预混模式时，此时排气分散度随负荷和PM4燃料增加继续增长并超过了40℃，直至满负荷达到峰值。

由此判断，可能是PM4通道发生堵塞或节流，引起进入18个燃烧器的天然气流量分布不均匀，从而导致分散度高所致。

根据燃气轮机排气温度偏转角的分析和计算，认为4～7号燃烧器问题可能性大。对燃烧器PM4和PMI通道及燃烧监测孔口进行孔探检查，发现4、5、6号燃烧器PM4内有焊渣等杂物、其中6号燃烧器一喷嘴已被堵住，见图1－40。

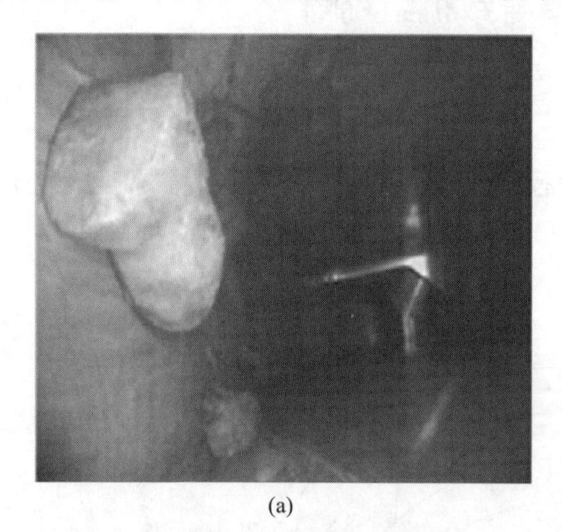
(a)

(b)

图1－40　燃料喷嘴异物

（a）5号燃料喷嘴PM4通道残留物；（b）6号燃料喷嘴PM4通道堵塞

扩大检查范围，发现在18个燃烧器中有14个燃烧器PM4内均有焊渣。进一步检查发现焊渣来源为环管点焊固定时，没有采用氩弧焊，并未及时清理药皮，这是燃烧器PM4通道异物的主要来源。机组燃烧器检修后再次启动，满负荷时分散度最大为19℃。PM4通道存在异物甚至堵塞喷嘴影响流量分配，为此次引起机组分散度大的根本原因。

三、防范措施

加强检修管理，确保燃气轮机检修后洁净度，加强天然气滤芯检查，防止异物进入燃气轮机。

案例46　燃料喷嘴堵塞异物导致机组停运

一、事件经过

2011年1月5日，某电厂3号机组负荷为280MW，最大分散度在30℃左右，运行至下午分散度有降低趋势，满负荷最大分散度为25℃。随后，在进行燃烧调整时发现其中2～5号燃烧器在机组负荷为250～300MW阶段火焰脉动大。

二、原因分析

1月21日，对2～5号燃烧器进行了检查，发现2号燃烧器的PM4喷嘴处小孔被小块锡箔纸刚好堵住，其余没有发现问题。处理后，机组满负荷下最大分散度为19℃，运行情况度良好。

三、防范措施

分析2号燃烧器的PM4喷嘴处小块锡箔纸来源，可能是2011年1月5日检查处理时掉下来，经过一段时间的运行后，小块锡箔纸刚好堵住PM4喷嘴处小孔。加强检修管理，确保燃气轮机检修后洁净度，加强天然气滤芯检查，防止异物进入燃气轮机。

案例47　燃气轮机轴、瓦振动大导致停机

一、事件经过

某电厂燃气轮机在启动后升负荷过程中，1号轴承振动先由89mm上升至120mm，后下降至75mm（见图1－41）；2号轴承振动先由59mm上升至100mm，后下降至70mm（见图1－42）；1号轴瓦振动由8.5mm/s上升至13.0mm/s，后下降至9.0mm/s（见图1－43），2号轴瓦振动稳定在3.0mm/s，各振动信号均以1*X*分量为主，1、2号瓦轴承振动频谱图见图1－44。

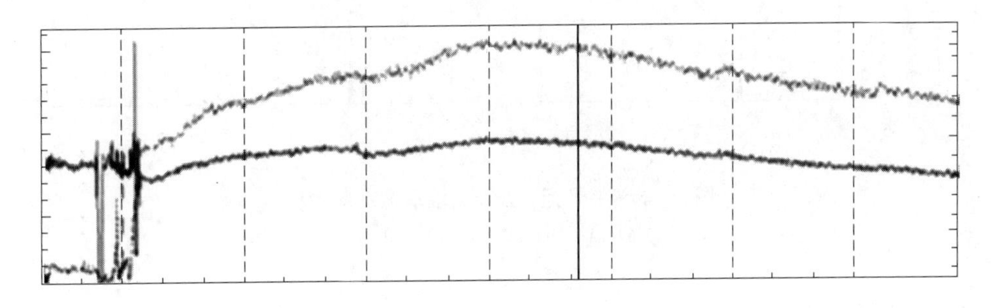

图1－41　1号瓦*Y*向轴承振动趋势图

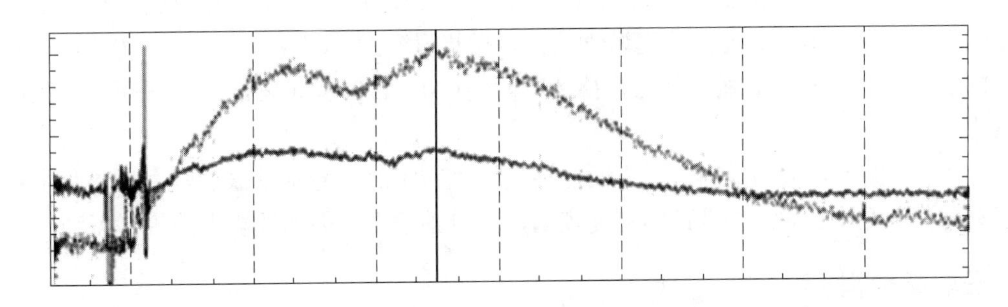

图1－42　2号瓦*Y*向轴承振动趋势图

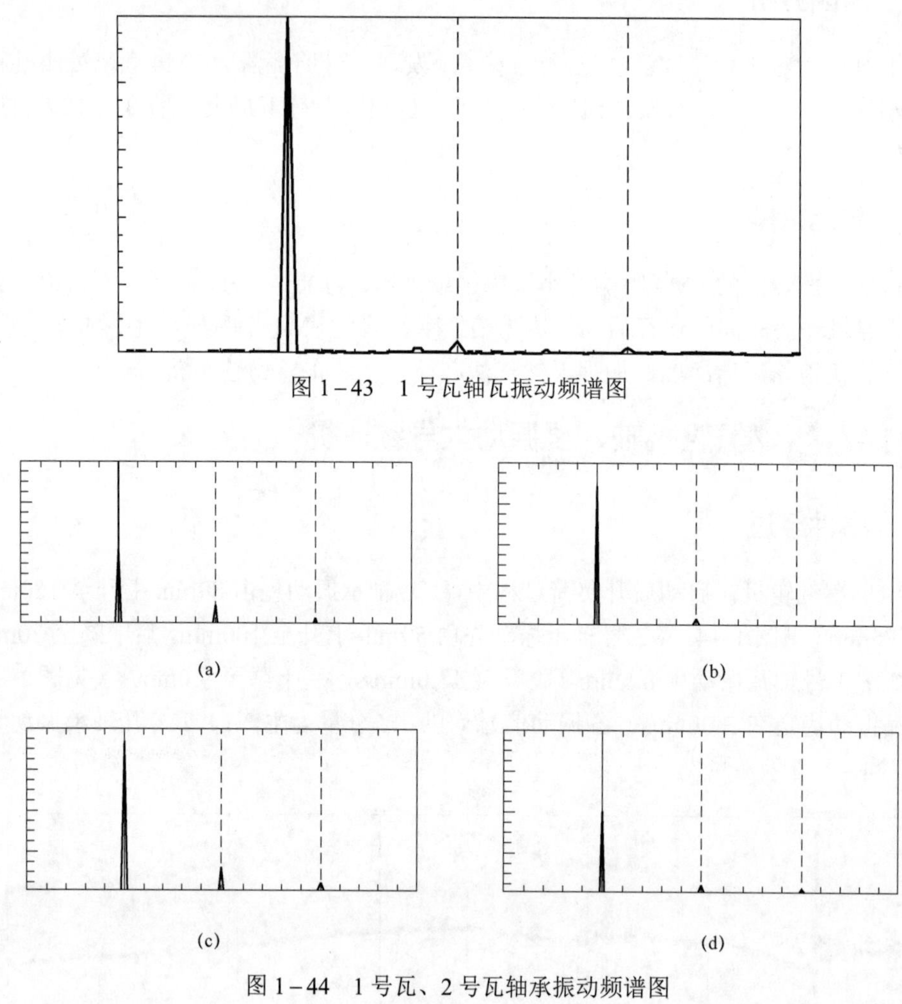

图 1－43　1 号瓦轴瓦振动频谱图

图 1－44　1 号瓦、2 号瓦轴承振动频谱图

（a）1*X*；（b）1*Y*；（c）2*X*；（d）2*Y*

二、原因分析

1 号瓦、2 号瓦轴承振动较大，且存在爬升，其原因：一方面，燃气轮机转子上存在一定的不平衡量；另一方面，该型燃气轮机存在热瞬变振动现象，即定速 3000r/min 后，转子的振动会先爬升，后适当降低，持续时间为 70～120min，之后轴承振动、轴瓦振动会减小。

1 号轴瓦振动较大的原因：一方面，燃气轮机转子的 1 号轴承振动较大，诱发 1 号轴瓦振动较大；另一方面，1 号瓦的刚度较弱，一定轴承振动会诱发较大的轴瓦振动。

三、防范措施

在 2 号瓦侧以键向槽为零位，逆转向 20° 处加重 0.572kg。加重后，各瓦轴承振动、轴瓦振动均为优良，动平衡措施效果明显。

案例 48 168h 期间燃气轮机轴承振动瞬间消失导致跳机

一、事件经过

2016 年 1 月 28 日 21:50:56，燃气轮机负荷为 309MW，汽轮机负荷为 149MW，运行参数正常。2016 年 1 月 28 日 21 时 50:58，燃气轮机 2*X*、2*Y* 轴承振动信号瞬间消失，导致机组跳闸，33s 后振动信号自动恢复正常。

二、原因分析

机组跳闸后，现场检查发现存在如下情况：

（1）现场检查发现 2 号振动探头前置器存在接线松动情况。2 号轴承振动探头侧电缆为多股导线，压装线鼻子时未达到质量要求，导致接入前置器时容易脱落。

（2）对 2*X*、2*Y* 轴承振动电缆屏蔽线进行检查，发现电缆两端存在接地现象。

在 TSI（燃气轮机检测系统）机柜内将 2*X*、2*Y* 轴承振动探头电缆屏蔽线拆下，测量其对地电阻为 8.8Ω，在现场中间端子箱内电缆屏蔽线对地测量其电阻为 11.8Ω，说明电缆屏蔽线两端接地，导致屏蔽干扰信号功能失效。

由于电厂当晚处于雷暴中心，造成燃气轮机轴承振动信号干扰，燃气轮机 2*X*、2*Y* 轴承振动信号瞬间消失。燃气轮机保护条件中，2*X*、2*Y* 轴承振动同时为坏点时触发跳闸信号。

三、防范措施

针对 2 号轴承振动受干扰消失的情况，依据 DL/T 5210.4《电力建设施工质量验收规程 第 4 部分：热工仪表及控制装置》对振动电缆屏蔽采取单端接地，并组织安装人员对现场其他轴承振动探头电缆屏蔽线接地情况进行检查。

案例 49 燃烧器过渡段支架螺栓断裂

一、事件经过

某电厂 4 号机组从 2010 年 11 月运行时发现燃气轮机排气分散度有上涨的趋势，以 11 月 5 日数据为例，在负荷为 365MW 时，1 号分散度 TTXSP1 为 28℃，2 号分散度 TTXSP2 为 25℃，3 号分散度 TTXSP3 为 18℃。机组停机后进行孔探检查，18、1、2 号燃料喷嘴，4、5、6、7、8、9 号燃烧器的 PM4 的内外通道和 PM1 的内通道，未发现异常。打开排气缸人孔门进入检查发现 7 号燃烧器过渡段支架螺栓断裂，而且断头和锁片已经飞走，无处查找，过渡段后支架根部出现裂纹，过渡段后活动密封整条开裂，后支架两颗固定螺栓断裂，见图 1–45。

图 1-45 7 号燃烧器过渡段现场照片

（a）外浮动密封损坏；（b）支架左侧螺栓断裂；（c）支架根部裂纹；（d）支架右侧螺栓断裂

二、原因分析

经过更换过渡段、浮动密封、螺栓、锁片等处理后，机组重新启动进行燃烧调整，各工况排气分散度情况如下。

（1）负荷为280MW，分散度 TTXSP1、TTXSP2、TTXSP3 为 20、17、17℃，良好。

（2）负荷为330MW，分散度 TTXSP1、TTXSP2、TTXSP3 为 30、18、17℃，异常。

（3）停机过程中燃烧切换时，分散度突增，在 PPM 模式下、负荷为 195MW 时，分散度 TTXSP1、TTXSP2、TTXSP3 达到 35、28、27℃。

（4）在满负荷工况下，分散度 TTXSP1、TTXSP2、TTXSP3 分别达到 34、33、25℃，低温点是 7～9 号排气热电偶。

说明燃气轮机燃烧系统仍存在异常，复查拆下 2 号燃烧器进行检查发现，1 号燃烧器和 2 号燃烧器之间的联焰管插片脱落。

三、防范措施

（1）及时联系 GE 公司做相关技术分析和燃料调整，保证机组在季节性变化时燃烧脉动、NO_x 和 NO 调整到合理范围。

（2）深入学习，提高原因分析和解决问题的能力。

案例 50　燃烧器过渡段螺栓断裂

一、事件经过

某电厂 3 号机组自 2010 年 12 月（运行时间 2800h，总计启动次数 191 次，点火启动次数 173 次）一直出现分散度大的问题，启动过程中最大排气温度分散度达到 57℃。同时 13～15 号排气热电偶存在高温区，在机组负荷为 280MW 时最为严重。

二、原因分析

（1）对燃气轮机 4～8 号燃烧器 PM4 内外通道进行孔探检查，未见异常。

（2）打开压气机排气缸上部人孔门进入内部检查，发现 9、13 号过渡段支架螺栓各断裂一个，但过渡段没有位移；4 号过渡段外侧浮动密封碎裂，碎裂部分已经缺失。5、6、7 号过渡段支架螺栓全部断裂，过渡段位移，导致 4 号和 5 号过渡段间的侧密封变形、脱落（见图 1－46），浮动密封处形成较大缝隙，冷空气从此处大量进入喷嘴，是造成燃烧低温区的主要原因。

图 1－46　4 号过渡段侧密封变形脱落出现缺口

三、防范措施

（1）拆掉 4、5、6、7、9、13 号燃烧器，检查发现 5 号燃烧器 3 个喷嘴有积碳情况。

（2）在拆卸火焰筒时发现 5 号燃烧器内 5、6 之间联焰管插片脱落，联焰管下坠，压气机排气会从此处大量进入火焰筒，这也是导致分散度大的一个原因。

（3）拆卸过渡段后发现 6 号过渡段外侧浮动密封裂成两半，5 号和 7 号过渡段外侧浮动密封变形且出现裂纹，内侧浮动密封都有轻微变形，决定将 4～7 号过渡段之间的 3 片侧密封和 4 套浮动密封全部更换。

（4）3 号机组燃烧室经过处理运行 2 个月左右，又出现过渡段支架螺栓断裂情况。

1）及时联系 GE 公司做相关技术分析和燃料调整，保证机组在季节性变化时燃烧脉动、NO_x 和 NO 调整到合理范围。

2）配合 GE 公司技术人员在现场收集机组数据，对排气热电偶、压气机进口导叶行程、压气机排气压力、p_2 压力变送器、IBH 行程阀位、燃料控制阀等进行线性检查和校验，对清吹进行现场压力试验。

3）修改排气热电偶温度补偿系数，将 TTKXCOEF_1 由 0.99 改为 0.98。

经过处理后，3 号机组燃烧故障导致过渡段支架螺栓频繁断裂的问题得到解决。实际上排气热电偶温度补偿系数的修正降低，也就是降低了燃气轮机燃烧温度，降低了机组出力。

案例 51　火焰筒弹性密封缺失导致燃气轮机分散度异常

一、事件经过

某电厂 3 号机组自 2014 年 9 月以来分散度出现异常，1、2、3 号燃气轮机排气分散度 TTXSP1、TTXSP2、TTXSP3 分别为 53、35、23℃，排气热电偶检测温度最低点为 12 号热电偶，投入自动负荷控制（AGC）运行，分散度增大趋势明显，燃气轮机脉动监测（CDM）监测到的燃烧脉动情况良好。

二、原因分析

（1）对燃气轮机 2～6 号燃烧器燃料喷嘴 PM4 和 PM1 内外通道、过渡段和火焰筒进行孔探检查，并将燃料喷嘴油芯抽出目视检查，未发现异常。

（2）对压气机排气缸进行目视检查，未发现过渡段螺栓断裂、浮动密封破损等异常。

（3）对 12、13、14 号排气热电偶进行多次校验更换，分散度未发生变化。

（4）更换 3、4、5 号燃料喷嘴，分散度未出现明显好转。

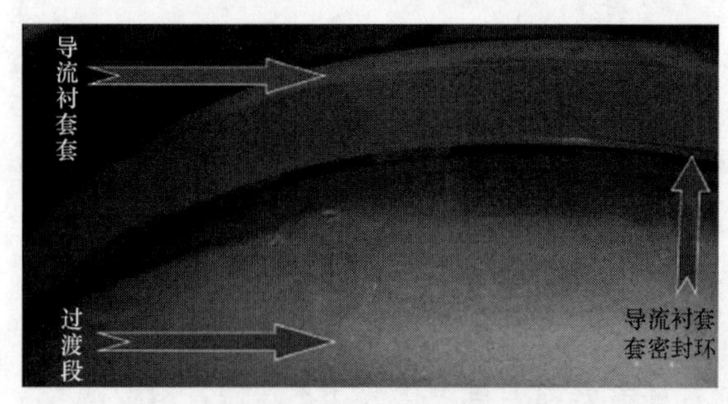

图 1-47　导流衬套密封环接触不良

（5）2014 年 12 月 24 日，对压气机排气缸进行目视检查发现 4 号过渡段和导流衬套密封环接触仅为圆周方向的 30%（见图 1-47），而其他过渡段为 80% 左右。

（6）2015 年 3 月 26 日，将 4 号火焰筒和导流衬套拆除，发现火焰筒端部弹性密封全部缺失，火焰筒与过渡段接触处发生明显的硬磨损，火焰筒出口和过渡段入口处有轻微变形，见图 1-48。

图 1-48　火焰筒出口和过渡段入口变形

火焰筒端部弹性密封缺失，火焰筒出口和过渡段入口处有轻微变形，压气机排气会从此处大量进入火焰筒，是导致分散度大的原因。

三、防范措施

（1）由于火焰筒弹性密封全部缺失，极大可能是进入了透平通道，GE 公司对透平进行了孔探检查，未发现影响机组安全运行的异常情况，动静叶片未出现异常，孔探检查照片见图 1－49。

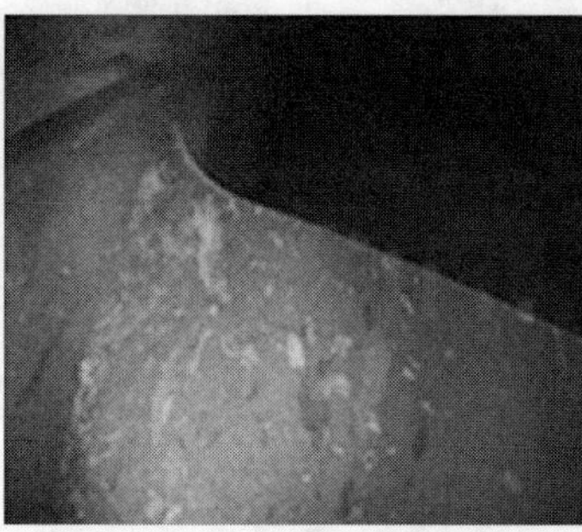
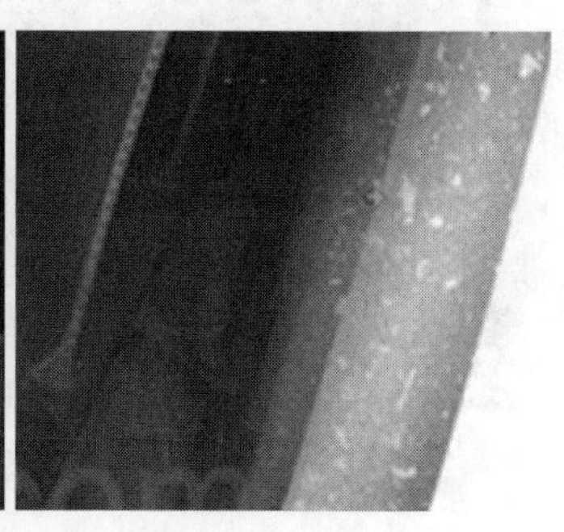

图 1－49 燃气轮机透平孔探检查

（2）更换 4 号火焰筒和过渡段后，机组再次启动，升降负荷过程中分散度正常，满负荷运行时机组 1、2、3 号分散度 TTXSP1、TTXSP2、TTXSP3 分别为 27、21、18℃，有明显改善。

（3）深入学习燃气轮机燃烧原理，提高原因分析和解决问题的能力。

案例 52 燃气轮机压气机损坏

一、事件经过

2012 年 1 月 3 日 18:45:30，某电厂集控室听到两声巨响并伴随有较强的震动，控制系统发“COMP DISCHARGE XDUCER DIFF FAULT IGH”“LOSS OF COMPR DISCHARGE PRESS BIAS”报警，压气机排气压力低至 405kPa，机组跳闸，BB1*X*、BB1*Y* 振动为 0.43mm，BB1、BB2 轴瓦振动为 26mm/s，1s 后 BB1*X*、BB1*Y* 涨至 0.6mm，BB1、BB2 涨至 46mm/s，排烟温度最高为 797℃。按紧急事故停机处理，盘车投入正常，盘车电流为 55A，惰走时间为 26min。

1 月 4 日，打开压气机排气缸人孔门检查，发现有大量叶片碎屑。1 月 5 日，进入排气烟道检查，在放喘放气阀出口及附近烟道底部发现大量叶片碎屑，检查三级动叶外观无异常，三级护环底部有碎屑，下游有粉状。1 月 6 日，检查进气涡壳，发现 IGV 轴套有刮擦，其他无异常。1 月 8 日，对压气机、透平进行孔探检查，发现压气机 S3（第 3 余同）级叶片下半有 2 片根部断裂，其后叶片损毁严重，透平部件未见损伤，二级护环底部有大量金属粉尘。

如图 1－50 所示，由下到上为压气机 S5～S12 级叶片，其中 S9～S12 级叶片严重受损变形（上面4级），但基本未断裂，沿旋转方向倒伏。S5～S8级叶片大部分断裂（上部凹槽下面4级），仅余小量严重变形残片，沿旋转方向倒伏。上半右侧中分面第1片S8叶片叶根槽损坏（箭头处）。缸体内表面严重刮伤。S4叶片严重受损变形，有2片从根部断裂（见图1－51）；S3严重受损变形，有1片从根部断裂，有1片从叶尖片断裂。

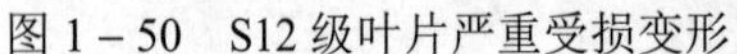
图1－50　S12级叶片严重受损变形

图1－51　S4级20号断裂叶片根部

1月15日，拆除排气框架和透平缸，排气框架检查情况较好，筋板根部裂纹发展不大，未发现其他异常。透平缸吊开后检查喷嘴和动叶没有发现异物打击出现创伤性损坏痕迹，一级喷嘴内部冷却通道内充满碎末，一级复环轻微刮擦，二级喷嘴轮间密封部分损坏，二级动叶蜂窝密封被打碎，三级动叶蜂窝密封有损伤，整体情况良好。1月17日上午，拆除压气机排气缸，吊出内缸，下午吊出燃气轮机转子，S15和S16全部从根部打断，S17、EGV1和EGV2基本维持原状，过渡段状况较好，没有发现大的损伤，下半缸S3确认断裂2片。

二、原因分析

GE公司9FA系列燃气轮机在国内发生的压气机断叶片事故有5起之多，导致压气机转子和压体不同程度的损坏，主要是设备的材质问题和设计原因而所致。

三、防范措施

（1）对压气机进行优化设计的P4包进行改造，更换压气机优质叶片。

（2）加强运行过程中机组振动等的监视，对低频分量进行深入分析。

（3）提高机组运行过程中各变化量的重视程度，对机组及其部件进行劣化度跟踪分析。

（4）结合运行数据变化，以不定期和定期相结合的方式对机组通流部分进行孔探检查，尽量避免机组频繁启停对机械通流部件造成损坏。

案例 53　燃气轮机第一排静叶片冷却孔堵塞

一、事件经过

某电厂燃气轮机小修时（运行 16 000h）检查发现第 1 级燃气轮机静叶的部分叶片损坏，损坏的叶片主要分布在燃气轮机的下缸部分。

二、原因分析

在叶片的尾部嵌入物上的冷却孔被异物堵塞。叶片的表面冷却孔也被异物塞。经过分析后，发现异物是：低合金钢（铁、铬、镍），产生的原因应为分布在压气机转子轮盘上的金属物质由主气流或者由燃气轮机转子冷却空气过滤器的泄气管带入转子冷却空气管和转子空气冷却器（TCA）。

三、防范措施

（1）在燃气轮机冷却空气过滤器的排气管上安装临时过滤器。

（2）加强压气机进气口清洁情况的检查验收。

（3）在燃气轮机检查时对压气机进行拆卸检查。

（4）升级压气机进气口的过滤器，以达到更好的过滤效果。

案例 54　燃气轮机因热悬挂而跳机

一、事故经过

某电厂在 1 号燃气轮机进行热态启动的过程中升速至 1985r/min 时，叶片通道的温度由启动前的 196℃涨到 631℃，燃气轮机的控制方式由启动控制切换为温控方式；随之由于燃料量受限减少，引起叶片通道温度下降，降到一定程度，又切换为启动控制方式。如此反复，造成恶性循环。导致燃气轮机失速，最终保护跳闸。

二、原因分析

本次为热态启动，IGV 的开度跟随与冷态启动时一致。由于热态启动前压气机出口气温已达到 165℃，同样的 IGV 的开度调节，压气机出口温度必定比冷态时的高，使进入燃烧室的空气比冷态时温度高，同时，启动过程控制升速率与冷态启动时基本一致，使燃气轮机过早进入温控模式。

三、防范措施

（1）检查核对 IGV 角度，并适当调大最小基准值，以增加启动过程中空气的进气量。压气机进口可调导叶的作用是调节燃气轮机进气量，其目的有两个，一是避免出现压气机喘振，二是实现 IGV 温控，即在部分负荷工况下通过适当关小 IGV 角度，维持燃气轮机排气温度在一个较高的水平，以保证整个联合循环的效率。在燃气轮机的启动过程中，转速在80%额定转速前，IGV角度一直保持在设定的角度，假如这个阶段角度有偏差，IGV实际的角度与设定角度不一样，这样压气机的进气量也不一样，及时对IGV零位进行了修正，提高了压气机的进气量。

（2）加强燃气轮机出力和启动时间的监视，定期水洗。根据在机组出力下降情况时，安排机组的离线水洗。同时监视启动时间，记录从启机到SFC（变频启动装置）停止的时间和整个启动过程的时间，一旦出现燃气轮机启动时间过长的情况，尽早安排水洗，以免出现热悬挂现象。需要注意的是水洗间隔不能太长，有时燃气轮机水洗后在第一次启动时出现启动困难，可能是与积垢过多，水洗浸泡后热部件上积垢膨胀造成透平通流面积减小，效率反而下降有关，原因是水洗会洗去部分积垢，而还有部分积垢是通过水洗浸泡后在机组启动到空载全速烘干时脱落的。第二次启动不会再有这方面的问题。

（3）提升SFC输出，使SFC能传递更多的扭矩给主轴。

（4）机组满负荷跳闸后的应对。在天气炎热、机组满负荷跳闸后，燃气轮机的排气温度仍然很高，这时如果立即重新启动，经常出现热悬挂现象。这时只能等机组排气温度自然降到300℃以下，启动SFC冷拖半小时以加速透平冷却，然后再重新启动。

案例55 燃气轮机点火装置干扰造成机组振动大跳机

一、事件经过

某电厂燃气轮机在启动过程中2号轴承的 $2X$ 和 $2Y$ 振动分别达到了0.290mm和0.272mm，超过跳机值0.241mm，导致机组因振动大停止跳机。类似情况发生多次，跳机时历史曲线见图1-52。

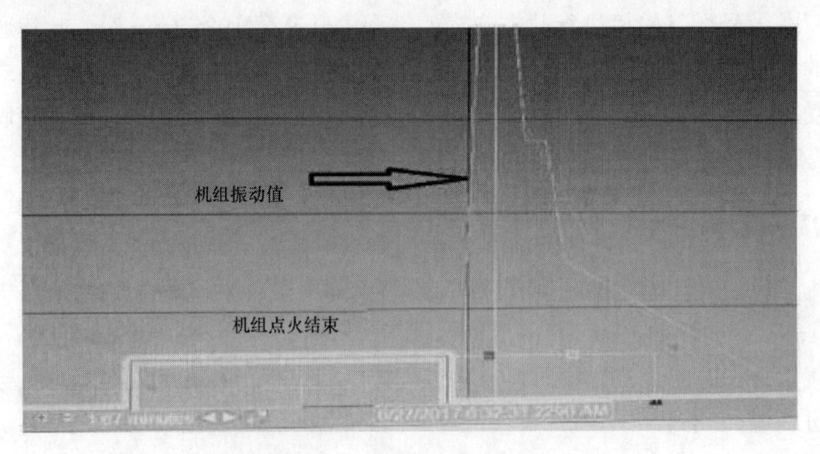

图1-52 振动大跳机曲线

二、原因分析

检查确认，就地设备无松动及其他异常。检查当时操作，发现每次发生振动大的时间都是在机组点火结束后的瞬间，判断为是点火时产生的脉冲信号对振动信号的干扰。点火装置直接安装于燃气轮机透平间的厂房外罩上，在对点火装置进行检查时发现点火装置并没有完整独立的接地系统。

三、防范措施

（1）立即对点火装置安装了独立的接地系统（见图1-53），之后轴承振动信号显示正常。

（2）建议停机检修时更换从控制柜到就地接线盒的信号电缆。

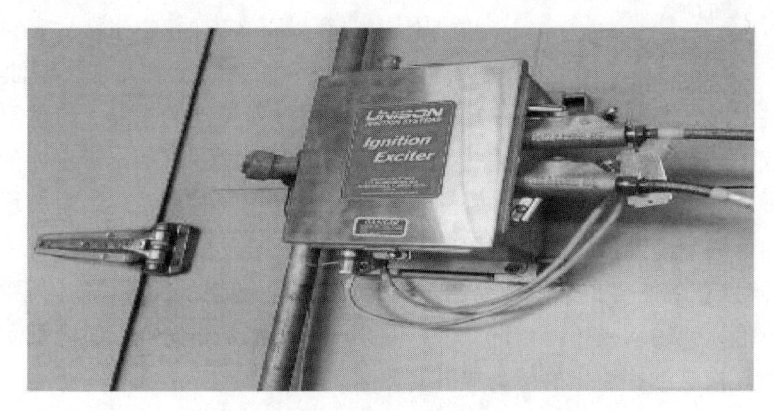

图1-53　点火装置安装增加独立接地线

案例56　燃气轮机润滑油压低导致跳机

一、事件经过

2011年6月29日16:52，某厂3号燃气轮机250MW负荷运行中突然跳闸，控制系统发“润滑油压力低跳机”信号，检查发现3B润滑密封油泵跳闸，3A润滑密封油泵及直流润滑油泵、直流密封油泵自启，润滑油压瞬间由0.25MPa降至0.10MPa后快速恢复正常。就地检查3B润滑油泵断路器跳闸，摇测电动机绝缘为1MΩ，后检查确定为电动机相间短路故障。经处理，机组于19:52重新并网。

二、原因分析

经对3B交流润滑油泵电动机进行解体检查，电动机轴承情况较好，无卡涩、少油现象，电动机引线无老化，电动机端部线圈匝间、相间绝缘损坏，初步认为电动机运行环境温度较高，线圈层间绝缘薄弱造成线圈层间绝缘击穿，零序保护动作，断路器跳闸。

本次事件的直接原因为3B交流润滑密封油泵电动机相间短路故障跳闸，备用泵自启后润滑油母管油压降至低油压保护定值触发跳机。其中电动机相间短路暴露出电动机返厂维修中未能及时发现故障隐患，而低油压跳机保护动作则暴露出该润滑油系统存在设计问题。

如图1-54所示，润滑油母管油压正常运行在0.25MPa，事发瞬间油压快速下降，0.6s

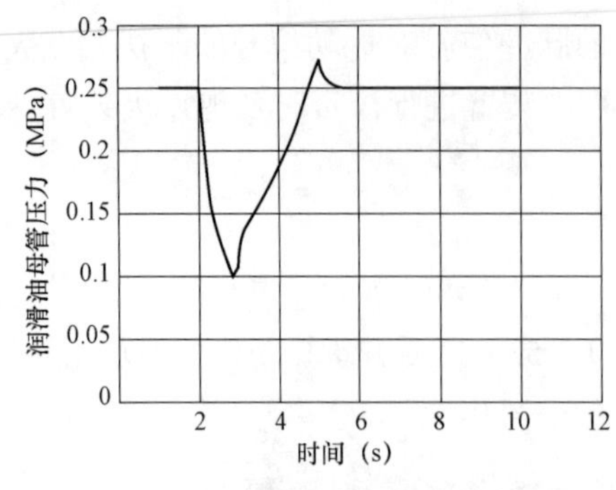

图 1-54　润滑油瞬时压力变化曲线

后降至低油压跳机值 0.124MPa，0.8s 后油压降至最低值 0.1MPa，0.92s 后油压回升至 0.124MPa，3s 后油压升至最高 0.27MPa，后回落至 0.25MPa，瞬时油压低于跳机值 0.124MPa 的时间为 0.32s。

正常情况下，交流润滑密封油运行泵跳闸，备用泵联锁自启正常，此时油压波动不应触发润滑油压低跳机保护。造成润滑油压低保护动作的原因主要有以下 3 方面。

（1）润滑油系统设备异常加剧油压下跌。润滑密封油泵跳闸时，润滑油系统设备异常将加剧润滑油压下滑的幅度。如跳闸泵出口止回阀关闭过慢或不严密，可造成润滑油从母管系统回流，加剧润滑油母管压力的下跌；备用泵联锁启动慢或出力不正常，影响母管油压恢复的时间；同时系统用油量突增或泄漏，也会扩大母管油压的下滑速度。根据事故后的检查分析，未发现润滑油系统有关设备出现异常。另外，故障泵在跳闸后正常有一个惰走时间，在惰走初期跳闸泵仍能给系统提供油流，如发生电动机抱死或轴承损坏等情况，将影响泵跳闸后的情走时间，但由于润滑密封油泵的惯性矩很小，惰走维持油压的能力极其有限。

（2）润滑油系统自保持能力设计不足。根据工程经验，两台油泵联锁启停的转换时间约需 0.1s，备用油泵完全启动成功需要 2s，因此，当润滑密封油泵切换或故障跳闸时，维持系统压力平稳则至少需要有 2s 以上的稳压设计。如三菱 9F 级 M701F 燃气轮机在润滑油母管上设置了 5 个 183L 的皮囊式蓄能器作为应急动力源，来保证跳泵或切泵过程润滑油压力的稳定。

该燃气轮机为 GE 9FA 型燃气轮机，其润滑密封油泵出口设计压力高达 0.827MPa，润滑油系统母管油压设计值为 0.21MPa。润滑油母管压力的自保持能力一般与泵出口压力、管路容量、调节阀性能、母管压力及系统润滑油量等参数密切相关。系统未采取专用稳压设计，而采用出口压力大于 0.5MPa 以上润滑密封油泵，目的就是有利于事故工况下备用泵的切换，使切换过程中润滑油母管油压不低于跳机值。实际上润滑油可压缩性能较差，上述参数设计不匹配必然造成润滑油母管压力自保持能力不足。目前，系统仅有润滑油母管压力信号送入 DCS 监控，对相关分析和判断带来一定困难。

（3）润滑油压低跳机保护逻辑不合理。正常情况下，运行泵跳闸，备用泵联锁自启成功，此时油压波动不应触发润滑油压低跳机保护，否则交流备用泵与直流备用泵的保护作用就成了重复设置。在工程应用中，西门子 9F 级燃气轮机 V94.3A 的润滑油压力低跳机保护采用了延时 3s 的设置，来避免润滑油泵跳闸时油压波动的问题。

润滑油压低跳机保护的目的是要防止润滑油中断或减少对机组轴承造成损坏。根据前述事件分析，润滑油压瞬间降低至 0.1MPa，仅略低于 0.124MPa 的跳机值，且持续时间仅为 0.32s，此时润滑油系统能继续保持对轴承的供油，只是供油量瞬时有所减少，考虑正常油压下轴承的润滑油量具有一定的富裕度，如此短时的油压波动对机组轴承润滑的影响微乎其微。同时，在跳机保护触发的瞬间，润滑油压已经恢复到跳机值以上，此时跳机并没有起到保护轴承的目的，相反却给机组的安全经济运行造成了严重障碍，因此，该低油压跳机保护逻辑设置并不合理。

三、防范措施

从上述分析可知，瞬时的低油压并不会影响机组轴承的润滑安全，因此，对润滑油压低跳机保护采取了延时设置，延时时间为备用泵完全启动成功所需时间，从而避免切泵时油压瞬时波动触发保护跳机。

（1）增加润滑油压低跳机保护逻辑延时模块。在润滑油母管压力低开关“PS－270B、PS－270C 和 Ps－270D”（信号三取二）出口增加 2s 延时模块，以屏蔽润滑密封油泵联锁切换过程中瞬间的油压波动。

（2）增加直流润滑油泵单独运行自动停机保护逻辑。通过 MARK Ⅵ控制系统对两台交流润滑密封油泵均停运、两台交流润滑密封油泵出口压力均不高于 0.276Pa 及直流润滑油泵运行 5 个条件与逻辑判断只有直流润滑油泵运行时，延时 2s 触发机组自动停机。直流润滑油泵单独运行自动停机保护逻辑图见图 1－55。

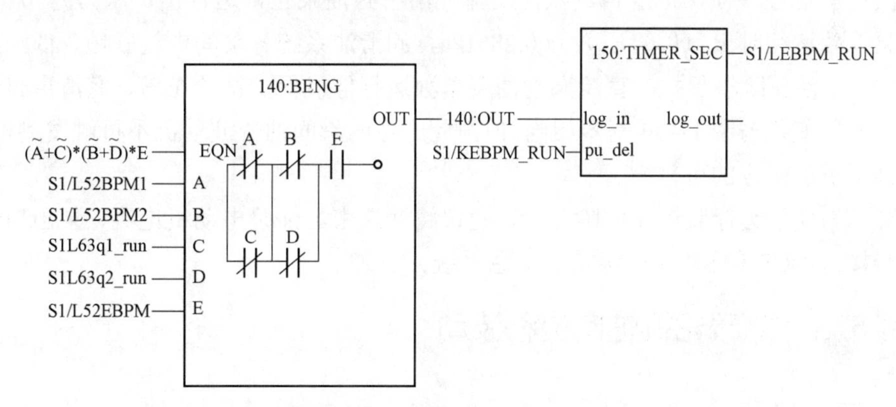

图 1－55 直流润滑油泵单独运行自动停机保护逻辑图

图 1－55 中：

S1\L52BPM1：3A 号交流润滑油泵电机运行信号；

S1\L52BPM2：3B 号交流润滑油泵电机运行信号；

S1L63q1_run：3A 号交流润滑油泵出口压力高于 0.276MPa；

S1\L63q2_run：3B 号交流润滑油泵出口压力高于 0.276MPa；

S1\L52EBPM：直流润滑油泵电机运行信号；

S1\ KEBPM_RUN：延时时间常数，2s；

S1\LEBPM_RUN：直流润滑油泵单独运行信号。

该方案在交流润滑密封油泵无出力运行时，存在无法判断直流油泵单独运行状态的隐患，因此建议将逻辑修改为“3A 泵停运或 3A 泵出口压力低于 0.267MPa”“3B 泵停运或 3B 泵出口压力低于 0.267MPa”和“直流润滑油泵运行”同时具备条件来判断直流润滑油泵已经单独运行。

目前也有方案在直流油泵出口母管上新增“PT－266A、PT－266B 和 PT－266C”3 个压力变送器，当压力低于 0.414Pa（信号三取二）判断为直流油泵单独运行状态逻辑，直流润滑油泵单独运行自动停机保护逻辑图见图 1－56。

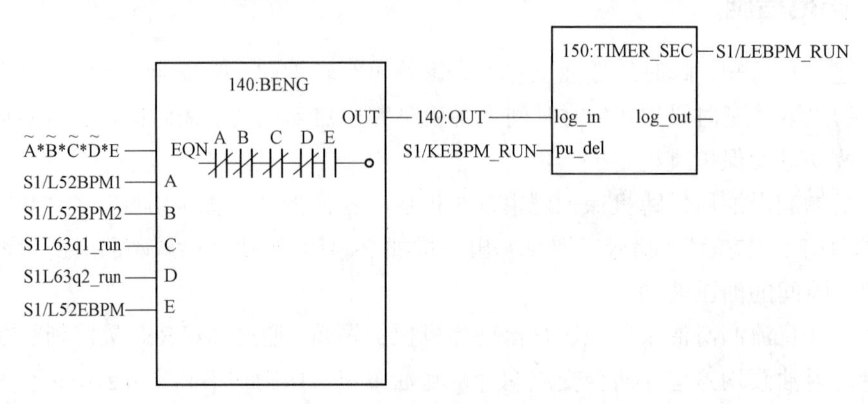

图 1－56　直流润滑油泵单独运行自动停机保护逻辑

经改造后进行联锁保护逻辑测试，交流润滑密封油泵正常运行出口压力为 0.9MPa，直流油泵单独运行时出口母管压力为 0.28MPa，润滑油系统各泵间电气联锁、低油压联锁试验正常，低油压跳机保护、直流润滑油泵单独运行停机保护试验正常，润滑密封油泵联锁切换时油压变化与图 1－54 基本相同，但由此产生的瞬间油压波动已不再触发跳机保护，大大提高了机组运行的可靠性。

另外，为便于运行监控和故障分析，建议将润滑密封油泵电动机电流、泵出口母管压力等信号接入 DCS 和 SIS（厂级监控信息系统）系统。

案例 57　燃气轮机轴向位移波动

一、事件经过

某电厂 3 号燃气轮机为 GE 公司 9FA 单轴布置，正常满负荷运行时，轴向位移值为－0.11mm 左右，2010 年 8 月 2 日首次发生轴向位移波动，波动范围为－0.22～－0.03mm，波动幅值达到了 0.2mm 左右。8 月 2 日晚，进行滑参数停机过程中，燃烧模式切换后，负荷为 190MW，轴向位移再次出现波动。在后期启停机时轴向位移多次出现波动情况，随着时间的累积轴向位移波动规律也发生了阶段性变化。

二、原因分析

（1）轴向位移波动因素。

1）轴向位移测点问题，仅仅是测点值波动，而轴实际未发生位移。

2）燃气轮机侧。

a. 压气机喘振。

b. 燃烧模式的影响。此时是否发生切换、燃烧模式。

c. 推力轴承发生损坏。

3）汽轮机侧。

a. 高压主蒸汽压力（FSP）是否存在波动，高压进汽压力的大小决定了其对轴系的力的大小。

b. 再热蒸汽的压力（HRHP_P）影响了高中压合缸的力的分配，此时中压是否并汽也影响了对轴系力的分配。

c. 低压缸进汽压力（VJ_P），低压缸进汽冷却为低压汽包自冷却还是辅汽冷却。

d. 汽轮机叶片结垢，通流面积改变。

4）发电机对机组整个轴系为阻力的影响，此时励磁电流及励磁电压决定了力的大小，也就决定了轴向位移的大小。

5）轴向位移测点在1号瓦的机组死点处，当轴向位移波动时，对1号瓦轴承振动（BB1*X*、BB1*Y*）的影响为突增0.03mm。凸显出波动对1号瓦的影响很大。轴向位移的波动是否为推力瓦底环发生了移动所致。

（2）轴向位移波动阶段一。2010年8月14号轴向位移开始波动后的一段时间，波动幅值为−0.20～−0.03mm，波动开始时为高压进汽完成后，中压并汽时，负荷逐渐上升至280MW或满负荷后，轴向位移波动消失（见图1−57）。

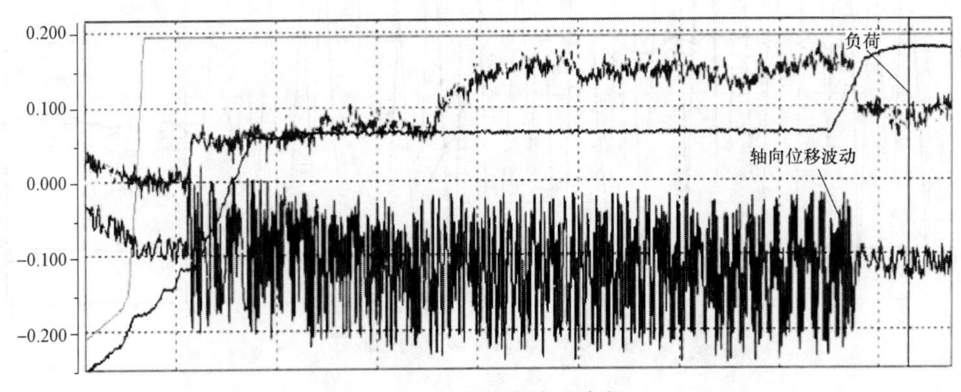

图1−57 轴向位移波动阶段一

此阶段波动开始时均在中压并汽前后，因此，分析重点倾向于此时变化的参数，即汽轮机侧相关参数。9FA燃气轮机为单轴机组，轴向位移是燃气轮机、汽轮机、发电机作用力合成后的结果。汽轮机为D10优化型蒸汽轮机、三压、一次中间再热、单轴、双缸双排汽、冲动式无抽汽纯凝式机组。

针对轴向位移波动于高压进汽后引起，初步怀疑高压缸内部有部分结垢引起通流面积的改变，因而形成气流的波动，计划停运至缸温低于150℃后停运盘车进行孔探。但由于D10型汽轮机原未设计孔探点，仅通过拆卸温度测点进行孔探未能查出结垢点。期间也进行过热控测点线缆的更换，波动依旧存在，且于发电机机头处可明显看出大轴串动，因此，可排除热控测点的问题。鉴于轴向波动幅值未增大，推力瓦温度未大幅的波动，且电网对负荷需求较大而未安排大修。

（3）轴向位移波动阶段二。3 号机组轴向位移波动的发生已经很长一段时间了，现象也发生了阶段性的变化。第一阶段为轴向位移的波动发生在高压进汽完成，中压并汽时，此时负荷为 130MW 左右，负荷带满后轴向位移消失，波动范围在 0.2mm 左右。第二阶段轴向位移的波动发生在高压进汽调节阀（CV 阀）打开 20°左右的情况下，满负荷阶段轴向位移波动不再消失，直至停机解列后 2700r/min 附近波动才消失，波动范围在 0.3mm 左右。第二阶段表明了发生波动的负荷范围在扩大，波动幅值在增加，是一种恶化的表现，是对机组安全运行的潜在危险因素。

2011 年 5 月 21 日停机阶段进行了一项试验，00:32 自动停机至高压进汽调节阀（CV 阀）全关后，中压退汽完成，仅保留了低压缸冷却蒸汽，此时负荷为 30MW。维持此状态运行至 00:45，轴向位移波动趋势未见有收敛的趋势，最后机组跳机。

00:48:17，转速为 2639r/min，此时 IGV 角度关至 28.5°，收敛趋势逐渐形成，波动频率明显变缓，振幅逐渐减小，最终于 2412r/min 停止波动（见图 1–58）。

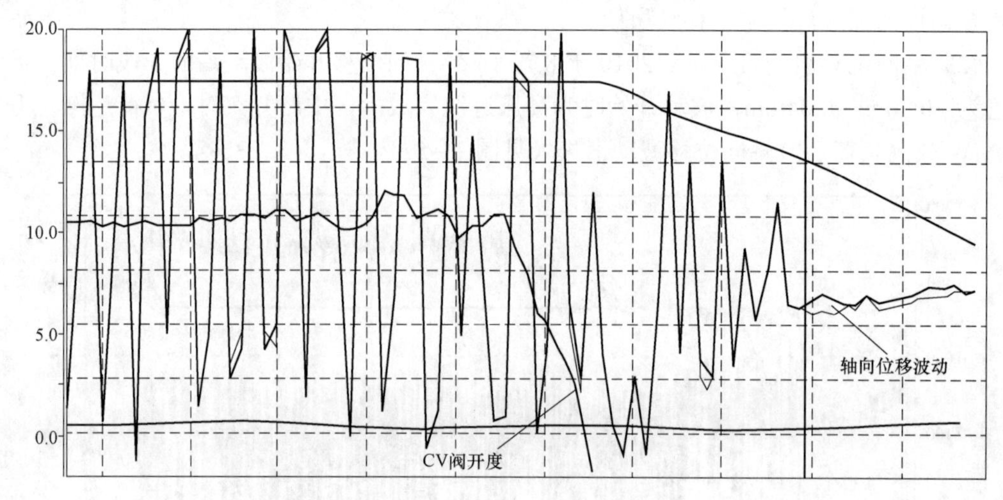

图 1–58　轴向位移波动阶段二

此次试验的目的是模拟启机时的上行工况——CV 阀未开，温度负荷匹配工况下，轴向位移不波动的情形（此时仅燃气轮机、发电机、低压缸存在负荷），以确认停机阶段，汽轮机不进汽的相同工况下轴向位移是否消失，这次试验的结果不能完全确认汽轮机无影响，但应该不是主要影响。

5 月 20 日的曲线及 5 月 21 日停机过程发现也有类似的现象发现。并结合之前机组解列后灭磁，维持 3000r/min（此时仅燃气轮机，低压缸存在负荷），做转子交流阻抗试验时，轴向位移波动也未消失，可见发电机对轴向位移的影响也可以排除。经因素排除法最后判断为燃气轮机侧造成的轴向位移的波动。

（4）轴向位移波动处理及跟踪。2011 年 6 月 20 日，为确保迎峰度夏的安全运行，特在水电充沛时安排针对轴向位移波动的专项检修。期间安排对压气机、燃烧器进行孔探检查，未见压气机结垢或叶片断裂现象的发生，因而逐步将检修重点转移至推力瓦上。

在解开靠背轮螺栓吊出进气缸后，经 3 次测量，推力瓦总浮动间隙为 0.55mm。

24日上午，打开1号瓦轴承盖，拆下调整垫片，取出推力瓦块和均衡板，发现副推力面右上角一块瓦块的均衡板断裂（见图1－59）。

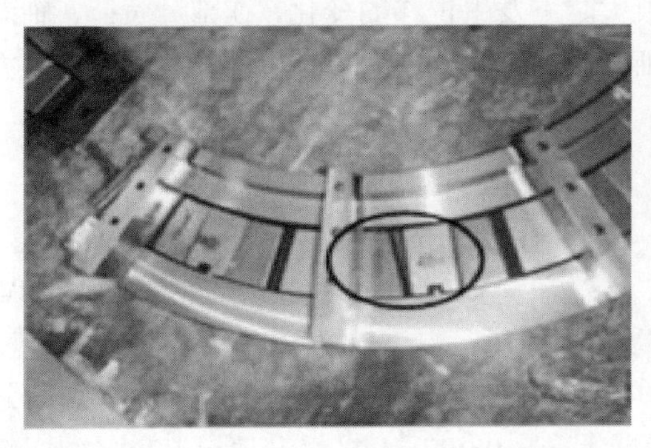

图1－59 副推力面右侧平衡板断裂示意图

推力瓦由两排被称为均衡板的淬硬钢调整杠杆支撑，瓦块和均衡板装在座环中，且整个组件支撑在轴承座内，并用销钉销住，防止其转动。轴承瓦块形状就像扇段一样，它的表面镶有巴氏合金，每个瓦块都有一个称为瓦块支点的淬硬刚凸球，凸球安装在瓦的背面，因此，瓦块在均衡板上可向任何方向做轻微摇摆。

均衡板是带中心支点的短杠杆。它们的功能是调整好由它支撑的瓦块与推力盘的相对位置，并且在轴线有可能略微偏离正常状态的情况下使瓦块均衡承受载荷。均衡板由定位销定位在座环上，使它可以在支点上自由摆动。通过推力盘传递给每一瓦块的载荷使得瓦块压在其后的上均衡板上。每一块均衡板依次支承在两块相邻下均衡板中每块的一条棱边上，下均衡板的另一棱边则支撑相邻的上均衡板。这种布置的结果使得加在一块瓦块上任何初始过量的推力，通过均衡板的相互作用立即被相邻的瓦块分担掉。这种相互作用和载荷分担沿着整个圆周分布，使得所有的瓦块自动地受到相等的载荷。

24日下午，对所有其他瓦块的均衡板做着色探伤检查，没有发现裂纹缺陷。从库房的推力轴承备件上拆下一块瓦块均衡板，装在副推力轴承上，清理轴承盖结合面，复装主、副推力轴承，瓦块及调整垫片；回装1号轴承盖，打入销子打紧螺栓，然后启润滑油和顶轴油。测量推力瓦浮动间隙为0.45mm。从3号机组控制系统调出机组投运以来转子窜动曲线图，发现转子朝正推力瓦方向的窜动值从最初的0.15mm发展到0.20mm左右，而朝副推力瓦方向的窜动值从最初的0.15mm发展到0.35mm左右，可以看出推力轴承浮动间隙的增大主要是因为副推力侧的磨损引起的，讨论决定更换副推力侧的调整垫片，从原始调整垫片的15.09mm增加到15.28mm以调整推力瓦浮动间隙。25日下午，新的推力垫片加工完毕返厂，换上新的推力垫片后投入润滑油和顶轴油系统，测量推力瓦浮动间隙为0.30mm，符合0.28～0.33mm的安装要求。

经过此次专项检修，2011年7月2日启机至今未再出现轴向位移波动。由此印证了燃气轮机侧为引起轴向位移波动的主要原因，均衡板的断裂和推力瓦浮动间隙的超标是此次轴向位移波动的主要因素。

三、防范措施

垫片的弯曲度就如弹簧一般，在轴向力很大时不发生位移的变化，在部分负荷、轴向力变化的情况下就会造成大轴的窜动，引起轴向位移波动。检修时应注意调整垫片加工方式，确保弯曲度在合格范围内。

案例 58 燃气轮机 IGV 故障

一、事件经过

9 月 3 日 07:55，某电厂 5 号机组启机，08:07 机组升速至 90.3%额定转速，观察到 IGV 开始动作，IGV 开度给定值由 33.6° 缓慢上升；08:07:51 机组升速至 97.8%额定转速时，发“IGV 控制故障跳机”“IGV 控制故障”“IGV 位置故障”报警，机组自动停机，转速下降。

停机后进行 IGV 静态动作试验：分别给定 34°、57°、84° 的 IGV 开度时，MarkⅥ控制系统内反馈值、就地开度及测量伺服电流均对应，正常；09:26，经多次反复，IGV 开、关动作试验正常后，机组第一次试启动，09:37 机组正常升速至 89.8%额定转速，IGV 给定值 CSRGV（IGV 控制指令）开始由 34° 开始增大，反馈值 CSGV 升至 35.5° 时保持不变，查就地开度仍在 34° 位置无变化，液压油压力为 8MPa，液压油系统无渗漏。机组升速到 97.5%额定转速，IGV 给定值（CSRGV）达 84° 时，机组自动停机；怀疑 VH3（遮断阀）前的液压油滤网堵塞，待轮间温度下降后，15:10 更换了 IGV 的专用滤网。并再次进行 IGV 静态试验，在 IGV 不同角度下，其控制参数和反馈信息跟踪均正常，同时在各个角度状态下逐片检查（共 64 片）可转导叶，无卡涩；16:18，机组第二次试启动，现象同第一次试启动，IGV 仍打不开，机组自停；17:00，机组第三次试启动，进入模拟水洗状态。选水洗状态、CRANK（高速盘车）方式，发启动令，当 14HM（10%额定转速）动作时，IGV 给定值（CSGV）由 34° 升至 84°，就地 IGV 开启，指示 84°，观察相关运行参数，未见异常。经对比几次试启动过程中 IGV 的故障现象，分析认为测量、控制系统没有问题，初步锁定故障点应在液压系统和可转导叶机械传动部分。

9 月 4 日 08:40，依照上述方法进行分析，怀疑 20TV－1 电磁阀在带电动作后，可能关闭不严，造成 IGV 油动机推动液压油流量不够。更换该阀，并进行 IGV 静态试验正常；11:28，发启动令第四次试启动，试验结果同前，IGV 打不开，机组自停；17:30，为进一步观察 IGV 管路的油压变化，在 IGV 执行油动机的进、出口液压油管路上加装了测试用常规压力表，同时，为缩小故障范围，将 IGV 控制伺服阀也进行了更换；23:00，机组进行第五次试启动，升速至 90.3%额定转速时 IGV 开度由 34° 开始开启，达 55.5° 后保持不变，此时油缸两侧油压为 7.6/2.8MPa；23:18，机组空载满速，检查机组无异常后并网带负荷。当 TTXM（排气温度平均值）达 370℃，IGV 给定值（CSRGV）由 57° 上升时，反馈值（CSGV）保持 55.5° 不变，油缸两侧压力最终达 8.4/0MPa，反馈值（CSGV）仍为 55.5°，同时机组发“IGV 控制故障”报警，机组跳闸。

9 月 5 日，经过多次 IGV 动、静态的检查和分析，故障范围逐步缩小到 IGV 的油动机和传动机构上。由于该项检查的工作量和难度都很大，耗费的时间也长，经请示厂领导同意后，开始进行该项检查；16:30 经解体检查发现：油动机输出推动连杆头并帽松动、锁片张开；96TV－1/2 安装板座与油动机输出推动连杆头的电焊处脱焊开裂；打开油缸检查内缸面光滑无异常拉伤痕迹，活塞运动自如。复装后，油缸可用手轻松推拉，无泄漏。组装油动机后，重新紧固并帽，加锁两道锁紧压边（原大修返厂时锁单边），并点焊 96TV－1/2 安装板座与油动机输出推动连杆头；22:30，油动机部套复装完毕，对 IGV 的静态给定值（CSRGV）和就地指示值、IGV 伺服电流和反馈值（CSGV）进行了检查、调整，并拆除了观察用的两只临时压力表。

9 月 6 日 00:00，机组进行第六次试启动。升速、并网直至带基本负荷，IGV 动作正常，机组无异常，02:19 停机备用；07:55，按计划正常启机；08:00，发现 IGV 油动机液压油管路漏油，立即停机处理，查为油动机左侧管进口卡套松脱，右侧管有砂眼。更换卡套并对砂眼进行了补焊。09:45，处理完毕，试压无漏；10:20，机组启动；10:22，机组并网。

二、原因分析

（1）机组在运行中长期的振动或偶然的一次大振动，引发锁片张开失效和焊缝开裂，导致 IGV 油动机和传动机构松动和锁片失效。

（2）IGV 油动机左侧管进口卡套松脱及右侧管砂眼，也同样因振动，被振脱的卡套与油动机进、出油液压环形减振管因相互摩擦减薄而减薄。

三、防范措施

（1）利用每次小修机会，对全厂燃气轮机的 IGV 部套和系统进行一次全面、仔细检查（重点为检查、解决高频振动问题），及时消除隐患。同时将该项检查正式列入定期工作。

（2）明确规定主机设备负责人为设备发生异常时技术攻关的召集、协调及分析、解决问题的总负责人。当设备出现疑难技术问题时，及时召集相关专业技术人员，进行讨论分析、安排相关检查及处理，尽快排除异常。各专业技术人员也应打破工种、专业界限，必须听从主机设备负责人的安排、调遣，积极配合，不得推诿。

（3）认真总结经验，不断提高故障消缺能力，准确把握故障处理的切入点和时机。

案例 59　燃气轮机转速到 95%后不升速故障

一、事件经过

24 日 10:24，3 号燃气轮机点火成功，10:34 机组转速达到 95%后，机组保持在 95%额定转速，显示状态为空载满速状态。检查无异常报警。11:06，停机。15:38，重新启动机组，在机组启动前已做过阀门动作实验，阀门动作正常。机组在 15:57 达到空载满速（100.02%）正常，随后停机。对机组进行全面检查未发现其他异常。

二、原因分析

燃气轮机正常启机时转速是由转速基准控制的，转速基准（TNR）在启机过程中应为100.02%，当启动准备完成后（L1X＝1），实际转速未到最小点火转速（L14HM＝0，最小点火转速为 10%控制转速 TNH）时，导致 L83PRES2＝1，将启动预制转速基准（TNKR7＝100.02%）给出，作为 TNR 的输出，TNR 为 100.02%，在整个启动过程中应保持不变，直到并网后由其他条件改变。

3 号燃气轮机出现故障时的转速基准（TNR）为 95%，有两种情况导致此状态发生，一种情况是控制卡件本身故障，导致 L83PRES2 动作后，TNKR7 没有赋给 TNR，TNR 保持上一次停机时的值。另一种情况是启机后 L83PRES2 动作过（出现过信号变位）TNKR7＝100.02%赋值给了 TNR，到了 L14HM＝1 后，L83PRES2＝0，此时，TNR 应保持在 100.02%，由于某种原因使转速基准（TNR）在转速达到运行转速（L14HS＝1）之前下降到 95%，见表 1－5。

表 1－5　燃气轮机对应转速级

名称	代号	转速信号	对应的燃气轮机转速（$\%n_0$）		主要功能
			动作	返回	
零转速	14HR	TNK14HR1/2	0.06	0.5	停转信号
冷拖转速	14HT	TNK14HT1/2	8.4	3.2	冷拖
最小点火转速	14HM	TNK14HM1/2	10.0	9.5	进入清吹阶段
清吹转速	14HP	TNK14HP1/2	17.0	16.0	完成清吹，准备点火
升速转速	14HA	TNK14H.Al/2	50	46	机组加速
自持转速	14HC	TNK14HC1/2	60	50	启动电动机脱扣
启励转速	14HF	TNK14HFl/2	95	91	发电机磁场启励
运行转速	14HS	TNK14HS1/2	95	94	启动完成

检查启机时的报警记录，发现在 L14HM 后，泄漏检测过程中，曾经有截止阀和放散阀故障报警，并且有燃气压力低报警（10:14:48.843　T3 1 Q 0543　ALM GAS FUEL SUPPLY PRESSURE LOW），这表明速比阀前压力 FGUP 小于 2.1MPa，正常是 2.2～2.3MPa，也就是说截止阀打开后，放散阀没有及时关闭。压力从放散阀排空泄压了。正常情况下，截止阀和放散阀的打开，关闭时间都为 1～2s，而故障报警显示截止阀和放散阀的打开，关闭时间都超过了 10s，产生这种情况的原因一是阀门卡涩，二是母管天然气压力不足，操作不动阀门。速比阀前压力（FGUP）低到 1.7MPa 以下，会引发转速基准（TNR）指令下降，到 95%TNR 下限为止，并保持在 95%。待阀门开关正常后，燃气泄漏检测程序完成后，FGUP 压力回到正常值时。转速基准 TNR 指令 L70L 恢复正常，L83JD3＝0。但此时的转速基准已经是 95%，就是说此时的空载满速基准是 95%。因此才导致机组转速达到 95%后，机组保持在 95%转速，显示状态为空载满速状态。

在启动准备完成后（L1X＝1），机组进入燃气泄漏检测程序，截止阀和放散阀动作故障导致速比阀前压力（FGUP）低于17MPa，导致转速基准（TNR）下降至95%，使机组到达不了全速。

三、防范措施

（1）机组跳机后必须查明原因、排除故障，且要对机组进行全面检查，确认不影响机组安全后方可启机。

（2）机组长时间未启动情况下，启动前应检查母管压力，阀门操作气源供气压力应大于0.55MPa，并进行强制逻辑试验，检查截止、放散阀门动作情况。

（3）如在启机后并网前发现转速基准不在100.02%，且无其他异常报警，可强制L83PRES2=1后，将启动转速基准100.02%赋给TNR后，再解除L83PRES2强制，L83PRES2=0后正常操作。

案例60　危险气体误发信号导致停机

一、事件经过

某电厂整套试运期间，“二拖一”机组1号燃气轮机和2号燃气轮机启动过程中，燃气轮机轮机间多次发生因危险气体卡件测量故障报警，机组进入自动停机状态。

二、原因分析

（1）根据现场检查处理情况，判断燃气轮机自动停机原因为轮机间危险气体4号测点故障的同时存在5号测点浓度高一值信号，造成燃气轮机自动停机。

危险气体探头采用催化燃烧原理，在催化剂失效的情况下，易发生因输出值偏低而引起测量故障报警。4号测点故障原因可能是催化剂失效，原因一是油气中毒，二是时间长。因时间长而导致催化剂失效的可能性较大，但具体原因有待停机后将探头拆卸送厂家检验验证。

（2）危险气体5号测点浓度高误报警由于在开机过程中，轮机间温度逐步上升（29℃上升到82℃），探头在温度变化过程中容易产生零漂，导致输出变化，并使危险气体检测5号测点高一值误报警。

（3）运行人员对保护条件不熟悉，对该报警认识不足，未及时联系检修处理确认，延误了缺陷处理时间。

三、防范措施

（1）对高温区域热工测点进行重点管理，针对危险气体测量探头的特性，研究制定轮机间高温区域测量探头定期检验措施。对同一组的3个测量数据要设置偏差大报警，以便及时发现问题，及时处理。日常加强巡检监视，对测量偏差相对较大的探头择机进行更换。规范探头标定方法，用5%、10%两种浓度的标气对测量装置进行标定，常温下标定完毕后，在机组正常运行温度下进行再次零点迁移。

（2）联系GE公司的技术人员，研究危险气体检测抽取式改造方案可行性，将催化燃烧式测量原理的探头更换为光谱分析原理的探头，改善测量装置的环境，提高设备可靠性。

（3）加强技术管理，组织专人对燃气轮机保护逻辑条件进行全面梳理，编制成册，对检修、运行人员进行培训；重要设备的校验应列为H点，规范原始资料的记录存档工作。

（4）加强运行人员专业培训，使其了解危及机组安全运行的参数，加强对燃气轮机危险气体检测报警信号的监视，发现问题及时联系检修处理，同时完善运行规程相关部分。

（5）在未投入该相关保护以前，运行人员密切关注轮机间测量值的变化，同时需到现场进行实地测量，一旦发现测量危险气体浓度高于8%，立即停机。

案例61　因压气机进气道防爆门误开导致机组停运

一、事件经过

6月3日22:09，某燃气电厂根据电网调度指令，1号燃气轮机解列备用，2号燃气轮机、3号汽气轮机“一拖一”方式运行。22:16，机组“一拖一”运行AGC投入，机组总负荷由230MW上升至394MW，2号燃气轮机空气进气过滤装置三级差压均在允许范围内。22:25，“Implsoion Door-2Limit Switch-shutdown”（2号防爆门限位开关关闭）、“normal shutdown”（正常停机）信号发出，2号燃气轮机自动减负荷。22:35，2号燃汽轮机负荷降到0MW，2号发电机自动解列。22:36，机炉联锁保护动作，3号发电机跳闸。

机组停运后，立即对2号燃气轮机进气系统进行检查，发现2号防爆门限位开关异常，判断为2号防爆门误动导致信号发出，机组停机。故障防爆门限位开关情况如图1－60所示，进气道上防爆门位置如图1－61所示。

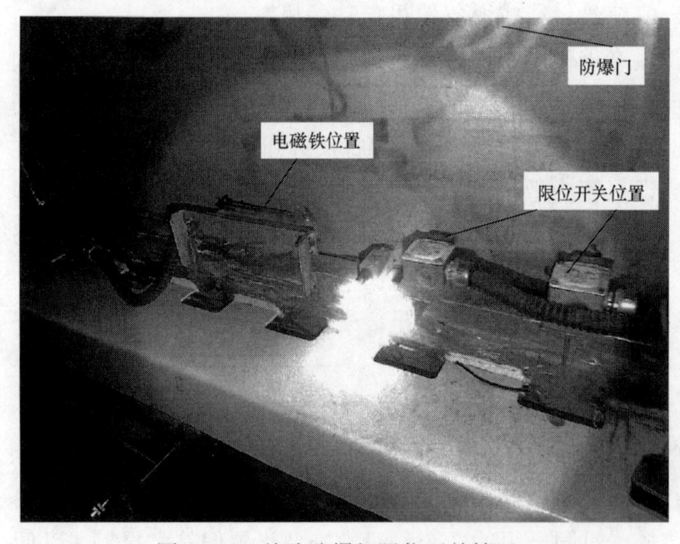

图1－60　故障防爆门限位开关情况

图1－61　进气道上防爆门位置

二、原因分析

（1）防爆门两个“关到位”行程开关安装位置布置不合理，没有采用分开布置，而是均安装在右下角；且 2 号防爆门行程开关安装位置与防爆门间距比其他防爆门偏大。

（2）防爆门该部位存在局部变形，安装工艺质量不高，当 2 号燃气轮机负荷由 170MW 升至 270MW，进口筒式精滤器差压由 17.8Pa 升至 25.9Pa 时，差压变化导致门板发生微小位移，造成 2 号防爆门两个差压开关先后动作，延时 5s 后触发燃气轮机自动停机程序。

三、防范措施

（1）加强开展电气、热工保护可靠性专项治理工作，针对此次非停事件，举一反三，对热工、继电保护专业进行再梳理再检查，限期完成单点保护清单，研究落实完善措施。

（2）运行人员日常监盘时要加强对滤网差压的监视和进气系统巡视检查，发现异常情况及时采取有效措施。

（3）加强对进气系统防爆门进行检查，确保防爆门与限位开关接触良好；积极与同类型机组进行调研，研究制定整改防爆门技术措施，认真进行整改，防止再次发生误动。

（二）9E 燃 气 轮 机

案例 62　模式切换时振动大导致燃气轮机停运

一、事件经过

2008 年 10 月 23 日，某电厂 1、3 号机组运行，1 号燃气轮机负荷为 100MW，3 号汽轮机负荷为 65MW，AGC 退出。23:50，1 号燃气轮机拖 3 号汽轮机性能试验结束，GE 公司调试人员进行了最后一次燃烧调整后，通知运行人员机组可以投入协调控制及 AGC 运行，并告知 1 号燃气轮机燃烧模式的切换点在降负荷时为 100MW 左右，升负荷时为 115～120MW。10 月 24 日 00:00，由于 AGC 总负荷指令为 180MW，此时 1 号燃气轮机负荷达到 110MW，燃烧模式由先导预混（PPM）模式切向预混（PM）模式。由于燃气轮机在先导预混模式下，NO_x 排放超标，联系调度退出 AGC，并将燃气轮机负荷升至 120MW，00:08 在升负荷至 115MW 后，由于 2 号轴承振动达到 21.2mm/s，超过自动停机保护定值 20.8mm/s，1 号燃气轮机发自动停机令，对 1 号燃气轮机进行主复位，重新发启动令成功，将 1 号燃气轮机负荷稳定在 90MW。00:50，重新升负荷至 130MW，尝试冲过燃烧模式切换点；00:55，1 号燃气轮机负荷升至 115MW 后由于 2 号瓦振动达 24.5mm/s，1 号燃气轮机再次发自动停机令，运行主值对 1 号燃气轮机又进行主复位，重新发启动令成功，将 1 号燃气轮机负荷稳定在 90MW。

经 GE 公司人员确认将燃烧模式切换点的燃烧基准温度由 2280℉改为 2290℉，告知运行人员在此切换点可减小振动，冲过切换点。10 月 24 日 06:54，更改燃烧模式切换点的燃烧基准温度后，运行主值再次升负荷冲燃烧模式切换点时，1 号燃气轮机 2 号轴承振动达 26.84mm/s，超过了振动保护跳机值 25.4mm/s，机组跳机。

二、原因分析

燃烧模式切换时，由于 GE 公司技术服务人员对切换点选择不当，造成燃气轮机内流体波动大，1 号燃气轮机发生振动，振动超跳机保护动作值跳机，联跳 3 号汽轮机。

在性能试验开始前 1 号燃气轮机燃烧模式切换设定点（由 PPM 模式切换至 PM 模式）为 2260℉，模式切换正常；在 10 月 23 日性能试验完成后，GE 公司进行了火焰筒 DLN 燃烧调整，此设定值改为 2280℉，并将 FXKSG1、FXKSG2、FXTG1、FXTG2、FXKG1ST、FXKG2ST、FXKG3ST 等相关参数也进行了修改。

GE 公司解释此次燃烧调整参数修改为 GE 公司技术部门下发的定值，可能与现场机组情况不能完全匹配，并决定由 GE 公司现场技术人员将 1 号燃气轮机燃烧模式切换（由 PPM 切换至 PM）温度设定值改回性能试验前稳定运行时的设定值 2260℉，由于 DLN 设备已经拆除，GE 公司技术人员并未对其他模式切换相关参数做相应的修改。

三、防范措施

（1）由于燃烧调整由 GE 公司（厂家）全部负责并进行技术封锁，需要专业的设备和软件，故由于燃烧调整参数设定问题引起的振动问题，需要 GE 公司技术人员再次用 DLN 设备进行燃烧调整并解决。

（2）对 GE 公司的技术服务，要求热工人员紧密跟踪，尽快提高技术技能，加强分析和处理故障能力。

（3）在燃气轮机两次因为振动大触发自动停机程序的情况下，仍然进行第三次强行通过燃烧模式切换点，暴露出运行技术能力薄弱，把关不严的问题。需要加强管理，提高运行人员的故障处理能力，严格执行事故处理和汇报程序。

案例 63 燃气轮机振动大导致跳机

一、事件经过

2011 年 9 月 9 日，某电厂 3 号机组运行，BB3 测点故障（于 9 月 5 日机组启动后就存在大幅波动，从－70mm/s 到＋203mm/s，由于机组一直连续运行，未进行处理），BB5 测点于 9 月 9 日 09:00 出现波动，从＋4.7mm/s 到＋14.7mm/s，其他参数正常。13:57:52，出现 high vibration trip or shutdown 振动，机组跳闸。跳机前后机组各测点振动参数见表 1－6。

表 1－6 跳机前后机组各测点振动参数表

时间	BB1	BB2	BB3	BB4	BB5	BB10	BB11	BB12
13:57:51	0.4	0.5	5.8	3.1	6	0.9	1	0.7
13:57:52	0.3	0.5	46.2	3.3	9.4	0.9	1	0.7
13:57:53	0.3	0.5	58.5	3.1	13.9	0.9	1	0.7
13:57:54	0.4	0.5	38.2	3.4	12.7	0.9	1	0.7
13:57:55	0.5	0.6	24	3.5	10.5	0.9	1	0.7

二、事件原因

3 号机组 BB3、BB5 振动探头故障或电缆接触不良，造成机组振动测量值异常，引发机组跳闸。

三、防范措施

（1）更换 BB3、BB5 振动探头，检查紧固电缆接线。

（2）及时处理异常测点，对运行过程中不能处理的测点应采用专项措施，防止保护误动。

案例 64　燃气轮机压力低丢失火焰导致跳机

一、事件经过

2010 年 12 月 2 日 10:19，某电厂 1 号燃气轮机带负荷 103MW 运行，2 号机组带 58.5MW 运行，1 号燃气轮机出现 p_2 压力低，丢失火焰跳机报警，机组跳闸。10:21，气化站出现“电厂 1 号燃气轮机跳机信号”，2 号烃泵跳停，2 号气化器出口安全门 A205 和烃泵出液母管安全门 A202 分别动作 9 次。

经检查发现，1 号燃气轮机轮机 p_2 压力 2s 内从 1.8MPa 降到 0.7MPa。值班人员手动传动 1 号燃气轮机速断阀，强制信号 L20FS1，阀门不动作，甩开电磁阀 20FS，测量 20FS 线路（燃气轮机控制系统到电磁阀前接线箱），绝缘合格，测量电磁阀电压为 80V，有波动，判断为电磁阀故障，将 3 号燃气轮机 20FS 电磁阀拆至 1 号燃气轮机，强制信号动作正常。

气化站烃泵停运后，值班员退出“燃气轮机跳机联锁”，烃泵自动启动，值班员再次手动停运，关闭烃泵出口手动阀，回流指令给定 30%，通过辅调卸车，降低主调后压力。

二、事件原因

从跳机历史数据上看，速比阀开度为 39.85%，FPG2 为 1.822MPa，在 3s 内，速比阀开至 99.38%，FPG2 降至 0.575MPa，怀疑速比阀前供气中断。通过 3 号燃气轮机安全阀动作及前置过滤器上天然气压力表显示 2.5MPa，可以排除气化站异常造成天然气管线供气中断（气化站异常也不可能造成供机组天然气中断），初步判断为 1 号燃气轮机速断阀故障造成机组供气中断熄火跳机。

三、防范措施

（1）定购备件，以备故障时更换。

（2）加强设备定期维护力度，降低设备事故率。

（3）修改燃气轮机跳停后烃泵操作程序。

案例65　88TK风机电动机故障损坏

一、事件经过

12月29日00:18，某电厂1号机组在停机过程中，运行值班员发现控制室照明灯暗，随后检查发现88TK－2风机故障红灯亮。到现场检查发现88TK－2风机电动机B相熔断器熔断，复归热继电器、更换熔断器后重新启动，再次出现故障红灯亮，检查后A、B两相熔断，经测量电动机三相对地绝缘均为0。

现场打开风机罩壳用手盘电动机不动，打开接线盒闻到一股烧焦味，确认电动机烧坏。更换了一台国产电动机，并测量新电动机绝缘大于500MΩ，合格、可投用。

在新电动机试运前的检查中发现，开关的A、B相熔断器熔断，更换熔断器后将88TK－2电源开关抽屉插入时听到有放电声，立即拔出抽屉，检查熔断器完好，抽屉插头上有明显电弧灼伤痕，后进行打磨修复处理后，再次插入抽屉时无放电声，但热继电器出现过热、冒烟。

本次事故后再次拉出电源开关抽屉，检查发现接触器A、B触头粘死，后将其撬开，并进行打磨修复处理。接着送电试转，启动约2s后，电流回到530A左右；约8s后，电流降到450A左右，热继电器动作（原整定刻度为83A）。将88TK－1抽屉换到88TK－2试验正常，三相电流平衡（78A、热继电器整定刻度为90A）。仍然换回88TK－2抽屉，同时将热继电器整定刻度调至90A后再试，热继电器仍然动作，接着又把热继电器调到95A后再试，热继电器动作。

检修人员分析认为只要能躲过启动电流即能正常运行，为了不影响负荷，经请示相关领导同意短接热继电器运行。08:46，运行发启动令开机，机组点火投入88TK－2风机，运行人员随后即发现88TK－2电源开关柜冒烟，立即停机，并断开88TK－2电源开关。

拉出88TK－2抽屉检查发现接触器B相触头有烧伤痕迹，热继电器有焦臭味，抽屉插头B相也有带负载拔插烧伤痕迹，将接触器、热继电器进行了更换。接着对电动机进行试运，发现B相无电流，立刻停运，将88TK－1电动机的开关柜抽屉用于88TK－2试运正常。检查发现88TK－2抽屉B相熔断器熔断，更换熔断器后试运正常。

二、原因分析

（1）对电动机进行解体检查发现输出端轴承过热烧坏、保持架脱落（有一块已严重挤压变形），转子、定子铁芯有较严重的磨损、错位，定子负荷侧绕组局部有聚集炭黑、金属残粒及绕组表层击穿烧熔现象。初步分析认为先是轴承损坏，引发失中及保持架碎片飞进定子与转子气隙内，造成严重动静摩擦，最后导致定子绕组接地。

（2）经查该电动机轴承投用约4500h，不到正常使用寿命的1/2，上次定检、加油（12月4日）记录及过程清楚，机械载荷部分均未发现异常，因此该轴承质量问题应该是这次故障的起因。

（3）故障（保护动作）初期的检查、处理中，在未能查明和消除故障原因前提下再次启动，加剧了电动机损坏（严重动静摩擦，引发定子磨损、铁芯错位、绕组接地）以致报废。

（4）在新电动机投用前只检查和更换了 A、B 两个熔断器，当时未对其他部分进行详细检查的情况下就推上开关抽屉，结果导致了带负荷“接插”，造成抽屉插头局部烧熔。经插头打磨处理后，仍在未查明原因的情况下推入开关抽屉，随即热继电器冒烟，再拉出抽屉检查，才发现是因接触器触头粘住所致。

（5）经再次处理后送电试转，又出现了（2s 后电流回到 530A，8s 降到 450A 左右）热继电器保护动作。后将 88TK－1（整定 90A）抽屉与 88TK－2 更换后启动正常，将 88TK－2 抽屉（热继电器整定值调大 90A、95A）再次启动，仍动作，实际上热继电器因经前面的过热冒烟及反复动作后性能已发生较大偏移。

（6）为解决热继电器的不正常保护动作问题，短接热继电器，但短接后却仍未进行检查、试转就直接投入开机。当时 88TK－2 投入后即发现开关抽屉冒烟，立即停机，断开 88TK－2 电源开关。后查是熔断器 B 相烧断（B 相触头、插头有烧伤痕迹）、热继电器有烧焦味，显然冒烟是缺相（B 相熔断器熔断）造成热继电器主路过载（烧红）引起，而 B 相是何时熔断，因缺乏前面过程的检查而无法确定。

（7）上述（4）～（6）项，属检修处理人员的违章、违规操作造成，可以说是不顾人身、设备安全的野蛮操作行为，处理过程中还存在故障处理请示上报不全、不实现象，以致出现决定失策、违章不能制止的现象继续发生。

三、防范措施

（1）加强大容量电动机检修中的轴承质量把关（从选型、订货、验收及试验）以及更换工艺，加强厂内大容量电动机的定检、巡检、预试及维护工作，相关工作都要有明确的项目、要求、工艺、流程卡（规定），都要有详细书面记录（日期、人员、实际状态、执行情况），特别是日常的加油操作与相关定检工作。

（2）运行电动机保护动作，除了为保证燃气轮机安全的紧急状态外，运行人员必须在检查设备（电动机和电缆）绝缘符合规定和可以盘动（无法盘动的电动机除外）的前提下才可进行恢复、试投。在日常的电动机检修和故障处理中检修人员必须严格执行相关安全规程和检修规程，特别是在未查明和消除故障电动机、开关、线路的隐患前，不得擅自送电、重启。

（3）建立和完善各类电动机特别是大型电动机热继电器的定值校验和整定办法，按照电动机规格订购大电流发生器，调整和更换不符合安全运行要求的在线电动机保护热继电器，以确保和提高各类电动机保护的可靠性。

（4）对日常无法进行例行安全巡检的大型在运电动机进行结构改造（可以日常的巡检、监视）、对保护装置还不健全的大型电动机进行完善，如增加监视用电流表、改进电气保护装置和提高保护性能。

（5）日常的设备抢修一定要严格执行相关检修工艺，不得违章操作、不得野蛮操作，以确保抢修安全和避免抢修的超时现象出现。

（6）设备检修中，对需要断开原设备保护的决定要慎重、工作要做细，要明确职责、权限，当事人对上级要如实反映情况，对因误报、缺报而造成上级领导命令或决定发生错误的，上报人要负主要责任，领导负失察责任。

（7）设备抢修时，检修和运行部门间要做好对故障设备的交接工作，特别是运行人员在没有条件和把握的情况下，不要随意乱动故障设备，以避免故障的加重和扩大；检修人员在接收故障设备时要详细了解，核实故障的具体情况。无论是修前、修后双方都要对设备进行认真的交接、验收，特别是运行人员对刚经检修的投运设备更要加强状态监护。

（8）生产管理部的安全、技术监督管理人员在事故过程中应在第一时间赶赴现场，收集相关资料，监督、协调现场事故处理，确保现场事故处理的有序、安全进行。

（9）健全和完善安全生产管理办法，强化员工安全教育培训，加强现场安全生产监管和安全考核力度。

案例 66　控制系统卡件损坏导致自动停机

一、事件经过

2007 年 6 月 12 日 18:47，某电厂 3 号燃气轮机正常运行期间，发电机定子温度高高、重油温度高高、发电机热风温度高高、发电机冷风温度高高同时报警，机组快切轻油，检查 3 号发电机定子温度均大于 430℃，冷、热风温度为 390～410℃，WTTL1、WTTL2（发电机定子温度），ATTC1（辅机间温度）、ATLC1（轮机间温度）、LTOT、LTOT1、LTOT2（润滑油温度），FTH（重油温度），FTHH（重油加热器温度），FTD（轻油温度）均显示不正常，数值在 415℃左右，到现场检查重油回油温度及重油加热器出口温度均在正常值内（121℃左右）；检查机组的有功功率、CPD（压气机排气压力）、CTD（压气机排气温度）、FQL1（燃料流量）、FSR（燃料基准）等均正常；18:47:28 3 号燃气轮机进入自动停机程序，19:06 机组熄火，19:20 盘车投入。

二、原因分析

故障发生后值班员到就地检查重油回油温度，无异常；检查 3 号发电机–变压器组保护柜、母线保护柜、出线保护柜、故障录波装置均无异常报警；检查发现燃气轮机控制系统 TBCA（模拟信号输入端子板）板卡已损坏，认为此次停机是由 TBCA 板卡坏引起的。

三、防范措施

（1）加强现场检查，完善防雷接地措施。

（2）采购相关卡件备用。

案例 67　88QA 电动机故障导致停机

一、事件经过

2 月 11 日 00:26，某电厂 1 号机组正常解列熄火，临界振动、惰走正常；当晚运行人员做定期工作测量 88QA 电流（128.8/134.6/129.1A）正常；04:28，机组发“直流泵运行报警”，查 88QA 故障灯亮、88QA 跳闸、88QE 启动，检查现场无跑油，手摸 88QA 电动机较烫手，经复归热继电器后 88QA 启动运行，其三相电流较停机后升高，分别为 195、208、196A，且各相电流波动达 20A；04:29，投 88TG/88QB/88QV，恢复盘车运行，现场听 88QA 声音异常，并再次跳闸。

04:45，再次复归 88QA 热继电器后，88QA/88TG/88QB/88QV 运行，测 88QA 电流为 200/201/205A（规程为 139.9A），约经 3min 后 88QA 又重复上述现象；05:03，机组停转，88QE 停运，轮间最高温度为 202℃；05:15，手启 88QE 运行。

检修人员对 88QA 进行检查发现泵轴窜动大，手盘较沉，电动机不卡且绝缘正常，安排更换新泵。

二、原因分析

经分析，88QA 电动机过载、跳闸是由轴承损坏造成。从所拆卸开的轴承已磨损、过热与散架及壳/盖的状况观察，应属渐进过载、磨损失效，而不是随机的突发性破坏。

该 88QA 油泵是 2018 年 3 月更换的进口新泵，且 2019 年 1 月大修时更换过轴承，从 1 月 19 日设备投运到 2 月 11 日即出现上述故障，实际运行仅 20 天，从失效形态分析，检修工艺以及泵本身质量都存在问题。

三、防范措施

（1）1 号机组投产两年内已发生两次 88QA 故障，其性质与后果较为严重，生产部门要吸取教训、总结经验，特别是检修部门要进行专题研究，提出可行解决办法、并组织实施。

（2）改进和提高备件的检查、验收以及检修质量。

（3）针对本次 88QA 油泵轴承的渐进磨损损坏，而不是随机的突发破坏的机械失效特征，改进和提高日常巡检、定检及维护工作的方法和技术，确保手段有效。

（4）重视和做好全厂重要转动辅机（电流、振动及温度）的日常动态监控工作。

案例 68　排气分散度高导致跳机

一、事件经过

6 月 3 日 07:43，某电厂运行人员发现 6 号机组 TTXD1_17 排气热电偶故障开路，显示值为－84℃。07:54，告知热控人员答复，暂时不影响运行，马上派人处理；07:47，机组发启机令，点火升速至满速；07:59:05，机组发“燃烧故障”报警；07:59:06，发“排气热偶故障”报警；08:00，并网；08:13，切到重油位；08:16，带满负荷。08:42:45 机组发“排气分散度高”跳机，机组跳机时排气温度数据见表 1－7。

表 1－7　　机组跳闸时排气温度数据表

测点	TTXD1_1	TTXD1_2	TTXD1_3	TTXD1_14	TTXD1_25	TTXD1_36	TTXD1_17	TTXD1_28	TTXD1_39	TTXD1_10
温度（℃）	526	534	543	544	536	538	541	540	552	542
测点	TTXD1_11	TTXD1_12	TTXD1_13	TTXD1_14	TTXD1_15	TTXD1_16	TTXD1_17	TTXD1_18	TTXD1_9	TTXD1_10
温度（℃）	546	533	541	537	515	541	599	513		

08:50，热控人员到场确认 TTXD1_17 故障；09:08，将 TTXD1_17 并接到 TTXD1_14 上；09:10—09:25，进行充油，正常；09:27，启机；09:43，并网正常；6 月 6 日，6 号机组小修时更换了 17 号排气热电偶。

二、原因分析

本次跳机的直接原因为 17 号排气热偶故障：启机前为完全开路状态（查看诊断报警记录 06:13:08 发“〈S〉TCQA thermocouple　TC6　failed”报警）；约在启机脱扣时开始其温度在－84～230℃范围内波动，到了 08:30 以后波动消失，17 号排气热偶温度从 300℃左右开始缓慢爬升，至 08:41:49 时达 540℃，超出了当时的 TTXM539℃，此后继续上升成为最高点；该热偶单点温度的升高造成 TTXSP1、TTXSP2、TTXSP3 同步上涨，相继超过允许温差 TTXSPL 值，造成跳机，保护动作正确。

本次跳机的间接原因为运行人员没有及时发现 17 号热偶开路及开机后出现的异常波动；检修人员在接到通知后也未能认真分析可能存在的隐患，而是简单地答复暂时不影响运行，没有及时到现场进行相应处理，以造成保护动作。

三、防范措施

（1）加强对新员工的技能培训，值长、单元长加强对新员工运行操作的监控和指导，对各种异常现象（特别是各类报警）应仔细分析，及时处理。

（2）检修人员在得到运行人员要求处理异常的通知后，应在规定的时间内处理异常，对影响机组安全运行的紧急缺陷可由值长自行决定停机处理后，再向上级汇报。对不影响机组安全运行且在开机状态无法处理的缺陷，由运行、检修两部门共同制定防范措施后报生管管理部门备案。

（3）对于单点排烟温度异常引起的排气温差大，在确认热电偶故障的情况下，可以采用并接热电偶的方式维持运行。对于区域性排烟温度异常，不得采用手动调节负荷或预选负荷的方式运行，当班值长应及时将异常情况报生产管理部和厂领导。

案例69 检修维护不到位，运行中异常导致二次停机

一、事件经过

1月28日10:23，某电厂7号燃气轮机启动，10:40机组并网；11:09发“轴承金属温度高”报警，经查3号瓦金属温度BTJ3－1、BTJ3－2达130、130℃，约1min温度上升到140℃，查该瓦回油温度及各瓦振动均正常，机组快速降负荷到5MW，3号瓦金属温度无变化，仍为140℃。11:24，报部门及厂领导同意后，机组解列、停机，进行相关检查。

经检查，3号瓦金属温度测量回路有接地现象，由于该故障的排除涉及要揭透平缸等的大量工作，一时不能处理；后运行中按3号瓦的进、出油温差（LTB3D的3号瓦出油温度与LTTH1的滑油母管进油温度差）小于15℃的方法进行监控。

17:00，7号机组负荷为70MW，TTIB1（负荷齿轮间温度）为178℃；18:00，TTIB1上升到188℃；19:00，TTIB1上涨到223℃，超过平时的正常运行180～190℃值上限。查88VG（负荷齿轮间通风机）风叶打开、开关柜状态指示红灯亮（运行），但使用钳形电流表测88VG电动机实际电流却为0。后到现场打开负荷联轴间左侧门进行检查发现，发电机前轴承下方有火花（光）。

19:16，7号机组降负荷、切轻油、准备停机，报部门领导，通知厂消防队派员现场戒备和通知检修各分部负责人来现场检查、处理。19:36，7号机组解列，期间多次向4号瓦下方火光部位用1211灭火机进行灭火，后经检查此明火是由4号瓦回油测点套管外部的沉积油垢在空间高温下自燃引发。

现场检查发现88VG电动机内部有一根引线断开，重新接上后测该电动机绝缘电阻为500MΩ，正常。试转电机及启动、稳定电流也均正常。

二、原因分析

（1）分析认为7号机组3号瓦金属温度BTJ3－1、BTJ3－2测点回路引出线接地、线间短路故障，是造成瓦温测量不准及波动大的原因。损坏的补偿导线上次大修做过更换，但这次故障的出现仍反映出年度检修的检查工作及日常定检、维护工作存在不足。

（2）88QV故障及负荷间火警原因分析。

1）按常规着火条件的空气、可燃物、温度3条来分析：可燃物为下部套管外长年积下的油垢；温度是由于88VG断相停运、引起负荷间环温上升（TTIB1上涨到223℃），在负荷间高温烟气的烘烤下最终导致着火。

2）接线套管外长年积下油垢，此处长年没有妥善清理，日常清洁工作没有做到位，平时有疏漏，这次小修中也没有清理干净。

3）88VG断相不转经检查是由内一根引线断开所致，经现场调查此线段已相当陈旧。

4）该问题反映出年度小修（刚小修完）的检查及相关日常定检、维护工作仍有漏洞及不到位和不完善的地方。

5）当值运行人员存在处理措施不当的问题（按照当时情况本次事件可不停机，只降

负荷处理）。

三、防范措施

（1）3 号瓦热电偶引线故障防范措施。

1）在问题一时无法解决的情况下，运行中需加强监督 3 号瓦的进、出油温差（LTB3D 的 3 号瓦回油温度与 LTTH1 的滑油母管温度之差为 13℃）和 3 号瓦的回油温度。

2）运行各值要加强对各主设备轴承瓦温及振动特性的正确理解与全面掌握，特别是监盘中各机组瓦温与振动的动态特性，以有效避免烧瓦故障和确保机组运行的安全可靠性。

3）年度检修时检查、更换该故障引线。

（2）88QV 故障及负荷间着火故障防范措施。

1）制定检修计划，对处在恶劣环境条件下的动力线重要控制线应作有计划的分期和分批检查、更换，加强日常的定检和维护工作，以提高设备运行的可靠性。

2）提高检修及日常定检、维护工作质量，要把各类缺陷尽力在计划检修及日常定检、维护中解决掉，确保已检查、维护或修理的设备质量。

3）强化生产设备现场的文明生产的力度，特别是各主设备容易积有油垢等易燃物品的死角部位；运行部要强化日常巡检和设备卫生工作以及加强设备检修后的验收工作，发现各项安全隐患及时上报、及时处理。

案例 70　燃气轮机火焰筒烧损

一、事件经过

某电厂 23:45 由于电气原因 1 号燃气轮机满负荷跳机。在其后重新启动过程中，由于机务、控制等各方面原因历经了 4 次高速清吹、点火，直至第二天 03:28 并列，03:52 机组负荷为 80MW，排气分散度（第 1 分散度）为 26.7℃；22:54 负荷为 100MW，排气分散度升至 38.3℃，约 1h 后升至 50℃，减负荷至 90MW。第三天 00:54 分散度升至 59℃，运行人员再次减负荷至 85MW，排气分散度降至 40℃。此后，机组一直维持在 85MW 负荷运行，排气分散度基本稳定在 40.5℃；06:20，运行人员巡回检查时发现烟囱冒黑烟，立即停运机组。经检查，设备损坏情况如下：

（1）7-8 号和 8-9 号联焰管严重损坏，其中阳联焰管烧穿，管身因高温严重变形，靠 7 号、9 号火焰筒一侧的联焰管头部烧灼情况稍轻，其余燃烧单元的联焰管正常。

（2）8 号火焰筒严重损坏，筒体尾部全部熔化，密封裙环全部丧失，筒体除顶部颜色基本正常外，其余大部分颜色变黑，筒身部分冷却气孔被熔化的金属重新凝固后堵塞，见图 1-62。

（3）2、7、12 号过渡段正常，3、4、6 号过渡段内部表面（气流转弯处）有不同程度的斑坑，但未穿透。其余 7 只过渡段内有大小和范围不同的穿孔，未穿透的斑坑内部及其他部位有明显结垢。8 号过渡段严重熔化、烧穿，见图 1-63。

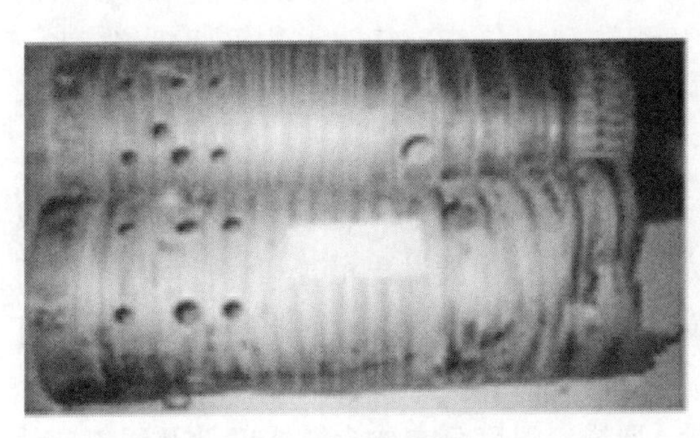
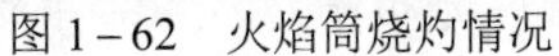

图 1-62　火焰筒烧灼情况

图 1-63　过渡段烧灼情况

（4）8 号过渡段对应的 3 片静叶凹弧表面有黑烟，其中 1 片静叶进气边上附着较多金属溶渣，其余燃烧单元对应的静叶正常。

（5）所有导流衬套没有烧损、变形的痕迹，全部可用，燃烧室和燃烧缸、透平缸、排气框架等底部排污通道全部畅通，14 只燃油止回阀经校验台校验基本正常，未对动叶进行检查。

二、原因分析

影响燃烧单元热负荷变化的因素很多，如燃料分配的均匀程度、燃料的雾化程度、冷却空气的均匀程度、通流部分叶片的结垢程度、局部焓降情况、局部漏气情况等，排气分散度是所有这些因素的综合反应。在稳定的工况下，即使火焰筒、过渡段等部位发生局部过热，只要不穿透、不改变冷却流场分布，分散度仍将维持原先的水平。

从燃烧系统的工作情况看，压气机出口约 1/3 的空气流量作为一次助燃空气从火焰筒端部鱼鳞孔进入，其余 2/3 空气量从火焰筒筒体冷却孔进入，在火焰筒内表面形成气膜以阻止高温燃气的表面接触。就温度分布情况看，在接近燃尽阶段的断面上混合气体平均温度最高。负荷越高，这个断面越接近尾部，满负荷大约就在筒身的 2/3 处，这是因为作为二次冷却的空气大部分从燃尽阶段的冷却孔内流入。由于火焰筒有良好的几何形状，本身具有完善的冷却条件，表面金属温度并不高，而过渡段外表面仅存在有限的对流冷却，内壁承受的是燃气轮机的进口初温，是燃气轮机温度最高的金属部件，大部分过渡段被烧穿而火焰筒相对完好也说明了这一点。

燃油中含有一定金属添加剂，燃烧后产生的颗粒对输送通道产生磨损。过渡段承受的是高温且高速流动的燃气，当流动方向改变时产生的磨损最严重。过渡段被穿透后冷却空气从穿透处进入过渡段，导致过渡段压力升高，也使火焰筒内压力增加，火焰筒内燃烧的高温燃气通过联焰管流向两侧燃烧筒的流量增大，高温燃气直接接触火焰筒内壁，迅速烧坏火焰筒。在这一过程中，相对应的过渡段因局部磨穿而使冷却空气量增加，从而改变了整个燃烧系统冷却空气量的分配。

从上述分析来看，虽然分管回流式燃烧系统有诸多优点，但所有的燃烧单元不可能做到热负荷均匀一致，微小的误差随时间的积累终归会使薄弱环节遭到损坏，从结构上看这些薄弱环节就在过渡段的气流拐弯处。因此，1 号燃气轮机在本次事件发生前相对较长的时间内已存在自然磨损，在电力短缺期间，机组连续满负荷运行，水洗周期成倍延长，过渡段已达到当量时间而未进行燃烧检查，一旦穿透便在较短时间内扩散并演变成燃烧事故。

经过分析，GE 公司燃烧检测保护存在严重缺陷。根据多年的运行经验，如果燃烧设备发生突发性的严重偏离设计工况的情况，燃烧检测保护应能发出报警和保护动作、切断燃料。但对于一些长期积累引起的燃烧部件缓慢损耗的事故却无法及时报警，主要原因有以下几个方面：

（1）燃烧监测将排气温度作为唯一计算量，把排气温度分布作为燃烧部件及通流部件是否正常的唯一判据，虽然理论上是可行的，但实际运行中却不能完全保护设备，根本原因是没有对温度变化历史趋势进行分析。排烟温度偏差在正常范围时，初温特别是局部初温不一定正常。因此，不能仅以排烟温度来判定初温是否正常、燃烧是否正常。

（2）燃气轮机进气容积流量太大，反映设备状况的温度、压力等流动参数的偏差不足以反映排气端温度分布的较大变化。即使对平均值来说，也仅当透平运行正常且工况稳定时，进口和出口参数才具有对应关系。

（3）GE 公司设置的保护定值不是很合理。例如，在基本工况下，通过计算其分散度大致在 68℃左右，而实际运行中超过 33℃的概率不大；变工况下的监测保护定值是在原稳态基础上增加 111℃，工况稳定后以一定速率衰减至稳态值，而实际情况是工况变化时排气分散度很少超过 44℃。因此，这样的分散度变化不可能引起保护装置动作。

三、防范措施

日常维护应制定防止燃烧单元热偏差的技术措施，定期进行燃烧检查。对于燃用液体燃料特别是重油的燃气轮机，利用每隔 200h 的停机水洗进行日常维护。

（1）燃料供给系统。燃料供给系统是日常维护的主要对象，主要进行如下检查：

1）双螺杆泵是供油系统中的主要增压设备，转子外表涂有比较坚硬且脆的涂层，用于减少动静部分间隙，提高泵的效率。实际运行中多次发生涂层剥落，剥落的碎片很容易卡住燃油管路上的单向阀、燃油喷嘴等，导致燃油流量不均匀，也多次造成燃烧监测保护动作。

2）流量分配器的主要问题是磨损。磨损导致流量分配不均匀，测速齿轮的固定螺钉脱落和测量间隙的变化，运行中主要反应在流量显示有偏差和波动，影响了调节品质，造成机组负荷摆动大。因此，应充分利用机组水洗机会定期测量测速齿轮的间隙和紧固螺钉的紧力。

3）单向阀。每一燃烧单元的燃油喷嘴入口均设有单向阀，目的是当供油系统进行管线清洗时防止清洗的柴油进入通流部分。单向阀的特性（启闭压力）对燃油流量影响较大，但受制造精度影响，无法确保 14 个单向阀特性一致。可定期将单向阀放到自制的压力校验台上进行启闭压力的校验，将启闭压力相对均匀一致的单向阀集中使用。

4）燃油喷嘴的性能对燃烧系统的影响非常大。现场无法进行流量和雾化试验，但可进行严密性试验，目的是防止燃油、雾化空气互相串通。流量的偏差通过单向阀前的压力进行监视。

（2）燃烧检查。

1）目视检查。利用机组水洗后的干燥期间，对角拆卸 1 组或 2 组燃油喷嘴，对联焰管、火焰筒、过渡段和一级喷嘴进行目视宏观检查，尽早发现早期缺陷。

2）孔窥仪检查。通流部分的检查是目视检查的盲区。孔窥仪检查通常是在目视检查没有发现明显缺陷，而机组仍然存在原因不明的问题，需要对通流部分特别是一、二级喷嘴的冷却部分进行的检查。

3）按 GE 公司标准进行的检查，即计划小修。这种检查方式比较彻底，也有足够的时间进行一些简单的处理，但要事先申请。

案例 71　进气系统压差大导致停机

一、事件经过

2015 年 1 月 14 日 20:00，某电厂 3 号燃气轮机负荷为 62MW，4 号汽轮机负荷为 38MW，机组在 AGC 方式运行，燃气轮机进气压差为 755.1Pa（1431.7Pa 自动减负荷停机，1470.9Pa 自动停机，2255Pa 燃气轮机跳闸），室外湿度为 92.6%，其他运行参数正常。1 号燃气轮机负荷为 64MW，2 号汽轮机负荷为 41MW，机组在 AGC 方式运行，燃气轮机进气压差为 833.5Pa，室外湿度 92.6%，其他运行参数正常。

21:50，3 号燃气轮机进气差压增大至 1225.8Pa，向市调申请，3 号燃气轮机、4 号汽轮机解除 AGC，总负荷降至 46MW（其中燃气轮机为 22MW）；23:40，3 号燃气轮机负荷降至 3MW，但进气差压达到 1412.1Pa，并有继续增大趋势。经申请市调同意，23:40，3 号燃气轮机发电机解列；23:45，4 号汽轮机发电机解列。

22:15，1 号燃气轮机进气压差增大至 1196.4Pa，向市调申请，1 号燃气轮机、2 号汽轮机解除 AGC，总负荷降至最低（燃气轮机为 2MW）。2015 年 1 月 15 日 00:15，1 号燃气轮机进气差压达到 1392.5Pa，并有继续增大趋势。经申请市调同意，15 日 00:16，1 号燃气轮机发电机解列；00:16，2 号汽轮机发电机解列。

二、原因分析

2015 年 14 日 15:10，该地区开始降雪；18:50，降雪停止，然后出现雾霾；20:00，雾气逐渐加大，湿度由 70%升至 92.6%，能见度小于 10m。重雾霾天气下，空气湿度大时，精滤筒湿后在滤芯上形成水膜，空气流通阻力增大，造成灰尘在滤芯上黏结，导致因燃气轮机进气压差大而手动停机，并进行消缺。

三、防范措施

（1）充分调研京津地区燃气轮机电厂进气系统改造方案及效果，充分完善并形成最优改造方案，增设防柳絮装置，防止形成水膜和冬季冰阻现象，解决重雾霾天气导致进气差压大问题，计划结合2015年机组大修实施。

（2）燃气轮机进气系统改造前，关注天气预报，在重雾霾等恶劣天气下，提前降低燃气轮机负荷，加强进气系统反吹，进一步摸索规律、确定精滤筒、滤布（滤袋）更换周期。

（3）为保证供热，在燃气轮机停运期间，已启动应急预案，开启125t/h备用锅炉对外供热。供热用户户内温度可达18℃左右，基本满足供热需求。

（4）加强维护人员的技术培训。

案例72 火灾报警保护动作导致跳闸停机

一、事件经过

2015年1月21日16:08，某电厂1号机组燃气轮机负荷为73MW，汽轮机负荷为32MW，机组在AGC方式运行，运行参数正常。16:08，1号燃气轮机负荷间火灾报警保护动作，两台88BT风机全部停运（88BT为轮机间冷却风机），1号燃气轮机跳闸，联跳2号汽轮机。经检查处理后，20:00，1号燃气轮机点火；20:30，机组并网，恢复正常运行方式。

二、原因分析

根据现场检查处理情况，分析判断燃气轮机跳闸原因为两台88BT轮机间冷却风机全停所致。查询历史记录，45FT1A、45FT8A、45FT8B、45FT9B感温探头同时故障，火灾保护动作，一路至燃气轮机控制系统MARKⅥE盘跳燃气轮机风机（已强制），另一路硬接线至开关柜联跳风机电源（直跳88BT、88VL、88VG、88GV、88TK、88QV风机电源断路器）。

三、防范措施

（1）解除直跳冷却风机电源开关的硬接线回路。

（2）制定停机消缺计划，一旦条件允许立即拆卸探头，发回厂家检查校验，对电缆绝缘进行测试，并对火灾报警装置进行彻底检查，做好相关的记录。

（3）运行人员加强对1号燃气轮机火灾报警信号的监视，发现问题及时手动停止风机；举一反三，对3号燃气轮机火灾报警系统进行彻底检查，采取有针对性的防范措施，防止机组火灾报警保护误动跳机。

（4）停机对火灾报警信号进行传动试验，联系厂家对消防控制柜进行检查。

（5）加强维护人员的技术培训。

案例73 燃烧模式变化导致跳闸停机

一、事件经过

2015年3月2日10:12，某电厂1号燃气轮机负荷为62MW，汽轮机负荷为48MW，机组在AGC方式运行，燃气轮机运行参数正常。10:12，1号燃气轮机排气温度高保护动作，1 号燃气轮机跳闸，联跳 2 号汽轮机。经检查处理后，17:00，1 号燃气轮机点火；17:21，机组并网，恢复正常运行方式。

二、原因分析

查看历史曲线及报警记录，发现燃气轮机燃烧模式由“预混”模式切到“零”模式运行方式（在 60MW 负荷左右运行时，燃烧模式易由预混模式切到贫－贫模式，即当燃烧室温度小于 1076℃时，燃烧模式由预混模式切到贫－贫模式）。燃气轮机当时为预混燃烧模式，燃烧室温度为 1094℃。当燃烧一区 1、2、3、4 号火焰检测器全部检测到火焰时，预混模式变为“零”模式，此时燃烧强度加大，燃气轮机负荷由 62MW 升高至 69MW，燃烧室温度升至 1112℃，排气温度最高至 648℃，导致排气温度高跳机。在预混模式下，一、二区全部燃烧，容易造成排气温度高保护动作，从检测到一区有火至跳机经历了 1s。

将现场数据发给南京汽轮电机（集团）有限责任公司及 GE 公司相关人员，对此次跳机数据进行了仔细分析及沟通。初步怀疑是因燃气组分发生变化或燃气轮机在燃烧模式切换边界条件下运行而造成燃烧工况产生了变化，最终导致燃烧筒一区着火，即燃烧模式发生了变化。

三、防范措施

（1）联系 GE 公司立即进行燃气轮机燃烧调整试验，确保燃气轮机安全、可靠运行。

（2）燃气轮机负荷尽量不低于 63MW 运行，避开燃烧模式切换边界条件，责成发电部联系电网调度部门协调燃气轮机在安全负荷下（不低于 63MW）运行。

（3）加强运行及维护人员培训。

案例 74　火灾报警保护动作导致跳闸停机

一、事件经过

2015 年 4 月 13 日 06:10，某电厂 1 号燃气轮机并网运行；13:10，机组带满负荷运行，即燃气轮机在 base load 方式下运行，以满足性能试验的要求。当日 19:28，1 号燃气轮机排气道第六点排气温度测量值发生跳变。维护部人员到现场检查，实测温度测量毫伏值也发生跳变，判断温度测量元件异常造成温度测量值发生跳变，暂时将第六点与第九点并接。19:38，1 号燃气轮机燃烧模式由正常的“预混燃烧模式”自动切到了“扩散贫－贫模式”。维护部人员查看相关逻辑，发现是由于燃气轮机排气道第六点排气温度测点异常跳变造成，在确定原因后，经过现场处理，将上述报警消除。运行人员申请降负荷，在 1 号燃气轮机负荷降至 60MW 左右时，燃烧室温度降至 2005°F以下，燃烧模式由贫－贫扩展模式进入贫－贫正模式，此时再进行升负荷操作，顺利切换至预混燃烧模式，机组稳定运行。

二、原因分析

（1）1 号燃气轮机 6 号排气热电偶温度异常跳变原因：温度元件异常造成温度跳变。

（2）燃气轮机燃烧模式切换原因：因1号燃气轮机6号排气热电偶（TT-XD-6）温度超限，排气热电偶故障报警（L30PTA_ALM）导致燃烧故障报警（L30SPA），从而触发点火信号（L3FXTV2），点火枪动作，将燃烧器1区火焰点燃。燃气轮机在130MW负荷的情况下，燃烧室温度在1min内达到2005°F（L-L燃烧模式切换温度点），燃烧模式发生由“预混燃烧模式”向“贫-贫扩展模式”的切换。

三、防范措施

利用燃气轮机停机的机会，对排气道24只温度元件进行仔细检查，防止同类问题再次发生。

案例75 进气压差大减负荷

一、事件经过

2015年5月29日07:22，某电厂3号燃气轮机进气压差96TF1（燃气轮机进气滤网压差测点）达1186.6Pa，燃气轮机降负荷至20MW，汽轮机降负荷至30MW，当时天气为小雨、有风，湿度达92.2%。至09:22，随着天气好转进气压差呈减少趋势。

二、原因分析

因该厂地处北方，春夏之交季节风沙和柳絮较多，该燃气轮机的M5玻纤过滤袋粗滤使用了一个多月，布袋上积聚了很多灰尘，29日凌晨下雨，天气湿度较大又有风，导致布袋上的灰尘变为泥浆状，使得进气阻力增加，压差变大。

三、防范措施

（1）检修人员加强日常的巡视检查，发现粗滤较脏时及时更换。建立粗滤更换设备台账，掌握M5玻纤过滤袋在不同天气情况下的使用周期，做到预防为主。

（2）根据粗滤使用周期及时做好备件储备。

（3）9月份机组大修时，对进气系统进行改造过程中加装粗滤运行压差表和湿度表，根据掌握的数据及时申请调整机组负荷。

（4）运行人员要认真监盘，精心操作，发现异常及时进行汇报和调整，避免类似情况再次发生。

案例76 燃烧模式切换失败

一、事件经过

2015年10月22日16:07，某电厂3号燃气轮机负荷为64MW，在进行燃烧调整试验时，燃气轮机运行参数正常。燃气轮机的二区火焰检测器有火，一区火焰检测器无火，在升负荷的过程中，导致一、二区火焰检测器均有火，模式切换为lean-lean模式（贫-贫模式）。

二、原因分析

燃气轮机在 PMSS 模式（预混稳定模式）L83FXP2＝1 时，由于一次预混区燃料较多，被二区火焰引燃，主区检测到火焰，触发重点火指令，燃烧模式自动切回到 lean－lean 模式，导致燃气轮机燃烧模式切换失败。

三、防范措施

（1）加强同 GE 公司人员的沟通和交流。

（2）加强检修人员的培训。

案例 77　燃气轮机二级燃气进气管与清吹管接反导致分散度高

一、事件经过

2016 年 3 月 25 日，某电厂 1 号燃气轮机小修工作开工，更换燃烧室基本部件，一、二次燃料喷嘴、火焰筒、过渡段的工作由 GE 公司进行施工。工作完成后，设备维护部、生产技术部相关人员进行了验收，4 月 12 日机组启动并网后在燃气轮机负荷为 40MW 左右出现燃气轮机排气热电偶 6、7、8、9 号温度高，燃气轮机分散度高现象，联系负责小修现场工作的 GE 公司客户经理后，给出回复是可以继续运行，但建议运行密切监视排气分散度。

4 月 13 日，GE 公司在该厂召开现场会，经讨论采用 GE 公司解决方案，将原 1 号燃气轮机拆下送 GE 公司秦皇岛修理厂返修的对应的 4 个燃烧室一次喷嘴（1、2、3、13 号）送回，在 1 号燃气轮机停机时安装上，将拆下的 4 个新一次喷嘴立即返回 GE 公司秦皇岛修理厂进行流量测试等处理工作，需要 4～5 天时间，若喷嘴返回时 1 号燃气轮机在停机备用状态，立即进行更换，再将换下的燃烧室喷嘴继续返回 GE 公司秦皇岛修理厂进行返修。

2016 年 5 月 2 日 GE 公司，将返回的 4 个流量经过测试调整后的一次喷嘴新件重新更换到 1 号燃气轮机上。更换后燃气轮机点火到 3000r/min（燃气轮机未并网），未发现异常。

2016 年 5 月 16 日，1 号燃气轮机再次点火，并网后升负荷过程中再次出现燃气轮机排气热电偶 7、8、9 号温度偏高现象，GE 公司现场客服经理将现场采集的数据等立即传回 GE 公司技术部进行分析，给出结论是怀疑 1、2 号燃烧室二次喷嘴存在问题，商议决定申请停机，检查燃烧室喷嘴。

2016 年 5 月 18 日，GE 公司检修人员抵达现场，按照 GE 公司给出的方案拆卸 1、2 号燃烧室的二次燃料喷嘴，发现 2 号燃烧室的二次燃料喷嘴喷射桩后面部件颜色较浅，经 GE 公司的燃气轮机专家分析 2 号燃烧室二次喷嘴处流量偏大，但从 GE 公司秦皇岛修理厂发回的二次喷嘴流量测试数据看并无明显异常，怀疑二次喷嘴燃料环管流量分配可能存在不均匀现象。为了不影响此次调停的工期，GE 公司专家建议将返修的 14 个燃烧室二次喷嘴全部更换在1号燃气轮机上。2016年5月19日，此项工作全部完成，在二次喷嘴更换过程中，发现2号喷嘴的二级燃气进气管与清吹管接反。

二、原因分析

2号喷嘴的二级燃气喷嘴进气管与清吹管接反，二次喷嘴燃料环管流量分配出现不均匀，导致燃气轮机排气热电偶6、7、8、9号温度高，燃气轮机分散度高现象。

三、防范措施

（1）设备维护部对二级燃气喷嘴进气管与清吹管法兰的外观制定编号等特殊标示，防止检修拆除后安装过程中混淆。

（2）生产技术部、设备维护部加强机组检修全过程管理的学习，加强现场技术监督。

案例78　进气压差大减负荷

一、事件经过

12月19日，某电厂1号燃气轮机总负荷为110MW，燃气轮机负荷为75MW，空气湿度在90%左右，1号燃气轮机压气机入口压差96TF（混合过滤器自清级压差）为0.16kPa；96CS（高效能过滤器压差）为0.49kPa。19日22:30，环境气温降至－1.7℃，湿度上升至100%，96TF由0.16kPa升至0.27kPa。运行人员继续监视发现，燃气轮机进气压差以每小时0.05kPa速度上涨，随即联系设备维护部值班人员进行检查处理。在设备维护部值班人员现场处理的同时，20日03:18，环境温度下降至－3℃，湿度为100%，96TF升至0.63kPa；96CS为0.95kPa。当值值长联系调度将1号燃气轮机负荷由75MW降至24MW后，入口差压96TF降至0.53kPa，96CS降至0.69kPa。20日09:00，96TF降至0.31kPa；96CS降至0.49kPa。当值值长联系调度将1号燃气轮机负荷由24MW涨至75MW，第一套燃气－蒸汽联合循环机组总负荷涨至110MW。

二、原因分析

该地区自12月17日持续非常严重的雾霾天气，公司附近有数条河流、沟渠造成空气湿度达100%，持续时间长，夜晚环境温度降至零度以下，几种天气条件的叠加，造成燃气轮机进气系统除湿板结冰结霜堵塞（见图1－64），2015年改造的格栅式除湿板除水效果好于GE公司原装的蜂窝式除湿版，但是，由于格栅之间间隙小，所以如遇持续低温雨雪天气，易结冰。

三、防范措施

（1）运行、维护人员加强现场的巡视检查，特别是在雨雪、湿度大持续时间长的恶劣天气，加强对除湿版结冰情况的检查并增加检查的频次，发现结冰立即进行清理。

（2）配备望远镜，以便于燃气轮机进气系统以及升压站设备的巡视检查。

图 1－64　进气系统除湿板结冰结霜堵塞

（3）做好燃气轮机进气粗滤备件采购工作，做到备件充足。

案例 79　进气压差大减负荷导致排放超标

一、事件经过

2017 年 1 月 2 日，某电厂 1 号燃气轮机进气压差持续上涨。

09:43，进气差压上升至 1011.46Pa（96TF1）、1304.48Pa（96CS3）。当值值长联系调度将 1 号燃气轮机负荷由 67.2MW 降至 22MW，引起机组 NO_x 排放超标至 190mg/m^3。

12:05，进气差压稳定在 498.53Pa（96TF1）、704.33Pa（96CS3）。当值值长联系调度将 1 号燃气轮机负荷由 23.5MW 升至 73.3MW，机组 NO_x 排放回复正常。

二、原因分析

华北区域发生最为严重的雾霾天气，且持续 4 天。公司所在区域因河流、沟渠密集，造成空气湿度较其他地区偏高。强雾霾天气下，湿度高达 93%～98%，温度为－1～7℃，空气中大量水雾在除湿板“节流降温”作用下形成的冷凝水在低温下结冰结霜，造成燃气轮机进气系统除湿板和袋式粗滤持续发生冰堵，造成进气系统压差持续上升。

三、防范措施

（1）在燃气轮机进气系统搭设脚手架，外罩防尘网，阻挡空气中水汽，使冰霜大量凝结在防尘网上，缓解除湿板、袋式粗滤结霜，产生冰塞现象。

（2）脚手架内设置多层步道，便于工作人员对除湿板发生结霜时的除冰霜工作，大大提高除冰效率，缓解进气系统差压上升。

（3）运行、维护人员加强现场的巡检。特别是在雾霾、雨雪等恶劣天气时，加强对除湿板结冰情况的检查，发现结冰结霜立即进行清理。

（4）储备好燃气轮机进气粗滤、除湿板备件，做到紧急时及时更换。

（5）针对该问题开展对周边燃气轮机电厂调研工作，与 GE 公司、电科院等单位沟通，研究、确定适合燃气轮机进气系统的加热装置改造方案，2017 年适时进行改造，以彻底解决极端天气下冰冻对燃气轮机安全运行的影响。

案例 80　热电偶元件疲劳导致自动停机

一、事件经过

2017 年 3 月 24 日 06:44:31，某电厂 1 号燃气轮机并网后，在预选负荷模式下，燃气轮机负荷由 10MW 逐渐下降到 4.3MW；06:45:42，逆功率保护动作，机组解列。经检查处理后，于 07:17，1 号燃气轮机重新并网。

二、原因分析

经现场检查初步判断是因 TTIB_3 热电偶元件疲劳，在工况发生变化后，元件出现检测数值漂移现象，温度异常升高，保护逻辑设计为 TTIB_1/2/3 个测点输出最高值作为保护动作值，大于 430℉，从而触发 L30LTA 信号，造成 L70L 动作，燃气轮机自动停机。

运行人员对燃气轮机画面不熟悉，对该报警认识不足，未及时按下 Isoch 按钮，造成机组持续降负荷直至逆功率保护动作，机组解列。

三、防范措施

（1）修改燃气轮机 MISC 画面，新增 TTIB_1/2/3 数据，以供运行人员实时查看。

（2）在逻辑中将 L30LTA 输出强制为 False，以防温度异动造成机组降负荷；同时要求运行人员加强日常监视，必要时手动降负荷。

（3）1 号燃气轮机停机后，将逻辑中 TTIB_1/2/3 输出最高值输出改为输出中间值。

（4）1 号燃气轮机停机后对就地元件进行检查，更换转接端子。同时，对负荷间设备进行检查，特别是高温部位线缆、元件的监督检查，发现异常立即处理。

（5）加强技术管理，组织专人对燃气轮机保护逻辑条件进行全面梳理，梳理 1、3 号燃气轮机控制逻辑中是否还存在模拟量信号三取高值、低值输出，开关量单点输出造成机组异常运行的情况。

（6）对检修、运行人员进行培训。重要设备的校验应列为停工待检点，规范原始资料的记录存档工作。

案例 81　蒙皮老化导致伸缩节超温停机

一、事件经过

2017 年 10 月 30 日 12:29，某电厂 1 号燃气轮机点火；13:07，2 号汽轮机冲转；13:43，1 号燃气轮机发电机并网；13:49，2 号汽轮机发电机并网；14:21，检查发现燃气轮机出口伸缩节有超温现象，最高温度达 197℃，并有持续上升迹象。

为防止 1 号燃气轮机伸缩节出现问题，利用用电低谷处理伸缩节超温问题，经调度批准，22:44，2 号汽轮发电机解列；22:45，1 号燃气轮发电机解列。

2017 年 11 月 2 日 06:00，1 号燃气轮机伸缩节消缺工作结束，向调度申请恢复备用。

二、原因分析

根据现场检查处理情况判断，蒙皮超温原因为：基建时期备件质量问题，由于胶质老化其保温功能不能满足现场需求。由于伸缩节在高温下运行，设备产品老化，结构变形，内部有漏风处，烟气有直接与蒙皮接触可能。

三、防范措施

（1）购买合格备件进行紧急修补；

（2）计划在机组检修时，对伸缩节进行查漏，如有漏点，对其进行焊补。

案例 82　VGC3 故障导致燃烧模式切换失败

一、事件经过

2017 年 11 月 8 日 08:13，某电厂 1 号燃气轮机发电机并网；08:49，2 号汽轮机发电机并网；09:57，1 号燃气轮机负荷为 61MW，机组负荷为 101MW，燃烧温度为 1077℃，燃气轮机发“VGC3 未正常开启”报警，1 号燃气轮机燃烧模式切换失败，运行人员将 1 号燃气轮机负荷降至 20MW，1 套机组 50MW 负荷运行。

10:56、11:40、14:35，3 次升负荷进行燃烧模式切换试验，并采用铜棒轻敲 VGC3 伺服阀及阀体等方法进行处理，但阀门始终未能开启。21:45，1 号燃气轮机调停后，整体更换 VGC3 阀门。

11 月 9 日 06:59，1 号燃气轮发电机并网；07:49，2 号汽轮发电机并网。

二、原因分析

可能因 VGC3 控制油路不畅，进油量较少，或阀芯卡涩导致阀门未正常开启，造成燃烧模式切换失败。

三、防范措施

（1）将拆下的 VGC3 返回 GE 公司检修基地进行解体检查，以确定确切原因，并及时修复该阀门作为事故备品。

（2）在燃气轮机定期工作中增加以下相关内容：

1）燃气轮机停运 3 天以上时，由设备维护部对 SRV、VGC1、VGC2、VGC3、IBH（进气加热调整阀）、IGV（进气可转导叶）进行传动试验，对防喘阀行程开关检查。

2）发电部负责对 P2 腔进行充氮至 2.3MPa，模拟机组运行状态。

确保阀门正确动作，机组正常启动。

（三）航改型燃气轮机

案例 83　燃气轮机进气压差大导致停机

一、事件经过

某燃气分布式电厂 2018 年 12 月 13 日 2 号燃气轮机组运行，燃气轮发电机负荷为 30.1MW，汽轮发电机负荷为 7MW。

08:09，燃气轮机发出“燃气轮机室外空气和燃烧空气进气室压力差压高”。正常停机指令发出（当时差压为 1.45kPa），2 号燃气轮机降负荷，汽轮机跟随。08:14，燃气轮发电机解列；08:27，汽轮发电机解列。

二、原因分析

燃气轮机室外空气和燃烧空气进气室压力压差高，达到停机值，触发燃气轮机“正常停机指令”发出，是本次停机事件的主要原因。

受冬季雾霾、空气质量差影响，2 号燃气轮机空气进气滤网堵塞现象逐步升级。12 月 12 日 20:43，压差为 1.17kPa。12 月 13 日 01:10，压差为 1.29kPa；02:18，压差为 1.37kPa；03:15，压差为 1.42kPa；05:11，压差为 1.45kPa；08:00，压差为 1.45kPa。2 号燃气轮机滤网运行参数记录见表 1-8。

表 1-8　　2 号燃气轮机滤网运行参数记录表

时　间		负荷（MW）	精滤压差（kPa）	粗滤 A 压差（kPa）	粗滤 B 压差（kPa）
2018 年 11 月 9 日	09:11	36	0.37	0.18	0.19
2018 年 11 月 10 日	09:37	38.9	0.42	0.22	0.23
2018 年 11 月 11 日	10:50	42.1	0.39	0.24	0.24
2018 年 11 月 12 日	08:40	43.6	0.47	0.26	0.26
2018 年 11 月 13 日	08:40	43	0.49	0.29	0.29
2018 年 11 月 14 日	07:30	42.7	0.33	0.14	0.14
2018 年 11 月 16 日	07:30	40.2	0.31	0.09	0.11
2018 年 11 月 17 日	11:00	37	0.28	0.10	0.11
2018 年 11 月 18 日	14.41	40.9	0.33	0.10	0.12
2018 年 11 月 19 日	15:01	40.2	0.29	0.10	0.13
2018 年 11 月 21 日	14:40	40.7	0.32	0.11	0.13
2018 年 11 月 22 日	02:40	40.1	0.30	0.10	0.11
2018 年 11 月 22 日	23:10	40.2	0.30	0.10	0.12

续表

时间		负荷（MW）	精滤压差（kPa）	粗滤A压差（kPa）	粗滤B压差（kPa）
2018年11月23日	02:00	40.2	0.30	0.10	0.12
2018年11月24日	14:44	39.8	0.30	0.10	0.11
2018年11月25日	08:00	40.2	0.29	0.12	0.14
2018年11月26日	06:33	39.1	0.32	0.12	0.11
2018年11月29日	15:00	37	0.33	0.11	0.11
2018年12月2日	14:35	38	0.38	0.12	0.11
2018年12月5日	04:45	38	0.40	0.18	0.19
2018年12月10日	14:20	39	0.59	0.31	0.30
2018年12月11日	07:50	40	0.59	0.14	0.13
2018年12月12日	03:41	41.1	0.69	0.43	0.39
2018年12月12日	15:44	40	0.88	满量程	满量程
2018年12月13日	08:00	30	1.45	满量程	满量程

三、防范措施

（1）加强设备维护管理，完善设备维护制度。针对季节性空气质量差的问题，对燃气轮机滤网运行情况及时进行监督，做好设备更换计划和备件储备工作的管理，杜绝类似事件再次重复发生。

（2）结合燃气轮机滤网差压情况及时安排机组倒换，严格按照厂家提供的精滤、粗滤差压报警值作为更换标准，定期更换燃气轮机滤网，避免差压高导致机组停运事件发生。

（3）结合电气、热工可靠性专项治理活动，加装燃气轮机精滤差压显示表就地监控摄像头；同时，加装燃气轮机滤网差压变送器或依托现有燃气轮机压控开关，选取开关内部4～20mA模拟量信号传输到DCS系统，实现对滤网差压变化的实时监控。

（4）对1、2号燃气轮机测点表管进行吹扫。对燃气轮机室外空气和燃烧空气进气室差压高及高高压控保护开关进行校验；“燃气轮机室外空气和燃烧空气进气室差压高高”关联的压控开关存在未达到正常停机值动作现象（厂家提供的报警值为1.25kPa，跳机值为1.99kPa）。11月1日，1号燃气轮机停机时，发正常停机指令显示为1.78kPa；11月13日，2号燃气轮机发正常停机指令显示为1.45kPa）。两次停机高高停机值均未达到1.99kPa正常停机动作值。

（5）彻底消除因单点保护设计、重要测点无远传而给机组安全运行带来的隐患。

（6）加强燃气轮机管理人员、运行人员和检修人员技术培训，多渠道搜集同类机型事故案例及处理方案，开展常态化的专业技术培训活动，提高运行和维护技能。

（7）加强巡视管理，依据巡回检查制度，完善重要设备巡检内容，特别是燃气轮机粗滤、精滤运行情况巡视检查，做好详细的数值记录并建立燃气轮机启停、滤网更换记录。

案例 84　燃气轮机透平转子宽频振动导致跳机

一、事件经过

某分布式电厂 6 月 25 日 13:39:16，1 号燃气轮机熄火，燃气轮发电机跳闸；1 号燃气轮机熄火原因为燃气轮机振动总线跳闸报警，燃气轮机熄火后紧急停运汽轮机，解列汽轮发电机，A 增压机因吸气压力高报警停机。此现象与 6 月 7 日 1 号燃气轮机跳闸现象相同，当即组织人员检查 1 号燃气轮机透平转子宽频振动测点，重新对该插头进行紧固，并对其他相关插头进行彻底检查。1 号燃气轮机于 15:18 点火，暖机结束后向市调申请并网。16:08，燃气轮发电机并网；17:13，汽轮发电机并网。

二、原因分析

（1）燃气轮机舱室内透平转子宽频振动测点航空插头设计存在瑕疵，插头连接处无定位插槽（见图 1－65 和图 1－66），极易发生接触松动，导致振动保护误动作。

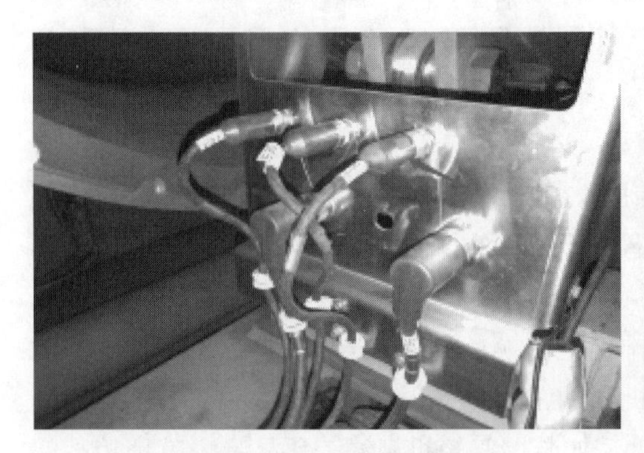

图 1－65　振动测点航空插头

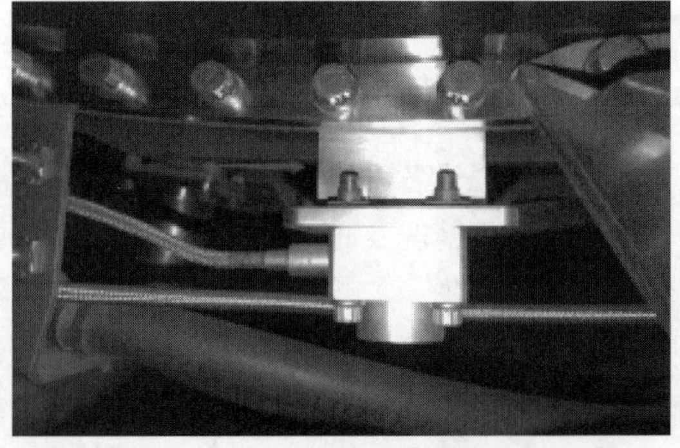

图 1－66　航空插头对应的后支架振动原因

（2）控制电缆和动力电缆在同一层电缆桥架上敷设，产生干扰源致振动信号异常，误发信号造成停机。

三、防范措施

（1）联系厂家对航空插头的质量进行判定，如是质量问题则应进行及时更换。

（2）进行整改，将强弱电电缆分别敷设或采取隔离措施。

（3）对类似问题进行全面排查，彻底消除，杜绝因设备原因而导致机组非停。

（4）在今后燃气轮机停运和启动前加强对机组各部件的检查，设备的维护应健全相应的规范管理制度。

（5）加强燃气轮机管理人员、运行人员和检修人员技术培训，提高运行和维护技能，各渠道搜集同类机型事故案例及处理方案，定期开展学习。

案例 85　燃气轮机燃料阀通信故障引起“燃气轮机熄火保护”动作停机

一、事件经过

某分布式电厂 2018 年 9 月 17 日 00:02，1 号燃气轮机负荷为 28MW，ABC 燃烧模式运行，燃气瞬时流量为 7670m³/h；00:04，1 号燃气轮机突然熄火，同时联跳汽轮机。跳闸原因是第三个燃料阀控制器（FCV62568）通信故障引起“燃气轮机熄火保护”动作停机。

二、原因分析

经检查现场确认为第三个燃料阀控制器（见图 1－67）内部板卡损坏是引发此次停机的主要原因。厂家确定第三个燃料阀控制器需返厂处理。燃料控制器生产日期为 2014 年，电子元件寿命计时一般按出厂时间开始计算，因工程为 2016 年 3 月开工建设，2018 年 5 月 2 日完成试运行投产，截止故障当天燃料控制器实际使用大致估算为 4.5 年左右，判定为元件老化。

图 1－67　燃料控制器

三、防范措施

（1）对此类燃料阀控制器进行全面排查，彻底消除，杜绝因燃料阀控制器故障而导致机组停机，病举一反三，开展热工、电气控制卡件的全面检查。

（2）在今后燃气轮机停运和日常巡视中加强对控制器及控制卡件的检查，运行及维护部门将健全相应的规范管理制度。

（3）加强对相关人员的技术培训，各渠道搜集同类机型此类问题的案例及处理方案，落实预防控制措施。

（4）燃料阀控制器采购到厂后第一时间联系厂家和 GE 公司人员到厂安装、调试。

案例 86　燃气轮机油槽回油温度高动作导致跳机

一、事件经过

某分布式电厂 2 号燃气轮机于 2018 年 7 月 14 日开始停机中修，8 月 4 日检修结束并启机燃烧调整，之后机组持续运行，运行中燃烧状况、涡轮机振动、润滑油系统及金属探测器等主要参数均正常，无报警。2018 年 9 月 24 日，2 号燃气轮机发出 B 油槽金属探测器报警，联系厂家及 GE 公司相关技术人员到厂分析检查，并于 9 月 27 日停机，对各油槽金属传感器磁性探头以及润滑油过滤系统进行检查。

2018 年 11 月 7 日 11:45:55，2 号燃气轮机跳闸，首出为 TGB B（B 油槽回油温）超温。经检查，发现 B 油槽回油温度在 11:43:05 由 282℉突然上升到 305℉左右（报警定值为 300℉），发出超温报警，在 11:45:55 再次突升至 330℉以上，导致停机（报警定值为 330℉），跳闸时燃气轮机负荷为 42.3MW，运行小时数为 29 572h。历史曲线见图 1-68。

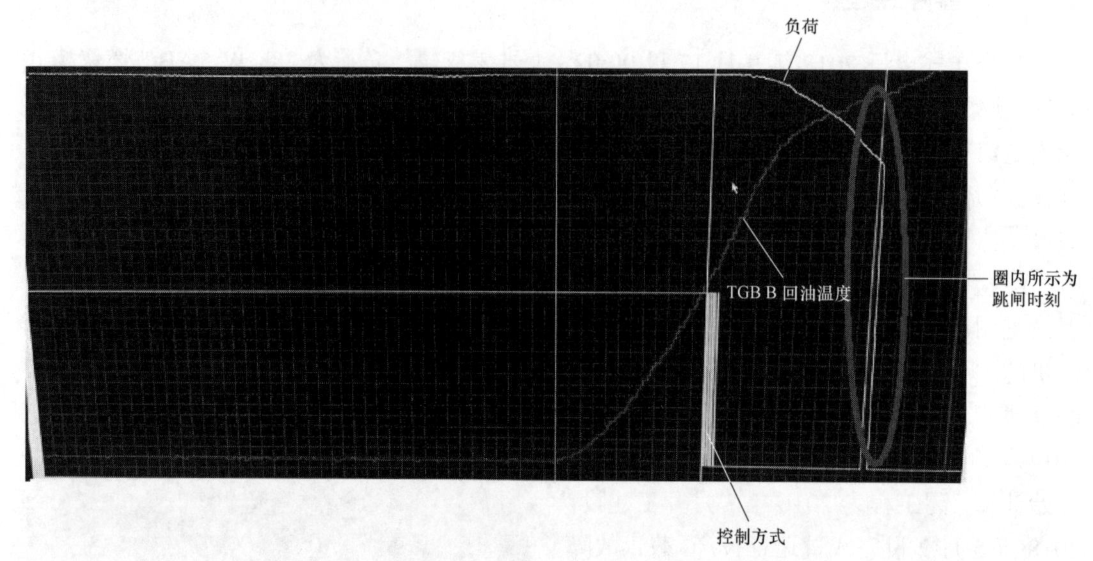

图 1-68　2 号燃气轮机跳闸过程中各参数变化曲线

二、原因分析

2 号燃气轮机型号为 GE 公司 LM6000 PF，为双转子结构，采用高压轴套低压轴的形式，由一个五级低压压气机（LPC）、一个十四级高压压气机（HPC）、一个二级高压透平（HPT）和一个五级低压透平（LPT）组成。低压转子由 LPC 和驱动它的 LPT 组成，高压转子由 HPC 和驱动它的 HPT 组成，高压核心部件包括 HPC、燃烧室和 HPT。用于支承整个燃气轮机转子的轴承分为滚柱轴承“R”与滚珠轴承“B”两种，滚柱轴承可支承轴的径向载荷，滚珠轴承可吸收轴的轴向与径向载荷，所有轴承均位于燃气轮机支撑框架范围内的贮槽室中。润滑油压力总管向各个轴承提供润滑油从而润滑并冷却轴承。压气机前支架“A”贮槽中有 1B、2R、3R 轴承，压气机后支架（CRF）“B-C”贮槽中有 4R、4B、5R 轴承，透平后支架（TRF）“D-E”贮槽中有 6R/7R 轴承，共 8 个轴承，各轴承位置如图 1-69 所示。

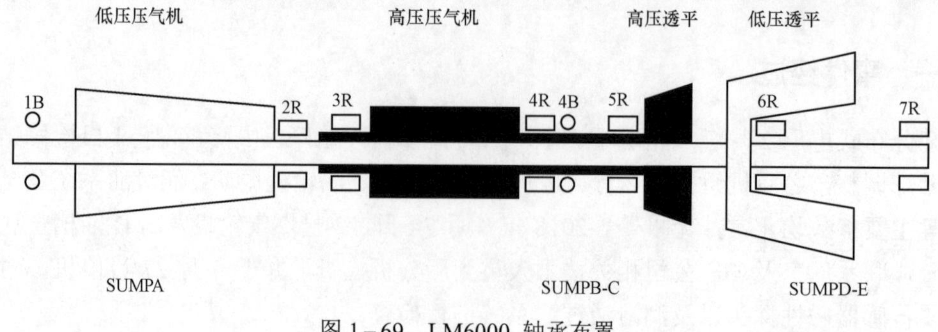

图 1-69　LM6000 轴承布置

通过调取 2 号燃气轮机跳闸过程中各参数监控画面以及检查现场情况，在 9 月 24 日，B 油槽金属探测器报警［75OHMS（表面电阻率），报警设定值为 100OHMS，正常运行值为 225OHMS］，申报停机计划，于 9 月 27 日进行停机检查，B 油槽金属传感器磁性探头检查结果如图 1－70 所示。检查结果显示，B 油槽磁性探头上有金属物附着，其他油槽的磁性探头及润滑油滤筒未见异常。随后 GE 公司技术支持部门将金属物质提取物进行化验，化验结果显示该金属物质为 M50，与轴承金属材质相同。GE 公司技术人员建议在运行中对各 SUMP（贮油槽）的回油温度/MCD（磁性探头）报警/PTB（排放压力）压力进行密切监测，尤其是 B SUMP 回油温度，如在稳定负荷水平情况下回油温度在正常范围内出现短时异常温升或超温报警应尽快进行降负荷观察，并做好紧急停机的相关准备工作。

11 月 7 日，2 号燃气轮机由于 B 油槽回油温度超温跳闸，检查燃气轮机轴承各油槽磁性探头、润滑油系统，其结果如图 1－71～图 1－76 所示。从图 1－71 中可以看出，B 油槽磁性探头上附着较多金属物质，C 油槽磁性探头上附着少许金属物质（约两片），D 油槽磁性探头有少许非金属附着物，同时在润滑油回油滤筒底部也发现了金属碎屑，其他油槽的磁性探头未见异常。各轴承无法现场查看，需返厂解体后才能做相应检查。

图 1－70　B 油槽金属传感器磁性探头检查结果

图 1－71　B 油槽金属传感器磁性探头

图 1－72　A 油槽金属传感器磁性探头

图 1－73　C 油槽金属传感器磁性探头

图 1－74　D 油槽金属传感器磁性探头

图 1－75　E 油槽金属传感器磁性探头

图 1-76　润滑油回油过滤器滤筒底部

2 号燃气轮机机组各主要运行参数均在限值范围内（见表 1-9），无明显异常。

表 1-9　各油槽回油温度判断依据

参　　数	启动	同步空载	最大基本负荷	最大基本负荷（喷雾状态）	最大限值
润滑油回油温度 [(A/TGB-Scav)，F（℃)]	190～220 (88～104)	220～250 (104～121)	240～270 (116～132)	240～270 (116～132)	310 (154)
润滑油回油温度 [(B/Scav)，F（℃)]	200～230 (93～110)	220～250 (104～121)	250～290 (121～143)	250～290 (121～143)	330 (165)
润滑油回油温度 [(C-Scav)，F（℃)]	215～245 (102～118)	235～265 (113～129)	290～320 (143～160)	290～320 (1431～160)	340 (171)
润滑油回油温度 [(D-Scav)，F（℃)]	155～195 (68～91)	210～250 (99～121)	230～290 (110～143)	230～290 (110～143)	315 (157)
润滑油回油温度 [(E-Scav)，F（℃)]	155～195 (68～91)	200～230 {93～110)	230～290 (110～143)	230～290 (110～143)	315 (157)
润滑油回油温度 [(AGB-Scav)，F（℃)]	155～195 (68～91)	185～215 (85～102)	185～215 (85～102)	185～215 (85～102)	255 (124)

此次 2 号燃气轮机跳闸，首出为 TGB B 超温，后对各个油槽的磁性探测器进行了检查，发现 B 油槽的磁性探测器上附着较多金属物质，C 油槽金属探测器也有约两片金属附着物，经分析，燃气轮机 4 号轴承处可能存在较为严重的磨损，同时由于 B 轴承腔和 C 轴承腔在结构上是连通的，C 油槽磁性探测器检测出的金属附着物可能同样是由于 4 号轴承磨损产生的金属碎屑。故初步判断为轴承工作状态异常导致的回油温度异常升温。同时，中修过程中，对燃气轮机润滑油进行了全部更换，并对油系统进行了冲洗，对系统末端油质进行检测，颗粒度为 5 级（标准 7 级），符合厂家的要求，因此，能够排除润滑油质不合格导致轴承磨损的可能。该机型轴承振动仅有轴瓦振动测点，轴承回油温度快速升高过程中，振动未见明显异常，进一步原因需要对燃气轮机进行拆解以查看轴承受损情况并判断故障的根源。

三、防范措施

（1）对所发生的事故进行积累，建立备忘录，为同类机组的运维及检修提供借鉴。

（2）与国内同类型机组的用户加强事故分析交流。

（3）对于航改型燃气轮机，当前电厂普遍原始资料匮乏，运行维护整体水平较重型燃气轮机有较大差距，厂家提供资料相对较少，有必要对其运行维护制度进行完善，尤其在运行维护定期工作方面，应充分考虑航改型燃气轮机特点，防止类似事故发生。

案例 87 燃气轮机花键部位润滑不充分导致损坏停机

一、事件经过

2017 年 9 月 10 日 02:05，某分布式电厂值班员发现 1 号燃气轮机负荷由 27MW 突降至 12MW，同时出现缓慢升高报警，负荷又由 12MW 突升至 20MW 后，由 20MW 突降至 10MW；燃烧模式在 T48 与 T3 之间快速转换，进行紧急停机命令，值班员手动打闸紧急停止 1 号燃气轮机运行，余热锅炉和汽轮机同时降负荷进入停机程序，机组停止运行。厂家和 GE 公司工程师及时赶到现场，燃气轮机解体后发现进口齿轮箱（IGB）与主轴啮合部位花键磨损。

二、原因分析

经 GE 公司现场服务工程师检查发现 IGB 与高压压气机连接花键损坏（见图 1－77），咬合间隙超出运行要求，导致 IGB 与压气机不能同步运行。其是引起此次机组停机的直接原因。

GE 公司同一型号燃气轮机出现类似案例，判断花键部位润滑不充分导致花键损坏是直接原因。

以上停机事件发生后对燃气轮机润滑油进行了取样送检。送检结果燃气轮机钼含量为 9.0mg/L，洁净度为 10 级，两项指标均超出规范要求，其他指标值均符合规范要求，润滑油油质不合格是导致机组花键损坏的原因之一。

三、防范措施

（1）加强设备维护管理。机组事故发生后 GE 公司协调提供一台备用燃气轮机，已于 9 月 25 日运至现场，目前正在安装，计划 9 月 30 日燃烧调整、启动，同时采取 GE 公司建议的加装花键罩壳、加大油量等改进措施。

（2）把燃气轮机机组引擎送至美国工厂进行修复。运输和修理时间预计需要 15 周。按当前计划，燃气轮机预计 2018 年 1 月修复并恢复生产。同时，对同类型航改型燃气轮机运行加强监视和巡视检查，对燃气轮机润滑油（TLO）系统供、回压力加强监视。

（3）现场检修和更换油滤芯过程中要严格检修程序、严肃工艺纪律。

1）做好油箱、油管清理工作，确保油品质量合格。

图 1-77 连接花键损坏现场图

2）保证机组安装工艺正确。

3）找到并清理出齿轮箱和花键磨损物，消除以后安全隐患。

案例 88 燃气轮机 VBV（放气阀）、VSV（高压静子可调叶片）阀突然关闭导致故障跳机

一、事件经过

某分布式电厂燃气轮机跳闸，首出原因为 VBV、VSV 阀驱动程序/力矩电动机故障。伺服阀驱动程序的输出在无回路偏差报警的情况下突然中断，伺服阀驱动电流突降至 0，导致阀门关闭（打开）。

二、原因分析

系统检查中发现燃气轮机涡轮室内伴热带有大量烧坏、漏电现象，并停用故障伴热带，分析导致 VBV、VSV 阀频繁误动的原因可能为卡件故障或者干扰信号造成。

三、防范措施

（1）分别对此阀门卡件进行更换，对回路中电缆进行升级，用高屏蔽等级的电缆替换

原有电缆。

（2）排除卡件故障，提升抗干扰能力，对卡件供电 24V DC 电源进线处并联 0.1μF 电容器进行接地改造。

（3）更换 VIGV（进口可调叶片）/VBV/VSV 航空插头及线缆，并对 TCP（燃气轮机控制系统）柜接地系统进行升级改造，设计单独的燃气轮机控制柜屏蔽接地点，增强燃气轮机抗干扰能力。

案例 89　燃气轮机 6 号分级阀突然关闭导致跳闸

一、事件经过

某分布式燃气电厂，机组运行中突然跳闸，跳闸首出原因为“一个分级阀出现故障”，6 号分级阀为燃烧室 B 环燃烧器 B3 歧管分级阀，因接收到关闭信号或机组运行点火后发出关闭指令，控制系统发出故障报警。

二、原因分析

对阀体以及航空插头进行检测。测量反馈触点 1、4 针管间电阻为 0.2Ω，阀体线圈 2、3 针管间电阻为 190.1Ω（正常范围为 150～340Ω），查询航空插头插针与插孔接触片均无松动。更换分级阀，完成后对该分级阀做阀门活动试验，开关状态正常。检查电源回路，对指令继电器以及 MTTB 接线处压敏电阻 Z2 进行更换。将控制系统组态内故障判断的延时时间由 0.08s 增加为 1s，将故障判断跳机信号的延时时间延时至 2s。对反馈线（TCP 至 MTTB）的电缆进行更换，如图纸中反馈线 4482，更换为备用线 DC269。

经过上述系统改进工作，并未解决问题，仍然发生因为反馈信号故障造成的分级阀故障停机事故，原因为航空插头或预制电缆易受干扰导致，故热工人员将分级阀反馈结点采取开阀后临时短接的临时措施。目前机组运行正常。

三、防范措施

对 6 号分级阀的航空插头及预制电缆进行更换。

案例 90　燃气轮机 T48ABSI 故障

一、事件经过

2016 年 12 月 16 日 00:18，某分布式电厂 2 号燃气轮机跳闸，首出原因为 AB 模式下 T48 温度超温。经查询天然气热值曲线，在跳闸前后，天然气热值波动不明显，经查询运行人员手动强制热值，一直保持，无更改。

二、原因分析

经过查看历史趋势图（见图 1-78），2 号燃气轮机运行正常，且 SPRINT（喷雾中间冷却）投入负荷为45MW，实际热值无变化的情况下，突然SPRINT系统退出，发生参数PX36波动状况，最高波动到6PISG，经过3次PX36波动，PX36升高为10PSIG后，TFLAME增大到100%，控制方式切换为最大燃料控制，燃烧模式切为AB模式，负荷降到37MW，此时在AB模式下，由T2温度及系数计算出来的T48温度保护设定值为1596℉，低于实际T48温度值1611℉，经过30s延时后机组跳闸，首出T48温度超温AB模式。

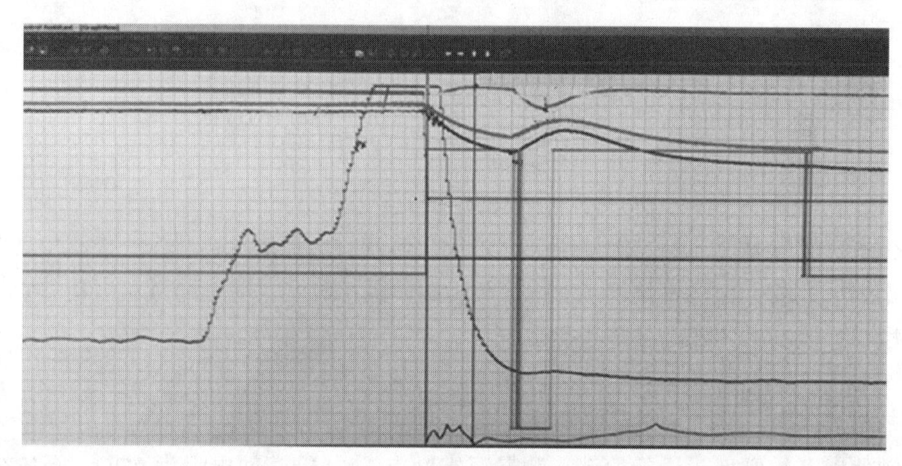

图1-78　历史趋势图

三、防范措施

2号燃气轮机燃烧相对1号燃气轮机不稳定，易受到热值波动造成参数波动，10月以来，由于实际天然气热值切换较之前更为频繁，2号燃气轮机波动次数增加，运行人员依靠手动改变天然气强制热值，来调节燃气轮机燃料量，匹配实际运行参数稳定。2号燃气轮机需要燃烧调整增强燃烧稳定性。而在本次事件中，经过调压站色谱仪与燃气轮机前置模块色谱仪提供的热值数据查询，参数波动前后，实际天然气热值无明显波动，运行人员手动强制热值无变化，在此种情况下，理论上燃气轮机燃烧不会受到影响，什么原因造成此种波动状况，还需要进一步分析。计划此次2号燃气轮机小修结束进行燃烧调整。

案例91　燃气轮机润滑油压低导致机组跳闸

一、事件经过

2016年11月21日01:34，某分布式电厂2号燃气轮机跳闸，联跳汽轮机，首出原因为“涡轮机压力超高”。

二、原因分析

经过分析，此首出为高压转子转速高于7800r/min时，涡轮机润滑油供油压力“低低”开关PSLL6115动作造成的异常停机（ESN）。经过趋势查询，跳机前润滑油供油以及回油压力同时有较大波动，润滑油供油压力由0.43MPa下降为0.094MPa，润滑油回油压力由

0.14MPa 下降至 0.132MPa。针对润滑油压力降低事件，进行了润滑油供油仪表管漏点检查，信号回路检查，接线端子复紧，仪表管路排污及起源吹扫，压力开关校验，变送器通信检查，油路系统检查，油路滤网、阀门检查工作。

发现涡轮机供油泵本体入口滤网堵塞严重（见图 1-79），是导致润滑油压低的直接原因。对此滤网进行拆解更换后，系统运行正常。

图 1-79　滤网堵塞

三、防范措施

（1）将对滤网的检查列入定期维护项目。

（2）定期对停运机组涡轮机供油泵入口滤网进行检查、清理，防止类似故障再次发生。

案例 92　燃气轮机传动齿轮箱支架脆性碎裂

一、事件经过

2016 年 8 月 6 号，某分布式电厂 2 号燃气轮机按计划进行停机水洗，同时安排停机消缺和例行检查。在对燃气轮机进行孔探和系统检查的过程中，发现回油磁性探测器 A（TGB 传动齿轮箱回油和 A 油槽）的滤网中有大量的金属碎块，从碎块外型上分析是某个轴承的保持架碎块，见图 1-80。

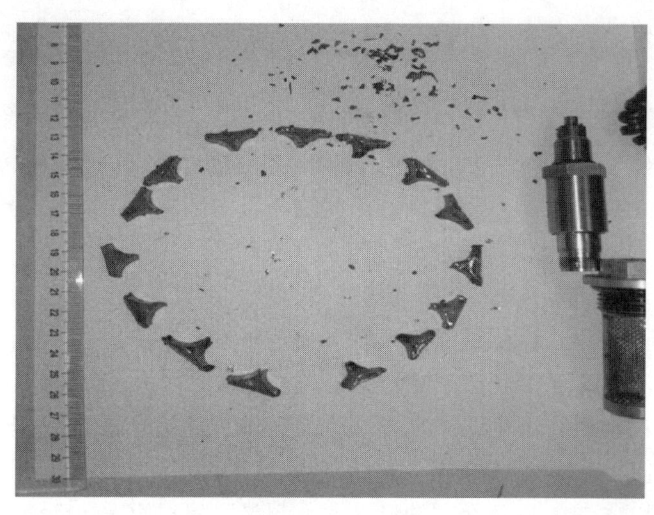

图 1-80　碎块图

经孔探仪对 TGB（传输齿轮箱）、AGB（附属齿轮箱）齿轮箱进行检查，发现 TGB 齿轮箱中有一轴承保持架缺失，轴承滚珠虽然没有脱落，但已经呈现不规则摆列，见图 1-81。

在检查中还发现，AGB 传动主轴套内壁和内齿根部有疑似裂纹。经过与厂家协调，GE 公司委派技术人员于 8 月 9—11 日进行了 3 天的现场检查。经过检查确认，TGB、AGB 齿轮箱内轴承保持架脆性碎裂，AGB 传动主轴套内壁和内齿根部有疑似裂纹（见图 1-82），建议更换 TGB、AGB 齿轮箱组件。由于传动齿轮箱（IGB）的检查受现场条件限制无法进行进一步检查，且尚无足够的损坏证据，暂时保留使用。

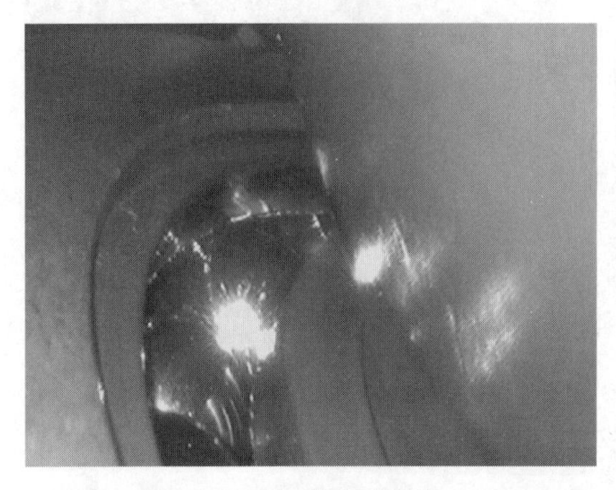

图 1-81 轴承保持架破损

图 1-82 主轴套内壁和内齿根部有疑似裂纹

二、原因分析

磁性探头 C 是主轴承 C 轴承室的回油金属探测器。磁性探头 A 是主轴承 A 轴承室和 TGB 的回油金属探测器。当以上磁性探测器捕捉到回油中的金属屑，阻值低于正常值时会出现报警信号。主要用来判断轴承的磨损情况。

从 6 月 13 日检查性大修后启动至 8 月 1 日，2 号燃气轮机主要发生以下报警，分别如下：

（1）6 月 22 日，2 号燃气轮机 A、C 磁性探头报警，经复位消失。经过观察当时传感器 MCD-6865（即为磁性探头 A）与传感器 MCD-6870（即为磁性探头 C）在 HMI 上显示数值波动较大，且运行中各轴承回油温度均在正常范围内，未发现异常，而运行中由于燃气轮机舱门关闭，所以保持关注，进一步观察。

（2）7 月 31 日 22:01，TGBD（D 油槽回油温度）超温报警，复位后报警消失；8 月 1 日，发现 2 号燃气轮机 A、C 磁性探头报警（正常应该无报警），复位后报警消失；8 月 1 日 04:04，2 号燃气轮机跳闸 DM（透平回油温度高），首出原因为 ALMCORE 077、DM_CORE 027。DM 由 TE6141 温度判断触发，此测点为 2 号燃气轮机 TGBD（传输齿轮箱）主轴承 D 轴承室的回油温度。复位后报警消失，机组运行正常。

根据以上出现的异常情况，公司决定 8 月 6 日进行停机水洗，列消缺项目，对燃气轮机齿轮箱、主轴承做进一步检查。经孔探检查所有主轴均正常，发现上述保持架碎裂，但未发现有变色、过热的现象。

由于保持架碎块磁性探头无法吸起，为非铁材料。所以报警应为轴承磨损的铁屑报警。

由于保持架脆性脆裂，碎裂呈大小不等的块状，未发现齿轮箱漏油和过热现象，所以初步判断为材质问题。确切原因需齿轮箱返厂解体后，做技术鉴定。

三、防范措施

将损坏的齿轮箱送第三方有资质的维修商进行解体，金属碎块送第三方检定机构进行分析，进一步分析原因。

案例 93　燃气轮机变速齿轮箱振动大

一、事件经过

8 月 27 日 04:04，某分布式电厂 2 号燃气轮机变速齿轮箱发出振动保护报警（7.62mm/s），运行人员立即采取停止注水、降低负荷等措施，振动逐渐降低到报警值以下。

8 月 29 日上午，运行人员再次投入注水，直至 8 月 31 日几次出现变速齿轮箱振动上升现象，都是通过采取停止注水、降低负荷等措施将振动降低下来。

二、原因分析

对 2 号燃气轮机进行停机检查，发现变速齿轮箱上油封挡板（靠近燃气轮机侧）松动，并与联轴器有碰磨现象，与 GE 公司工程师沟通确认可能是此原因导致变速齿轮箱振动，建议可先恢复，试启动。9 月 10 日，启动后空转怠速时变速齿轮箱振动为 2.54mm/s，并网后突升至 6.35mm/s，5MW 时升至 8.13mm/s（7.62mm/s 报警），8MW 时 6.6mm/s。在此情况下，按照华通公司及 GE 公司工程师的建议，停机进行检查，继续查找原因。

9 月 11—20 日，GE 公司技术人员和华通公司技术人员按照检查方案，主要对燃气轮机–变速齿轮箱对轮中心进行检查，变速齿轮箱–发电机对轮中心进行检查并将联轴器调转 180°，变速齿轮箱扭矩限制器压力进行检查，齿轮接触情况进行检查，发电机、变速齿轮箱地脚螺栓进行检查，发现两个齿轮箱地脚螺栓略有松动，进行了紧固处理。经过以上工作，没有发现大的问题或缺陷，然后对设备和系统进行恢复，再次启动试转。（启动后燃气轮机振动参数异常）

9 月 22 日，将上次调转 180° 的变速齿轮箱–发电机联轴器再调转回来，然后检查发电机地脚螺栓和上次紧固的变速齿轮箱地脚螺栓，均无松动现象，在此期间华电电科院振动专家到场安装振动分析装置，然后启机试转。9 月 22 日 09:30，2 号燃气轮机点火，负荷升至 5MW 时发电机振动为 0.02mm，发电机齿轮箱振动为 3.81mm/s。负荷升至 13MW 时，发电机振动为 0.025mm，发电机齿轮箱振动超过报警值，达到 8.64mm/s，再次停机。通过对振动分析仪的数据进行分析，排除动平衡不佳引起振动的因素，提出 3 点原因，一是中心不佳因素；二是基础松动因素；三是有碰磨因素。

按照 GE 公司的排查步骤，华通公司和 GE 公司技术人员将扭矩限制器联轴器法兰也调转 180°；同时，华通公司技术人员清理了变速齿轮箱侧的油挡密封上的硬垢，并重新调整了高速油封挡板的间隙。9 月 24 日 14:30，启动 2 号燃气轮机；14:52，并网，5MW

时发电机变速齿轮箱为 5.59mm/s，后升负荷至 8MW，齿轮箱振动逐渐下降。随后升至 13MW，齿轮箱振动逐渐下降至 3.3mm/s，发电机振动为 0.009mm。逐渐将 2 号燃气轮机负荷由 16MW 加到满负荷（33.5MW），减速齿轮箱振动最大 3.56mm/s、发电机振动最大为 0.027mm。19:10，投用 2 号燃气轮机注水系统，负荷由 33.5MW 升到 41.3MW，减速齿轮箱振动最大为 5.33mm/s、发电机振动最大为 0.035mm，振动稳定。观察齿轮箱振动为 4.06mm/s，发电机振动最大为 0.034mm（负荷为 40MW）。至此，2 号燃气轮机齿轮箱振动处理结束，2 号燃气轮机投入正常运转。

三、防范措施

（1）燃气轮机运行期间，加强对变速齿轮箱进行定期检查，重点进行运行声音检查，同时做好变速齿轮箱供油压力、回油压力及回油量的监视。

（2）做好燃气轮机日常维护工作，定期对变速齿轮箱进行全面检查，紧固 4 个地脚螺栓及锁紧螺栓。

（3）在检修变速速齿轮箱时，积极清理齿变速轮箱侧冷却油的油挡密封上的硬垢，防止积垢影响齿轮箱安全运行。

案例 94　燃气轮机 HPT 护环缺陷损坏

一、事件经过

2016 年 10 月 4 日，对某分布式电厂 1 号燃气轮机进行 12 000h 定检时发现 I 级 HPT 护环出现材料缺失缺陷。此后，1 号燃气轮机每运行一段时间，就停机进行一次检查，跟踪缺陷部位的发展情况，先后于 2017 年 10 月 14 日、2017 年 10 月 21 日、2017 年 11 月 6 日、2017 年 12 月 1 日、2017 年 12 月 24 日、2018 年 1 月 13 日进行了停机检查，共检查 7 次。

1 号燃气轮机孔探检查出问题后，于 2016 年 10 月 23 日进行 2 号燃气轮机孔探，未见异常。2017 年 1 月 17 日，对 2 号燃气轮机进行 16 000h 停机定检时发现了与 1 号燃气轮机类似的缺陷，共计发现该级护环有 4 处比较严重的材料缺失。

经咨询各方专家，认为脱落部位未见延展性裂纹，导致大块脱落的可能性不大，建议观察运行，定期检查。

二、原因分析

图 1－83 中是 2 号燃气轮机 5—6 点钟位置出现了明显的缺陷，护环脱落 10mm×40mm 左右的月牙形，已露出机匣，后部也有即将烧穿的情况，类似 1 号燃气轮机（见图 1－84）。2 号燃气轮机 HPT 的烧损情况和发展速度远比 1 号燃气轮机 HPT 严重。

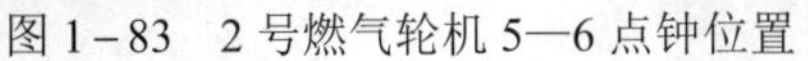

图 1－83　2 号燃气轮机 5—6 点钟位置

图 1－84　1 号燃气轮机 5—6 点钟位置

如图 1－85 和图 1－86 所示，1、2 号燃气轮机机 6 点钟位置，有两个 30mm 的孔洞，已露出机匣。

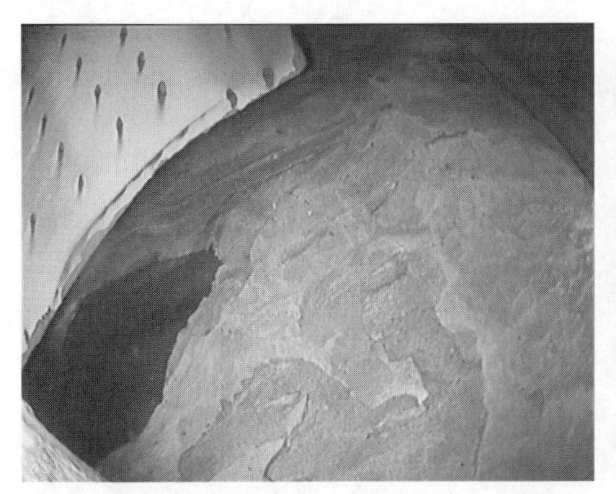

图 1－85　2 号燃气轮机 6 点钟位置

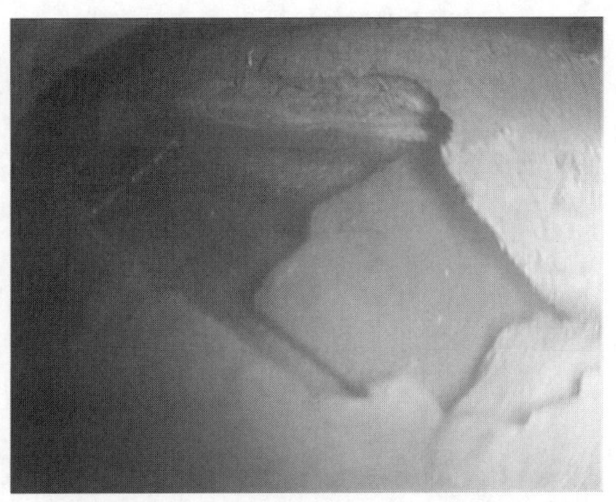

图 1－86　1 号燃气轮机 6 点钟位置

如图 1－87 和图 1－88 所示，2、1 号燃气轮机 6—7 点钟位置，有长约 15mm 的护环翘起，未露出机匣。

图 1－87　2 号燃气轮机 6—7 点钟位置

图 1－88　1 号燃气轮机 6—7 点钟位置

如图 1-89 和图 1-90 所示，2 号燃气轮机 8—9 点钟位置，有 2 个连续的单侧护环翘起，长度各约 10mm，未露出机匣；1 号燃气轮机比较轻微。

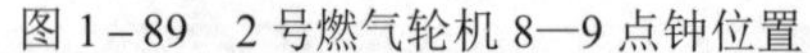

图 1-89　2 号燃气轮机 8—9 点钟位置

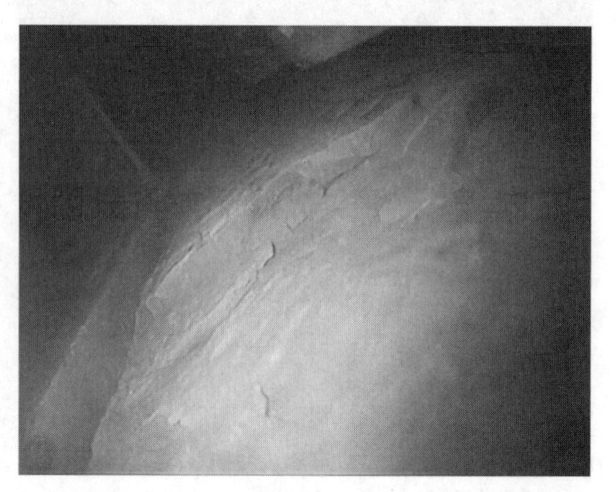

图 1-90　1 号燃气轮机 8—9 点钟位置

查看故障现象，应该是燃烧系统问题元件质量存在问题。

三、防范措施

（1）限负荷运行。

（2）停用注水系统。

（3）定期停机进行孔探检查。

（4）计划进行 2 号燃气轮机 HPT 护环更换工作。

（5）计划进行 1 号燃气轮机 HPT 护环更换工作。

案例 95　燃气轮机透平油压力显示异常导致机组跳闸

一、事件经过

5 月 22 日，某燃气分布式电站一套机组运行，1 号发电机负荷为 38MW，2 号发电机负荷为 11.4MW。A、B 增压机并列运行。14:27，1 号燃气轮机跳闸，1 号发电机联锁解列，燃气轮机跳闸首出原因：TURB LUBE OIL SUP PRESS SNSR RAIL，即燃气轮机透平油压力异常；机炉大联锁保护动作，2 号汽轮机跳闸，2 号发电机解列。

事件发生后，立即组织对燃气轮机润滑油系统进行检查，发现系统无泄漏，就地查看 PT6121（供油压力）、PT6122（回油压力）变送器状态正常。检查 MTTB（燃气轮机主接线柜）柜内温度异常，就地温度为 125℉（约等于 51.7℃），检查发现柜内空调异常停运。立即对 MTTB 柜采取降温措施，同时对柜内空调进行检修，恢复其正常运行。故障空调位置如图 1-91 所示，故障信息如图 1-92 所示。

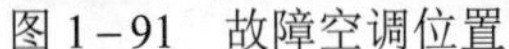

图 1－91　故障空调位置

图 1－92　故障信息

二、原因分析

5 月 22 日，室外气温较高，达到 37℃，因燃气轮机主接线柜内空调故障无法启动，运行人员未及时发现处理，导致燃气轮机主接线柜内温度升高至约 51.7℃，造成 PT6121、PT6122 变送器所接 I/O 卡件超温，误发润滑油压力异常信号，导致 1 号燃气轮机跳闸。

三、防范措施

（1）加强生产人员岗位培训工作，要求运行人员精心监盘，提高巡回检查质量，及时发现设备缺陷、异常情况，按规定程序汇报并联系处理。

（2）利用好迎峰度夏等季节性检查工作，立即组织开展生产现场空调、冷却系统专项检查治理工作，落实责任，限期消除设备隐患。

案例 96　燃气轮机进气压力低保护动作机组跳闸

一、事件经过

7 月 16 日，某燃气分布式电站两套机组及 A、B 增压机运行，自动发电控制系统（AGC）指令投入，2 号燃气轮机负荷为 38MW，2 号汽轮机负荷为 10MW。一套机组正在检修。400V 1 号燃气轮机 MCC 段清扫检修后对 1 号燃气轮机控制仪表盘进行送电（此时 1 号燃气轮机直流油泵在带电状态，其他辅机均停电）。就地人员发现 1 号燃气轮机直流油泵启动运行，值班员多次单击“STOP”键，燃气轮机无反应，又点“FAST START”键，燃气轮机依然无反应，值班员立即按下 1 号燃气轮机“紧急停机”硬手操按钮。11:17，联锁 A 增压机跳闸。11:28，3 号燃气轮机进气压力低保护动作，3 号燃气轮机跳闸，联锁 3、4 号发电机跳闸。

二、原因分析

（1）生产人员对燃气轮机部分控制逻辑不熟悉，不清楚燃气轮机仪表盘重新送电后燃气轮机自动执行自检程序，当1号燃气轮机直流油泵联锁启动后生产人员误认为燃气轮机正在启动，值班员按下1号燃气轮机“紧急停机”硬手操按钮联跳A增压机是此次非停的直接原因。

（2）运行人员应对增压机事故跳闸的处理能力、经验不足，A增压机跳闸后值班员处置不得当，没有实现快速降低燃气轮机负荷，导致燃气轮机进气压力低保护动作，造成3号燃气轮机跳闸是此次非停的间接原因。

（3）两台增压机带单套机组运行期间，虽然已拆除“A增压机跳机”负极接点，但未拆除正极接点，联锁解除措施不彻底。

三、防范措施

（1）加强机组检修安全技术措施整改落实工作，组织生产人员对燃气轮机本体及控制系统检修措施的安全性、必要性进行讨论，形成标准，认真落实，保证主设备检修期间安全技术措施得当，确保人身设备安全。

（2）加强培训管理工作，完善燃气轮机相关技术资料，限期完成燃气轮机画面汉化、燃气轮机控制逻辑整理和燃气轮机英文技术资料翻译工作，完善运行、检修规程中燃气轮机相关内容；合理制定生产人员专业培训计划，扎实开展技术培训工作，定期组织考试，提高生产人员技术技能水平。

（3）完善临时气源双增压机运行的专项应急处置技术措施，针对特殊运行工况举一反三，全面梳理、编制生产应急预案，充分利用学习班机会，组织进行专题技术讲课和案例学习；加强事故预想，做好专项事故演练，提高运行人员反事故能力。

（4）完善、规范电气热工回路相关技术措施，针对解除直流回路节点问题严禁解除回路单根线，必须将回路正、负极接线全部有效解除，同时做好标记、处理好绝缘问题；针对燃气轮机控制仪表盘重新送电后自动自检程序问题，做好逻辑完善或实现人工控制自检程序的技术工作，防止再次发生误动。

第二篇　汽轮机系统

案例 97　EH 油发生严重泄漏，EH 油箱油位低保护动作导致跳机

一、事件经过

2015 年 9 月 2 日，某热电厂“二拖一”机组以“一拖一”（2 号汽轮机+3 号燃气轮机）方式运行，机组负荷为 230MW，其中 2 号燃气轮机负荷为 148MW，3 号汽轮机负荷为 83MW，3 号汽轮机 EH 油箱油位 584mm，1 号 EH 油泵运行。

05:15，集控运行人员发现 EH 油位从 584mm 开始迅速下降；05:17，EH 油位下降至 450mm、EH 油位低 1 值报警；05:20，EH 油位下降至 330mm、EH 油位低 2 值报警；05:24，EH 油位下降至 137mm、EH 油位低低报警；05:25，3 号机组保护动作跳机。

经现场检查，2 号高压主汽调节联合阀蓄能器油管法兰 11 点方向 O 形密封圈被高压油流冲出，EH 油发生严重泄漏。解体检查 O 形密封圈断裂，断口部位呈不规则损坏，油管泄漏部位法兰紧固螺栓力矩较小。更换 O 形密封圈，补充 EH 油至油箱正常油位，检查油质正常、油泵检查试验正常。检查 3 号机组 EH 油系统法兰装配面无沟槽、凹坑等缺陷，全面紧固管道各连接件螺栓。

09:58，3 号汽轮机组开始冲车；10:27，机组并网。

二、原因分析

泄漏部位 EH 油法兰螺栓紧固力矩不足且不均匀，在系统油压及运行波动冲击的长期作用下，法兰螺栓的紧力逐渐松弛，法兰密封面逐渐产生一定间隙后，致使 O 形密封圈密封失效，EH 油迅速大量泄漏，导致机组保护动作跳机，这是造成 3 号机组停机的直接原因。

三、防范措施

（1）针对 EH 油系统、天然气系统密封件（特别是 O 形密封圈）频繁泄漏缺陷，对系统密封件进行全面梳理，建立详细的台账，详细记录密封件制造厂家、材质、规格、更换周期、更换时间及更换人，确保重要部位的密封件管理有序、可追溯。

（2）结合“一拖一”机组大修期间和“二拖一”机组停备期间，对基建期安装的密封件进行全面更换，对不能保证材质及规格的基建期遗留密封件坚决不再使用，选用使用过的、产品质量可靠的密封件厂家产品。加强密封件管理，防止密封件失效或错用。

（3）专业点检应进一步落实岗位责任制，规范执行点检制度。针对新机设备特点，对点检标准进一步补充完善，严格规范点检流程。

案例 98　低压缸连通管液控阀 EH 油泄漏导致停机

一、事件经过

2015 年 6 月 18 日，某电厂“一拖一”机组（4 号汽轮机+5 号燃气轮机）运行，总出力为 233MW，其中 4 号机组负荷为 96MW，5 号机组负荷为 137MW。

17:02，集控运行人员发现 EH 油压急剧下降，不能维持机组运行，根据规程规定对 4 号机组进行手动打闸停机。

经现场检查为中低压缸连通管液控隔离蝶阀控制模块上电磁阀装配面处 EH 油大量泄漏，塞尺检查结合面四周有 0.4～0.7mm 的间隙。

拆下电磁阀后，测量电磁阀底部凸台高 10.4mm，而装配电磁阀的控制模块上的凹槽深度为 9.7mm，在 O 形密封圈的装配面处有 0.7mm 的间隙，从而导致 O 形密封圈的破损而泄漏，见图 2-1。

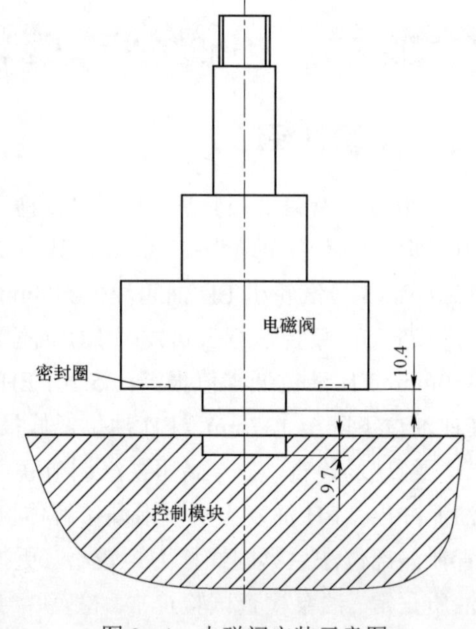

图 2-1　电磁阀安装示意图

紧急联系修配厂，车削电磁阀凸台 0.86mm、更换装配面处 O 形密封圈，打压检查无渗漏，阀门做开关试验正常。

19 日 00:40，向市调申请恢复机组运行。07:37，机组并网运行。

二、原因分析

4 号机组中低压缸连通管液控隔离蝶阀控制模块上的电磁阀凸台与其配合的凹槽装配间隙不合理，导致 O 形密封圈密封面产生间隙，在运行中失效，是造成 4 号机组非停的直接原因。

三、防范措施

（1）针对万罗公司的液控蝶阀在运行中发生多次泄漏，专业结合机组检修、备用机会进行技术改进。目前已经完成“二拖一”机组的相关改进工作，正在进行“一拖一”机组相关设备的改进准备工作。

（2）加强 O 形密封圈、密封垫等相关知识的培训，提高检查、维修和处置能力。

（3）杜绝异常事件发生后急于立即恢复机组运行的心态，认真进行缺陷分析，严把抢修质量管理，避免因工作中不严不细原因发生的设备安全问题。

（4）充分利用机组备用和检修的机会，对 EH 油、天然气等重要系统设备的类似易发生泄漏的设备及部位进行重点检查，及时消除设备隐患。

（5）对“一拖一”机组的相应设备进行重点检查、排除，确保类似问题不再发生。

案例 99　供热抽汽快关阀 EH 油泄漏导致停机

一、事件经过

2017 年 12 月 1 日 18:57，某电厂 3 号机组 EH 油箱油位低报警，查看油位快速下降，运行人员汇报厂值班、发电部，联系检修、热工、点检进行处理。相关人员迅速到场，就地检查发现供热抽汽快关阀控制模块与油缸法兰接口处大量漏油。

19:06，汇报市调：3 号机组 EH 油系统漏油将有可能停机，目前准备降负荷。

19:10，汇报热调：3 号机组 EH 油系统漏油将减负荷停机，影响供热。

19:26，机组 EH 油压力由 14MPa 开始快速下降。

19:29，向市调申请停 3 号机组，同意解列。

19:32，EH 油压低保护动作，3 号机组停机，故障时历史曲线见图 2-2。

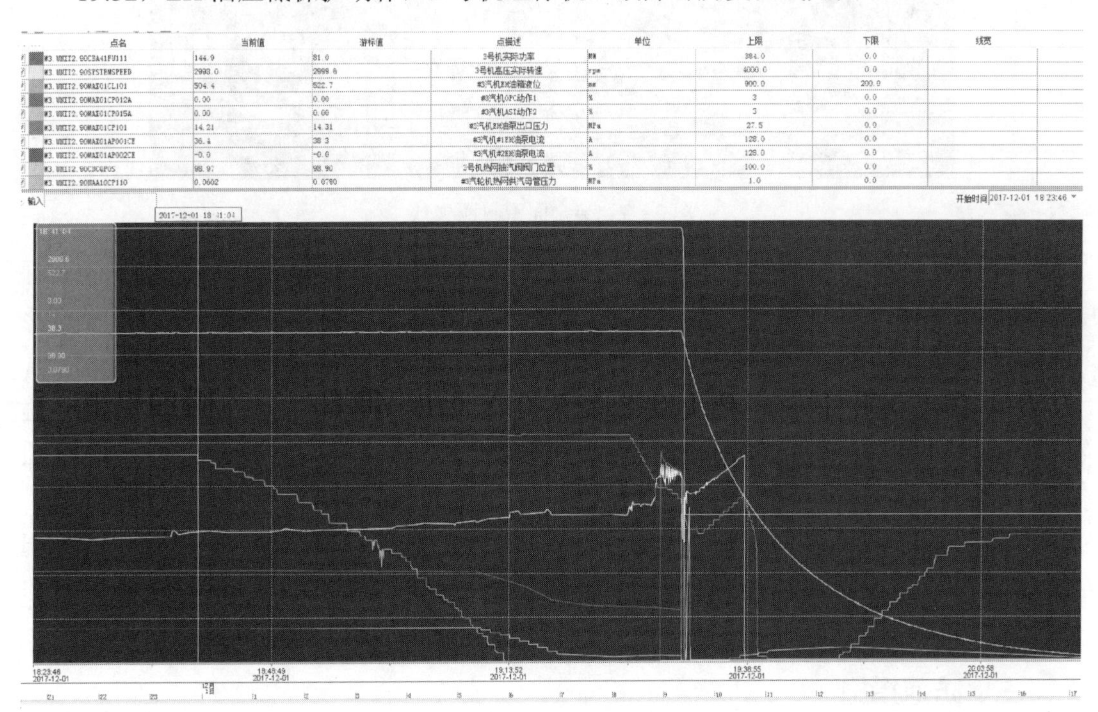

图 2-2　故障时历史曲线

12 月 2 日 01:24，更换 3 号机组供热抽汽快关阀控制模块与油缸结合面 O 形密封圈，工作完毕，开启 3 号机组 1 号 EH 油泵，油系统循环正常。

01:58，向市调申请启动 3 号机组；04:16，3 号机组并网成功。

二、原因分析

12 月 1 日 23:35 左右，对供热抽汽快关阀控制模块与油缸法兰进行了解体，检查发现结合面处 O 密封圈失效、破损，导致 3 号机组 EH 油系统大量泄漏，EH 油压低保护动作停机，是造成本次 3 号机组停机的直接原因（见图 2-3）。更换新密封圈（$\phi 230\times\phi 5$，$\phi 192\times\phi 5$）后，系统打压查漏无异常，联系热工、运行人员做 EH 系统阀门启闭实验，试验正常后开机运行。

图 2-3　结合面密封圈失效

设备设计结构存在不合理，O 形密封圈选用不当。一是从解体后的密封圈来看，控制模块与油缸法兰处有 2 道 O 形密封圈，内圈密封已在安装中受挤压失效，说明内圈 O 形密封圈选粗了，同时失效后的密封材料挤压在密封面上，也影响了外圈密封圈的密封效果，见图 2-4；二是内密封槽为三角形槽道，存在制造和安装误差而影响密封效果；三是油缸端面与法兰端面存在 0.5mm 的高度差（见图 2-4），也影响密封效果，其他控制模块与油缸法兰面没有该现象。

EH 油系统发生泄漏后，停机不果断。从相关参数曲线分析（见图 2-2），19:13，EH 油箱油位到零；19:26，EH 油压开始下降；19:32，汽轮机保护动作。期间约 20min EH 油主油泵处于无油运行状态，且汽轮机调节系统处于失控状态，存在严重安全隐患。

三、防范措施

（1）将 3 号机组供热抽汽快关阀油缸改进工作列入机组检修计划，提前着手制定改造方案并招标，同时举一反三处理存在类似问题的设备。

（2）利用机组停备、检修时机，对 EH 油系统密封圈、接头等紧固情况进行全面检查，防止应力松弛导致泄漏。同时，每天至少 3 次对 EH 油系统设备进行点检及巡查，及时发现并消除设备隐患。

图 2-4　密封圈结构

（3）专业、班组加强技术管理，完善密封件等相关设备台账，储备必要数量的抢修备件，做好应急处置准备。

（4）增加 EH 油位异常趋势报警装置，当油位偏离正常运行油位或下降速度过快时发出报警，为事故处置争取时间。

（5）严格执行《防止电力生产重大事故的二十五项重点要求》，当 EH 油系统发生大量泄漏时，应在第一时间主动打闸停机，防止发生重大安全事故。

案例 100　汽轮机轴承振动大保护动作导致跳机

一、事件经过

2014 年 7 月 14 日，某电厂 1、2、3 号机组运行，3 号机组负荷为 460MW。

2014 年 7 月 14 日 00:30，3 号机组 3 号瓦轴承振动 *Y* 向由 271μm 逐渐上升至 300μm，立即汇报厂、发电部领导及设备工程部点检人员，同时机组负荷由 460MW 降至 360MW，振动仍继续缓慢爬升。01:48，3 瓦 *Y* 向最大到 346μm。02:00，2 号炉解汽，3 号机组负荷降至 66MW，3 号瓦轴承振动 *Y* 向降至 250μm。04:20，向调度申请 3 号机组停运，缓慢降负荷至 20MW。05:03，3 号机组停运，1、2 号机组维持旁路运行。

二、原因分析

此次事件主要原因是为消除机组发动机转子 2 倍频振动超标、机组轴系振动大缺陷，

7月9日在汽轮机转子上加装了平衡块，7月11日开机后机组3瓦振动随机组运行时间逐渐爬升，到7月14日爬升到260μm后被迫打闸停机。

三、防范措施

（1）与汽轮机厂家、电科院研究，修正轴系调整方案，拆除3瓦的平衡块。

（2）开机时，保持低负荷60MW暖机时间至少4h以上，同时调整好轴封温度。

案例101　中压旁路后温度测点故障导致机组跳闸

一、事件经过

2014年7月15日，某电厂2号机组负荷为160MW，2号余热锅炉经旁路运行。09:03，2号机组运行中跳闸。

经查为2号余热锅炉中压旁路门后温度测点故障，此温度测点为2个，取两个测点平均值做保护动作值，其中1个温度测点故障，造成温度平均值升高达到保护定值，造成2号余热锅炉中压旁路门自动关闭，高压旁路门联锁关闭，2号余热锅炉主蒸汽压力高保护动作，联跳2号燃气轮机。

更换新测点并进行试验后，13:28，2号机组并网成功。

二、原因分析

经检查，2号余热锅炉中压旁路门后压力取样一次门，由于焊接质量问题门前管座焊口泄漏，蒸汽凝结成水掉落在温度测点上，导致温度测量异常，造成2号炉高、中压旁路门自动关闭，导致2号炉主蒸汽压力高保护动作，机组跳闸。

三、防范措施

（1）举一反三，对系统压力表管、管座及压力表门进行普查，重点检查管道材质、焊口质量及管道固定。

（2）加强表管安装质量监督，确保设备完好、可靠。

（3）结合机组检修，及时处理阀门内漏和管道振动现象。对检查发现的表管异常及缺陷进行及时处理。

（4）加强对机组带有保护的压力、温度测点设备进行检查，消除设备隐患。

案例102　中压旁路门后主蒸汽压力表管泄漏申请停机

一、事件经过

2014年7月15日，某电厂1、2号机组各带150MW负荷运行。

2014年7月15日，巡检发现2号机组中压旁路门后主蒸汽压力表管漏汽，运行中无法进行处理，向调度申请停机处理。

15 日 20:55　调度令停 2 号机组进行消缺工作，经检查泄漏位置为压力表一次门前管座焊口，对压力表一次门及门前管座进行更换。

2 号机组于 17 日 07:59 再次并网运行。

二、原因分析

停机后检查发现表管焊口为环向裂纹，焊接质量不佳。中压旁路门不严，管道存在振动。对旁路长期运行方式认识不到位，存在侥幸心理。

三、防范措施

（1）举一反三，对系统压力表管、管座及压力表门进行普查，重点检查管道材质、焊口质量及管道固定情况。

（2）加强表管安装质量监督，确保设备完好、可靠。

（3）结合机组检修，及时处理阀门内漏和管道振动现象。对检查发现的表管异常及缺陷进行及时处理。

（4）完善旁路运行措施。

案例 103　停机后低压缸防爆门损坏

一　事件经过

2016 年 5 月 31 日，某电厂“二拖一”机组 1、3 号机组停机后，1 号余热锅炉维持热备用。运行参数：中压蒸汽压力为 1.93MPa，温度为 522℃；高压蒸汽压力为 6.03MPa，温度为 520℃。01:18，听到汽机房方向有响声，立即查看系统画面，发现中压蒸汽压力迅速下降，中压旁路开度至 100%，立即关闭中压旁路；就地查看，3 号机组低压缸 4 个防爆门全部破损。

二、原因分析

（1）中压旁路保护动作逻辑分析。

1 号中压旁路蒸汽调节阀快开条件：

1）无快关条件且 1 号锅炉再热蒸汽压力（两个测点取平均值）大于 2.87MPa 且无故障。

2）1 号高压旁路蒸汽调节阀快开。

其作用是防止中压系统超压爆破。

中压主蒸汽正常工作压力为 2.7MPa，从 SIS 中调出的 1 号炉中压主蒸汽压力从打闸后的 0.62MPa，2h 20min 之后压力升高至 2.89MPa，保护动作正确，排除逻辑错误问题。

（2）人员原因分析。运行人员对停机后机组参数监视不到位。从 3 号机组破坏真空到防爆门破损，约 2h 20min 的时间，运行人员未及时发现高压旁路门漏流导致中压主蒸汽压力的持续升高，导致防爆门破损，是此次不安全事件的直接原因。

（3）设备原因分析。通过查询历史曲线：发现中压蒸汽压力由接班时的1.93MPa逐渐升至中压旁路快开时的2.89MPa；中压旁路动作时，凝汽器压力由0kPa升至4.42kPa。在高压旁路、中压旁路关闭后，1号炉高压旁路后压力、1号炉中压蒸汽压力（再热器冷段）、1号炉中压蒸汽压力（再热器热段）曲线重合，同步升高，判断高压旁路门有漏流，导致中压主蒸汽压力升高，最终防爆门破损，是此次不安全事件的重要原因。

三、防范措施

（1）明确机组停备工况下，设备参数监视清单。

（2）针对不同工况，认真组织分析，在安排运行方式时，做好危险点分析和控制措施。

（3）针对设备缺陷，制定不同工况下的控制措施，如间断开启炉侧疏水门控制压力。

（4）合理分配人员，对停备机组作为运行机组看待，重要参数连续监视。

（5）举一反三，全面梳理类似问题，部门之间加强沟通，对长期遗留的缺陷进行梳理分类，在工况变化的情况下可能引起不安全事件发生的缺陷进行重点分析，避免类似问题发生。

案例104　凝结水泵轴承温度保护动作导致跳闸

一、事件经过

2015年7月1日12:22左右，运行人员发现4号机组2号凝结水泵跳闸，1号凝结水泵联锁启动成功。现场检查电动机断路器跳闸，检查DCS报电动机前轴承温度（127℃）保护动作，通知检修电机班抢修。电动机解体现场检查发现电动机前侧轴承后盖与转子摩擦后，过热变形并产生裂纹；内轴承过热、外轴承套松动。之后立即进行抢修，涂镀轴承套、更换轴承、加工轴承盖，更换检修完毕，试运正常。

二、原因分析

现场将电动机解体，定子外观检查未发现异常，试验班做耐压、直阻电气试验，数据合格；检查电动机转子前侧为双轴承结构，外轴承为滚柱轴承，型号为ZWZ、NU219M/C3Z1，轴承油脂未过热、颜色发黑，铜护栏、滚柱无过热变色，轴承转动正常；内轴承为深沟球轴承，轴承花篮、滚珠过热变色但转动正常，油脂过热变色、碳化，轴承后盖油脂发黑变硬，擦拭轴承后在上面找不到生产厂家和型号；前后端盖轴承套与轴承外套松，轴承用手可推出。检查电动机转子后轴承为滚柱轴承，型号为ZWZ、NU217M/C3Z1，轴承油脂未过热、颜色正常，铜护栏、滚柱无过热变色，轴承转动正常。

转子前部为双轴承结构，前轴承为滚柱轴承，起承载作用，与转子紧力配合；后轴承为深沟球滚子轴承，起轴向定位转子作用，与转子间隙配合；测量端盖外套与后轴承套测量后有20多丝间隙，分析是由于出厂时轴承紧力不够，发生耍套现象，逐渐磨损端盖外套，导致转子下沉。下沉的转子轴颈与轴承后盖产生摩擦（见图2－5），瞬间产生高温，高温传导到温度测点，导致轴承温度保护动作电动机跳闸。

(a)

(b)

图 2－5　轴承现场损坏照片

（a）前侧外轴承；（b）前侧过热的内轴承

三、防范措施

（1）更换此电动机轴承为同型号进口 SKF（斯凯孚）质量可靠轴承，更换轴承后盖，油脂更换新 3 号锂基润滑脂。

（2）端盖外套涂镀满足与轴承外套的 2～3 丝紧力要求。

（3）加强对设备质量验收和过程管理，并对同类的电动机设备进行一次排查，以防范类似事件的发生，确保设备安全运行；停运机会加大前轴承检查力度。

（4）加强对此类电机设备检查维护，将红外成像技术纳入对高压电机或重要电机设备的检测手段，做到可控在控。

案例 105　凝结水泵入口压力低保护动作导致跳闸

一、事件经过

8 月 11 日 09:35，某电厂 5 台机组全部运行，其中“一拖一”机组 4 号汽轮机负荷为 94.4MW，5 号燃气轮机负荷为 139.8MW。凝结水系统：凝结器液位为 1058.53mm，1 号凝结水前置泵电流为 148.5A，2 号凝结水前置泵备用，凝结水前置泵出口母管流量为 326.7t/h、凝结水前置泵出口母管压力为 0.40MPa、凝结水泵入口母管压力为 0.33MPa、1 号凝结水泵备用、2 号凝结水泵电流为 41.29A、2 号凝结水泵入口压力为 0.27MPa、2 号凝结水泵出口压力为 2.95MPa、凝结水泵出口溶解氧为 3.42%。

8 月 10 日，检修人员提交 4 号机 2 号凝结水前置泵检修工作票，计划开工时间 2017 年 8 月 10 日 10:00—11 日 17:00。

8 月 11 日 10:10，运行签发工作票，水泵班工作人员开始检修工作。在拆解凝结水前置泵机封冷却水管时，发现存在负压，检修人员及时将机封冷却水管恢复，并通知运行人员。运行人员到现场检查 4 号机 2 号凝结水前置泵出口门、入口门、放气门及入口滤网排污门、放气门后，告知检修人员阀门已关到位。检修人员恢复工作，再次拆解凝结水前置泵机封冷却水管，发现仍有负压，恢复机封冷却水管，停止检修工作，同时接到运行人员通知4号机组凝结水泵入口母管压力消失。10:35:34，4号机2号凝结水泵跳闸，1号凝结水泵联锁启动；10:36:28，1号凝结水泵跳闸，2号凝结水泵联锁启动，此后检修于2017年8月11日14:22结束了此工作票。

2017年8月11日21:20水泵班再次提交了4号机组2号凝结水前置泵的消缺工作票，在系统消压过程中采取从前置泵出口母管至2号前置泵入口滤网放水门加装临时充压水管的方法，通过持续稳定注水确保不向凝结水系统中漏真空，于12日4点左右完成消缺工作，用时约6.5h。

二、原因分析

从事后SIS系统中调查的相关参数曲线分析：10:34:49之前，4号机凝结水系统正常；10:35:10开始，1号凝结水前置泵电流、出口母管压力快速下降，37s后凝结水前置泵电流从147A下降至111A、凝结水前置泵出口母管压力从0.37MPa下降到0.09MPa、凝结水泵入口母管压力从0.30MPa下降到0.03MPa，7s后2号凝结水泵跳闸电流到零，12s后1号凝结水泵开始联启。

稳定约23s后（10:36:09）凝结水前置泵出口母管压力再次下降。19s后（10:36:28）凝结水前置泵电流从151.4A下降至96.9A、前置泵出口母管压力从0.34MPa下降到0.03MPa、凝结水泵入口母管压力从0.25MPa下降到0.00MPa，1号凝结水泵跳闸。12s后（10:36:40）1号凝结水泵跳闸电流到零，2号凝结水泵开始联启，6s后凝结水系统参数正常。前后大约3min时间，1、2号凝结水泵分别发生了1次跳闸和启动。

14:54:36，1号凝结水前置泵电流、出口流量、出口母管压力等再次快速下降，9s后（14:54:45）凝结水前置泵电流从156A下降至77.1A、凝结水前置泵出口母管压力从0.35MPa下降到0.00MPa、凝结水泵入口母管压力从0.26MPa下降到0.00MPa，持续约1min 18s后恢复正常。后查为运行人员为防止凝结水泵再次跳闸、联锁启动，在DCS中对凝结水泵进行了挂牌，恢复系统时系统中仍存在部分空气或系统不严密，致使凝结水流量为零。

通过事后调查和相关参数曲线的分析认为，造成1、2号凝结水泵在运行中相继跳闸的直接原因为在进行2号凝结水前置泵机封泄漏消缺过程中，由于2号凝结水前置泵系统隔离不彻底，拆卸机封密封水管过程中向凝结水系统中漏进了空气，导致1号凝结水前置泵产生气阻，凝结水前置泵出口压力、流量急剧下降，进而导致凝结水泵入口母管压力低、保护动作，1、2号凝结水泵相继跳闸并联锁启动。

由于2号凝结水前置泵入口电动蝶阀密封不严密，在进行机封泄漏消缺过程中，空气由此进入到凝结水系统，导致凝结水前置泵出力急剧下降，造成凝结水泵入口母管压力低、凝结水泵保护动作。

三、防范措施

（1）加强消缺工作票的管理，避免工作中措施不完善、危险点分析及控制措施不到位。相关专业严把工作票审核关，确保工作票的安全措施和危险点的控制措施齐全有效，严肃考核追责、杜绝类似问题的再次发生。在设备检修或消缺时，无论是正压系统或负压系统都必须进行消压到零，发现异常时必须停止工作。对现有前置泵消缺标准工作票进行补充完善，增加系统消缺安全措施和危险点分析及其控制措施，并举一反三。

（2）进一步增强安全生产意识和敏感性。当发生异常情况后应第一时间组织分析，在问题原因不清及采取有效措施前，不得继续开展下部工作，防止缺陷失控。同时及时汇报相关领导，提高消缺监护等级，防止缺陷扩大。树立“缺陷就是事故”的理念，确保小缺陷不过班、大缺陷不过天的要求。

（3）进一步加强技能培训，落实岗位责任制。继续加强检修转岗人员和在职检修人员的技术培训，通过背画系统图、编写检修工作票和检修规程的考试，进一步提高检修人员的技术水平。进一步落实岗位责任制，克服等、靠和图省事、怕麻烦的惰性思想，主动作为。

（4）继续加大设备治理力度，提高设备安全可靠性。针对真空系统、循环水系统、旁路系统等阀门内漏问题对安全生产存在的隐患，相关专业必须加大设备治理力度，结合机组检修和停备时机及时实施，消除设备隐患，提高设备安全、可靠性。

案例 106　停机后高压缸排汽口处上、下汽缸内壁金属温差大汽缸容易变形

一、事件经过

7 月 25 日 20:08，某电厂 4 号机组打闸，因 5 号余热锅炉有缺陷要处理，汽轮机打闸后未破坏真空，余热锅炉通过旁路进行压力降低；21:48，转子停转，惰走时间为 100min；26 日 00:38，停止真空泵，真空到 0 后停止轴封供汽。检修要求利用停备时间消除 4 号机组联通管截门渗油缺陷，23:05 运行人员将进油门关闭，做好消缺措施。23:08 进油门关闭后联通管调节门因失去油压而逐渐关闭。23:14，联通管调节门关到 83.7%时，盘车转速开始上升；23:29，盘车转速达到 31r/min；23:39，联通管调节门关到 2.9%，盘车转速又降到 0。停止真空泵后，高压缸排汽口处上汽缸内壁金属温度上升 15℃。停机时历史曲线见图 2－6。

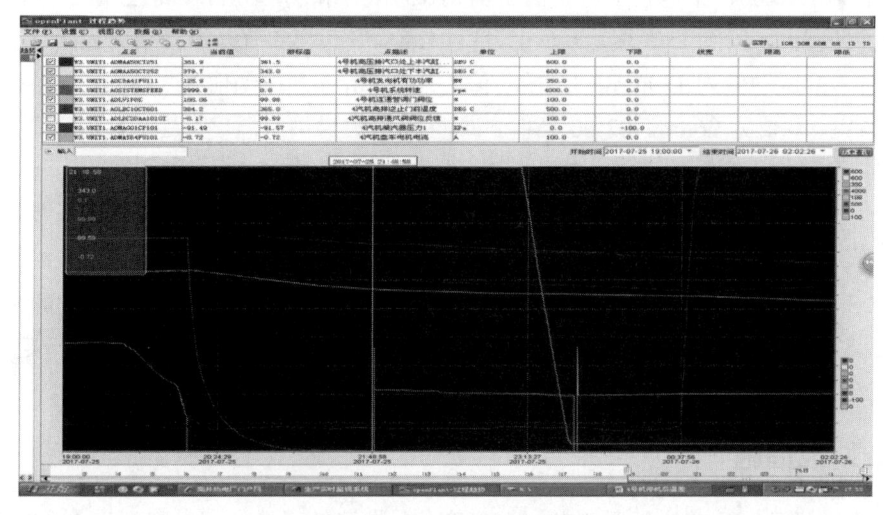

图 2－6　停机时历史曲线

查6月16日“一拖一”机组停机曲线，4号机组23:47打闸，17日00:42转子停转，惰走时间为55min；停止真空泵后，高压缸排汽口处上汽缸内壁金属温度上升9℃。

二、原因分析

（1）高压主汽门、调节汽门不严，有漏汽。

（2）联通管调节门关闭后，影响了中、高压缸余汽的流动（此时凝汽器真空还未破坏）致使余汽滞留在上缸处，上缸温度下降速度低于下缸速度。

（3）下缸保温不好，受冷却后温度下降较快。

三、防范措施

（1）汽轮机打闸后，检查高、中压主汽门、调节汽门关闭。

（2）汽轮机打闸后观察高、中压汽缸温变化，缸温差有增大趋势，关闭汽轮机阀体、缸体疏水进行闷缸。

（3）关闭高压排汽通风阀及减温水门。

（4）检查高压排汽止回门关闭到位，防止冷水冷气返入汽缸。

（5）检查高压旁路关闭后，减温水截门关闭，无漏流。

（6）停机后关注凝汽器水位，防止水位过高、满水。

（7）停机后按时记录汽缸温度记录，注意汽缸温差下降速度变化，发现异常及时查明原因。

（8）真空到0再停止轴封供汽。

案例107 动静摩擦导致汽轮机振动增大

一、事件经过

10月8日00:00，某电厂3号机组负荷由137MW降到90MW；01:30，3号汽轮机低压侧轴封温度开始下降，5*X*振动逐渐上升；01:50，3*X*、4*X*、6*X*振动值开始增大；03:12，达到峰值，2*X*振动值为139μm，3*X*振动值为135μm，4*X*振动值为143μm，5*X*振动值为131μm，6*X*振动值为96μm。03:00当值人员将低压轴封供汽温度由195℃提高至248℃；03:17，各瓦振动值开始下降；04:50，恢复到正常值，见图2-7。

二、原因分析

本次3号汽轮机各瓦振动增大的原因应是动静部分发生碰磨引起，造成动静部分碰磨的诱因是3号机组降负荷后，低压侧轴封温度下降较多。低压侧轴封降低到一定温度，5瓦动静部分发生碰磨，致使5瓦振动增大，然后引起其他各瓦振动增大。

三、防范措施

（1）机组降负荷后关注低压侧轴封温度变化，维持低压最低点轴封温度在150℃以上。

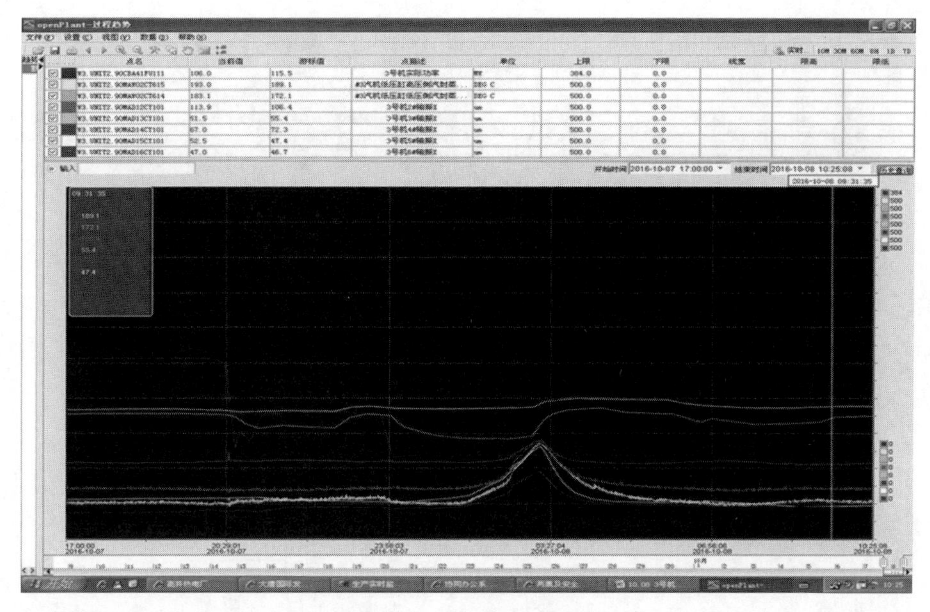

图 2－7　振动历史曲线

（2）低压侧轴封温度呈下降趋势，低于 155℃时调整低压侧轴封进汽管道疏水门开度或适当提高减温器后温度，保证低压最低点轴封温度在 150℃以上。

案例 108　运行操作导致汽流激振，机组轴振大跳闸

一、事件经过

7 月 23 日“一拖一”机组接令启动，07:45，4 号汽轮发电机并网成功，立即关闭中压旁路门至 5%。随后立即进入开主蒸汽调节门程序，4 号机组主蒸汽调节门开启过程中，07:46，高压旁路由 70.5%关至 50%，中压旁路由 5%关至 0%；高压主汽压力由 3.12MPa 开始升高；中压主汽压力由 0.44MPa 下降至 0.25MPa，后逐渐降至 0.16MPa；负荷由 12MW 降至 7MW 后逐渐降至 3MW；4 号汽轮机 3*X*/3*Y* 轴承振动由 36/33μm 升至 71/67μm 后恢复至 50/50μm。07:46:55，高压旁路由 50%关至 45%；07:47:43，高压旁路由 45%开至 50%。07:49:36，4 号汽轮机 3*X*/3*Y* 轴承振动由 65/63μm 快速升至 280/266μm，轴承振动大保护动作跳闸。

07:53，挂闸成功；08:04，4 号机 3000r/min 定速。

二、原因分析

造成本次机组振动大的主要原因是运行操作过程中开汽轮机主蒸汽调节门操作与关旁路操作配合缺乏默契，高压旁路关闭过快，导致再热蒸汽压力下降过低，中压缸进汽流量低，从而使机组发生汽流激振，导致机组轴振大跳闸，高压旁路关闭前参数见图 2－8，高压旁路关闭后参数见图 2－9。

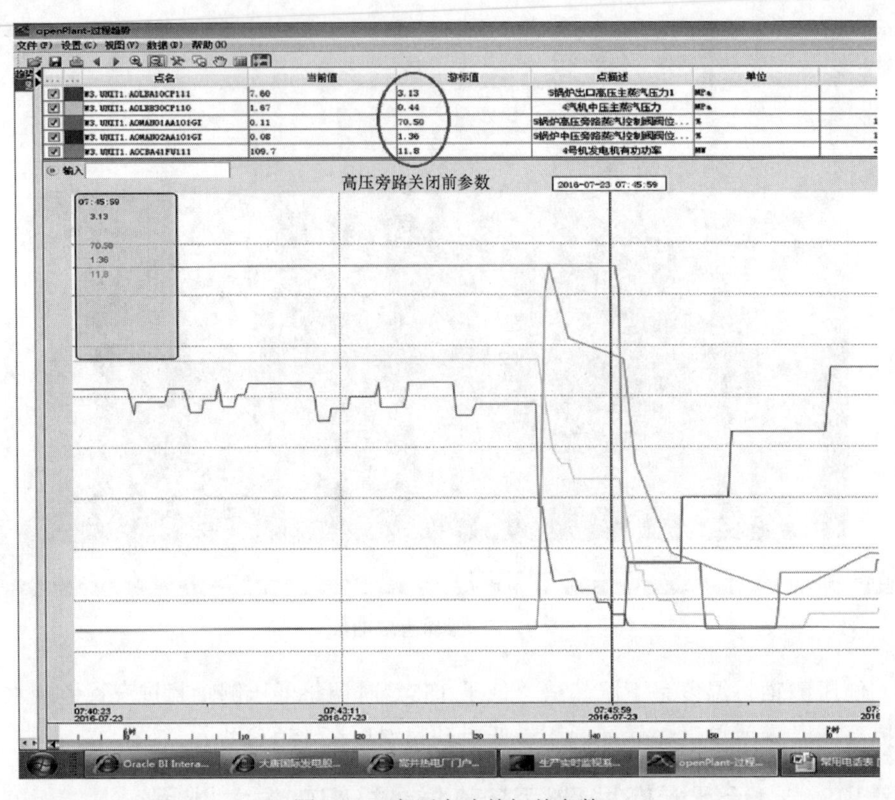

图 2－8　高压旁路关闭前参数

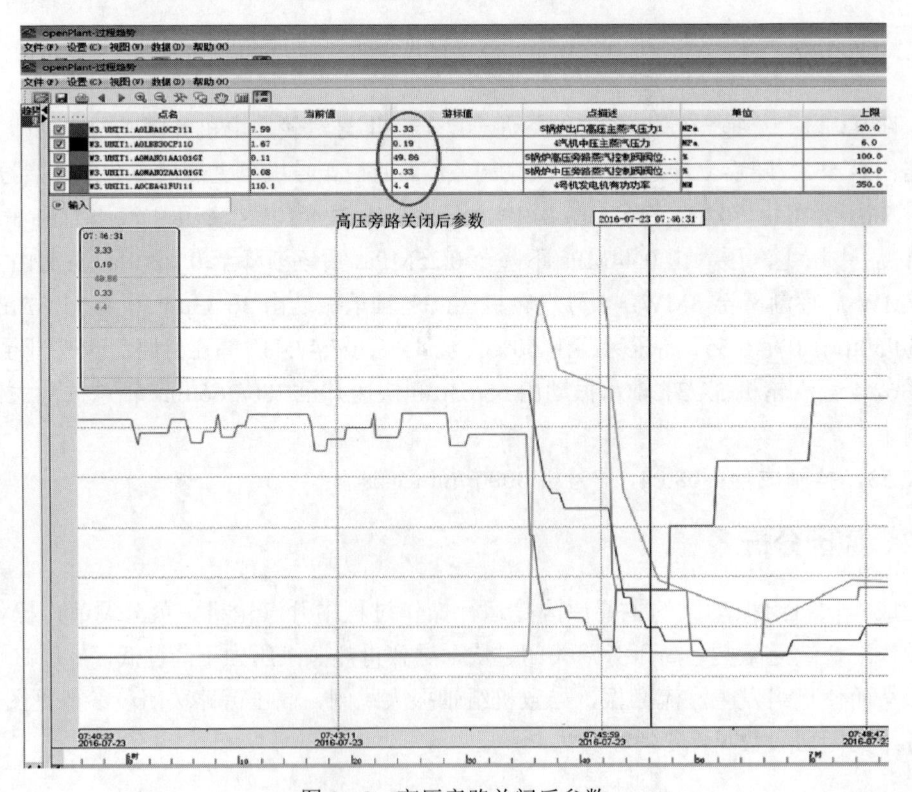

图 2－9　高压旁路关闭后参数

三、防范措施

（1）机组启动过程中，在汽轮发电机并网开主汽调门前，将高压旁路解除自动，进行手动维持不变，中压旁路保持自动回收；在高压调节门明显开大时再酌情投入高压旁路自动回收，同时加强对再热蒸汽压力及汽轮机负荷的监视。

（2）操作中加强配合，有任何操作都要告知相关人员。

（3）操作中发现异常问题及时汇报。

案例 109　瓦轴振动及乌金温度持续上升导致机组停机

一、事件经过

2017 年 11 月 12 日，某电厂“二拖一”机组以“一拖一”（1 号燃气轮机+3 号汽轮机）方式运行，两台机组总负荷为 415MW，供热抽汽流量为 186t/h。

10:40 左右，接到热调电话，因其他电厂设备故障，需该电厂提高供热量，需启动 2 号燃气轮机。11:40，2 号燃气轮机启动；12:15，2 号燃气轮发电机并网；14:27，2 号余热锅炉并汽完成。15:00:51，1 号燃气轮机组负荷为 230.5MW、2 号燃气轮机组负荷为 81.3MW，供热抽汽量由 249.7t/h 在 16min 后涨至 349.3t/h，3、4、5、6 号瓦轴振开始缓慢上升。16:05:55，6*X* 振幅由 94.3μm 上升至 119.9μm，5*X* 振幅由 43.4μm 上升至 61.8μm，4*X* 振幅由 41.6μm 上升至 52.3μm。采取了降低 1 号燃气轮机 60MW 负荷、减少供热抽汽量 134.4t/h 的措施仍不能得到控制，4、5、6 号瓦轴承振动及 6 号瓦乌金温度持续快速增长。17:21:53，6 瓦乌金温度上涨至 82℃、6*X* 振幅上升至 253μm，3 号机组被迫打闸停机。

13 日处理完成后 2、3 号机组并网。14 日 06:43，1 号机组并网，机组运行稳定。

二、原因分析

（1）直接原因。某热电厂 3 号机组自 2014 年 6 月投产以来轴系非常敏感，其中 6 号瓦乌金温度或轴承振动突变问题长期存在。2015 年 3 号机组大修中制造厂对轴系载荷进行了重新调整，通过增加 6 号瓦载荷的方法抑制 6 号瓦轴振异常，但 6 号瓦乌金温度异常或烧瓦问题随之而来，出现了停机就必须换瓦的现象。2017 年 9—10 月的小修中按照制造厂的改造方案，在原轴瓦结构尺寸不变基础上加装顶轴油的改进方案，以避免 6 号瓦在转子低速过程中的乌金磨损问题，但在修后机组第一次启动至 2100r/min 暖机过程中，6 号瓦乌金便烧损，再次使用原结构尺寸轴瓦。

通过现场对 6 号瓦的解体检查，初步分析原因如下：

3 号机组为哈尔滨汽轮机厂首台 LNCB（三压、再热、双缸、冲动、抽汽、背压、凝汽式）机组，6 号瓦为盘车小轴轴承，设计为轻载轴承，处于低压转子延长轴端头，鞭梢效应明显。但在实际载荷分配时，制造厂要求 6 号瓦载荷控制在 3800kg，比压达到了 2.12MPa，超出了常规轴瓦合金设计比压。从最近几次载荷调整情况看，6 号瓦载荷小于或等于 3500kg 时，轴承振动就会超标且持续上升。

轴瓦宽径比达到了 0.7，导致轴瓦润滑油的流量减少，摩擦发热加剧，进而润滑油温上升，黏度下降，油膜减薄，乌金磨损加剧，这也是多次烧瓦的主要原因之一。

综上所述，由于制造厂设计与实际偏差大，6 号瓦轴承设计存在结构、比压等不合理，是导致本次 3 号机组非停的直接原因。

（2）间接原因。制造厂工程技术人员通过对 9 月小修中 6 瓦小轴拆装过程中的情况了解，对照小轴对轮装配技术要求分析认为：6 瓦小轴对轮止口设计装配应有 0.03mm 的紧力，而在小修中拆、装时对轮止口无过盈紧力。虽然在近几次检修中检查小轴晃度及螺栓紧力无明显超标，但仍存在小轴对轮在运行中承受交变载荷时发生松动位移的可能性，并与 6 号瓦轴振曲线表现出的锯齿状波动和持续变化特性相符。通过查阅机组在线振动监测系统和相关参数历史曲线，12 日 14:23:31—14:39:25 低压轴封供汽压力由 38.6kPa 快速下降到 22.2kPa。对应时间点 4、5 号瓦轴振变化先于 6 号瓦轴振变化，且相位存在 50°～60° 变化，分析低压缸汽封存在碰磨，是导致此次机组振动失稳的间接原因。

三、防范措施

（1）立即给制造厂发送厂传真，要求其针对 3 号机组现存在问题成立专题研究组，明确负责人和完成时间，并将初步改造方案向公司相关领导及聘请的专家进行汇报，并确定最终的改造方案。

（2）加强运行人员操作精细化管理，针对目前 6 号瓦存在的隐患制定防范措施，并举一反三开展隐患排查和治理工作，对不能及时消除的缺陷和隐患采取针对性防范措施。对低压主蒸汽的调整方式进行梳理，确保自动投入，尽量减少人为操作。

（3）通过对近期 6 号瓦载荷进行统计分析，载荷应控制在 3700～3800kg，并应准备出必要的备件，做到逢停必查。

（4）在 6 号瓦下瓦两侧对口以下手工修刮楔形油囊，长度为 80mm、深度为 0.07～0.30mm，呈梯度分布，保持挡油侧不变。

（5）尽快将 3 号机组切到背压供热运行方式，防止 6 瓦异常对机组运行的影响。

案例 110　低压排汽温度高导致停机

一、事件经过

2008 年 2 月 21 日 11:42，某电厂 1 号燃气轮机启动过程中运行人员发现余热炉汽包间有蒸汽排放，派人就地检查；为防止发生人身伤害，12:04，从 DCS 上将高压及再热蒸汽启动排汽电动门由自动调整至手动，并关闭；12:04，机组并网；12:18，低压排汽温度高 80℃报警；12:20，低压排汽温度高达 120℃，保护动作，燃气轮机解列。后查明，汽包间漏汽原因为高压过热蒸汽减温水排空气门关闭不严。

二、原因分析

运行人员将高压及再热蒸汽启动排汽电动门由自动调整至手动并关闭，导致主蒸汽压力升高，高、中压主蒸汽旁路门开大，大量高温蒸汽及空气快速进入凝汽器，凝汽器排汽温度升高，达到保护定值，机组跳闸。启动前操作高压过热蒸汽减温水排空气门未关严，造成汽包间泄漏蒸汽。巡检人员在不能查明原因的情况下未能及时与控制室进行联系。单元长在现场存在安全隐患的情况下进行机组并网操作。

三、防范措施

（1）增强运行人员操作责任心，做到操作到位。

（2）加强技术培训，生产人员应熟悉控制系统的逻辑关系，对于投入自动的设备，无特殊原因，不得随意解除自动，手动干预系统正常调节。

（3）规范工作流程，认真执行“两票三制”，对设备的检查、操作到位；提高运行值班员的运行经验和事故处理能力；对存在隐患的设备、异常工况先消除，再进行下一步工作。

案例 111　中压主汽门泄漏导致停机

一、事件经过

2010 年 2 月 24 日，某电厂机组“一拖一”运行，AGC 投入，总负荷为 360MW；1 号燃气轮机停运、2 号燃气轮机负荷为 253MW、3 号汽轮机负荷为 107MW。06:00，1 号燃气轮机启动并网，当机组总负荷升至 600MW、汽轮机负荷为 190MW 时，汽轮机中压主蒸汽压力由 1.2MPa 升至 2.1MPa（机组正常运行时，再热主蒸汽压力在 2.2～2.5MPa 之间），运行巡检发现 3 号汽轮机右侧中压主汽阀保温吹破，并伴有刺耳的漏汽声。

经过检修人员现场检查，确认为右侧中压主汽阀顶盖法兰处蒸汽外漏。泄漏状况比较严重，无法进一步拆除保温进行确认，汇报调度。2 月 25 日 01:30，接调度令机组停运。

二、原因分析

停机冷却后对中压主汽门进行解体过程中发现阀盖连接螺栓紧固程度不够。解体检查后，未发现阀体有裂纹、砂眼、沟槽等缺陷。但是，密封垫片因成形时石墨与钢芯挤压不好，致使在厂家装配时，存在石墨掉落现象，经过一段时间运行后，蒸汽从缺陷处漏出，最终将大量石墨吹出，导致泄漏量增大（见图 2－10 和图 2－11）。

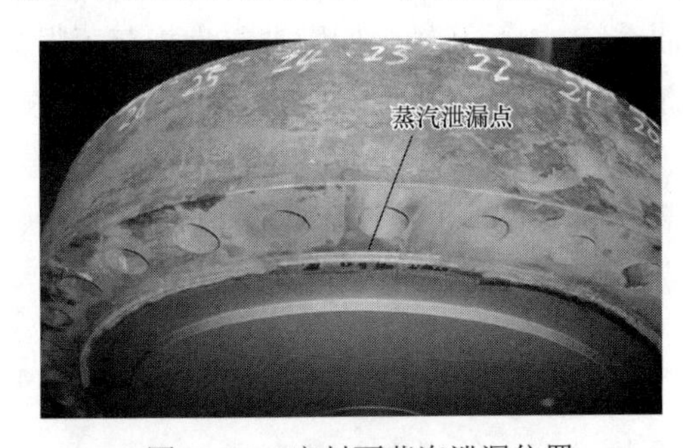

图 2－10　密封面蒸汽泄漏位置

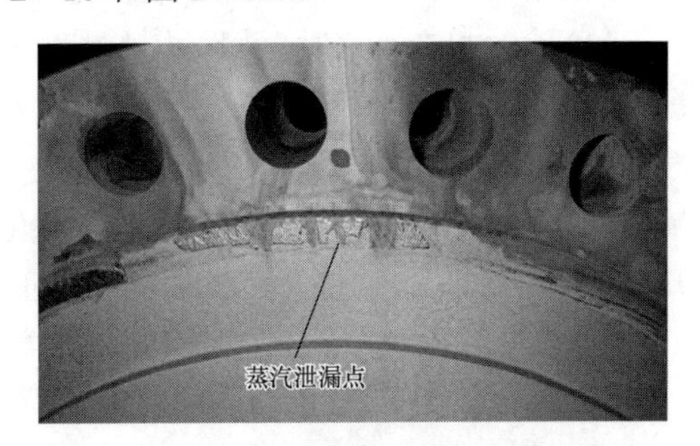

图 2－11　密封面局部位置出现了漏汽冲刷的痕迹

根据故障检查结果，本次故障阀盖泄漏的原因是由于密封垫质量存在缺陷，长期运行后损坏，导致泄漏。

三、防范措施

（1）选择并更换设计更加合理，质量更好的密封垫。

（2）利用机组检修的机会，对高温高压阀门的螺栓紧力进行检查，必要时进行热紧，同时对同类型密封垫进行排查。

（3）加强安装或检修后设备质量验收，严把质量关。

（4）加强设备维护管理，在计划检修安排中要对重要阀门密封进行检查。

（5）加强密封件备件台账管理，避免材料和等级使用错误，与物资部门一同做好密封垫采购质量控制，确保不因密封垫质量问题发生事故。

案例 112 轴承振动大保护动作导致停机

一、事件经过

2010 年 4 月 13 日，某电厂 1、3 号机组纯凝工况运行，总负荷为 350MW，1 号燃气轮机组负荷为 231MW，3 号汽轮机组负荷为 119MW，AGC 投入。10:50，3 号机组突然跳闸，联跳 1 号燃气轮机，跳闸原因为 1 号瓦轴承振动大保护动作。

二、原因分析

故障发生后，经过分析，认为本次故障停机的原因如下：

（1）汽轮机在设计制造上存在缺陷，安装后 1 号瓦一直振动大，多次经过电科院、设备制造厂及其他专家分析，加配重处理后，振动相对稳定，但仍偏大（130μm），振动随供热抽汽的增大而降低，机组退出热网后，在负荷等其他扰动影响下，振动不稳定等是本次故障的根本原因。

（2）机组调试过程中，余热锅炉低压补汽与中压缸排汽温差大，按照厂家说明书要求无法投运。经与电科院讨论、制造厂同意后将低压补气投入条件温差 42℃改为 80℃，投入低压补气。机组启动后，负荷为 350MW 时投入低压补汽，低温的低压补汽引发汽轮机中压外缸膨胀不均匀，造成 1 号瓦振动大跳机。

（3）汽轮机在小修时，为防止轴封蒸汽进入油系统，1 号瓦轴封间隙调整为规范下限。1、2 号瓦新加轴封体阻汽片、1 号轴承箱外新增油挡阻汽片。以上工作在其他诱因下引发汽轮机振动大。

（4）燃气轮机的热工逻辑设置有待优化。汽轮机跳机后，主蒸汽压力未上升到旁路快开压力值，旁路 2s 未快开，联跳燃气轮机，逻辑不合理。

三、防范措施

（1）继续联系电科院、制造厂探讨研究 1 号瓦振动偏大的解决方案。

（2）拆除技改加装的辅助油挡，避免机组碰磨振动的可能性。

（3）查找并处理低压补气温差测点不正常的问题，主要排查是否存在汽缸夹层、平衡孔漏气导致中压排气温度不正常升高的原因和其他原因。

（4）讨论优化燃气轮机跳闸逻辑，在保证机组安全的条件下，汽轮机跳闸后，燃气轮机能够继续运行。

（5）参照厂家说明书、总结运行经验，制定低压补气的投运规范，补充和完善《运行规程》。

（6）完善设备异动管理规定，并严格执行。

案例 113 汽轮机振动测量卡件故障导致停机

一、事件经过

2010 年 11 月 12 日 10 时，某电厂 1、2 号燃气轮机拖 3 号汽轮机带供热稳定运行，机组总负荷为 729.52MW，1 号燃气轮机组负荷为 247.19MW，2 号燃气轮机组负荷为 247.06MW，3 号汽轮机组负荷为 240.4MW，热网热负荷为 300GJ/h。10:15:48，3 号汽轮机突然跳闸，1、2 号燃气轮机联跳。

机组跳闸后，运行人员对机组进行检查，汽轮机全部汽门关闭，转速下降，运行人员对汽轮机进行破坏真空停机（公司根据 2010 年 10 月汽轮机检修后高速动平衡试验中不破坏真空正常停机过临界时汽轮机 1 号瓦和 2 号瓦轴振值超出跳闸值 250μm，为防止发生设备损坏事件规定），汽轮机交流润滑油泵、顶轴油泵联启正常，汽轮机过临界转速区域后恢复真空。10:38，1、2 号燃气轮机惰走至 35r/min，盘车投入。10:50，汽轮机转速惰走至 0，投入盘车。

二、原因分析

机组跳闸后检查发现，ETS（汽轮机危急遮断系统）振动大跳闸报警灯闪烁，EH 油压低、真空低、燃气轮机跳闸报警灯常亮，确认报警首出是振动大跳闸。检查汽轮机振动历史曲线，跳闸前两分钟时间段内汽轮机最大振动 180μm，没有任一振动探头达到跳机值，见图 2-12。

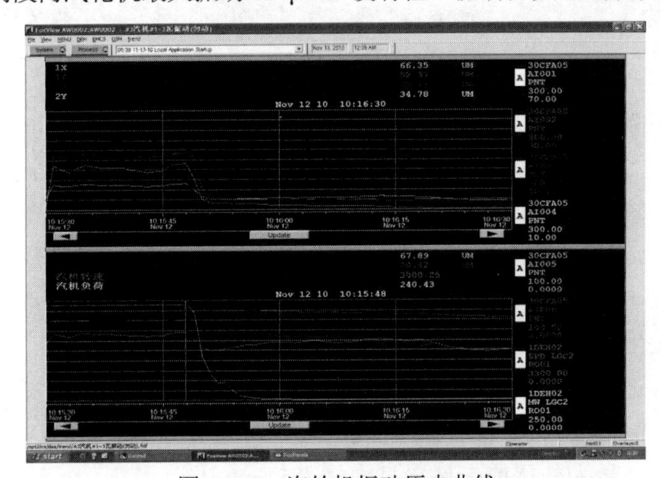

图 2-12 汽轮机振动历史曲线

检查汽轮机TSI（汽轮机安全监测系统）事件记录，仅振动测量卡5号卡2号通道有alarm（报警）输出，继电器输出卡11号卡2号通道有跳机输出，持续600ms后自动恢复（注：汽轮机振动逻辑为同一轴上的振动报警值和振动跳机值同时到达延时1s后保护动作。例如，5号测量振动卡的1号通道为1*X*探头输入，2号通道为1*Y*振动探头输入，当且仅当1*X*发出alarm且1*Y*发出danger时或1*X*发出danger且1*Y*发出alarm时继电器输出卡才会输出跳机信号）。

据TSI系统事件记录器记录，跳闸前5号卡的两个通道均到达了报警值，但均未到达跳机值，不构成保护动作条件。但TSI振动大跳机输出卡件在振动没有满足跳机条件的情况下输出了跳机信号持续时间仅为600ms的脉冲信号，此信号直接通过硬接线发出跳机指令，但因为此动作属于非正常动作（正常振动保护动作后会进行自保持，输出长指令），且测量卡件并未发出跳机逻辑，所以此次跳机的直接原因为振动大保护误动。跳机期间事件记录见图2－13。图中灰色选中的事件为跳机信号发出的记录。

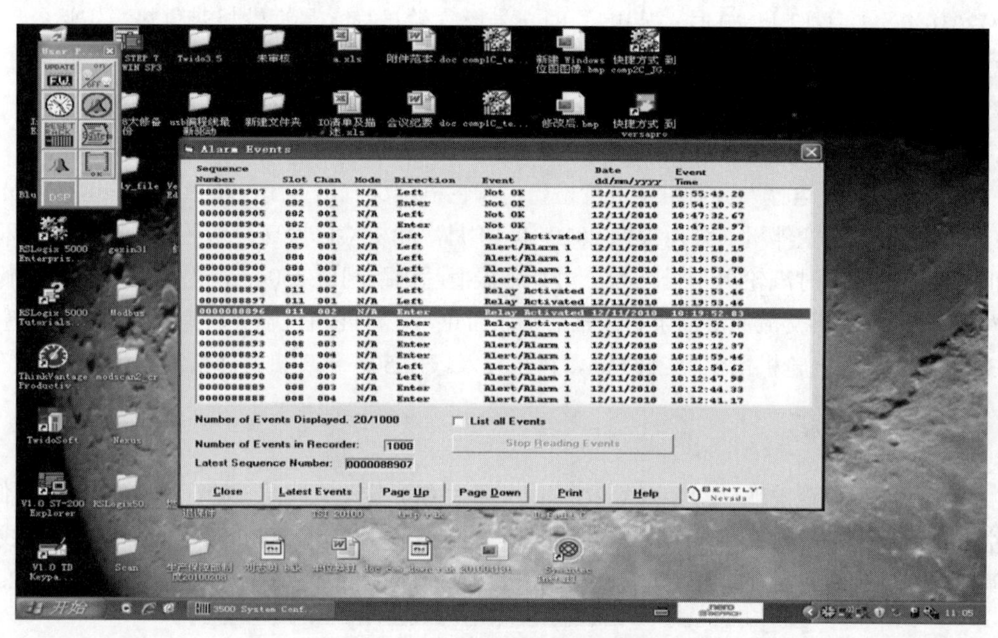

图2－13　跳机期间事件记录

检查TSI振动跳机组态逻辑，1～6号瓦振动保护均为同一瓦上的*X*向达到报警且*Y*向达到250μm或*Y*向达到报警且*X*向达到250μm延时1s发出振动大跳机指令；确认逻辑组态正确，排除逻辑因素。

检查TSI事件记录，未见发出轴振danger报警信号，TSI振动测量卡件状态均正常，无故障报警，调取DCS轴振曲线，最大轴振1瓦*X*/*Y*向均未超过跳机定值。由此排除跳机信号由测量卡发出的可能性。

检查TSI事件记录，轴承振动大继电器输出卡于10:15:48发出跳机信号，600ms后自动恢复，可以确认该信号为导致跳机的直接原因，因测量卡件未发出信号，故判断振动大继电器输出卡输出信号为外扰或卡件自身内扰引起。

调取事发前 15min 电子间录像，确认跳机前电子间无无线通信设备使用，且 TSI 机柜附近无人工作，排除外扰因素。

跳机后更换振动输出卡件并做如下试验：使用信号发生器模拟振动大保护。试验结果表明，第一次当模拟信号不足 1s 时，测量卡件振动大跳机信号及振动大跳机输出信号均未触发。第二次当模拟信号超出 1s 后，1*X*/1*Y* 发 alarm1 及 alarm2 报警，即测量卡件输出跳机信号，同时输出卡件发出跳机指令，且不能自动复位。对比跳机事件记录及传动试验记录，可得出结论，跳机原因为振动大输出卡件自身故障引发。

TSI 振动大保护触发后必须手动才可复位，而引发跳机信号为自动复位。综合试验结果，可判断跳机原因为振动输出卡件自身故障引发。

三、防范措施

（1）更换跳机输出卡件及同类型卡件共 3 个，模拟保护动作条件，检查新卡件动作情况，确认新卡件工作正常。

（2）将同一瓦 *X* 和 *Y* 两个方向的轴承振动保护分别由两个卡件控制，防止因卡件故障造成保护误动。

（3）与厂家积极沟通，同时调研其他厂家，研究 TSI 单卡损坏防误动的措施。

（4）制定更为完善的试验措施，强化对此类卡件的试验及检查。

（5）热工人员加强对 TSI 卡件及类似设备的培训。

案例 114　中压旁路阀动作异常引发汽包水位波动

一、事件经过

2008 年 2 月 26 日，2 号机组启动过程中，中压旁路阀动作异常，在汽轮机进汽前该阀开度突然由 16%开到 59%，当班人员立即将中压旁路切至手动操作，调整中压主蒸汽压力，限制了中压汽包水位的波动幅度，避免了机组可能因中压汽包水位高而跳机。

2010 年 12 月 3 日 06:45，2 号机组 78MW 暖机，由于汽轮机中压旁路阀开启速度明显异常变慢，导致中压汽包水位异常波动，两分钟内中压汽包水位从－144mm 上升到＋163mm（已接近跳机值＋200mm），立即开启中压汽包各疏放水阀，手动将中压旁路阀全关，调节汽包水位等参数至正常值，并继续手动操作中压旁路，直至启机完成。停机时中压旁路自动动作正常，需要进一步观察处理。

二、原因分析

根据现场检查情况分析，2008 年故障原因为中压旁路阀存在轻微卡涩，2010 年故障原因为中压旁路阀的定位器故障。

三、防范措施

当中压旁路阀动作异常时，应立即切至手动控制。而且很多时候是由于高压旁路阀的突然开、关导致中压旁路阀突然动作，这种情况下也需要将高压旁路阀切至手动操作。避免中压汽包水位剧烈波动，导致跳机。

案例 115 过滤器失效导致控制油泵电流异常

一、事件经过

2010 年 3 月 21 日，某电厂 3 号机组更换控制油泵 A、B 出口滤网后启动，A 泵运行电流为 43A，B 泵运行电流为 45A，均较之前大 7A 左右，且 A 泵出口压力同前几天比也有下降趋势（下降 0.4MPa 左右）。

2010 年 4 月 12 日，某电厂更换了 3 号机组控制油系统 IGV、燃烧器旁路阀、值班燃料流量控制阀和主燃料压力控制阀 A、B 的电液伺服阀，启动控制油 A 泵电流为 38A，供油压力为 11.81MPa，基本恢复到异常前的状况，但之后几天运行中电流略有增大。4 月 20 日，控制油泵电流仍逐渐增大，最高接近 50A（正常运行时为 30A 左右），5 月 1 日再次更换 IGV、燃烧器旁路阀，机组运行时电流下降至 32A 左右。

二、原因分析

经过分析，确认是由于控制油再生回路硅藻土过滤器过滤效果不好，而且长期运行硅藻土本身也会产生杂质，甚至堵塞了部分电液伺服阀，从而导致控制油泵电流增长。

三、防范措施

增加控制油再生装置，原来的硅藻土过滤器的滤芯抽出不用。

案例 116 顶轴油管接头漏油故障

一、事件经过

5 月 28 日，某电厂 4 号汽轮发电机组正常运行；08:04，运行人员发现 4 号机 3 号瓦顶轴油管接头呈雾状喷油，值长现场确认后，申请停机处理。

08:35 转速降至 1300r/min，2 号顶轴油泵自动投入，漏油量加大；08:43，润滑油箱液位开始由-63.35mm 下降；09:08，转速至 0，停运 2 号顶轴油泵，此时油位稳定在-99.91mm。维持润滑油泵运行，检修开始处理漏油。09:37，检修更换部分油管，补焊结束；投运 2 号顶轴油泵，检查不漏油，投运盘车，挠度为 10 丝；09:44，4 号机组启动后升至满负荷，检查发现 3 号瓦顶轴油管振动频率高，振动大；12:34，发现 4 号机组 3 号瓦顶轴油管接头开始渗油，立即通知检修人员赶到现场，用布条固定顶轴油管，振动减小，漏油量呈线型减少，没有扩大的趋势。

二、原因分析

顶轴油管振动频率高、振动大，造成接口开裂是漏油的直接原因。

三、防范措施

加强巡视力度，固定顶轴油管，如果漏油点不能控制，作停机处理。

案例 117　循环水泵启动后倒转汽轮机真空低跳机

一、事件经过

12:10，某电厂 1 号机组负荷为 280MW，凝汽器真空为 6kPa，按机组负荷曲线准备升负荷，值长安排巡检人员去循环水泵房准备启 1B 循环水泵。

12:13，值班员远方启动 1B 循环水泵，启动 8s 后跳闸，出口液控蝶阀在全开位，显示故障，将控制方式打至“就地”均无法关闭，现场检查 1B 循环水泵有倒转现象，1 号机组循环水母管压力迅速下降，凝汽器真空下降。

12:14，紧急启动备用真空泵 A，保持两台真空泵运行，维持凝汽器真空，并通知就地巡检员采取机械泄压方式关闭 1B 循环水泵出口蝶阀，同时开启 1 号和 2 号机组联络门，启动 2A 循环水泵。

12:15，因 1B 循环水泵出口蝶阀无法关闭，循环水母管压力无法保持，凝汽器真空继续下降至跳机值，机组低真空保护动作跳闸。

12:16，机组按故障停机处理。

1 号机组跳闸后，热控值班人员立即到工程师站配合运行进行事件分析，检修人员 12:30 到达循环水泵房，运行人员已在现场进行阀门关闭操作，发现 1B 循环水泵液控蝶阀油压在 4.8MPa 左右，阀门开度在 25%左右，关信号指示灯亮，现场检查未发现漏油等异常；询问运行人员已经采取措施（手动操作泄油电磁阀泄压），但压力在 4.8MPa 未能继续下降，检修人员建议运行人员重新开启液控蝶阀，阀门全开后远方仍无法关闭，检修人员手动操作泄油电磁阀泄压，将泄油电磁阀手动装置操作到位，压力将至“0”后松开泄油电磁阀手动装置，阀门全关到“0%”，就地检查发现液控蝶阀关信号限位开关摆臂处有油漆，用手活动开关摆臂，发现摆臂油漆粘连，动作不灵活，反复多次活动后，再次开启 1B 循环水泵液控蝶阀，开启正常，关信号指示灯熄灭，然后关闭阀门正常。发现液控蝶阀 15°开关量信号也有粘连不灵活现象，要求检修人员对其他循环水泵液控蝶阀开关进行全面检查，并对有油漆的限位开关进行拆卸清洗。

二、原因分析

7 月 29 日，检修人员将 1B 循环水泵液控蝶阀关限位开关拆除，进行解行检查和分析。该限位开关型号为欧姆龙 D4N－212G，防护等级为 IP67，一开一闭，限位开关回路接入为开触点。

当蝶阀关闭过程中，拐臂滑轮与液控蝶阀关限位撞块接触后，拐臂向下动作，动合触点闭合导通，发阀门“关”信号，当阀门开启时，阀门撞块向上移动，拐臂释放，动合触点断开，阀门“关”信号释放（见图 2－14）。限位开关拐臂通过塑料转轴（见图 2－15）

与内部接点机构连接，通过解体和反复旋转试验，机构旋转灵活，没有卡涩情况。

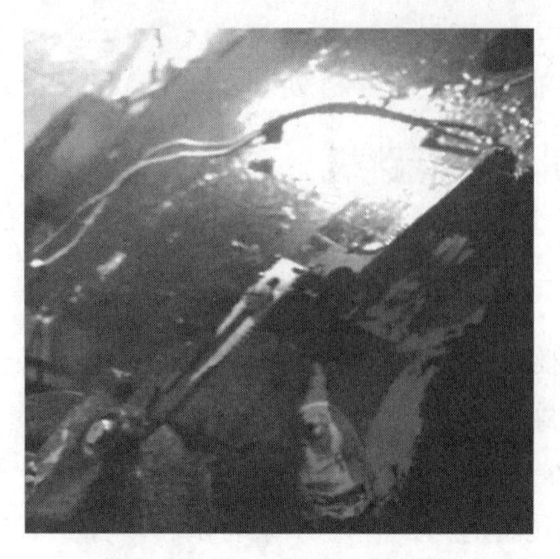

图 2－14　开关就地装配图

图 2－15　塑料转轴

检查人员对限位开关外观进行检查时，发现拐臂与开关本体均有黑色油漆，经过调查，在油漆施工作业时，没有采取防护措施，误刷上去的，由于拐臂与开关本体间隙很小，约1mm，施工人员将油漆刷上后，由于油漆有黏性，将拐臂和限位开关本体粘连在一起，造成机构卡涩，见图 2－16 和图 2－17。

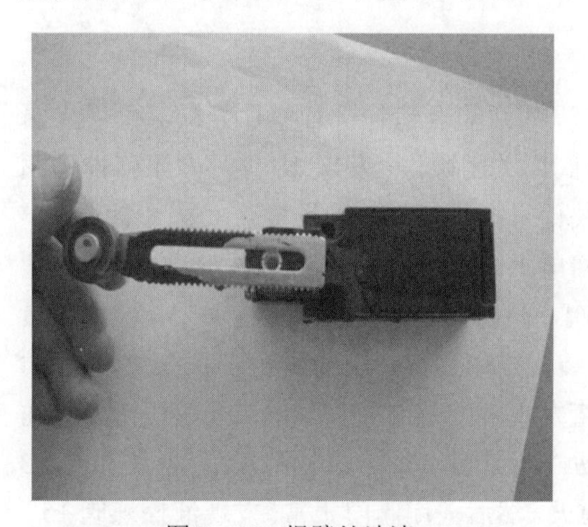

图 2－16　拐臂处油漆

图 2－17　旋转部分油漆

油漆防腐单位在进行循环水泵房管道和构架防腐作业时，没有执行点检人员工作安排和要求，擅自扩大工作范围，违规对 1B 循环水泵蝶阀控制系统和机构进行油漆防腐，误将油漆刷到蝶阀关限位开关的拐臂上，当液控蝶阀开至 32%时，由于机构卡涩，液控蝶阀“关”位信号一直存在，当循环水泵启动后，关位信号一直存在并延时 8s，触发循环水泵跳闸。由于阀门信号在关位，从而闭锁发出液控蝶阀关闭指令，液控蝶阀保持在 100%位置，循环水从 1B 管线倒流，导致循环水母管压力无法保持，是造成机组真空低跳闸的直接原因。

三、防范措施

（1）设备部需加强对外委单位的监督管理，相关专业在做防腐刷漆工作时，应加强对现场工作内容的交底和工作过程的监督检查，不能油漆部位要进行隔离，工作结束后及时验收。举一反三，对全厂进行一次全面排查，特别是执行机构和限位开关上有油漆防腐工作的要作为重点检查项目，预防类似事件的发生。

（2）设备部应对全厂设备执行机构和限位开关防护罩进行全面检查，及时恢复安装防护罩，防止误动限位开关发生类似事件。

（3）热控专业要进行认真分析、总结，从逻辑上做好优化提升的措施方案，在液控蝶阀相关信号故障的情况下，可在就地操作面板上进行手动关闭，或就地手动操作电磁阀，或采用手动泄压关闭蝶阀，并做好现场标示，提示运行人员采取机械泄压方式关闭循环水泵出口蝶阀。

（4）做好设备定期工作的管理，机组停运时间超过7天后启动，要对关键设备和阀门进行一次传动试验，确保机组设备处于可靠备用状态。

案例118　燃气轮机冷态启动低真空跳机

一、事件经过

2010年7月9日06:47:04，某电厂发启机令；06:56:40，手动开启低压过热器出口电动隔离阀、高压过热器出口电动隔离阀、中压过热器出口电动隔离阀；06:59:19，点火；07:11:02，3号机组真空由–94kPa缓慢降至–90kPa，增启备用真空泵，派巡检人员到就地检查，真空泵工作水温为37℃，当时判定凝汽器到真空泵冷却水管道堵塞，启冷海水升压泵，将冷却水切换到冷海水，发现真空继续下降；07:10:53，中压和低压旁路阀均在手动位，为了确保旁路阀开关正常，07:11:02将中压旁路开7%，07:11:03将低压开9%，考虑机组旁路阀均处于实际压力跟踪模式，07:12:19将中压旁路投自动，07:12:24将低压旁路投自动；07:12:13，再热蒸汽电动阀自动开启；07:13:10，手动开启再热蒸汽向空排气；07:23:50，辅助蒸汽压力（由2号机组提供）已降至0.75MPa，3号机组低压缸冷却蒸汽压力为0.06MPa，怀疑低压缸冷却蒸汽安全阀动作（07:23:40低压缸冷却蒸汽调节阀后压力最高为0.85MPa，动作），未回座，派人就地检查并手动压低压缸冷却蒸汽安全阀重锤。07:25:29，机组真空急剧下降至–74kPa，机组低真空跳机。

二、原因分析

经检查历史曲线，在并网时，控制系统TCS报“OPCACTUATED、GT HOUSE LOAD OPERATION”，中压旁路阀自动开启，最大开度到67%；低压旁路阀自动开启，最大开度到30%，大量的空气通过再热对空排汽阀吸入凝汽器，导致机组低真空跳机。

三、防范措施

（1）冷态启机时，为了防止中、低压旁路阀突然开启，最好打在手动位置。

（2）对机组孤岛运行什么时候出现没有充分认识，相关专业编写机组出现孤岛的相关技术说明。

（3）鉴于机组冷态启机情况较少，编写下发冷态启机注意事项的技术说明。

案例 119　机力冷却塔风机叶片损坏

一、事件经过

2009 年 7 月 23 日，1、3 号机组运行，总负荷为 290MW，供热负荷为 80GJ，机组 AGC 投入。08:13，监盘人员发现，8 号机力通风塔风机电流从 270A 降至 83A，立即派巡检员就地检查。检查发现循环水 PC（电源中心）间 8 号机力通风塔风机开关处电流约为 87A，判断为电动机空载，怀疑电动机与风机轴系脱开；08:25，停运该风机。

08:30，专业人员进入 8 号风机内部检查发现，风机的 3 片叶片有不同程度损坏，有 2 片已经掉落在收水器上，其中一片叶片在距叶根固定件 20mm 处折断，另一片叶片固定件螺栓折断，固定件螺栓为新口，整片叶片掉落在落水板上；现场另有一片叶片从中间部位裂开，搭落在传动轴上；风机传动轴在风机外护板处被叶片刮损断裂，减速箱钢管油管路遭到撞击后发生弯曲，在与齿轮箱连接处开缝，齿轮箱中润滑油外漏，污染了下部的支撑梁面和落水板；在 SIS 系统上查得，该风机于 08:02 电流突然下降到空载电流运行，风机轴承振动由 8mm/s 突然上升到 19mm/s 后瞬时降到 0，08:25 停运，电动机电流和振动在 08:02 前无大幅波动现象。

二、原因分析

8 号风机第一片叶片（序号 31A）的 U 形固定螺栓发生疲劳断裂，叶片脱落，并将另外两片叶片（按转动方向顺序，序号分别为 32A、33B）损坏，损坏的叶片变形将传动轴刮损，减速箱油管路遭到撞击后弯曲，减速箱漏油。

三、防范措施

（1）增加机力通风塔所有风机叶片 U 形螺栓固定并帽，增加止退垫片，防止螺栓运行中松动。

（2）严格执行风机叶片固定 U 形螺栓的检查周期，定期进行检查，防止螺栓松动。

（3）检查 8 号风机叶片固定座下齿轮箱，并更换紧固固定螺栓，确保工作正常。

（4）清理漏油污染的梁面和落水板，排除火灾隐患。

（5）运行人员认真监盘，及时发现并处理转机的异常情况。

案例 120　阀门不严导致 D11 型汽轮机停机后中压缸下缸温度大幅下降

一、事件经过

某电厂在汽轮发电机组解列停机后，连续多次出现中压缸下缸温度大幅度下降的异常现象，下降幅度最大达 200℃，同时中压缸下缸左右两个进汽导管上的测点温差也达到 111℃。

D11 型汽轮机中压缸的 2 路进汽导管布置在中分面下部，中压缸下缸的温度测点安装在进汽导管上，上缸的温度测点则安装在中压缸本体的上部。中压缸的两个再热联合汽阀均设有阀前和阀后疏水，在汽轮机低负荷时自动打开进行疏水，D11 型汽轮机热力系统图见图 2-18。

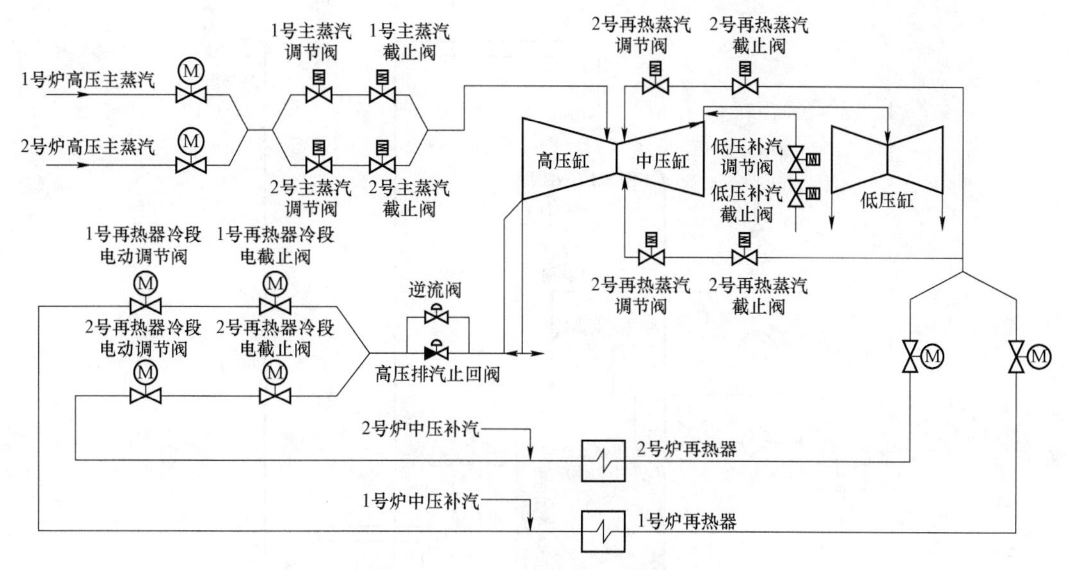

图 2-18　D11 型汽轮机热力系统图

二、原因分析

检查中压缸上、下缸温度测点未发现异常，也排除了再热联合汽阀内漏及通过阀杆汽封漏入空气的可能。

由于问题都是在汽轮机解列停机后出现，由此可以推断汽轮机解列停机后，蒸汽断流，再热联合汽阀阀后管道处于无压或真空状态。冷源来自再热联合汽阀阀后，而 D11 型汽轮机本体没有抽汽和外接疏水管路。因此，推断再热联合汽阀阀后疏水管路存在问题的可能性最大。

机组正常运行期间，再热联合汽阀阀后疏水至本体扩容器的管道曾经多次发生振动，且疏水管路温度偏高，由此可以判断该疏水管路的阀门存在内漏。

本体扩容器用于接纳汽轮机房内高、中、低压蒸汽管路及高、中、低压联合汽阀阀座前后的疏水，其中高、中压蒸汽管道疏水集管和扩容器本体接有减温水，见图 2-19。通常情况下，本体扩容器内的液位应维持在一个相对稳定的正常高度，由于本体扩容器没有安装液位计，无法监视其液位高低。

基于上述系统结构和分析，初步判断本体扩容器内液位偏高，积水经内漏阀门倒流至再热联合汽阀阀后疏水管路。由于 2 个再热联合汽阀阀后疏水管路均存在一定程度的内漏现象（疏水阀安装在 0m 层本体扩容器附近），在机组正常运行期间，该管路始终有少量蒸汽漏至本体扩容器，经与冷却水混合后，产生水击，导致管道发生间歇性振动；而当机组解列停机后，再热联合汽阀阀后的蒸汽导管失压，本体扩容器内的积水经内漏阀门反串至疏水管道，过冷度很小，而疏水管道本身温度较高，使得管道内的积水汽化并逆向流至再热联合汽阀阀后疏水接口，经中压缸进汽导管进入汽轮机。

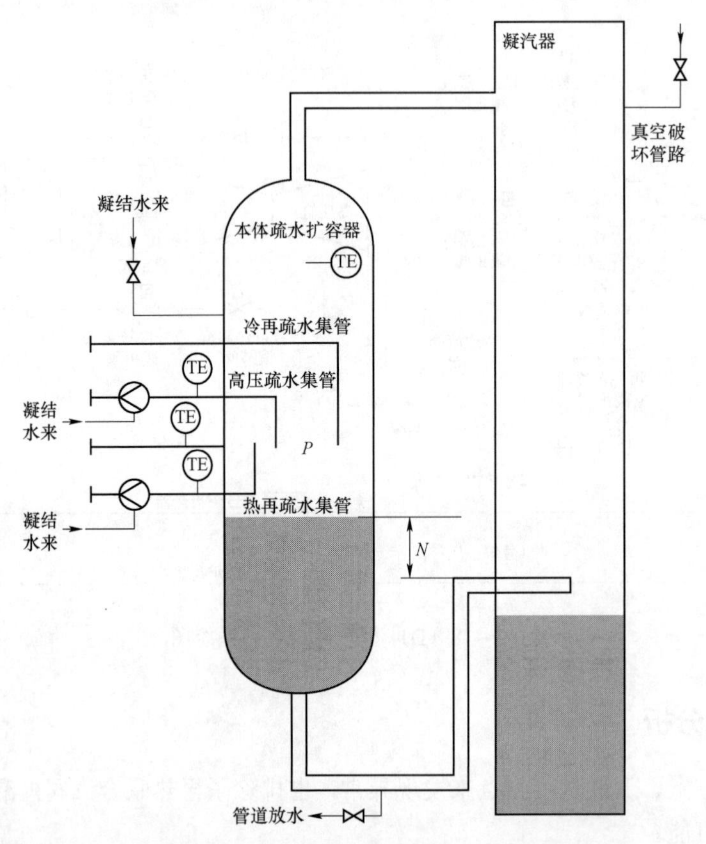

图 2–19　本体疏水扩容器系统图

本体扩容器汽侧回凝汽器接口管道的中心高出汽轮机房 6.3m 层地面，而再热联合汽阀及阀后的中压缸进汽导管则安装在 12.6m 层。

为检查本体扩容器内部水位情况，在水侧回水 U 形管低点放水接口处装设 1 根透明软管，软管另一端拉至 6.3m 层；在凝结水泵运行情况下，依次开启本体扩容器 3 路喷水阀，发现本体扩容器的水位均高出 6.3m 层地面，即使在 3 路冷却水均关闭的情况下，本体扩容器的水位也维持在 5m 以上。

综上所述，本体扩容器内部积水经再热联合汽阀阀后疏水管道加温汽化后逆流至中压缸进汽导管，是导致中压缸下缸温度大幅下降的原因。

三、防范措施

对本体扩容器的 3 路喷水隔离阀、2 路再热联合汽阀的阀后疏水阀进行更换，避免本体扩容器在高水位运行，中压缸下缸温差大的异常现象得以根除。

第三篇　余热锅炉系统

案例121　余热锅炉高压蒸发器疏水管泄漏

一、事件经过

2015年8月24日，某电厂“二拖一”机组“一拖一”（2号燃气轮机+3号汽轮机）运行。10:00，巡回检查发现2号余热锅炉模块一、模块二底部有大片积水，余热锅炉右侧模块一底部高温再热器出口、低温再热器入口疏水手动门膨胀节外部以及模块一、模块二底部余热锅炉外护板部分焊缝位置有大量水渗出，余热锅炉左侧模块两高压蒸发器定期排污管道穿墙护套保温处有水流出，经专业讨论分析为高压蒸发器疏水管泄漏。

8月28日，利用周末调停进行停机处理。停炉后，割开余热锅炉左侧高压蒸发器疏水管处炉墙保温结构，发现靠近内护板烟道内20mm位置管壁上方鼓包、开裂，长度为18mm。对其他模块进行详细检查，未发现漏点。

8月31日06:31，漏点处理完毕，2、3号机组并网，恢复运行。

二、原因分析

管道布置设计不合理，疏水管道自联箱引出后水平布置穿出余热锅炉墙烟道，存在排水不彻底隐患，可能在管内形成液态凹袋或气态空洞，加速氧腐蚀。管内局部杂质残留、管壁原始微缺陷或其他原因造成的局部凹坑、凸起，造成局部湍流或氧浓差而产生腐蚀，这是造成2号余热锅炉高压蒸发器疏水管泄漏的直接原因。

三、防范措施

（1）利用“一拖一”大修和“二拖一”停机的机会，对类似系统进行割管取样抽查，进行金相组织、化学腐蚀检验。主要包括“一拖一”机组和“二拖一”机组的高压蒸发器疏水管，中压蒸发器疏水管，低压蒸发器疏水管，高、中、低压省煤器疏水管等碳钢管道。

（2）加强与电科院的沟通，检查疏水管道坡度是否符合图纸设计要求，协商进一步的检查检验项目，必要时申请进行设备改进。

（3）针对余热锅炉结构特点开展隐患排查工作，针对问题分析和暴露问题逐项进行排查。普查阀门内漏情况，发现内漏停机时处理。

（4）加强对金属管道腐蚀问题的分析、研究和知识学习。加强化学监督和金属监督，完善监督项目；认真执行化学监督规程和锅炉运行规程，加强运行和停运锅炉的保养、防护；加强锅炉排污和放空的管理，防止空气进入。

（5）根据检查结果，分析3台余热锅炉疏水管道的安全状况。确定进一步改进方案，补充完善本厂化学监督、金属监督工作项目和运行规程。

案例122　再热器减温水管焊口泄漏

一、事件经过

2016年6月22日06:00，1号机组启动；11:50，点火燃气轮机负荷带到230MW，再热器出口压力为2.33MPa，温度为568℃。

2016年6月22日08:00，发现1号余热锅炉再热器减温水管法兰处泄漏，水从保温化妆板处喷出。随即联系检修人员并汇报值长。泄漏部位有蒸汽及热水喷出，比较严重。现场组织人员对余热锅炉0m、4m部位的电气设备进行遮挡并对现场进行安全隔离。将减温水管法兰保温拆除，发现泄漏部位为减温水管小法兰与进水管连接焊口裂纹泄漏。现场目测裂纹为管周长一半左右，泄漏处喷出大量汽水。带压堵漏单位到场后现场勘查认为焊口裂纹较大且上下法兰间距近管道直管段较短不能打卡子堵漏，表示无法处理。13:30左右，1号机负荷降至55MW，停止减温水后，泄漏部位汽水明显减少。准备利用夜间停备期间进行处理。

6月22日17:30，1号机组停备，检修办理工作票。21:40，拆开减温水管道小法兰后，两法兰片上下出现35mm左右间隙，两法兰片前后左右无明显变化。小法兰接管焊口处（接管尺寸为DN38mm×5mm）裂纹长度为6cm。取下焊口后查看，裂纹处焊道加强面不够，焊缝高度与母材平齐；裂纹处焊口内部错口1mm；管件焊接未留对口间隙，造成焊缝未焊透；现场再热器减温水管道施工与图纸不相符合，缺少一个膨胀弯；管道限位装置距离喷头座过近，影响管系膨胀。

拆除大小法兰后取下喷头，更换大小法兰间管段，增加至90mm，以消除小法兰上下影响膨胀的间隙。采取氩弧焊接后回装减温器喷头，大小法兰平面对中无偏斜，符合标准，更换密封垫片。并宏观检查拆除保温的减温水管道焊道外观，未发现问题。6月23日00:15，结束工作票，并告知值长报备用。

二、原因分析

（1）基建安装不规范，焊接质量及工艺差，焊口错口1mm，对口时未留焊接间隙，造成焊道未焊透、未融合。焊缝加强面与母材平齐，无加强面，焊口检验把关不严，未发现此问题。是此次焊口泄漏的直接原因。

（2）减温水管道未照图施工，缺少一个膨胀弯，影响管系膨胀，是此次泄漏的间接原因。

（3）现场对减温水管道材质进行光谱分析，发现小法兰垫片为 20 号钢，法兰前后管道为合金材质，管道与法兰垫片材料不一致，影响焊接质量。

三、防范措施

（1）针对减温水管法兰处焊口泄漏问题，举一反三，对 1、2、5 号炉减温水管焊口、支吊架进行排查，核对材质及焊口质量。

（2）组织开展机炉外管道隐患排查工作，制定检查检验计划。

（3）利用设备停备时对 1、2、5 号炉减温水管道按设计图纸要求进行更改，消除管系的膨胀受限问题。

（4）取消减温水小法兰采取直管焊接方式，消除泄漏点隐患。

（5）检修后的减温水喷头法兰，开机后热态复紧。防止法兰受热膨胀造成垫片处泄漏。

（6）加强人员业务基本功能力培训和思想教育，从思想上重视设备抢修的重要性。

案例 123　高压给水泵振动大导致机组停机

一、事件经过

2014 年 7 月 30 日，某电厂 1、2、3 号机“二拖一”正常运行，总出力为 450MW。09:00，升负荷过程中（1、2 号机为 205MW，3 号机为 215MW）2 号余热锅炉 1 号高压给水泵运行中跳闸，2 号备用给水泵联锁启动，但液力耦合器未自动增加负荷，给水流量仍为 0，进行手动增加；09:22，2 号余热锅炉高压汽包水位低保护动作，联跳 2 号燃气轮机。

查 DCS 曲线发现 2 号余热锅炉水位低保护动作，造成 2 号机组跳闸，余热锅炉保护首出为“高压汽包液位低－500mm”，同时发现 1 号高压给水泵已跳闸，2 号高压给水泵联启，2 号高压给水泵液力耦合器负荷在 25%位置，电流为 80A，压力为 5.88MPa，但无给水流量，给水调节门自动开到 62.8%，解列给水自动，手动关至 52%，手动加 2 号高压给水泵液力耦合器负荷，每次 5%，当液力耦合器开度从 25%升至 43%时，出口压力升至 10.06MPa，流量由 66t/h 涨至 400t/h。查给水系统及高压给水泵，发现 1 号高压给水泵运行状态为黄色（正常状态运行为红色，停止为绿色），2 号高压给水泵为红色运行状态，1 号高压给水泵保护首出为“高压给水泵振动大跳闸”。

当日 12:11，2 号燃气轮机并网运行。

二、原因分析

1 号高压给水泵跳闸后，热工人员调取 1 号高压给水泵驱动端、非驱动端 X、Y 向 4 点振动值，发现只有驱动端 X 向振动发生突变，其他 3 点振动未发生异常变化，从曲线上看测量值变化异常且突变，排除给水泵实际振动大的可能，到就地检查测量线路、前置器、探头、延长缆及端子箱均未发现问题，到 DCS 电子间给水泵振动柜检查发现驱动端 X 向振动信号屏蔽地线松动，导致测量不稳定，数值发生突变引起给水泵跳闸，现已将屏蔽地线紧固。

经检查历史曲线，2014年7月30日09:19:44，1号高压给水泵驱动端*X*向振动由0.02mm突增至19.66mm，驱动端*Y*向振动及非驱动端*X*、*Y*向振动均无明显变化，在高压给水泵保护逻辑中振动保护为单点保护，即任一点振动大于0.1mm都会引起给水泵跳闸；09:19:45，1号高压给水泵因振动大跳闸；09:19:46，2号高压给水泵联启，此时高压汽包液位为+47.95mm，但2号高压给水泵联启后汽包液位一直呈下降趋势，直至液位低于－500mm，2号余热锅炉保护动作。

正常运行时高压汽包液位通过给水调节门自动调整，当汽包实际水位与设定水位有偏差时，给水调节门自动开大或关小以维持汽包水位，而给水管道的压力则通过高压给水泵自动进行调节，给水泵自动根据给水泵出口母管压力与高压汽包压力的差值进行调节，通过调节液力耦合器勺管的位置来改变高压给水泵的转速，从而达到调节给水压力的目的。1号高压给水泵跳闸、2号高压给水泵联锁启动后，给水自动调节门由43%开至62%，但高压给水流量直线下降，由241t/h（09:19:46）降至0t/h（09:19:48），因此，流量突降逻辑判断为品质点坏，高压给水自动调节跳手动，之后给水调节门一直保持62%开度。

通过曲线分析2号高压给水泵联启后勺管位置从初始15%（09:19:49）先下降至0后逐渐上升至25%（09:20:11），结合逻辑分析为2号给水泵联启后由于自动调节PID参数设置只适合于正常工况，在联锁启动情况下经PID（比例、积分、微分控制）运算给出了0指令，当联锁启动信号消失后（脉冲3s的信号）根据正常工况进行调整，给出了25%的指令，由于给水泵自动根据给水调节阀前后差压进行调整（即根据给水泵出口母管压力与高压汽包压力的差值进行调节），此差压的设定值与实际值偏差大于1时给水泵调节会跳手动，在2号高压给水泵联锁启动后根据正常工况进行运算给出25%的指令后，调节阀前后差压由2.32MPa降至0.17MPa，从而导致给水泵勺管调节跳手动，勺管位置一直保持在25%，直到09:22:56运行人员人为操作。

三、防范措施

（1）完善给水泵控制逻辑和保护取值范围。高压给水泵跳闸，备用泵液力耦合器开度要能自动跟踪跳闸泵事故前液力耦合器开度。

（2）举一反三，检查确认系统主要保护逻辑的正确性、合理性。单点保护逻辑，改为多点保护。

（3）加强监盘力度，及时发现运行参数异常，及时处理。监视曲线组的时候，应明确每条曲线所表示的参数，通过曲线变化，及时确定机组参数变化。

（4）设备参数异常、设备跳闸报警应有明显区分，优化信号报警，有利于事故处理。

（5）由于液力耦合器开度调整要与给水调节门开度调整互相配合以防止给水泵失速，所以建议在防止给水泵失速的前提下，尽量加快液力耦合器开启速度。

案例 124　余热锅炉烟囱挡板关闭导致跳机

一、事件经过

2015 年 3 月 24 日 08:25，某电厂“一拖一”机组根据 AGC 指令，在升负荷期间（机组负荷为 430MW，其中燃气轮机负荷为 299MW，汽轮机负荷为 131MW），值班人员发现 DCS 画面余热锅炉烟道入口压力达到 4.4kPa（正常压力为 4kPa），查看燃气轮机 Mark ⅥE 画面，燃气轮机排气压力达到 4kPa（正常压力为 3.3kPa，DCS 与 Mark ⅥE 两侧点位置不同，数值有一定偏差）。

08:37:30，机组负荷升至 440MW，燃气轮机排气压力涨至 4.4kPa；08:38:01，排气压力涨至 5.08kPa，燃气轮机画面发“EXHAUST DUCT PRESSURE HIGH”报警。值长迅速联系电网，准备降负荷。

08:38:08，燃气轮机排气压力突涨至 6.09kPa，燃气轮机画面发“EXHAUST DUCT PRESSURE HIGH TRIP”报警，机组跳闸。值班人员就地查看，发现烟筒两扇挡板中间连接杆已断，烟筒挡板其中一扇挡板已关。

二、原因分析

余热锅炉烟囱挡板由于设计、安装等原因，在机械指示全开时并不是处于垂直状态，存在一定角度。平常情况下，烟气流量波动导致挡板抖动，拉杆频繁受到交替应力。在烟气量增大时，做用在挡板上的推力大于拉杆拉伸应力极限，导致拉杆断裂，烟囱挡板部分关闭，燃气轮机排气压力突升，联锁保护跳机。

三、防范措施

（1）AGC 指令涨负荷时，密切关注燃气轮机排气压力，当燃气轮机排气压力涨至 4kPa 时，联系调度稳定负荷；当燃气轮机排气压力涨至 4.4kPa 时，立即退出 AGC，手动快速降负荷，将燃气轮机排气压力降至 4kPa 以下，并派现场人员去就地查看，事后迅速向电网公司汇报。

（2）巡检人员定时查看，如果烟筒挡板再有晃动，立刻联系检修人员处理。

（3）制定运行监盘参数要求、考核管理办法，规范监盘操作，并严格执行。

（4）清查调试期间遗留的安全隐患。

（5）下发正式联锁保护清单，运行部门定期进行培训学习、考核，加强监盘质量。

案例 125　中压汽包水位低保护动作导致跳机

一、事件经过

2008 年 5 月 16 日 14:11，某电厂运行人员进行 2 号余热锅炉中压的并汽操作，水位保护在投入状态，中压旁路投入自动状态，压力设定值为 0.65MPa，中压汽包水位投入自动控制，水位设定值为－150mm。

14:14，当中压主蒸汽调节阀开度到 15%时，关闭了中压汽包启动排汽电动阀，这时中压蒸汽压力由 0.67MPa 上升到 0.83MPa，中压汽包水位 1min 内由－186mm 下降到－390mm，运行人员解除了中压水位自动，手动将中压给水调节阀由 30%开至 60%，此时中压给水流量从 25t/h 升至 50t/h，中压给水母管压力从 5.2MPa 降到 4.3MPa，中压主蒸汽流量从 25t/h 降至 5t/h，而中压旁路系统也没能正常增加开度，此时水位已降至－458mm，水位保护动作，2 号燃气轮机组跳闸。

二、原因分析

（1）中压主蒸汽电动排气阀没有中停功能，不能控制压力增加速率且排气管管径较粗，关阀时间较短（中压主蒸汽排气管管径为 150mm，中压主蒸汽管管径为 200mm，排气阀关闭时间约为 20s）。

（2）中压汽包水位测点跳变幅度过大，最大偏差值达 50mm，影响运行人员的判断。

（3）中压汽包水位自动跟踪不良，使得水位偏离设定值较快、较大。

（4）中压汽包容积较小，仅为 15.1m^3，对压力变化敏感。

（5）汽包水位报警值设置不合理，如中压汽包高水位跳机值为 204mm，低水位跳机值为－458mm，而报警值为±103mm。

（6）运行人员未能严格执行规程规定的并汽参数操作。规程规定中压汽包压力为 0.15MPa 时执行并汽操作。

（7）热工自动调节品质不良，自动跟踪迟缓。

三、防范措施

（1）优化水位自动和旁路系统的自动调整品质。

（2）对汽包水位测点重新进行调整、校验。

（3）运行人员加强参数调整，尤其是并汽过程中注意压力和水位的调整。

（4）加强运行人员技术培训，严格按规程规定的参数执行并汽操作，提高运行参数调整水平。

（5）制定防止中压汽包水位变化幅度大引发水位保护动作的运行技术措施。

案例 126　设备定期轮换过程中汽包水位低保护动作导致跳机

一、事件经过

2007 年 3 月 15 日 11:00，1 号燃气轮机运行人员进行高压给水泵定期设备轮换，由 A 泵运行切换至 B 泵运行。

高压给水泵切换前运行工况：机组负荷为 300MW，高压汽包水位为－5mm，高压给水泵 A 泵出口压力为 9.08MPa，给水流量为 230t/h，电流为 112A，转速为 2096r/min。

11:01，启动高压给水泵B泵，变频器投自动，高压给水流量先大幅降低至14t/h，再升高至190t/h后，回落至120t/h左右，约半分钟后开始上升，高压汽包水位逐渐降低至-208mm；此时，高压给水泵A泵、B泵双泵运行，给水泵转速为1850r/min左右，电流为77A（两台泵参数基本相同）。

11:04，给水流量升高至200t/h以上，继续倒泵操作降低A泵转速；B泵转速、电流、给水流量迅速升高，汽包水位稳定在-200mm；停止A泵运行后B泵转速、电流、给水流量下降后上升，汽包水位降低至-221mm。

11:05，运行人员发现停A泵后汽包水位下降，再次启动A泵，手动将转速加至100%，变频器投自动；此时B泵转速为2400r/min，电流为170A，给水流量为350t/h；A泵启动后给水流量降低至6.6t/h，B泵转速直接降至1500r/min，A泵转速启动升至1604r/min后降至1500r/min，电流为58A，持续时间为11:05:33—11:07:06，汽包水位迅速降低。至11:07，高压汽包水位低至-490mm，“高压汽包水位低”保护动作，机组解列。

二、原因分析

（1）在切换给水泵操作时，采用自动操作方式对给水流量影响较大，启动备用泵时给水流量大幅降低，尤其是在重新启动A泵时将转速设定为100%，变频器投入自动，造成给水调节异常，给水流量大幅降低，汽包水位急剧下降，是“汽包水位低”保护动作停机的直接原因。

（2）运行人员在停止A泵运行时，未能注意到汽包水位低于正常值；发现汽包水位低再次启动A泵时，不清楚给水调节系统的性能，先手动将转速设置为100%，严重干扰调节系统的调节工况，致使给水泵转速自动调节为50%，出力不足，是主要原因。

（3）经与调试单位核实，在燃气轮机调试阶段未进行给水调节系统给水泵在自动调节状态并列运行和倒泵操作的调试工作，双泵切换过程中，自动调节性能不能满足要求，在水位下降时未能及时参与调节，是本次事故的原因之一。

（4）运行人员在处理运行工况异常变化时经验不足，操作前没有全面掌握运行参数变化，在发现异常情况后未能采取有效手段防止运行工况恶化。

（5）发电部在运行操作的管理上没有规范化、标准化，各值班员操作方式各异，存在隐患。

三、防范措施

（1）今后在进行设备切换操作时采用手动方式，避免在自动操作方式下因调节性能不能满足参数快速变化的要求，而导致的运行工况恶化；禁止两台泵同时投入自动调整状态。

（2）发电部细化操作管理，逐步完善操作票制度，加强人员培训。

（3）维护部加强对设备原始资料的分析，为发电部提供建议。

（4）加强对设备操作的监护，要求管理人员监护到位，并做好事故预想。

案例 127　高压汽包水位低保护动作导致跳闸

一、事件经过

某电厂燃气轮机组 18:57 启动成功；19:24，机组并网；20:35，根据 AGC 指令，机组负荷由 307MW 升至 350MW；21:21:20，DCS 控制盘来“高压汽包水位低报警”信号（－200mm）；巡检人员发现高压汽包水位低，在 DCS 发现给水调节门开度为 100%，流量为 0t/h，命令巡检值班员检查高压给水调节门，同时汇报值长，启动备用高压给水泵；21:22:09，启动 1 号高压给水泵；21:22:12，高压汽包水位低保护动作跳机（－490mm）。

二、原因分析

经检查历史曲线，在机组启动前 18:04 单元长启动 2 号高压给水泵，手动升变频器转速设定到 45%后，高压给水调节门前后差压为 7.1MPa，2 号高压给水泵变频器没有投入自动；18:27，燃气轮机启动后，2 号高压给水泵变频器符合条件自动进入自动调整状态，高压给水泵转速由设定的 1350r/min 升至 1500r/min（自动调整状态的最低转速），高压给水调节门前后差压提高至 7.5MPa 以上，超出表计量程；18:49，2 号高压给水泵变频器自动退出自动调整状态。运行人员在 2 个多小时未发现给水泵变频器转速未变化，事故前未发现高压汽包水位低报警（－200mm）等重要参数异常，事故时 2 号高压给水泵变频器处于手动调整状态，不能根据实际工况调整高压给水压力、流量和高压汽包水位，且转速仅为 1500r/min，高压给水压力已不能满足向高压汽包供水的要求。

三、防范措施

（1）对与停机保护相关的次级信号报警音响与一般报警信号音响进行必要的区分。

（2）高压给水泵启动操作票中给水泵变频器投入自动的时间调整到机组并网后，或在机组并网后增加对给水泵变频器状态检查确认自动投入的项目。

（3）发电部明确各盘面重点监视参数及定期巡视参数；加强管理，提高监盘水平。

（4）安生部、维护部对各设备自动调整投入、自动调整退出的条件进行分析，并对运行人员进行讲解；维护部加强对机组异常工况相关参数的存取和分析，同时提供给发电部作为运行分析的依据。

（5）发电部加强“两票三制”管理，相关人员认真履行职责；值长加强对运行班组的现场管理，切实落实安全生产各项管理制度。

（6）加强机组启动前的准备工作，各项检查、准备工作到位；合理安排人员和重要操作。

（7）加强培训和运行分析、表计分析，提高运行水平和事故处理能力。

（8）加强人员培训，充分吸取事故教训，制定汽包水位低的现场处置方案并组织学习。

案例 128　余热锅炉高压过热器连接管泄漏停机

一、事件经过

2011 年 7 月 13 日，某电厂机组“二拖一”运行，AGC 投入，1 号燃气轮机负荷为 170MW，2 号燃气轮机负荷为 175MW，3 号汽轮机负荷为 220MW，发现 1 号余热锅炉高压过热器出口排空连接处保温棉滴水，进行拆保温检查，至 7 月 14 日 00:13 检查确认高温过热器 1 至高温过热器 2 连接管道上放气管道与连接管管座焊口上有裂纹（见图 3－1），无法在线处理，申请 1 号燃气轮机停机。7 月 14 日 03:36，1 号燃气轮机解列，1 号余热锅炉高压系统进行放水并进行了缺陷处理；7 月 14 日 20:04，1 号燃气轮机启动并网；22:18，机组“二拖一”运行正常。

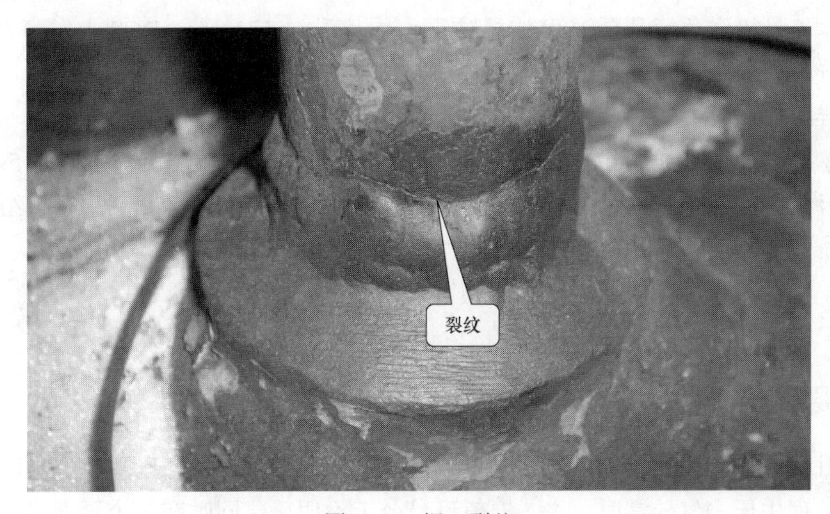

图 3－1　焊口裂纹

二、原因分析

本次出现裂纹焊口为基建期间安装焊口，长度约 30mm 左右，管座材质为 12Cr1MoV，直管材质为 P22，规格为$\phi 26.7\times 3.91$mm，焊缝从外侧向内侧开裂。检修过程中，从开裂焊缝处切开后，管子位移量不到 10mm，可排除强行对口焊接；机组已运行 3 年多，如果是焊接质量问题，早已暴露出来，也可以排除焊接质量问题，光谱复查焊材为 R31，符合要求，因此，焊接应力集中是此次裂纹产生的原因。

三、防范措施

在今后的金属监督工作中，加强对该结构焊口的检查，调整检查比例，扩大检查范围，具体如下：

（1）在检修期间对两台机组高压系统的放气、疏水管道一次门前焊口进行全面检查。

（2）该管座结构形式，容易造成应力集中，机组停机具备条件时，增加过渡管接头，加大应力集中部位的强度。

（3）对该结构形式所有放气、疏水合金管进行光谱确认。

案例 129　机组启动中高压主蒸汽超温甩负荷

一、事件经过

8 月 30 日，某电厂 4 号机组运行。

08:10，4 号机组升负荷，机组投入“温度匹配控制”。

08:24，4 号机组 CV 阀（主燃气调节阀）全开，退出“温度匹配控制”，负荷设定为 280MW。值班员在进行中压并汽操作时，发现中压主蒸汽温度为 214℃，过热度为 0，中压并汽条件不满足。

08:31，4 号机组负荷升至 180MW，主蒸汽温度升至 573.8℃，DCS 上发声光报警“主蒸汽温度异常报警”，此时，由于主、副值班员同时在进行中压并汽操作，未及时发现“主蒸汽温度异常”报警。

08:32，4 号机组升负荷至 208MW 后，高压主蒸汽温度升至 585℃，延时 5s，机组发“高压主蒸汽温度高甩负荷”。甩负荷过程中，主蒸汽温度最高至 588.1℃，机组甩负荷后保持全速空载，转速最高至 3135r/min，后逐渐降至 3000r/min。

08:45，4 号机组参数稳定后，机组重新并网。

09:20，4 号机组负荷升至 280MW，运行正常。

二、原因分析

机组升负荷过程中，值班员未及时投入高压减温水，且未将高压主蒸汽温度设为自动调节，在处理中压进气异常时，主、副值班员分工不明确，同时在一个画面进行操作，导致“主蒸汽温度异常”报警未及时发现，造成 4 号机组高压主蒸汽温度高甩负荷。

三、防范措施

（1）发电部加强技术管理，优化机组启动操作票，提高操作票的可执行性。

（2）强调重要节点的把控，明确主、副值班员分工。

（3）加强值班人员异常处理能力的培训，值长、机组长需加强重要节点的提醒，及时提供技术支持，预防类似事件发生。

案例 130　高压给水主调节阀故障导致机组紧急停机

一、事件经过

2008 年 6 月 10 日 07:32，某电厂 3 号机组负荷为 120MW，发现高压给水主路调节阀在 5%开度卡住，不能开关，此时高压给水流量为 39t/h，高压主蒸汽流量为 1109t/h 并持续增大，立即派人去就地检查阀门气源、电源，正常，就地开度与 DCS 上开度一致，紧急通知检修人员处理。07:45，高压汽包水位下降至－600MM时，向调度申请紧急停机。

2008年6月11日18:58，3号机组负荷为270MW，发现3号机组高压汽包水位较低，为－296mm，此时高压给水主调节门开度为72%，出现卡涩，无法继续开大，此时高压给水流量仅为192t/h，明显低于该开度下的正常给水量（此开度下给水流量正常值应为300t/h以上），而高压汽包蒸发量此时为230t/h，高压汽包水位有继续下降趋势，立即到现场检查，发现3号机组高压给水主调节门开度在70%左右时声音和振动较大，但该阀门开度减小后声音和振动逐渐消失；17:00，退出机组AGC和一次调频，降负荷至170MW，高压给水主调节门切至手动，维持开度为66%，声音和振动消失，稳定后高压给水流量和高压汽包蒸发量平衡（同为170t/h），高压汽包水位稳定在－300mm左右；21:50，停机后发现，3号机组高压给水主调节门在关闭到35%时，也出现卡涩现象，无法继续关闭。

2008年6月12日，3号机组启动过程中，高压给水调节系统管道振动大，现场观察发现高压调节阀开度较大（高压给水流量在约220t/h以上）时整个管道系统振动很大，后按要求将机组负荷维持在240MW，悉心操作，认真监视管道振动情况，确保机组安全运行。

2008年7月7日07:15，在启机过程中，机组负荷为120MW，1号机组高压给水主调节门卡涩，卡在5.9%开度附近，给水流量只有37t/h左右。切至手动调节只能关小，不能开大。立即退出ALR（自动负荷调节）控制，降低机组负荷至84MW。就地检查该阀几乎没有开度，立即手动关闭B给水泵高压出口电动阀，并断开高压给水调节阀的气源，高压给水调节阀还是不动。之后，开启该高压给水调节阀气源，并开启B给水泵高压出口电动阀，高压给水调节阀立即动作，此时该阀重新动作正常。重新升负荷至120MW，投入ALR，机组顺利进汽。

2008年7月30日07:30，3号机组启动过程中发现，高压给水主调节门开度指令为60%时，高压给水流量仅为30t/h，现场检查确认其阀杆已断裂，机组维持3000r/min空负荷运转。通知检修人员处理，检修人员检查后确认停机更换高压给水主调节阀。

2008年9月22日19:26，2号机组负荷为311.5MW，高压主汽流量为269.9t/h，2号机组高压给水调节阀开度突然由67.5%异常升至92.4%，而高压给水流量却由263.4t/h降至52.6t/h，高压汽包水位迅速下降，立即向中调申请退出AGC，手动减负荷，同时切手动调节高压给水主路调节门，发现高压给水流量始终很小，无法增大。至现场检查发现2号机组高压给水调节阀就地阀位指示已在全开位置，但给水流量仍然异常的小；19:27:09，高压汽包水位降至－300mm，DCS上发“高压汽包水位低”报警；19:32，机组负荷为288MW，高压汽包水位降至－630mm，DCS上发“高压汽包水位低低跳机”报警，机组跳机。

2009年7月23日08:00，3号机组启动过程中，3号余热锅炉高压给水主、旁路调节阀切换过程中，主路调节阀略有卡涩，导致高压汽包水位有较大波动。次日检修更换控制器后工作正常。

2010年3月25日21:37，1号机组高压给水主调节门阀位指示信号异常，机组在停运过程中高压汽包水位低，故障跳闸。后经现场人员检查发现阀门位置反馈装置阀门定位器中，与阀杆连接的磁条（可以在定位器感应槽中上下移动，定位器根据磁条的位置确定门开度）发生移位，相对于连杆向上异动。同时，阀门解体后发现阀芯密封圈磨损。

2010 年 10 月 18 日 20:00，巡检发现 3 号机组高压给水调节门在开度指令一定时，阀杆有小范围波动；19 日 01:13，检修更换密封圈后动作正常。

二、原因分析

经检查分析，大部分事件是由于高压给水主调节阀密封组件破损，堵塞阀门活动通道所致，另外还有阀杆弯曲、控制器故障、定位器故障等原因。

三、防范措施

（1）要求在启机前活动一下高压给水调节门，检查其动作正常后再启动。

（2）在机组未并网前出现此类现象，应选择维持机组 3000r/min 或停机并通知检修处理。

（3）若机组已并网，应立即退出 AGC，手动降负荷，尽量维持高压汽包水位，通知检修，并采取断气源、关闭给水泵高压出口电动阀、活动高压给水主调节阀的处理方法，看给水调节门是否能恢复正常。

（4）若高压给水调节门卡涩严重或阀芯脱落，主路几乎没有流量，可将给水开度给定值维持为 20%，保证旁路开度最大（旁路最大开度只能是 30%，DCS 中已经设定，建议可通过讨论，决定修改此值，以确保在事故处理时充分利用旁路的开度），申请早停机。

案例 131　再热器膨胀节处保温冒烟着火导致机组紧急停机

一、事件经过

2011 年 6 月 27 日 08:30，某电厂巡检人员发现 3 号余热锅炉再热器 2 进口膨胀节穿墙管保温冒烟，联系机务检修人员检查；08:40，冒烟处保温着火，马上通知消防人员灭火。火熄灭后，为了保证安全，经与中调沟通，启动 1 号机组，停运 3 号机组，处理烟气泄漏。

二、原因分析

经检查发现，在 6 月 26 日检修人员对漏气的膨胀节进行维修时，因缺乏维修膨胀节的经验，所以将部分旧膨胀节表面材料聚四佛乙烯包裹在新捆绑的膨胀节材料里面。机组启动后，漏气部位继续漏气，新加的膨胀节未能堵住漏气，致使旧的膨胀节表面材料聚四氟乙烯接触高温烟气（578℃）后，温度升高至其耐温极限（300℃）以上，起火燃烧。

三、防范措施

（1）更换了不合格的膨胀节，并组织检修人员进行了膨胀节维修的学习。

（2）出现此类事件，应尽早通知检修人员和消防人员，避免进一步损坏设备，必要时，申请停机。

第四篇　发电机及电气系统

案例 132　调试人员误操作导致机组停机

一、事件经过

2014 年 7 月 24 日，某电厂 1、2、3 号机组“二拖一”方式正常运行，总出力为 500MW（1、2 号燃气轮发电机组负荷为 150MW，3 号汽轮发电机组负荷为 200MW）。

2014 年 7 月 24 日 14:50，5 号燃气轮机完成高速盘车调试工作；15:05，电建公司电控调试人员韩某在“一拖一”ECS 操作员站进行 5 号励磁变停电工作，误将 1 号励磁变压器停电，造成 1 号机“励磁系统保护动作”，机组掉闸；19:55，1 号机组并网。

二、原因分析

电建公司电控调试人员韩某未认真落实《公司燃气热电联产工程试运管理制度》，安全意识淡薄，擅自在“一拖一”ECMS 操作员站操作，没有认真核对设备名称，误将运行的 1 号机励磁变压器停电，反映出机组调试组织管理不到位，相关制度、程序执行不严谨，操作系统隔离不彻底，控制室管理不严格。

三、防范措施

（1）全面强化调试试运的组织管理，各参与调试单位明确调试负责人、各单位调试负责人负责单位之间的协调沟通，并做好单位内部调试工作的责任落实，设备工程部总体协调、督促各项工作的落实，必要时提请试运指挥部决策。

（2）完善试运期防误措施，将集控室“一拖一”操作区域内的 ECMS（发电厂电气监控系统）操作计算机键盘、鼠标拆除，将集控室值长台上 NCS（电气网络监控系统）操作计算机键盘拆除，“一拖一”机组投产后增加 ECMS 监控系统的责任区功能和遥控验证功能。

（3）明确操作职责划分，集控室 DCS 等计算机画面上的操作全部由发电部运行人员负责，就地设备操作以代保管签证验收为分界点，代保管前由施工单位负责操作，代保管后由发电部运行人员操作。

（4）严格执行工作票、操作票和停送电联系单制度，现场各类检修、消缺工作必须执行工作票制度，发电部运行人员根据工作票要求，使用操作票落实各项措施，其他各类需要停送电的情况，必须使用停送电联系单，运行人员根据停送电联系单使用操作票落实措施。

（5）做好调试现场各类工作措施的把关和落实，设备工程部各专业要严格审查本专业工作票措施的完整、有效性，协调、指导工作票的办理、执行，发电部、电科院要审查工作票措施的完整、有效性并进行落实。

（6）全面梳理“一拖一”试运系统与“二拖一”生产运行及已投运公用系统的联系，建立关联点的台账明细表，逐一落实系统隔离措施，采取挂牌、上锁等措施，形成检查记录表格，责任到人。全体生产、试运人员要对关联点心中有数，防止发生误操作。

（7）全面完善“一拖一”试运系统的设备系统标识、介质流向，电建公司负责临时标识、介质流向的张贴，发电部负责在整套启动前完成设备系统的正式标识和介质流向，并完成外围公用系统的正式标识和介质流向。

（8）加强重点区域管理，发电部负责生产区域和已代保管区域的管理，电建公司负责未代保管区域管理，严格准入制度，完善封闭、监护等防范措施，有效控制人员行为。

（9）全面加强安装、调试现场管理，杜绝有要求不落实、计划随意改变等现象，杜绝违章指挥、违章作业，严禁擅自扩大工作范围，各级管理、专业人员做好现场的过程控制。

案例133　汽轮发电机过励磁保护动作导致机组跳闸

一、事件经过

2014年12月19日16:57，某电厂机组“一拖一”（4号汽轮机+5号燃气轮机）运行，总负荷为303MW，其中4号汽轮发电机组（额定容量为158MW）负荷为97MW，无功为48.6Mvar，发电机机端电压为14.36kV；5号燃气轮发电机组（额定容量为320MW）负荷为206MW，无功为－9.5Mvar，发电机机端电压为19.24kV，乙母线电压为229.5kV。

16:59:20，4号汽轮发电机DCS发“发电机－变压器组保护A柜保护动作、发电机－变压器组保护B柜保护报警、发电机－变压器组保护C柜装置故障”。4号发电机解列、汽轮机跳闸，热网抽汽自动退出。4号机组高压旁路阀快开至72%，再热器冷段蒸汽温度持续升高，14s后达到400℃，联锁快关高压旁路阀。17:00:47，4号机高压主蒸汽压力升至10.84/10.86/10.68MPa，5号余热锅炉主保护动作，5号燃气轮机跳闸，5号发电机解列。

就地检查4号发电机－变压器组保护A柜无报警和跳闸信号；4号发电机－变压器组保护B柜“过励磁反时限”和“过励磁定时限”出口信号灯亮；保护C柜“BJ”报警灯亮，“TJ2非电量延时”“热工ETS联跳”“主变压器高压侧断路器联跳”出口信号灯亮。

5号燃气轮发电机保护A、B柜“Mark Ⅵ跳闸”出口信号灯亮。

4、5号机组跳闸后，立即汇报市调、热调，联系“二拖一”机组升负荷，维持供热流量、压力不变，供热温度由101℃降低至95℃。

20日07:20，5号燃气轮发电机并网；09:38，4号汽轮发电机并网；12:15，投入4号机组供热，供热系统恢复正常。

二、原因分析

1. 4号机组跳闸原因分析

（1）保护装置简介。4号发电机－变压器组保护A柜，南京南瑞继保工程技术有限公司（简称南瑞）为RCS－985A；4号发电机－变压器组保护B柜，国电南京自动化股份有限公司（简称南自）DGT－801B；5号主变压器厂用变压器保护A柜，南瑞RCS－985BT；5号主变压器厂用变压器保护B柜，南自DGT－801B；5号发电机保护A柜、B柜，南自DGT－801B。

（2）保护动作过程：4号发电机－变压器组保护B柜保护过励磁定时限发信，过励磁反时限动作启动程序跳闸，保护正确动作。4号机组跳闸后，热工保护动作致5号机跳闸。

（3）原因分析。

1）发电机过励磁保护定值整定值与当前运行方式不匹配。发电机过励磁定时限定值为1.07倍，6s启动发信；发电机过励磁反时限下限定值为1.07倍，136s启动程序跳闸；发电机过励磁反时限上限定值为1.2倍，1s启动程序跳闸。发电机过励磁保护定值根据电动机厂提供发电机过励磁能力曲线给定。过励磁曲线对应的励磁倍数和时间定值见表4－1。

表4－1　过励磁曲线对应的励磁倍数和时间定值

电压/频率（p.u.）	1.05	1.06	1.08	1.10	1.12	1.15	1.17	1.19	1.2
时间（s）	连续	1000	100	80	60	42	35	30	28

根据经验，常规氢冷或水冷发电机过励磁下限一般在1.1倍，甚至1.15倍，过励磁上限一般允许达到1.3倍。哈尔滨电动机厂生产的空冷发电机过励磁能力小于常规发电机，过励磁下限仅为1.06倍，过励磁上限只允许1.20倍。

讨论定值过程中曾与哈尔滨电动机厂多次沟通，并质疑所提供的发电机过励磁能力低，但是哈尔滨电动机厂坚持不允许发电机超出过励磁能力曲线要求工况运行。定值计算最终依照哈尔滨电动机厂提供发电机过励磁能力曲线要求整定。

2）“一拖一”机组出线接入1号变电站，11月2日投运后，“一拖一”机组切改至新投运2号变电站，由于2号变电站站负荷少，母线电压较1号变电站高（1号变电站母线电压在225kV，2号变电站母线电压在230kV），过励磁保护定值与实际运行环境不匹配，机组正常运行中曾发过“过励磁定时限”报警，但专业没有给予足够重视，没有进一步采取对策措施，对保护定值进行修改。

由故障录波波形显示图（见图4－1和图4－2）上可以看出：故障时机端电压U_{ab}、U_{bc}、U_{ca}达到额定的1.04倍。过励磁动作值为1.07倍左右。过励磁定时限动作后120s左右后反时限动作。

由于此次机端电压已经达到额定1.04倍，处于非正常运行状态，而保护装置出厂时对过励磁通道灵敏度调试时，设置得比较灵敏，导致过励磁通道采样值达到1.07倍以上，超过了过励磁定时限和反时限的定值整定值，保护正确动作。

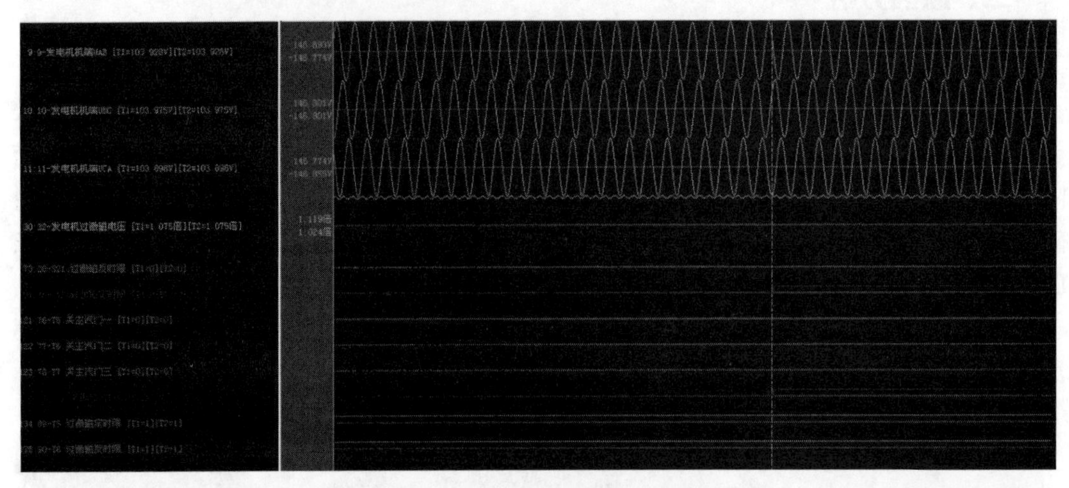

图4－1　过励磁定时限动作波形

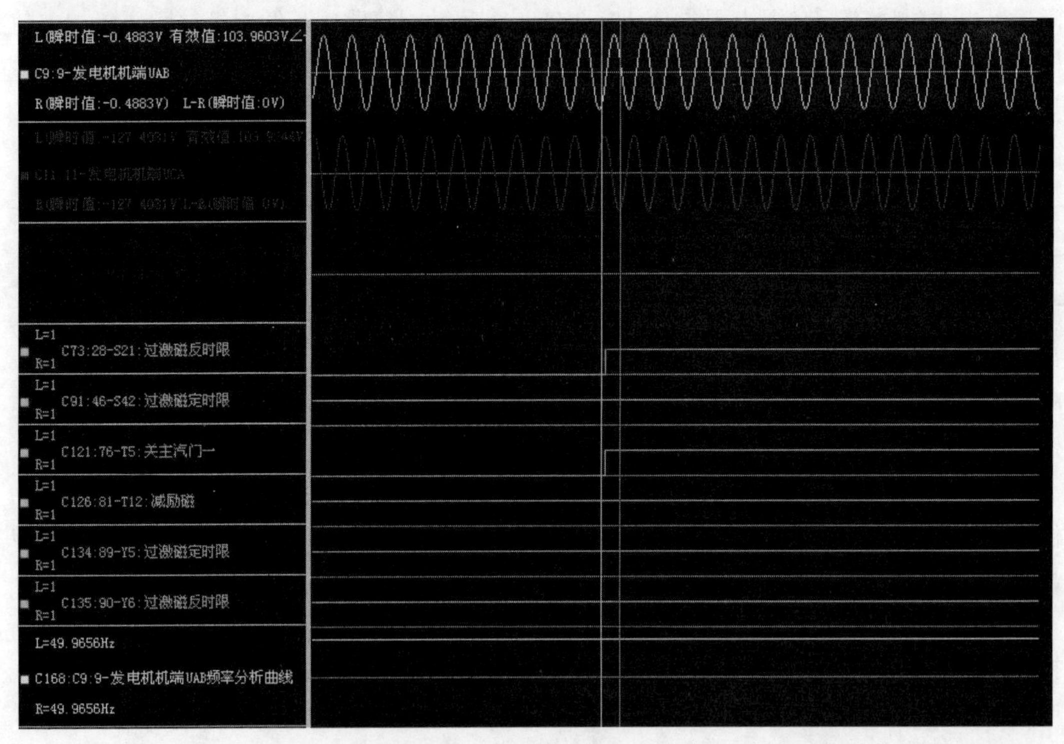

图4－2　过励磁反时限动作波形

2. 5号机组跳闸原因分析

（1）逻辑动作过程：4号机组跳闸后，高压旁路门快开，4s后减温水截止阀开启，7s后全开反馈信号消失，10s后减温水调节阀投自动模式开启，开度为6%，14s后再热器冷段入口温度达到 400℃定值，触发高压旁路阀快关，导致余热锅炉升压；17:00:47，余热锅炉超压保护动作，5 号机组跳闸。

（2）具体动作过程分析：高压旁路阀快开至 72%，14s 后联锁快关。原因为再热器冷段入口温度达到 400℃定值触发高压旁路阀快关。高压旁路阀快开反馈大于 3%，达到开启减温水截断阀开启条件用时 3s，第 4 秒发出减温水截断阀开启指令，第 7 减温水截断阀全开到位（阀门全关反馈消失）。减温水截断阀全关反馈消失后，减温水调节阀自动开启，此时已是高压旁路阀快开 10s 后。

高压旁路阀快开后，减温水调节阀 10s 才开启，经分析分析认为减温水调节阀开启时间过晚，减温水未起到减温作用，导致再热器冷段入口温度超过 400℃，致使高压旁路阀联锁快关。

（3）减温水调节阀快开条件：当联锁条件满足触发高压旁路阀快开时，同时触发减温水调节阀快开，触发时间为 6s。而减温水调节阀开启必要条件为减温水截断阀全关反馈消失。分析减温水截断阀全开到位时间为 7s，但触发减温水调节阀快开时间为 6s，相差 1s，导致在减温水调节阀快开指令无法发出，未能快速开启。

4 号机组高压主汽压力由 7.74/7.74/7.72MPa 升至 10.84/10.86/10.68MPa，5 号余热锅炉主保护动作。（动作条件：汽轮机跳闸、高压主蒸汽压力大于 10.8MPa、高压旁路开度小于 5%）

三、防范措施

（1）与哈尔滨电机厂联系查找发电机试验一手资料，确认发电机过励磁能力曲线是否留有余量，确认发电机过励磁上、下限定值是否合理。

（2）暂时退出 4 号发电机保护 B 柜过励磁反时限保护逻辑连接片，同时退出 5 号主变压器厂用变压器保护 B 柜过励磁反时限保护逻辑连接片，退出 5 号发电机保护 A 柜、B 柜过励磁反时限保护逻辑连接片。发电机过电压保护和频率保护也能起到同样效果。继续与南自厂家进行技术探讨，研究过励磁保护的动作原理。

将发电机过励磁保护定值在整定计算导则允许的范围内适当放大，或制定其他最终有效方案。

（3）1、2、3、5 号发电机选型与 4 号发电机一致，过励磁下限为 1.06 倍，过励磁上限为 1.2 倍。1、2、3 号机所在母线对端变电站，负荷需求较高，母线电压平稳在 225kV 左右，未显现发电机过励磁能力低造成的隐患。制定防范措施时一并考虑。

（4）校对调整保护装置各 CPU 偏差，确保同时动作，及时发出报警信号，为运行人员处理异常提供依据。

（5）立即检查 4、5 号机组高、中、低压旁路逻辑，专业组织讨论阀门动作时间、再热器冷段温度定值设置的合理性，对不合理的逻辑进行修改，确保保护联锁正常使用。

（6）利用合适时机并做好安全措施的情况下，校对保护、热工各系统时钟，确保一致。

（7）对全厂保护逻辑定值再次进行梳理，分系统结合实际运行情况重新核对。

（8）加强专业技术人员学习和培训，熟悉现场设备性能，提高预控能力和应急处置能力。制定热工逻辑表、继保定值一览表，组织对生产管理人员、运行人员进行培训。

案例 134　中性点电流畸变导致跳机

一、事件经过

2007 年 7 月 14 日，某电厂 1 号燃气轮机组负荷为 250MW，发电机参数正常，机组其他参数正常。09:42，1 号燃气轮机 TCS 发“发电机保护跳机”信号，燃气轮机事故停机。现场检查为发电机-变压器组保护 B 屏 STAOR DIFFERENTIAL（87G）保护动作，出口跳燃气轮机、发电机出口断路器、灭磁开关（差动保护动作）。

停机后对发电机-变压器组保护 B 屏保护装置及回路进行检查，B 屏录波图发现动作前中性点电流产生明显畸变，在当天事件记录里和 7 月 7 日 A、B 保护的事件记录里均发现电流不平衡现象。

二、原因分析

经上述检查分析，外回路和一次部分基本可以排除，装置动作行为正确；经与厂家沟通，根据事件记录认为事故原因是发电机中性点的电流采样出现畸变，造成差流越限，保护动作。经厂家确认后更换此模块，试验后投入运行。

三、防范措施

（1）进一步验证电流互感器电缆屏蔽层接地的位置，等待接地方案的落实。

（2）GE 公司 G60 保护装置出现过一次误动，考虑运行的稳定性，利用检修时间更换保护装置。

案例 135　发电机励磁系统故障导致机组停运

一、事件经过

2008 年 5 月 18 日 14:21，某电厂运行主值监盘时发现 3 号汽轮发电机解列，汽轮机跳闸，联跳 2 号燃气轮机。检查发现跳闸原因为汽轮发电机 C30“励磁故障”非电量保护动作，设备厂家分析故障录波图形，认为励磁系统交流同步（反馈）板（EACF）故障。

5 月 19 日，厂家更换交流同步（反馈）板 EACF，测试正常，现场认为具备启励条件，可以对 M2 控制板及其对应主输入输出板（EMIO）板故障进行排查。同时，将励磁调节器故障信号及波形传 GE 公司总部进行分析。

5 月 20 日 10:52，某电厂汽轮机冲车，3000r/min 定速，发电机启励排查 M2 控制板及其对应 EMIO 板故障，当发电机端电压升高到额定电压时，汽轮发电机组 5 号轴承振动大（*X* 向为 231μm，*Y* 向为 222μm），运行人员手动打闸，汽轮机止速后投盘车。11:00，励磁厂家进一步检查励磁装置功率柜内主设备，发现第三组可控硅击穿烧损，第三组可控硅熔断器熔断两只，第一组可控硅熔断器熔断两只，更换可控硅及熔断器。17:40，汽轮机启动定速成功，手动调整励磁，发电机升压至额定电压正常。17:50，3号汽轮发电机并网成功，5号轴承振动正常（*X*向为30μm，*Y*向为40μm）。

二、原因分析

经检查初步分析认为励磁系统部分可控硅击穿烧损，励磁电流交流分量进入直流系统，产生高次谐波，导致转子直流磁场偏移，引起5号轴承振动大。

三、防范措施

（1）联系厂家尽快提供可控硅烧损原因的分析报告。

（2）电气人员根据分析报告采取相应的防止措施。

（3）落实公司《隐患排查制度》，及时发现并整改类似隐患，保证机组安全运行。

案例136　燃气轮机MCC（电动机电源中心）段失电事故油压低导致跳机

一、事件经过

2008年8月12日，某电厂机组运行正常，负荷为333MW，AGC投入。10:59，1号燃气轮机单元室TCS发“380V AC MCC母线电压超量程”“控制油泵异常”报警信号。检查TCS画面控制油A、B泵，真空泵密封水A、B泵，TCA（空气–天然气热交换系统）风机A、B、C风机闪烁，检查DCS电气画面，燃气轮机MCC主电源MCC315断路器跳闸，燃气轮机MCC备用电源MCC316断路器在分位。远方手动合闸MCC316断路器，未成功；同时派人到就地检查MCC315断路器、MCC316断路器。11:02，TCS发“事故油压低跳机”报警信号，1号燃气轮机跳闸。

二、原因分析

1号燃气轮机380V主厂房PC段MCC315断路器因保护控制单元接地保护动作跳闸，MCC316断路器自投后也发生接地保护动作跳闸，由于MCC315断路器、MCC316断路器保护跳闸后将合闸回路机械闭锁，远方手动合闸不成功，导致燃气轮机MCC段失电，使燃气轮机MCC段所带的两台控制油泵失电，造成控制油压低，1号燃气轮机跳闸。

控制油泵A、B泵失电会造成燃气轮机跳机，但电源均取至燃气轮机MCC，燃气轮机MCC母线为单母线，一旦母线失电，直接导致燃气轮机跳机。

经现场DCS调出的事故追忆看，燃气轮机MCC段MCC315断路器跳闸前后，运行人员未进行过设备启停操作，设备也没有发生过自动切换操作。根据现场对二次设备的检查和保护试验结果，保护控制单元定值正确，保护传动结果正确，判断保护控制单元本身应无问题；根据现场对一次设备的检查和保护试验结果，一次设备绝缘良好，未发现明显接地点。在MCC315断路器跳闸前1s，MCC315断路器相电流大约在80A，而MCC315

断路器保护控制单元接地保护动作值为 300A，初步判断一次设备出现如此大的不平衡电流的可能性很小。

结合厂家意见，经与电科院专家研究讨论，初步判断本次事故的主要原因为 MCC315、MCC316 断路器装配 Mic6.0A 保护控制单元，但接地保护未采用专用外部零序电流互感器，可能由于燃气轮机 MCC 段带的某一负荷发生瞬时接地，触发断路器接地保护动作，造成 MCC315 跳闸，MCC316 自投后跳闸，使 1 号燃气轮机 380V MCC 段失电，进而造成 1 号燃气轮机跳闸。

三、防范措施

（1）考虑燃气轮机 MCC 段母线上所有馈线都装配的 Mic6.0A 保护控制单元，且 Mic6.0A 保护控制单元均具有过流和速断保护功能，由于馈线都很短，一旦发生接地故障过流和速断保护可以正确动作，切除故障。因此，经与开关厂家、设计院、电科院分析沟通，对燃气轮机 MCC 段母线上 12 条安装有 Mic6.0A 保护控制单元的接地保护功能进行了屏蔽，计划利用燃气轮机检修机会完善接地保护功能。

（2）开关订货时，在设计联络会上厂家未能对设备性能进行正确描述，使得开关本体配置保护不合理。加强订货管理以及与厂家沟通工作，从设备订货、设备安装、设备调试做到全程监控。

（3）加强基建期间技术管理工作，生产技术人员在设计阶段提前介入，参与设计方案的讨论与审核，确保方案满足运行方式可靠性和设备检修需求。

（4）联系开关厂家，弄清开关保护装置的接地保护计算原理。

（5）加强培训力度，提高生产人员的技术水平。

（6）提高对低压厂用电系统的重视，加强对低压厂用电系统设备管理，完善定期录波和定期校验工作。

（7）组织专业人员论证厂用系统分段运行方案的可行性和必要性，1 号燃气轮机低压厂用电负荷分配情况和改造初步方案得到设计院和电科院的认可，认为具有可行性，此改造方案已委托设计院设计，争取利用燃气轮机检修机会进行改造。

（8）由于燃气轮机 MCC 段带有交流 220V 负荷，检修期间检查交流 220V 负荷回路。

（9）发电部根据现有运行方式明确电源开关跳闸后的处置原则。

（10）公司组织专业技术人员修订系统图和运行、检修规程。

案例 137　发电机-变压器组保护装置误动导致机组跳闸

一、事件经过

2009 年 2 月 19 日 21:00，某电厂 2 号燃气轮机组负荷为 210MW，3 号汽轮机组负荷为 94MW，热网供热负荷为 380GJ/h，1 号燃气轮机备用，机组 AGC、CCS（机组协调控制系统）均退出。21:05，2、3 号机组突然跳闸，2 号主变压器高压侧开关 2202 跳闸，6kV Ⅱ段经快切倒至启备用变压器供电。2 号燃气轮机 MARK Ⅵ报警：“Lockout trip（from customer）（master）；unit trip via 86G－1A，1B lockout relay；line breaker tripped”。DCS光字牌报警：“2 号发电机出口 802 开关跳闸，6kV Ⅱ段工作电源开关 6202 跳闸，3 号汽轮机发电机 2203 开关跳闸，3 号发电机保护 C 屏告警信号，3 号发电机－变压器组保护 C 屏动作信号。电子间 2 号主变压器高压厂用变压器保护 A 屏报警：“主变压器差动”，2 号主变压器高压厂用变压器保护 C 屏报“系统保护联跳”。NCS 报：“2 号燃气轮发电机保护 A 屏动作，2 号燃气轮机主变压器高压厂用变压器保护动作”。运行人员按紧急停机程序安全停机，查厂用电切换正常，机组润滑系统正常。

21:30，经热调同意停运 1 号热网循环水泵，关闭出入口电动门，退出热网运行。21:47，2 号燃气轮机转速为 5r/min，盘车投入。22:12，汽轮机盘车投入。23:00，运行、检修人员对 2 号发电机、2 号主变压器、2 号高压厂用变压器等一次设备进行检查，未发现异常，测各设备绝缘均正常。其中 2 号发电机测量绝缘为 600MΩ，2 号主变压器绝缘无穷大，2 号高压厂用变压器绝缘，A/B/C 相分别为 989MΩ/1000MΩ/1000MΩ。

2 月 20 日 05:20，保护厂家更换 2 号燃气轮机保护装置 DSP 新插件并做完相关测试工作，保护传动试验正常。2 号主变压器具备恢复送电条件，2、3 号机组具备启动及并网条件；05:30，2 号主变压器、高压厂用变压器送电正常，6kV Ⅱ段恢复正常供电方式。06:18，2 号燃气轮发电机并网，09:07，汽轮发电机并网。

二、原因分析

事故发生后继电保护人员、热控人员立即对保护、自动装置及控制系统进行检查。报警信号及装置启动情况见表 4－2。

表 4－2　　报警信号及装置启动情况

系统/保护装置	报警及动作信息
2 号燃气轮机控制（MARK Ⅵ）系统	（1）1L86G1A SOE Generator Differential Trip Lockout（事故记录 发电机差动保护动作）； （2）1L86G1B SOE UNIT TRIP VIA 86G－1B LOUCKOUT RELAY（事故记录 机组跳闸 ）； （3）1L86G2A SOE EX AND GEN BREAKER TRIP VIA 86G－2A（事故记录 励磁和发电机断路器跳闸 A 套保护）； （4）1L86G2B SOE EX AND GEN BREAKER TRIP VIA 86G－2B（事故记录 励磁和发电机断路器跳闸 B 套保护）； （5）0L52LX1 SOE Line breaker status（事故记录 线路断路器状态）
2 号主变压器高压厂用变压器保护 A 屏	（1）XFMR PCNT DIFF PKP A （比例差动启动 A 相）； （2）XFMR PCNT DIFF PKP B（比例差动启动 B 相）； （3）XFMR PCNT DIFF PKP C（比例差动启动 C 相）； （4）XFMR INST DIFF OP A（瞬时差动出口 A 相）； （5）XFMR INST DIFF OP B（瞬时差动出口 B 相）； （6）XFMR INST DIFF OP C（瞬时差动出口 C 相）； （7）ZB－CD ON （主变压器差动动作）； （8）BH－T220kV ON（保护跳 220kV 开关）； （9）BH－Trip ON （保护跳闸）
2 号主变压器高压厂用变压器保护 C 屏	系统保护联跳
2 号燃气轮机励磁系统	（1）44 Trip Via Lockout（86.；The 86 lockout input was detected open and the exciter was not intentionally commanding a trip（发电机出口断路器触点断开，励磁调节器非正常命令跳闸）； （2）110 Abort stop trip A shutdown through an abnormal sequence（非正常程序停机）

续表

系统/保护装置	报警及动作信息
2 号发电机保护	（1）52G/b on（发电机出口断路器断开）； （2）GEN UNBAL STG1 PKP （发电机不平衡Ⅰ段启动）； （3）GEN UNBAL STG2 PKP （发电机不平和Ⅱ段启动）； （4）BLOCK ON （闭锁启动）
3 号发电机－变压器组保护	（1）程序逆功率保护动作； （2）断路器连跳
故障录波器	2 号机组故障录波器启动，线路故障录波器启动

运行人员及电气专业人员对系统进行全面检查，未发现明显的一次故障点。组织现场会，对以上信息及现场检查情况进行初步分析，确认此次事故为 2 号主变压器高压厂用变压器 A 屏差动保护动作，跳开主变压器高压侧 2202、发电机出口 802、高压厂用变压器低压侧 6202 三侧开关，发电机出口 802 开关跳开后引起励磁系统跳闸，励磁系统连跳燃气轮发电机保护。同时 2 号燃气轮机跳闸，联跳 3 号汽轮机。

从图 4－3 和图 4－4 录波图分析，主变压器高压厂用变压器装置采集的发电机机端电流、高压厂用变压器高压侧电流突增，主变压器高压侧电流保持不变，形成差流，启动差动保护出口。保护跳闸后发电机机端电流没有消失，继续维持在高值 370kA 左右。

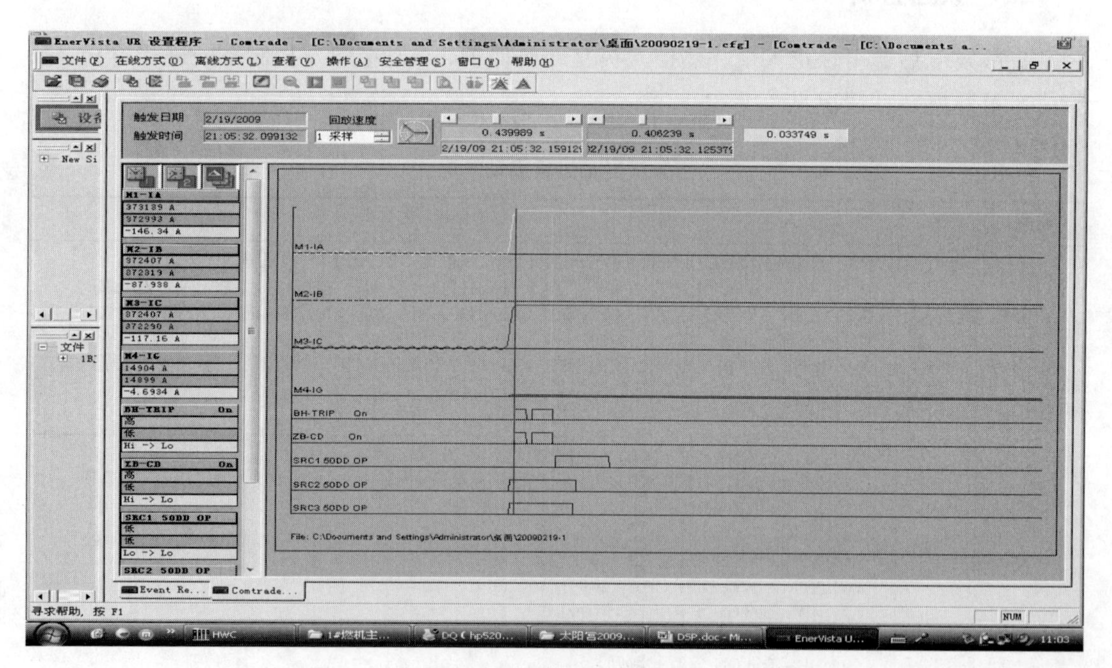

图 4－3　2 号主变压器差动保护机端电流录波图

从图 4－5 和图 4－6 分析，差动保护动作前，三侧电流无突增现象，保护动作后电流消失。同时调取故障时刻 DCS 系统上的电流波形与以上波形相同。

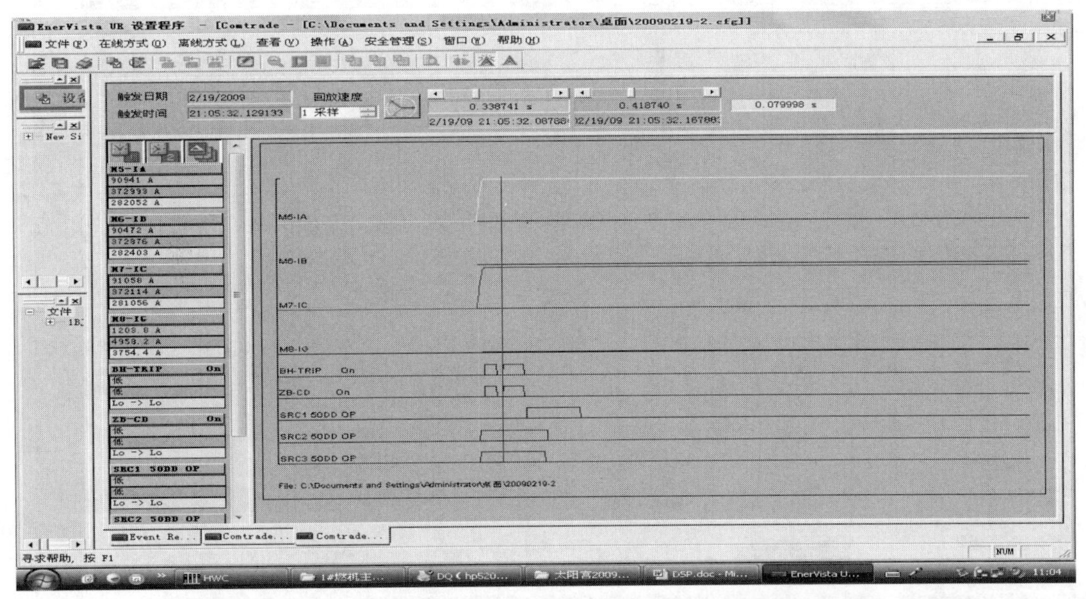

图 4-4　2 号主变压器差动保护高压厂用变压器高压侧电流录波图

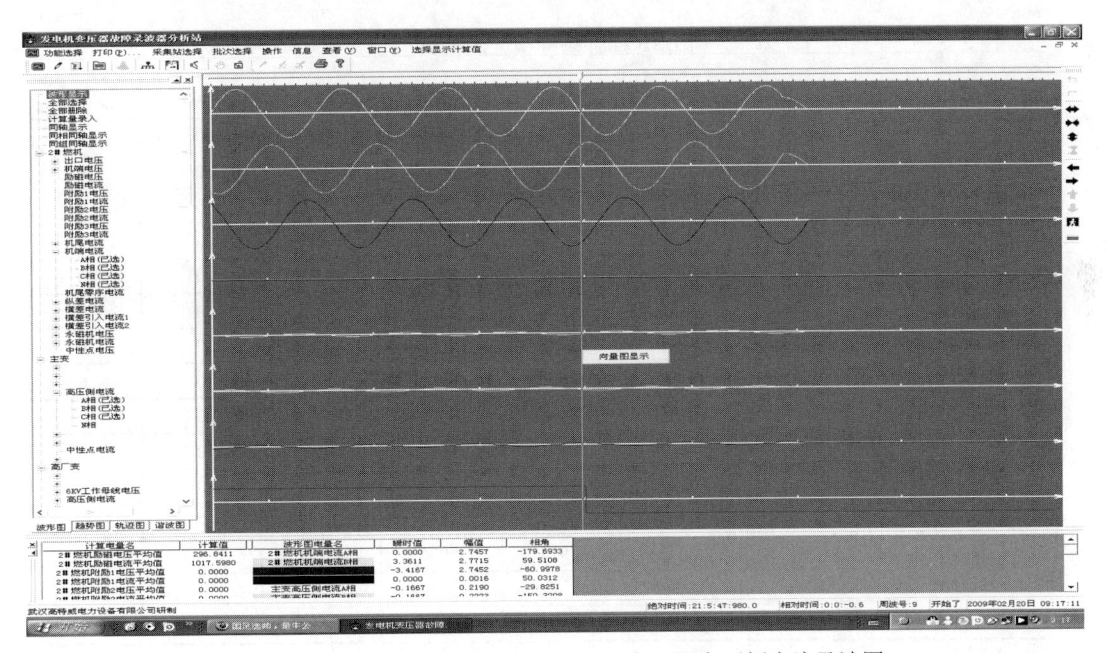

图 4-5　2 号发电机机端电流及 2 号主变压器高压侧电流录波图

主变压器高压厂用变压器保护为双套配置，此次故障仅 A 屏差动保护动作，再综合以上对各装置录波图的分析对比结果，基本确定 2 号主变压器高压厂用变压器 A 屏 T60 保护装置交流采样 DSP 插件故障，存在质量问题，工作性能不稳定导致此次保护误动。专业人员在完成必要的技术措施后，更换了该插件，对采样精度进行了通流测试，测试结果见表 4-3。

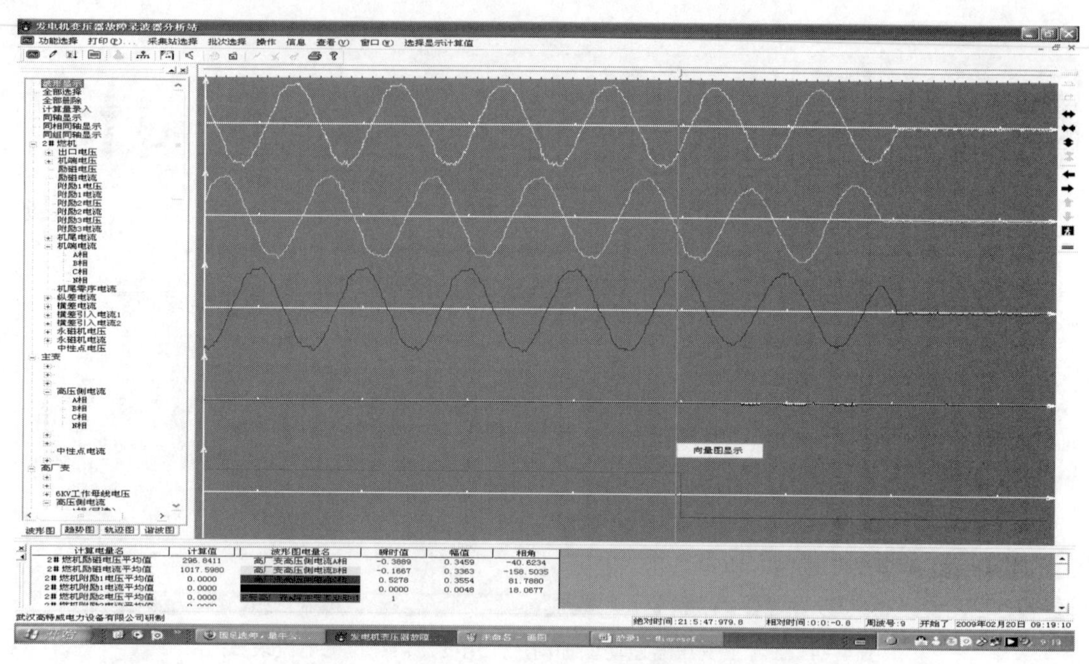

图4-6　2号高压厂用变压器高压侧电流录波图

表4-3　　新DSP插件采样精度测试表

TA组别	输入显示	I_a（kA）	I_b（kA）	I_c（kA）	I_1（kA）	I_2（kA）	I_0（kA）
机端TA变比：15 000/5	0.1A	0.297	0.293	0.294	0.295	0	0
	1A	2.985	2.99	2.991	2.989	0	0
	2A	5.982	5.98	5.984	5.98	0	0
	5A	14.966	14.97	14.978	14.969	0	0
	10A	29.945	29.95	29.974	29.961	0	0
高压厂用变压器高压侧变比：15 000/5	0.1A	0.296	0.294	0.297	0.296	0	0
	1A	2.987	2.988	2.99	2.99	0	0
	2A	5.98	5.978	5.988	5.982	0	0
	5A	14.964	14.963	14.098 9	14.972	0	0
	10A	29.955	29.945	29.981	29.958	0	0
主变压器高压侧变比：2500/1	0.1A	247.9	248.7	248.5	248.3	0	0
	1A	2.494	2.495	2.496	2.495	0	0
	2A	4.975	4.978	4.976	4.976	0	0
	5A	12.484	12.482	12.496	12.486	0	0
	10A	24.98	24.97	24.97	24.97	0	0

原DSP插件，在未加测试电流情况下，采样结果见图4-7。加入测试电流情况下，采样仍为此结果。

由此确认，本次机组跳闸是由2号主变压器高压厂用变压器A屏T60保护装置DSP插件误采样启动主变压器差动保护，属于设备原因引起的保护误动。

事故现场处理完后，保护装置厂家人员把故障的DSP插件带回单位，寄回GE公司进行深度分析，并针对分析结果，提出处理方案。

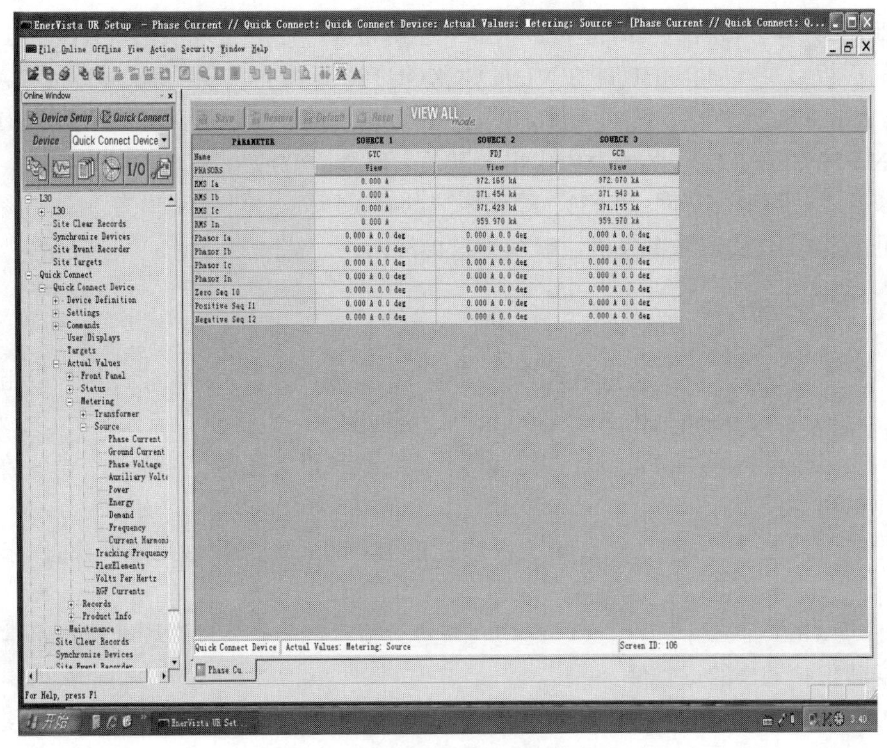

图 4－7　故障 DSP 插件采样结果

三、防范措施

（1）运行人员和检修人员要提高对同类设备的巡检频次，缩短巡检周期，细化巡检记录，发现异常及时申请处理，避免同类事故的再次发生。

（2）立即向供货厂商发函，要求对故障卡件原因进行分析，并及时反馈结果，排查其他卡件是否存在类似隐患，以便防范措施。

（3）检修人员加强业务培训，提高事故诊断和处理能力。

案例 138　过励磁保护动作导致机组跳闸

一、事件经过

2009 年 6 月 12 日，某电厂 2 号燃气轮机负荷为 184MW，3 号汽轮机负荷为 95.4MW，总负荷为 280MW，热网供热负荷为 80GJ/h，1 号燃气轮机备用，机组 AGC 投运。00:23，2 号发电机励磁电压为 263V，励磁电流为 906A，无功为 28Mvar，发电机出口电压为 15.4kV，功率因数为 0.98，励磁温度为 40.7℃，网频为 50.01Hz。00:24，2 号发电机突然解列，发电机出口 802 开关跳闸，汽轮机运行正常。运行人员就地检查发现，2 号燃气轮机 MARK Ⅵ 报警：“EX2K TRIP”（励磁系统跳闸）“EX AND GEN BREAKER TRIP VIA 86G－2B”（B 套保护动作励磁和发电机断路器跳闸）“EX AND GEN BREAKER TRIP VIA 86G－2A”（A 套保护动作励磁和发电机断路器跳闸）“GENERATOR BREAKER TRIPED”（发电机出口断路器跳闸）；NCS 报警：AGC 退出；DCS 光字牌报警："2 号发电机出口开关 802 跳闸"；励磁小间面板报警："44 TRIP TRIP VIA LOCKOUT86"（发电机保护联跳）、"187 ALARM EXTRA ALARM"（特殊告警）、"110 TRIP ABORT TRIP"（放弃跳闸）、"85 TRIP NOT RUNNING 52 CLOSED"（跳闸发电机出口开关未闭合）。00:25，汽轮机调节门关，快减负荷，值长联系热调退出热网；00:33，经调度同意后 3 号机组停机，汽轮机转速下降，油系统联启正常；01:17，汽轮机停机，盘车投入正常。

二、原因分析

（1）对上述励磁系统及保护装置告警及动作记录进行分析，排除了此次停机由励磁系统故障引起的因素，确认是由 B 套 G60 过励磁反时限保护动作出口所致。

经对 2 号发电机一次设备进行摇绝缘等检查，一次设备正常，排除一次设备故障导致机组跳闸的可能性。

经电气专业人员及 GE 公司现场工程师对 B 套 G60 保护二次回路进行检查，未见任何异常，排除保护二次回路误接线导致保护动作的可能性。

将 B 套 G60 保护用电压互感器送电科院进行检查试验，各项试验数据均正常，排除了故障导致保护动作的可能性。

（2）对同样设计和配置的 A、B 两套 G60 保护进行对比分析，同样波形加入保护装置均引起保护动作。因发电机出口电压互感器采用中性点不接地方式，从原理上不能避免谐波分量的出现。

（3）通过对保护装置原理的试验，确认过励磁保护采用未经滤波的相电压为判断量。通过对 B 套保护动作时录波的谐波分析，含有大量的二、三次谐波，是导致波形畸变、进而引起保护动作的主要原因。若保护装置采用线电压，从原理上就可以有效抑制谐波分量，则不会引起保护动作。

综上所述，此次保护动作出口是由于 G60 保护装置中的过励磁保护原理不完善，存在设备固有缺陷造成的。

三、防范措施

（1）向 GE 公司提出要求，修改 G60 过励磁保护所采用的电压源，由单一选择相电压输入改为可供选择的相电压、线电压输入。从原理上避免谐波对保护装置的影响。

（2）进一步分析燃气轮机发电机机端电压互感器一次侧中性点不接地运行方式对公司机组安全运行的影响，更换一组备用发电机出口电压互感器（已送电科院试验，结果优良）。

（3）在保护逻辑未修改完成前，按照 GE 公司建议，采取临时措施，在发电机出口电压互感器二次侧增加一组消谐辅助电压互感器。

（4）更换 B 套 G60 保护装置电源、采样卡件（DSP 卡），并进行采样、传动试验正常。

（5）加大对电气设备的排查力度，找出设备存在的安全隐患，特别是检查现场所用保护各卡件运行状态，并补充必要的备品备件。

（6）进一步加强对现场设备的管理和治理工作。在加强人员专业技能培训的同时，进一步熟悉与掌握现场设备，力争做到从工作原理、设备性能上全面掌握设备。

案例 139　励磁开关远方无法合闸

一、事件经过

2007 年 7 月 25 日 07:35，某电厂 1 号机组启动至转速 3000r/min 后，准备并网，在 DCS 中操作合上 1 号机组励磁开关 41E 后，该开关未正常动作，励磁系统就地控制柜、发电机-变压器组保护柜、DCS 等均未出现异常报警。后在励磁调节柜就地手动合上励磁开关 41E 正常，随后发电机并网，正常运行。

二、原因分析

检修人员检查后确认，DCS 中无法正常合上励磁开关 41E 原因是 41E 合闸回路中热控 I/O 卡件接触不良，导致 DCS 中 41E 合闸指令不能传送至励磁调节柜，所以 DCS 中无法进行操作。

三、防范措施

（1）插拔该信号卡件。

（2）在确认系统无异常的情况下，可在励磁调节柜就地手动合上励磁开关 41E。

案例 140　燃气轮机励磁跳闸，燃气轮机甩负荷至全速空载

一、事件经过

2015 年 8 月 1 日 07:34，某电厂燃气轮机画面报“BATTERY 125V DC GROUND”。当值当班人员联系电气二次人员进行检查。

2015 年 8 月 1 日 09:27，“一拖一”机组总负荷为 400MW，其中 3 号机组负荷为 265MW，4 号机组负荷为 135MW。

09:27:32.273 DCS 发出报警：“Trip via Lockout（86）[Alarm ID2642，UCSB-0，Controller M1]” 励磁系统跳燃气轮机。

09:27:32.274 发出报警：“Aux86”，状态为“ALARMED”。

09:27:32.277 发出报警：“E1.EXCTR-TRP”（励磁系统跳闸）。

09:27:32.293 发出报警：“G1.I86g2、G1.I86g1”，发电机保护出口继电器动作。

09:27:32.337 发出报警“G1.L52G1_ALM”，发电机出口断路器跳闸，燃气轮机甩负荷，全速空载（发电机出口开关断开，转速 3000r/min）。退出 AGC/CCS。

由于短时间内无法查明励磁系统跳闸原因并恢复，燃气轮机全速空载无法维持 4 号汽轮机运行，09:43，汽轮发电机解列。

11:15，运行人员和检修人员配合查找接地点，采用瞬停法，发现直流故障点为 PEECC（燃气轮机电子间）内热工燃气轮机控制盘。22:30，热工人员要求运行人员恢复其电源（MBY10GH003 TCP/DC-PSPLY TCP-GAS TURBINE CONTROL CABINET），直流正、负电压分别为+54V、-62V。

14:38，3 号燃气轮机励磁调节器柜增加抗干扰继电器。与电网沟通后于次日 05:30，3 号燃气轮发电机并网；07:09，4 号汽轮发电机并网。

二、原因分析

由于燃气轮机励磁装置 EAUX 控制板件连接的 3 号发电机保护信号外部闭锁回路（正常运行为闭合状态）受干扰，失去闭锁（闭锁回路打开状态），造成励磁系统跳闸，励磁系统发出报警 Trip via Lockout（86）和 E1.EXCTR－TRP，励磁保护出口动作于发电机保护出口跳闸继电器 86G－1/2，跳发电机出口断路器 03（GCB）分闸，机组解列灭磁，燃气轮机甩负荷维持 3000r/min。

励磁系统报 86 信号，该信号的发生是由于 3 号发电机 A、B 两套保护装置的出口跳闸继电器（86TGT－1/2、86G－1/2、86N－1/2）、发电机保护装置（G60A/B）和励磁变压器保护装置（T60EA/B）故障信号、LCI 启动隔离开关位置和发电机出口断路器位置串联回路由闭合到打开的变位造成的。此控制回路涉及设备较多，且励磁系统与该回路之间采用硬接线连接，没有中间隔离设备、控制电缆在敷设路径中容易受到电磁干扰，造成发电机组励磁系统跳闸，动作于发电机保护出口跳闸继电器，跳发电机出口断路器 03（GCB）分闸，机组解列灭磁。

励磁控制辅助板 EAUX 是输入/输出功能板件，与外部唯一的硬接线是发电机保护跳励磁系统回路，外部回路如图 4－8 所示。励磁控制辅助板使用高速接口与控制器 USCB 连接，它的主要功能有励磁开关状态反馈、控制允许，发电机保护跳闸闭锁，转子接地检测，励磁电压/电流反馈，控制电源监视，励磁变压器电压输入，与控制器三重冗余通信连接等，见图 4－9。

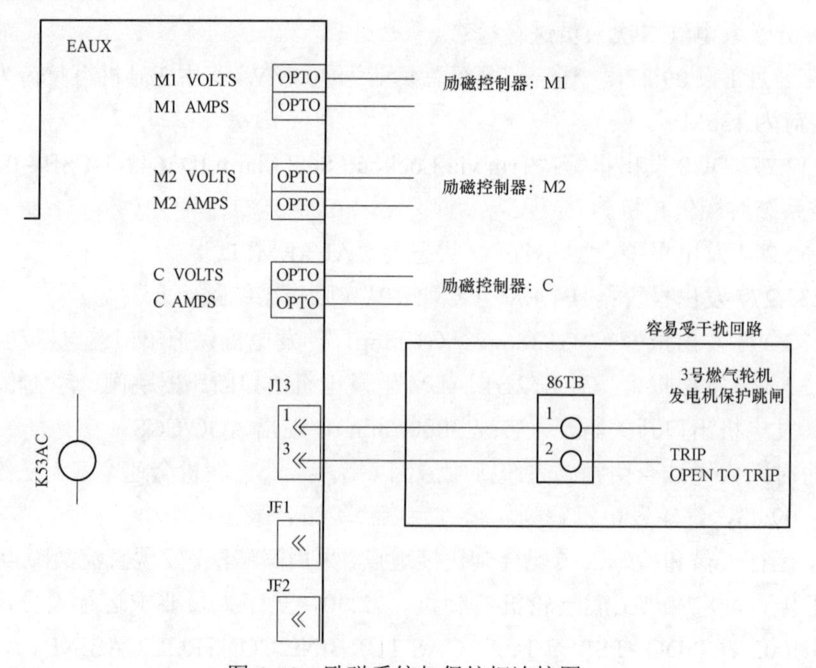

图 4－8 励磁系统与保护柜连接图

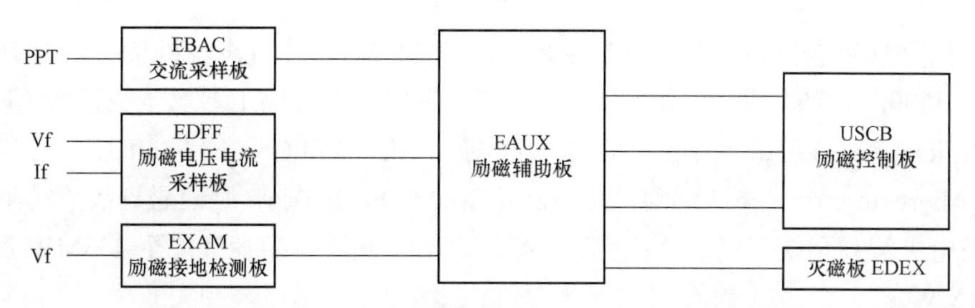

图 4-9　励磁控制辅助板 EAUX 板接口图

同类型机组也出现过这种状况的跳闸事件。对此 GE 公司回复存在的干扰源主要有：

（1）励磁系统与外部跳闸回路之间采用硬接线连接，回路串/并联节点数达 14 个，与励磁系统没有中间隔离设备，控制电缆在敷设路径中容易受到电磁干扰，是对励磁辅助控制 EAUX 板造成干扰的主要原因。

（2）厂房内部分控制电缆桥架或电缆沟与动力电缆并行径敷设，距离较近，易造成干扰。

（3）保护机柜内仅有接地排，没有工作接零。

（4）检查 PEECC 接线小间内，接线电缆较为集中，沟道内没有纵向敷设接地带，部分电缆屏蔽层接地不规范。

在燃气轮机 168h 及调试启动过程中，出现过励磁系统报 AUX86 跳闸，程序启动自动中断。原因为励磁辅助板 EAUX 外部硬接线回路抗干扰能力差，易误动作，现场临时处理方法为对励磁控制系统进行断电，重启。

三、防范措施

（1）在燃气轮机励磁装置 EAUX 控制板和外部闭锁回路间增加中间继电器 86R，把外部回路与励磁系统进行电路物理隔离，削弱外部硬接线回路对控制板的干扰。已经整改完成，在燃气轮机点火启动过程中没有发生故障。

（2）按计划在厂房并行辐射的控制电缆和动力电缆间增加防干扰设施。

（3）利用检修机会在保护机柜增加工作零排，与接地干线上一点连接。

（4）利用检修机会在电缆比较集中的 PEECC 接线小间内增设纵向敷设接地带，并多点接地。

（5）利用检修机会整改电缆屏蔽层接地问题。

（6）对于类似需要增强抗干扰能力的复杂回路，利用备用芯一端接地，增加屏蔽作用。

（7）燃气轮机励磁跳闸不会触发燃气轮机主保护动作，因此机组大联锁未动作，4 号汽轮机未跳闸。经与 GE 公司沟通，此逻辑是 GE 公司基于燃气轮机本身情况而设计，未考虑对其他的影响，已向 GE 公司反馈，制定相应措施。

案例 141　励磁电刷故障导致机组停运

一、事件经过

2010 年 2 月 20 日，某电厂机组“二拖一”运行，AGC 投入，总负荷为 680MW，1

号燃气轮机负荷为243MW，2号燃气轮机负荷为243MW，3号汽轮机负荷为197MW，热网流量为4600t/h，热负荷为1100GJ/h。10:37，主控监盘发现1号燃气轮机MARK Ⅵ发报警M1 Field Ground Fault Trip（M1故障跳闸）、M2 Field Ground Fault Trip（M2故障跳闸）、C_Abort stop trip（失磁跳闸）、C_Field Ground Fault Trip（励磁磁场故障跳闸），1号燃气轮发电机解列至燃气轮机全速空载，AGC退出，机组总负荷突降至433MW后缓慢下降至351MW。

经市调同意后2号燃气轮机升负荷，将"一拖一"总负荷带至365MW，监盘人员将汽轮机高、中压主蒸汽调节门综合阀关至80%，调整2号余热锅炉汽包水位稳定，降低3号热网循环水泵勺管开度将热网流量由4600t/h快速减至2600t/h，热负荷由1100GJ/h降至520GJ/h后热网稳定，手动关闭1号机组高、中、低压主蒸汽电动关断阀，同时手动开高、中、低压旁路调节门，维持1号余热锅炉高、中、低压汽包压力水位稳定，关小辅助蒸汽至采暖供汽调节阀，维持辅助蒸汽联箱压力稳定。11:08，1号燃气轮机熄火停机。

二、原因分析

2月20日10:37，根据报警信息对1号燃气轮机发电机系统进行检查，自励磁小室观察孔观察，发现1号燃气轮机电刷严重烧损，通知值长停燃气轮机做进一步检查。检查情况如下：

（1）MARK Ⅵ首发报警：M1 Field Ground Fault Trip（励磁M1控制器接地故障跳闸）、M2 Field Ground Fault Trip（励磁M2接地故障跳闸）。

（2）1号燃气轮机励磁系统报警（M1、M2相同）：19 Alarm Gen AC Gnd Flt Alm、22 Trip Gen AC Gnd Flt Trip（The generator Field Ground Detector has identified the resistance is below the allowable limit，set by P.FGD_Rtrip.发电机接地检测装置确认接地电阻已低于设定的跳闸允许值）、27 Diag Gen Neg Bus Ground（The generator Field Ground Detector has located the problem on the negative bus.发电机接地检测装置定位故障于负母线）、187 Alarm Extra Alarm；110 Trip Abort Stop Trip、85 Not Running 52 closed。

（3）励磁电流、励磁电压数据：据SIS上显示，励磁电流事故前均衡稳定在1200A上下，与2号燃气轮机对比无明显差别，且与历史数据比较无明显上升趋势。故障前1min有两次幅值较大的下降恢复的波动，后直线攀升至1336A回落，15s后开始直线下滑，又经2s左右降至0A。据故障录波器数据，励磁电流在灭磁后有向下波动恢复过程，后直线下降至0。励磁电压在解列灭磁前无明显异常。

（4）励磁小室空间温度测点数据：经检查故障前曲线，事故前数据一直稳定在45℃左右，在故障停机前15min由45℃缓升到60℃，故障停机前30s急速升到113℃。

（5）燃气轮机盘车投入，办理工作票，打开检修侧盖，打开励磁小室外端盖，将正、负极电刷及刷架取下，发现有励磁电刷环火迹象，6组刷握烧损严重（见图4-10），励磁电刷碎裂脱落，部分刷辫烧断（见图4-11）。集电环表面颜色改变（见图4-12），出现划痕，局部有熔点，伴有轴承端盖放电现象（见图4-13）。

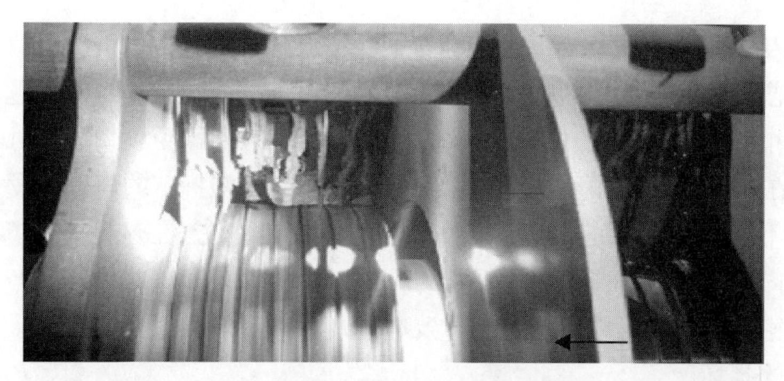

图 4-10 转子负极 6 组共 24 只电刷已全部烧毁

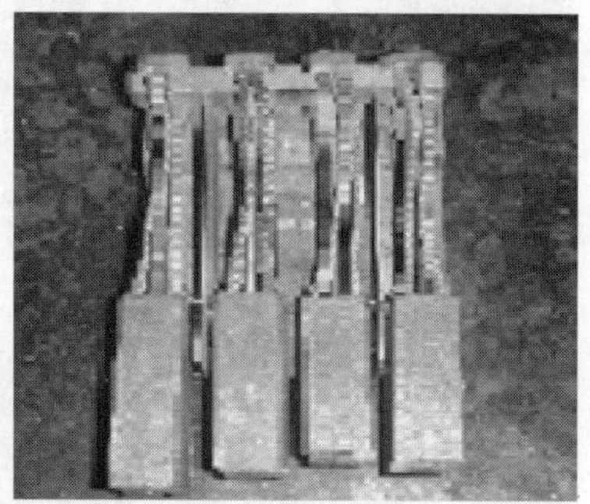

图 4-11 负极刷握过热烧损严重

图 4-12 负极集电环过热烧损痕迹严重

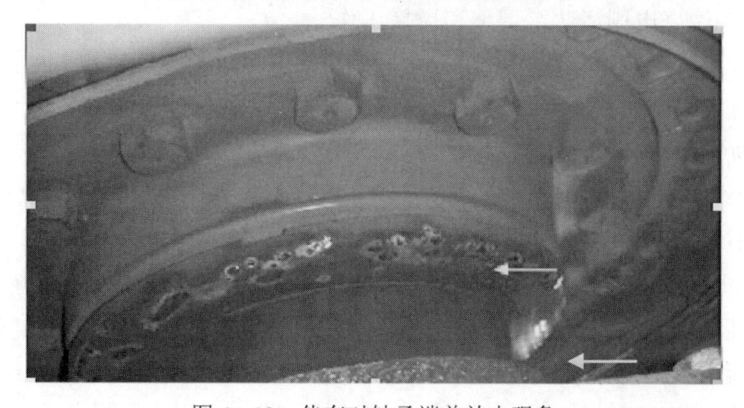

图 4-13 伴有对轴承端盖放电现象

经对烧损及完好的电刷及刷握进行检查，并结合各项数据，分析本次故障的原因为安装过程安装工艺不良，造成握紧扣与电刷间隙不够，部分刷握紧扣存在问题。按照装配要求，刷握锁紧扣必须与电刷有 1mm 以上间隙，以保障在电刷受到切向力时不会紧压在缩紧扣上，电刷在恒压弹簧的作用下可自由跟随磨损下移。在拆下的电刷中发现有部分电刷与锁紧扣间隙不够，接触部分有很明显的卡槽（见图 4-14）。在这种情况下，就可能在运行中电刷受切向力与锁扣压紧，电刷受阻力不能自由跟踪电刷磨损下移，磨损后的电刷不能与集电环紧密接触，接触电阻增大，导致电刷及集电环表面过热及拉弧，造成电刷和集电环不同程度的损坏。

图 4-14　电刷上发现卡槽

三、防范措施

（1）加强设备维护管理，对检修后的设备严把验收关。更换电刷时控制握紧扣与电刷间隙 1mm 以上，并且多次在滑杆上滑动，确保无卡涩后再安装到发电机上。

（2）加强集电环、电刷检查和定期检查工作，增加定期检查工作项目：

1）增加对集电环、电刷区域红外成像定期检查工作。对过热电刷及时进行调整、更换。

2）电刷长度检查定期工作周期改为至少每周一次。

3）加强电刷、集电环的日常点检和定期工作，认真执行日、周、月的各项检查标准。

（3）检修期做好电刷清洁，调整和更换工作。

1）按标准的最大值执行更换电刷长度标准。

2）严格执行电刷清洁、调整、更换的工艺标准。

3）严格执行集电环检修工艺标准。

4）做好每个位置电刷的更换记录，定期分析，总结规律，以及早发现存在的问题。

5）加强小室通风系统检查，保证电刷、集电环清洁，并得到良好冷却。

（4）改善设备运行、监测环境，以采用更多的检测手段。燃气轮机励磁小室空间较小，日常巡检查中仅能透过窥视窗进行检查，能够完成的检查项目少。为方便直观观察电刷与集电环运行状态，进行励磁小室检查窗改进的可行性论证。

（5）加强技术培训。应加强电刷更换、安装的技术培训工作，制定工艺标准，提高电刷研磨工艺水平，建立电刷弹簧压力定期抽检制度，规范设备台账管理。

案例 142　高压厂用变压器压力释放保护动作导致 1 号机组 6kV 母线失电

一、事件经过

2007 年 3 月 24 日 10:17，1 号高压厂用变压器压力释放保护动作，DCS 上出现以下现象及报警：

（1）1 号高压厂用变压器压力释放保护动作。

（2）1 号机组直流系统接地。

（3）1 号主变压器高压侧开关 2201 跳闸，1 号机组 6kV 母线电源进线开关 611 跳闸，1 号机组 6kV 母线备用电源进线开关 061 自动合上，1 号机组 6kV 快切装置出口闭锁。

（4）380V 循环水泵房 MCC 母线自动切换机组公用 B 段供电，导致 2 号机组 B 循环水泵跳闸，2 号机组真空泵 A 自启。

（5）2 号机组负荷回切（RUN BACK）动作，2 号机组负荷由 380MW 快速下降（最低降至 210MW），2 号机组 ALR ON（自动负荷调节系统投入）、AGC、一次调频自动退出。

（6）调压站 2 号水浴炉熄火，DCS 上发 1、2 号水浴炉水位低报警。

（7）主机 6kV 自动转辅助电源时造成供热炉 380V 电源失压，2 号供热炉压缩空气电磁阀关闭，燃油电磁阀及 A2、B1、B2 油枪电磁阀关闭，2 号供热炉熄火。

（8）油区 D 泵跳闸，A 泵联动。

二、原因分析

检查发现 1 号高压厂用变压器压力释放装置严重进水，检查绝缘为 0，从而引起 1 号机组 110V 母线接地故障，最终致使 1 号高压厂用变压器压力释放保护误动作，跳开 1 号主变压器高压侧开关 2201 及 1 号机组 6kV 母线进线开关 611。

三、防范措施

（1）将主变压器、高压厂用变压器、启动备用变压器的压力释放保护出口改为投信，不跳相关设备。

（2）将循环水泵出口蝶阀控制电源由 380V 循环水泵房热力配电段转移至循环水泵房 UPS 电源供给，保证 380V 循环水泵房 MCC 段母线（为热力配电段供电）电源切换时，循环水泵出口蝶阀控制电源不断电，保证循环水泵稳定运行，不发生跳泵事件。

（3）取消一台循环水泵跳闸导致机组 RUNBACK 逻辑。

案例 143　主变压器压力释放动作燃气轮机跳机，中旁超温导致汽轮机联跳

一、事件经过

2015 年 4 月 15 日 13:42，机组 AGC 投入，机组负荷为 315MW，燃气轮机负荷为 205MW，汽轮机负荷为 110MW。汽轮机报“汽轮机发电机励磁操作报警”，ECS 画面报“发电机-变压器组保护 C 屏_压力释放 A 相信号发生”。汽轮机跳闸，高、中、低压旁路各开 50%，减温水自动投入。运行人员发现燃气轮机继续增负荷，手动将燃气轮机负荷设定至 200MW。13:43，燃气轮机跳闸，无异常报警。就地检查汽轮机主变压器北侧压力释放阀动作，事后分析由于中压旁路后温度高保护动作，联跳燃气轮机。再热器热段安全阀动作，阀后管道脱落。

二、原因分析

（1）主变压器呼吸器过紧，排气不畅。

（2）中压旁路减温水调节特性不好，没有及时控制中压旁路后温度。

三、防范措施

（1）重新调节呼吸器，退出压力释放保护。

（2）修改逻辑，RB 在燃气轮机负荷为 150MW 以上自动投入，燃气轮机负荷为 150MW 以下自动退出。中压旁路后温度控制自动值由 160℃降至 130℃，设定值变化率由 2℃/s 改为 0.5℃/s。

（3）修理再热器热段安全阀后排汽管道。

案例 144　柴油发电机启动后跳闸

一、事件经过

2016 年 12 月 11 日，某电厂按 11 日定期试验项目，运行人员开票做“‘二拖一’柴油发电机启动试验”。10:30，“二拖一”柴油发电机启动后跳闸，就地发“Exhaust or Difference”报警信号。配合点检查原因，启动 4 次未成功，报警均为“Exhaust or Difference”。

10:00，到“二拖一”柴油发电机房依据操作票进行启动前检查。就地检查设备无异常，冷却液液位高度在液位计中间部位，控制柜无报警信息，联系单元监盘人员，可以启动“二拖一”机组柴油发电机组。

10:20，DCS 启动“二拖一”机组柴油发电机，发现电压到 259V 时，柴油发电机跳闸。就地两人也发现柴油发电机排烟后跳闸，汇报单元长。就地检查，发现控制柜有报警信号，信号为“Exhaust or Difference”，查看规程未见有此项报警说明。值长要求就地不复归报

警信号，联系电气点检人员到现场进行处理。

10:35，电气点检人员到现场后，查看控制箱内接线无异常，查看控制箱内继电器报警情况无异常。要求运行人员就地复归报警，再次启动“二拖一”机组柴油发电机。启动后“二拖一”机组柴油发电机再次跳闸，现象同上次一致。根据报警信号的英文翻译怀疑是机械部分有问题。单元长打电话联系机务点检、检修人员到现场进行检查。

11:35，按电气点检要求再次启动“二拖一”机组柴油发电机，启动后再次跳闸，报警信号同第一次一样。点检人员要求，保持就地报警信号不要复归，等待厂家进行处理。

16:50，电气点检人员分析“二拖一”机组柴油发电机启动后跳闸的原因，需运行人员启动柴油发电机进行配合。

17:47，第 4 次启动，30s 后跳闸。分析：柴油发电机启动前冷却液液位高度在液位计中间部位（液位计无刻度指示），满足启动条件。待柴油发电机启动后，冷却液液位下降，触发保护，使柴油发电机掉闸。因冷却液液位低跳闸信号与排气压力跳闸信号捆绑在一起，柴油发电机跳闸时只发“柴油发电机排气压力跳闸”信号。立即联系值班人员给“二拖一”机组柴油发电机补加冷却液，液位加至距液位计顶部 30mm 左右。

19:29，试启动“二拖一”机组柴油发电机，正常。

二、原因分析

柴油发电机在运行、备用不同状态下，冷却液液位变化与液位低保护不匹配。冬季受气温影响，在柴油发电机备用时，冷却液液位满足启动条件，而柴油发电机启动后，冷却液液位下降达到临界值，触发“冷却液液位低”保护，柴油发电机跳闸。

冷却液液位无刻度指示，不方便检查，易造成个性差异。运行规程规定为“检查冷却液液位，从加液口检查液面，液面低于盖口 50mm”。

故障信号不明确，影响正确分析判断。冷却液液位低跳闸信号与排气压力跳闸信号捆绑在一起，柴油发电机跳闸时只发“柴油发电机排气压力跳闸”信号。故障跳闸后，运行、点检人员分析原因不准确，4 次启动均不成功。

三、防范措施

（1）增加柴油发电机冷却液的液位标尺，明确标注高低液位。修改运行规程，明确在备用、运行不同状态下，冷却液液位范围。

（2）优化保护设置，将多个保护发同一信号的，进行拆分，对应完善规程内容。

案例 145　柴油发电机蓄电池老化无法启动

一、事件经过

2010 年 10 月 8 日 05:00，做定期试验。做 2 号柴油发电机空载和带负荷试验时，发现 2 号柴油发电机就地启动失败，经检修人员检查后确认是 2 号柴油发电机蓄电池老化，启动容量不够。

二、原因分析

柴油发电机启动时作为启动电源使用，由于蓄电池老化，造成柴油发电机启动失败，保安段失去柴油发电机备用电源。

三、防范措施

柴油发电机空载和带负荷试验是检查柴油发电机是否能够正常启动运行的定期试验，在日常工作中应严格按要求执行柴油发电机的各类定期试验，发现异常情况应及时联系检修人员处理，确保柴油发电机良好的备用状态。

案例 146　自动电压控制（AVC）装置故障

一、事件经过

2011 年 1 月 20 日 14:15，某电厂 3 号机组正常运行过程中，DCS 显示 3 号机组 6kV 母线电压达到最大值 6.6kV（规程中对 6kV 母线电压的规定为 6.0～6.3kV，最高不得超过 6.6kV，最低不能低于 5.7kV）。经中调同意后，退出 3 号机组 AVC，手动减励磁，降低发电机机端电压，使 3 号机组 6kV 母线电压恢复正常。

二、原因分析

经电气检修人员检查后确认，3 号机组 AVC 装置故障，导致机组运行中 AVC 未能正常调节机端电压，导致相应机组 6kV 母线电压超限。

三、防范措施

AGC、一次调频、AVC、PSS（电力系统稳定器）等装置是重要的远控或自动设备，中调对上述装置的投入率、动作正确率等均有严格的考核，机组运行时均应正常投入。若因为系统或设备故障，需要退出上述装置时，应征得中调当值调度的同意，在消缺完成后应及时汇报中调，将装置投入正常运行方式。

案例 147　定子接地保护动作机组跳闸

一、事件经过

10 月 18 日 08:05，某电厂 11 机组启动，汽轮机满足冲转条件，开始冲转；08:13，11 号汽轮发电机启动励磁。当机端电压上升至 9.4kV 时，机组主汽门、调节汽门关闭，机组跳闸，灭磁开关联跳。查 DCS 有“汽轮机保护全停”“灭磁开关联跳”“发电机定子 $3U_0$ 接地”报警，就地检查保护柜上有相同报警，可复归。重新合上励磁开关，汽轮机挂闸升速到 3000r/min，运行人员通知检修人员到场检查，同时进行就地检查，未发现设备异常；08:35，应检修要求再次启动励磁，当机端电压上升至 9.4kV 时，仍发“汽轮机保护全停”

“灭磁开关联跳”“发电机定子 $3U_0$ 接地”报警，现象与前次相同。检修人员测得 $3U_0$ 动作值达 100V。

08:43，复归报警后，重新合上励磁开关，汽轮机挂闸升速到 3000r/min，进行手动启动励磁试验。在就地励磁柜上选 FCR（励磁电流调节功能）控制，手动方式控制励磁，启励后，发电机电压快速上升到 5.0kV 左右，立即就地进行减磁操作，当机端电压降到 3.5kV 左右时，机组跳闸，定子 $3U_0$ 接地保护动作，现象与前两次相同。

09:32，11 号汽轮机打闸停机；14:40，检修检查完毕，11 号发电机出线设备及主变压器低压侧电缆、外观均未发现异常。

14:50，10 号燃气轮机启机，进行 11 号汽轮发电机启动励磁试验；15:35，11 号汽轮机定速，拉开汽轮发电机出口断路器 511G，不带主变压器手动启动励磁，发电机电压升至 3.5kV 正常；15:40，不带主变压器自动启动励磁，发电机电压升至 12.5kV，励磁电流为 4A；15:58，11 号汽轮发电机带主变压器启动励磁，$3U_0$ 动作，机组跳闸。启动励磁初期各电压互感器二次电压正常，跳机时两个电压互感器 A、C 相对地电压为线电压，B 相对地电压为 0，当机组跳闸后测量两个电压互感器 A、C 相有残压，而 B 相无残压。由此判断主变压器至 511G 断路器间 B 相电缆有故障，即进行相关检查。

拆开 11 号主变压器低压侧 B 相电缆（共 6 根）连接，对 B 相电缆进行耐压试验时发生永久性击穿（2 倍耐压试验），然后分别对 B 相每根分别摇绝缘，其中有一根电缆绝缘为零，将该电缆拆除后把其他合格电缆接回 511G。再次对 A、C 相电缆带低压侧绕组及 B 相电缆进行 2 倍耐压试验均合格。耐压试验后测量绝缘（此次用 5kV 绝缘电阻表测量），主变压器低压侧 B 相电缆为 50 000MΩ，其他两相带主变压器低压侧绕组为 20 000MΩ。

21:40，机组试启动；22:30，11 号汽轮机定速，发电机自动启励后，发电机电压为 10.6kV，励磁电压为 16.2V，励磁电流为 5.31A，$3U_0$ 为 1V，定子电流 A、B、C 相各约 3A（当时显示 9.17/12.1/7.67A，停机时零位 6.16/9.17/4.68A）；22:35，11 号发电机并网带负荷正常；19 日，更换故障电缆。

二、原因分析

发电机至变压器 B 相电缆绝缘不合格，导致机组启动励磁时发生定子接地故障，造成发电机保护动作，机组跳闸。对故障电缆进行检查，发现该电缆在经过电缆沟拐角处，其托槽铁板水平对接部分向上翻边，没有铆平，也没有采取垫胶皮等措施，而电缆直接摆放在其突出锋利部位上面，因电缆自重长时间压迫摩擦，最终导致绝缘层的破损。但电缆破损后没有形成金属性死接地，所以故障时表现为，当机端电压高于一定值时绝缘才被击穿，且降压后其绝缘可以自行恢复，故在本次事故的检查处理过程中停机状态下测量绝缘及直阻，均正常。

三、防范措施

（1）吸取 11 号发电机电缆损坏事件的教训，举一反三，立即对全厂电缆沟内电缆摆放情况进行检查，重点为电缆沟拐角处。

（2）加强外包施工项目的工艺质量监督与验收。

（3）再次强调主设备保护退出的决定权在厂长（总工）。当主设备保护动作后，首先通过试验确认保护装置及二次设备的可靠性，然后通过试验确定一次设备存在的问题，当上述试验不能找出故障原因时，才可向厂长（总工）申请通过试验的办法来查找故障点。

案例 148 循环水泵电动机短路跳闸引起跳机

一、事件经过

2012 年 6 月 26 日 02:11:23，某电厂 1 号燃气轮机 1 号循环水泵运行中跳闸，3 号循环水泵联启正常，1 号凝结水泵变频跳闸，2 号凝结水泵联启正常，1 号循环水泵出口母管压力由 92kPa 降至 51kPa；02:11:51，1 号机组跳闸。02:12，运行人员抢合 1 号循环水泵未能成功。检查 1 号机 MARK Ⅵ报警画面上跳机首出原因是励磁保护动作，显示 MASTER1 故障代码“77”，MASTER2 故障代码“110”，PROTECTION 故障代码“77”，1 号机组发电机-变压器组保护辅助继电器“74/86G-2A”动作，导致 1 号燃气轮机跳闸。

设备管理部电气专业人员赶到现场通过查看 1 号循环水泵 6kV 综合保护装置跳闸记录，显示“电流速断动作”，动作时间为“02.11.17.371”，保护装置上显示跳闸时，A 相故障电流 A 相为 111.08，A、C 相故障电流为 102.92A（均为二次电流值，电流互感器变比为 150/5），折算到一次故障电流，A 相为 3332A，C 相为 3087A。运行抢合后电流速断保护第二次动作，动作时间为“02.12.28.024”，保护装置上显示故障电流为 A 相 109.14A、C 相 115.15A，折算到一次故障电流 A 相为 3270A，C 相为 3454A。至就地检查发现 1 号循环水泵电动机接线盒外壳已烧黑，判断电动机接线盒内出现了短路。

同时查 EX2100 励磁装置上保护代码“77”为励磁装置整流桥触发回路与母线电压失去同步，励磁保护启动出口，使发电机-变压器组保护辅助继电器“74/86G-2A”动作，引起机组跳闸。

检修人员将 1 号循环水泵电动机接线盒打开后，发现中性点三相电缆接线端子已有 2 相全部熔化，另一相部分熔化，但三相并接螺栓基本完整，螺帽无松动，接线盒底部有明显铜的熔化物。三相进线电缆接线端子处均有不同程度的弧光损伤，其中 A 相接线端子基本完好，B、C 相损伤较为严重，打开电动机接线盒两侧通风窗检查电动机内部无受损现象，6 根电缆引出线除接线鼻子处有损伤外，其他部分无烧熔和炭化现象，初步判断电动机内部没有发生故障及损坏。

二、原因分析

初步判断是中性点侧 3 根电缆中某相电缆接线端子压接处长时间运行后出现松动或导线断股，运行中发热并引起接线端子压接处熔化。

事故时中性点处发热熔化后所产生的电弧造成相邻电缆连接处绝缘损坏，电动机相间短路保护动作跳闸，引起 6kV 母线电压畸变及降低。调阅 DCS 上的 1 号机组 6kV 母线电压曲线，在第一次短路时 IA 段母线 A、C 相间电压降至 5.57kV，持续时间超过 3s，同时 IB 段 A、C 相间电压降低。

1 号凝结水泵变频装置跳闸，查故障记录为高压失电保护动作，联系变频器厂家技术人员后，确认当母线任一线电压低于 4.5kV 时变频装置报高压失电瞬时跳闸，因此，可以确认在故障瞬间 IB 段母线电压已降至 4.5kV 以下。同时，1 号机组高压厂用变压器保护装置 T60－AUX 上复压过流保护元件也已启动，查低电压启动定值为 0.7PU，表明此时母线电压已低于 4.2kV，大大低于正常运行值，与上述凝结水变频高压失电跳闸现象相吻合。

由于设计中励磁电源采用 6kV 厂用电源，在 6kV 母线电压波动畸变及大幅下降的情况下，最终造成 EX2100 励磁装置检测到整流桥触发回路与母线电压失去同步，保护动作发跳闸命令，使 1 号燃气轮机跳闸。

三、防范措施

（1）加强设备巡检，特别是对高压电动机和重要低压电动机的日常巡检，明确责任人，建立设备巡检记录。

（2）进一步加强安全隐患和不安全因素的排查治理，对设备健康状况进行超前分析，对事故进行超前预防，加强管理，将事故消灭在萌芽状态，尤其是针对平时较少检修的设备，要充分利用检修机会进行检查。

（3）完善设备计划检修项目内容，及时预防缺陷的发生，切实落实设备管理“预防为主、超前控制”的管理理念，并通过制度进行强化落实。

（4）对 3 号循环水泵中性点接线方式进行改造，采用铜排短接的方式，避免出现类似问题。

（5）利用停机机会安排一次对全厂高压电动机及重要辅机接线情况的检查，及时发现问题并进行处理。

（6）针对此次事故中 6kV 设备短路时母线电压波动引起励磁保护动作的情况，加强与 GE 公司工程技术人员的沟通与联系，寻求技术支持，以防止类似情况的发生，在未得到明确修改方案之前，加强高压电动机接线的检查，避免再次发生类似事故。

案例 149　燃气轮机逆功率挂网运行手动打闸停机

一、事件经过

2014 年 6 月 18 日 15:22，某电厂 2 号燃气轮机燃烧调整试验结束按计划停机，燃气轮机发停机令，自动执行停机顺序控制，有功负荷降至 20MW 并继续下降，无功功率一直为 20Mvar，有功负荷下降至－11MW，燃气轮机仍未解列，运行人员立即手动打闸停机。

二、原因分析

燃气轮机停机顺序控制逻辑为燃气轮机发停机令降有功负荷，当有功负荷小于 2MW 时，无功负荷小于 3Mvar，自动断开发电机出口开关，燃气轮机解列，但燃气轮机停顺序控制只有降低有功负荷逻辑，无降低无功负荷逻辑，无功负荷无法自动降低，导致自动断开发电机出口开关条件不满足，而燃气轮发电机逆功率保护定值为－18MW，未达到逆功率保护定值，燃气轮机逆功率挂网运行。

三、防范措施

优化燃气轮机停顺序控制逻辑，降低有功功率，同时降低无功功率。在逻辑优化前手动降低无功功率，避免燃气轮机逆功率挂网运行。

案例150　大修后燃气轮机发电机转子绝缘塞块松动

一、事件经过

2011年6月22日，某电厂2号机组大修结束，连续盘车24h后整组启动，发电机处于同步电动机状态冷拖升速，转速至200r/min时进行打闸听声检查，发现发电机内有异响。经多次仔细侦听，异响情况归纳如下：

（1）盘车状态下，发电机内部无异响。

（2）冷拖升速至30r/min开始出现敲击声，转速越高敲击频率也越高，转速至300r/min时异响完全消失。打闸惰走，当转速降至260r/min时异响又开始出现，至30r/min时异响消失。

（3）当侦听部位从励端向汽端移动时，发现异响声明显变弱。

二、原因分析

上述现象表明异响与转子转速有关，与电磁场无直接关系，敲击的部位在转子励端。发电机大修时进行了抽转子检查（没有拔护环），未见任何松动的部件，因此认为松动的部分在护环内，很有可能就是转子端部绕组间的绝缘塞块。

护环下的端部绕插着很多绝缘塞块（又叫楔块，见图4－15）。绝缘塞块本体是质地较硬的绝缘块，顶部有一张约2mm厚的柔性固定片，通过2个螺钉固定在绝缘塞块上。绝缘塞块插在两个线圈端部绕组之间，对两个线圈端部绕组起着紧固的作用，防止端部绕组在运行中发生不对称的位移以及匝间绝缘垫条移位。绝缘塞块夹在两个线圈之间，固定片挂在绕组上面，可以防止绝缘塞块在重力作用下往下（转子铁芯方向）移动，转子护环压着绝缘塞块固定片，可以防止绝缘塞块在离心力的作用下往上（离心方向）移动。因此推断：某块绝缘塞块与固定片松脱。转速较低时，离心力小于重力，当塞块转至上部，重力克服离心力使得塞块向内移动，离开护环内壁；当塞块转至下部，重力和离心力同时驱使塞块向外移动，撞击护环内壁，发出异响。随着转速升高，离心力大于重力，绝缘塞块就只能一直贴着护环内壁，异响消失。

在额定转速下，松脱的绝缘塞块在强大离心力的作用下只能紧贴在护环内壁，对机组的运行影响不大。但是，机组启停过程及盘车过程中，绝缘塞来回活动，虽然固定片螺钉多数还固定在绝缘塞块上，但也不能排除松脱的可能性，而且螺钉是导电体。因此，认为存在潜在危害，有以下几种可能性：

图 4－15　发电机转子端部绕组及绝缘塞块分布

（1）在发电机惰走、盘车或冷拖过程中，都存在螺钉活动至某个位置导致转子绕组短路、接地的可能性，如果短路发生在冷拖过程，就会造成设备损坏。

（2）绝缘塞块长期活动，塞块与碰磨的端部绕组都会发生严重磨损，造成两个线圈端部之间的间隙太大，在运行中就可能发生不对称的位移，引起发电机转子异常振动、匝间短路故障等。

（3）绝缘塞块也有可能掉出来，落到发电机定子端部绕组上，并随着发电机定子绕组的端部振动而振动。如果落下的绝缘塞块紧贴住定子绕组端部线棒，在振动中与线棒表面的绝缘层发生碰磨，将逐渐磨穿线棒表面的绝缘层，并导致定子短路接地故障。

三、防范措施

（1）每次启停机应尽量缩短转子在 30～260r/min 转速区间运行的时间，从而减少绝缘塞块与线圈之间的摩擦次数，并安排专人对异响进行监听，及时发现异响的变化情况。

（2）运行中应加强监测发电机各项参数。例如，转子的交流阻抗、振动值等，有异常变化立即停机检查。

（3）利用机组小修机会，对发电机进行抽转子、拔护环检查。

案例 151　发电机转子绝缘塞块螺钉飞脱引发转子接地故障

一、事件经过

2011 年 9 月 10 日 00:00，某电厂 2 号机组正常停机，发电机存在异响情况，惰走 42min 后进入盘车状态。9 月 11 日 01:00，励磁系统在燃气轮机 MARK Ⅵ控制系统及就地同时发转子接地报警。经进一步检查试验，确认为发电机转子绕组接地。

初步认为接地的原因是绝缘塞块螺钉飞脱造成的。为防止螺钉位置发生变化导致接地点消失，立即做了交流试验和直流试验，判定接地点在紧靠内滑环处，很可能在励端内环极导电螺钉附近。交/直流试验数据见表 4－4。

表 4-4　　交/直流试验数据

项目	交流试验数据				直流试验数据	
绕组电流（A）					20	40
内、外滑环间电压（V）	10	30	50	70	5.96	11.65
外滑环间电压（V）	9.64	29.89	49.8	69.9	5.73	11.41
内滑环间电压（V）	0.108	0.162	0.18	0.203	0.079	0.197

注　交/直流试验：在转子内、外滑环（即正、负滑环之间施加隔离交流）直流电源，分别检测两滑环对转子大轴电压。

在发电机抽转子过程中，接地点一直存在，转子抽出来后不断转动查找故障点时，接地点突然消失，同时发现转子直阻随转动而发生变化。实测转子直阻数据见表 4-5。

表 4-5　　实测转子直阻数据

转动角度（°）	7	90	118	173	230	310	340
直阻（mΩ，31.8℃）	300.0	298.6	284.8	272.4	269.9	280.1	326
偏差（%）	10	9	4.5	0	0.9	2.8	19.7

注　上次大修转子直阻实测值（折算到 25℃）为 278mΩ。

拔出发电机转子励端护环，没有发现成型导电物体和电弧痕迹，但发现护环绝缘瓦内表面裸露部位有黑色粉末，且对应内环极导电引线螺钉处最多，四周逐渐减少直至消失。经化验，黑色粉末的主要成分是铁，带磁性。检查发现一个绝缘塞块的固定片撕裂（见图 4-16）。

拔出发电机转子汽端护环，准备翻出 1 号线圈检查内环极导电螺钉时，发现用手推该引线螺钉能略微晃动，焊开与 1 号线圈底匝的连接，晃动幅度明显增大，本应拧不动的压帽能转动约 2/3 周，即径向向下可移动约 12mm。拆下的压帽和引线螺钉有明显磨损痕迹，压帽下的引线螺钉和转子大轴形成的空腔内弥漫着许多黑烟，位于该腔内的引线螺钉外侧上面覆盖大量铁质黑粉（见图 4-17）。

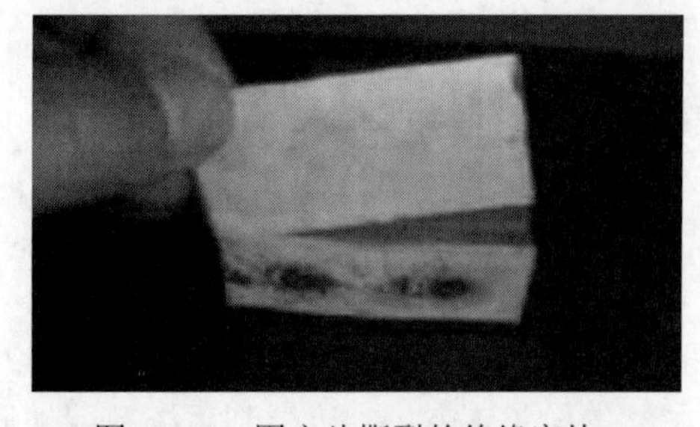
图 4-16　固定片撕裂的绝缘塞块

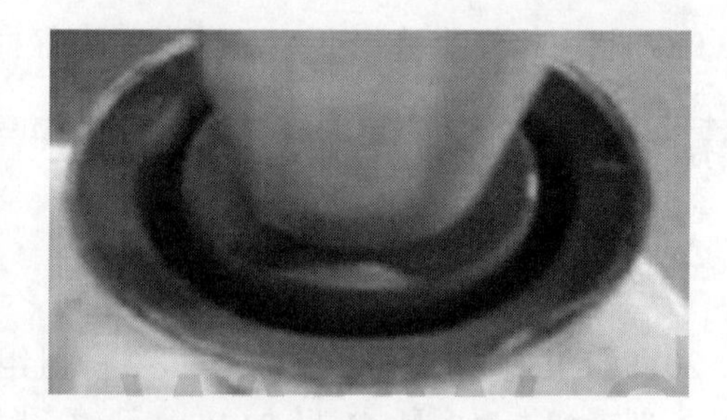
图 4-17　压帽下部的引线螺钉

引线螺钉与导电杆的导电接触面部位（侧立面）有磨损痕迹和黑粉，引线螺钉与线圈相连的软连接根部有裂痕（见图 4-18 和图 4-19）。

处理方法是更换内环极导电螺钉、压帽和导电软连接、损坏的绝缘塞块，回装，正常投运。

图 4－18　导电螺钉导电接触面磨损

图 4－19　软连接根部裂痕

二、原因分析

（1）异响及接地原因。从励端护环处发现一块固定片撕裂的绝缘塞块，证明对发电机内部异响的分析判断是准确的。虽然无法还原接地故障点，但是，现场的检查情况与试验判断的接地点相吻合。分析推断如下：

由于内环极压帽没有压紧，发电机正常运行时，导电螺钉在强大离心力的作用下会压紧压帽，不会松动，但在转子受到系统振荡产生的电磁力或燃气轮轮机引起的机械力冲击时，会产生较大振动。在启停过程中，导电螺钉在重力作用下会左右摆动，与导电杆及压帽产生磨损，长时间后生成大量含金属粉末，沿压帽与导电螺钉的间隙进入转子绕组端部区域。

一部分随旋转产生的离心力附着在护环绝缘瓦上，另一部分被旋转产生的风力吹拂到槽口，但大部分存留在压帽以下的孔内。转子高速旋转时，粉末被甩在压帽下的导电螺钉上部，此时不会出现转子接地，但当停机时，这些粉末下落，覆盖在孔内导电杆的绝缘层上，使导电杆与转轴短接，造成接地故障。

（2）转子绕组的直阻与转子停放角度相关的原因。由于内环极导电螺钉松动，转子转动时导电螺钉会左右摆动，导电螺钉是通过侧立面与导电杆接触导电的，转子停放角度不同，螺钉摆动幅度不同，使得导电面积不同。因此，直阻的测量结果也不同。另外，由于螺钉摆动与 1 号线圈连接处是焊接固定的，螺钉摆动会造成软连接引线根部疲劳断裂。

（3）接地故障点消失的原因。当导电螺钉朝上时，粉末下落并覆盖在导电杆绝缘上，引起转子接地；当导电螺钉旋转到朝下位置时，受重力作用部分粉末会离开导电杆，接地故障有可能消失。另外，多次转动后，部分粉末掉入导电杆的导电孔内，随着粉末数量的减少，无法将导电杆与转轴短接，因此，接地现象随后消失。

（4）导电螺钉松动的原因。根据现场发现的磨损痕迹看，磨损量不足以产生如此多的粉末量，而且磨损的部件都不含铁，而粉末的主要成分是铁。由此推断，在制造厂装导电螺钉时，有含铁异物留存在导电杆的导电孔底与导电螺钉底部之间。此时压帽虽然拧紧，当转子长时间运行时，特别是频繁的调峰运行，交变力将异物压碎并磨成粉末，同时造成压帽与螺钉出现间隙，导致压帽没有拧紧的现象。

三、防范措施

（1）运行中应加强监测发电机各项参数。例如，转子的交流阻抗、振动值等，有异常变化立即停机检查。

（2）保持发电机环境清洁，采取措施消除轴承漏油甩油，勤清扫滑环及整流子的油污和炭粉，对电刷经常做好维护。开启式运行的发电机应定期进行停机清灰。环境潮湿或长期备用的发电机要注意防潮。

（3）机组检修应做好相关试验，并安排护环检查。

案例 152 燃气轮机静态变频启动装置输出熔断器老化烧毁导致燃气轮机启动失败

一、事件经过

某电厂共 4 台燃气轮机组，设置 2 台 LCI（静态变频启动装置），任何一台 LCI 可以任意启动任一燃气轮机，LCI“一拖二”单线图见图 4－20。

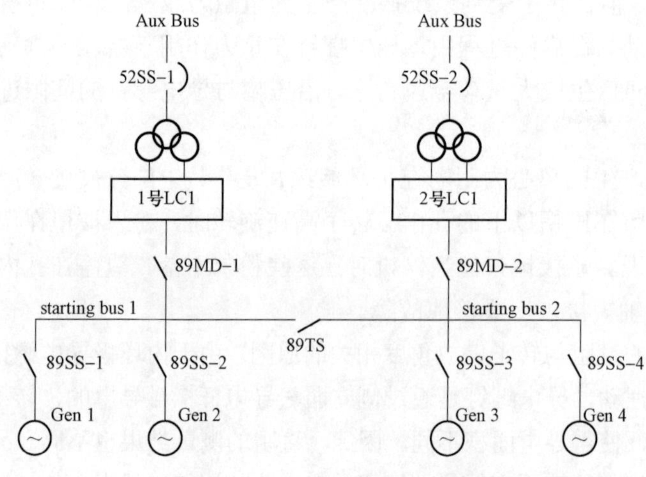

图 4－20 LCI“一拖二”单线图

05:30，1 号机组选择 1 号 LCI 启动；05:50，升速至 1512r/min，机组跳闸，首出“静态启动装置遮断”。检修人员到现场检查未发现异常，报警未发现异常，重启控制器后报警消失。

06:00，2 号机组选择 2 号 LCI 启动，正常升速；06:24，2 号机组并网。

06:27，1 号机组选择 2 号 LCI 启动，正常升速；06:52，2 号机组并网。

07:19，3 号机组选择 2 号 LCI 启动；07:39，升速至 1723r/min，机组跳闸，首出“静态启动装置遮断”。装置报警“整流桥 A 过载”，检修人员到场检查未发现异常，复位后报警消失。

08:12，3 号机组选择 1 号 LCI 启动，升速至 40r/min，机组跳闸，首出“静态启动装置遮断”。

08:17，3 号机组选择 2 号 LCI 启动，升速至 71r/min，机组跳闸，首出“静态启动装置遮断”。

08:30，就地检查 2 号 LCI 控制器报警“Load overcurrent”负荷过载，控制小间有轻微异味，检查 89MD－1 的输出熔断器，发现 A 相 3 个熔断器均炸裂。检查 1 号 LCI 控制器报警“Failure tostart”，启动失败。

二、原因分析

（1）1 号 LCI 第一次启动到 1512r/min 跳闸时，1 号 LCI 的输入电流为 1049A，与正常启动时此转速下对应的输入电流基本一致，LCI 的输出电流无法直接读得。核对 LCI 故障跳闸的电流变化曲线与正常启动的电流曲线一致，判断 1 号 LCI 内部没有问题，输出熔断器炸裂的原因是器件老化。

（2）1 号 LCI 第二次启动时跳闸，分析由于 LCI 已缺相输出，在发电机加励磁后，由于初期 LCI 是采用强制整流启动的，故两个磁场的作用仍将发电机拖动到 40r/min，但随即整流桥检测到缺相过载，保护立即动作跳闸。

（3）2 号 LCI 第三次启动到 1723r/min 时跳闸，报警已发出“整流桥 A 过载”，由于经验不足，没有仔细分析，这时输出熔断器应该已经炸裂，炸裂的原因主要是由于连续启动机组，熔丝的热量未完全散去，热量积累导致熔丝熔断。核对 LCI 故障跳闸的电流变化曲线与正常启动的电流曲线一致。判断 2 号 LCI 内部没有问题。

（4）2 号 LCI 第四次启动到 71r/min 跳闸，原因与 1 号 LCI 第二次启动跳闸一致。同样是由于此时 2 号 LCI 单相输出熔断器已经炸裂，LCI 缺相输出，在发电机加励磁后，LCI 初期强制整流启动，磁场作用将发电机拖动至 71r/min，而后整流桥检测到缺相运行，保护动作跳闸。

三、防范措施

（1）由于 LCI 输入电流与发电机的输出熔断器的定值相差不远，导致 LCI 长期在定值边缘运行，加速了输出熔断器的老化，故根据 GE 公司的 TIL（技术通先函）文件，将 LCI 的输出熔断器由现在的 1050A 更换为 1400A。

（2）对 LCI 的连续启动，规定 15min 的冷却时间，以使隔离变压器、可控硅、输出熔断器的热量能散出，保证设备的正常运行。

（3）增加 LCI 小室的空调数量，加大 LCI 小室室内的冷却力度，使得 LCI 小室内隔离变压器、可控硅、输出熔断器的热量能够尽快散出，保证了 LCI 的正常运行。

案例 153　永磁机输出熔断器底座烧损，失磁保护动作导致停机

一、事件经过

2015 年 12 月 13 日 06:56，某电厂 3 号燃气轮机负荷为 75MW，4 号汽轮机负荷为 45MW，机组在 AGC 方式运行，燃气轮机、汽轮机运行参数正常，励磁调节器运行方式 A

套为主，B 套为从。

06:56:26，发 4 号机 AVR 低励信号；06:56:27，发欠励信号；06:56:30，发 4 号发电机失磁保护 1 段动作；06:56:33，4 号汽轮机发电机失磁保护动作，4 号汽轮机跳闸；06:56:35，3 号燃气轮机跳闸。

二、原因分析

经检查为永磁机输出配置熔断器烧损造成励磁电源中断，发电机失磁保护动作，机组跳闸，永磁机输出熔断器是由螺钉紧固在熔断器插座上后插入熔断器底座，检查发现负荷侧熔断器底座烧损严重，胶木部分已碳化，可以断定是由于负荷端插接不良，长时间过热导致烧损。

汽轮机跳闸联跳余热锅炉逻辑为“汽轮机跳闸且低压旁路在关位”持续 30s 或“汽轮机跳闸且高旁在关位”持续 30s。而实际汽轮机跳闸 2s 后余热锅炉跳闸，逻辑检查发现因设计错误，正常运行情况下“汽轮机高、低压旁路在关位”信号一直存在，“低压旁路在关位”持续 30s 及“高压旁路在关位”持续 30s 条件被提前触发，机跳闸条件满足后，直接联跳余热锅炉。

三、防范措施

（1）对输出熔断器及接线进行紧固处理，举一反三，对其他机组进行检查，排除隐患，对两套机组永磁机接线端子盒每半月进行一次热成像检查。

（2）经与制造厂家及设计人员沟通，考虑到永磁机至励磁调节器电缆较短故障概率极低，可利用机组停备机会取消永磁机输出极接地及输出熔断器，其他机组一并实施此方案，暂时可此采取红外成像手段进行检测。

（3）对 4 号汽轮机 DCS 程序进行了完善修改。将“汽轮机高、低压旁路在关位”条件和“汽轮机跳闸条件”进行“与”逻辑后，延时 30s 再触发余热锅炉跳闸。同时，对 2 号汽轮机 DCS 程序进行了检查，发现程序也存在同样问题，由于 2 号汽轮机正在运行中，因此暂时将“汽轮机跳闸且低压旁路在关位持续 30s”或“汽轮机跳闸且高压旁路在关位持续 30s”条件切除，并制定事故预想及防锅炉超压措施，待机组停备时再对 DCS 程序进行修改并下装。

第五篇　天然气及增压机系统

案例 154　增压机通道过载跳闸导致机组停机

一、事件经过

2006 年 6 月 15 日，1 号燃气轮机负荷为 192MW，天然气压力为 3.7MPa。12:18，天然气增压机机变频器事故跳闸，同时断开变频器高压断路器，天然气压力下降到 3.1MPa 报警。12:19，当天然气压力下降到 2.7MPa，1 号燃气轮机因天然气压力低跳闸。检修人员停电后将就地控制柜所有 I/O 卡件从 PLC 槽架上拆卸下来，使用压缩空气进行吹扫后重新安装。

二、原因分析

检查事故历史记录，天然气增压机跳闸时，几乎同时发出 3 个报警信号，顺序为"ZF 2080 Discrete Output Module Channel 1 Overload Fault"（过载报警）、"External Watchdog Fault"（看门狗故障）、"Fast Stop Latch"（快停压缩机），此 3 个信号从 PLC 中的逻辑输出均会导致压缩机跳闸（但不会断开变频器高压断路器）。

与增压机厂家技术人员共同对逻辑进行检查确认，控制系统逻辑设计采用了"看门狗"保护。即当 PLC 内部逻辑检测到控制器运行异常时，会通过模块 ZF 2080 通道 1 的输出和继电器构成的外部回路，驱动天然气增压机跳闸，并断开变频器高压断路器。但这种设计在模块 ZF 2080 通道 1 过载时，同样会通过外部继电器构成的驱动回路导致压缩机跳闸，同时断开变频器高压断路器，并发出事故追忆中上述 3 个报警信号。

根据以上 2 条原因确定为模块 ZF 2080 通道 1 过载，引起变频器事故跳闸，断开变频器高压开关。

三、防范措施

（1）厂家技术人员对压缩机控制系统逻辑进行修改升级。

（2）制定技术改造方案，在另一卡件上选取一个通道，增加冗余通道，实现二取二保护，避免由于卡件本身硬件故障导致通道过载。

（3）利用设备停运期间，热控专业和电气专业共同进行变频器保护信号传动试验，确认保护信号接线无误。

（4）利用设备停运期间，使用压缩空气对就地控制柜进行吹扫。

案例 155　燃气轮机燃料供应压力低保护动作导致停机

一、事件经过

2007 年 8 月 16 日 16:00，1 号燃气轮机负荷为 300MW；16:40，天然气供气压力为 3.72MPa，燃气轮机单元长通知天然气调压站值班工准备启动天然气增压机机（按规定 3.7MPa 启动）。17:00，调压站值班工投入后冷却器，启动天然气增压机运行正常后，关闭旁路门。17:34:25，1 号机组控制室“燃料气功气压力低”报警；17:34:36，“燃气轮机燃料气供应压力低跳闸”保护动作，1 号燃气轮机跳闸。

二、原因分析

检查发现天然气增压机调压撬出口电动门 2410 关闭，造成 1 号燃气轮机供气压力低，机组解列。

检查操作记录发现，调压站值班工在准备检查调压撬压力设定值时，在计算机操作画面上误开调压撬相邻设备调压撬出口电动门 2410 的操作界面，此时应点击“退出”按键，退出 2410 门的操作界面，但值班工直接点击“关闭”按键，将压缩机调压撬出口电动门 2410 关闭（注：“打开”和“关闭”按键操作截门状态，“退出”键关闭操作界面）；误操作后，值班工未能及时发现，没有采取补救措施，致使燃气轮机入口燃气供应量不足，“燃气轮机燃料气供应压力低跳闸”保护动作。故 2410 门关闭原因确认为人员误操作。

三、防范措施

（1）要求运行人员熟悉系统设备，操作前认真核实设备和操作步骤。

（2）加强岗位培训，重视辅助岗位的人员培训工作，提高全体运行人员的安全意识、技术水平。

（3）完善操作规程和系统图，规范压缩机启停操作票，规范操作步骤。举一反三，各专工规范其他操作规程步骤。

案例 156　增压机变频器可控硅故障跳闸导致机组停机

一、事件经过

2008 年 2 月 28 日 10:37:48，燃气轮机主控 TCS（燃气轮机控制系统）发燃气供气压力低报警，天然气调压站进站压力为 3.34MPa，出站压力为 2.98MPa，天然气压缩机变频器有报警及跳闸信号。10:39:13，主控 TCS 发燃气轮机供气压力低跳闸信号，机组跳闸。

二、原因分析

机组停机后检查发现天然气增压机变频器控制柜内有烧熔物，根据报警故障信息，检查可控硅整流器单元，测量 4U4C 整流器各元件，发现缓冲电容被击穿，导致变频器故障，增压机跳闸，1 号燃气轮机供气压力低跳闸保护动作，机组解列。变频器可控硅整流器单元 4U4C 整流器缓冲电容烧毁原因可能为电容存在质量问题，春季变频器室内灰尘较多，造成卡件绝缘性能降低，烧毁电容。

三、防范措施

（1）目前天然气增压机单机运行，无备用，旁路阀为手动开启，不能满足在压缩机及控制系统故障情况下的快速切换，建议尽快将天然气来气旁路阀由手动阀改为气动阀，并增加变频器跳闸启动旁路。或与增压机、变频器厂家联系，增加一台变频器，实现一用一备的运行方式，避免类似事故的再次发生。

（2）对新进电子元器件进行检测验收，在备品备件使用前再次进行检测校验。

（3）加强对变频器室的环境治理，发电部定期对变频器室等的地面卫生进行清扫。定期更换控制柜的空气滤网，对控制进行清扫。

案例 157　增压机入口管线气动阀关闭导致停机

一、事件经过

2008 年 4 月 29 日 16:25，某电厂运行人员监盘时发现 1 号燃气轮机 MARK Ⅵ发出“天然气入口压力低”报警，燃气轮机 RUNBACK 动作，负荷下降，增压机出口压力由 3.2MPa 下降到 1.0MPa，并继续下降，值长令在 MARK Ⅳ上手动停机。

停机后就地检查发现 1 号天然气增压机入口管线气动阀关闭。

二、原因分析

停机后热工人员到现场检查发现天然气控制系统 I/O 卡件运行指示灯绿色闪烁、通信指示灯红色闪烁、I/O 状态指示灯灭，CPU 到 I/O 卡件通信中断，I/O 卡件无输出，致使 1 号天然气增压机入口管线气动阀跳闸。

天然气场站控制系统 CONTROL_NET 网络中，原设计为 A、B 双通道冗余通信网络，但厂家前期调试过程中设置为单通道通信（设置为 A-ONLY），分析为 1 号增压机 CONTROL_NET 卡件 A 通道光缆接头松动切换 B 路通信时冗余通信系统未能发挥作用，使得设备网络通信中断，导致整个网络上到 I/O 卡件设备通信无响应，引发通信控制网内 I/O 卡件站点地址丢失，不能识别卡件地址，I/O 卡件组中的 DO 模块在无逻辑输入情况下输出由 1 变为 0，使其卡件下所带 ESD 阀继电器失电动作，致使 1 号天然气增压机入口管线气动阀失电关闭。

三、防范措施

（1）检查场站所有通信、控制线路连接。使用 RSNETWORX 软件在线读取场站系统网络框架 CONTROL_NET 文件，统一网络中所有设备数量、状态、KEEPER 地址，在网络属性中确认网络形式为双通道冗余（A/B）。重新保存至网络框架文件。重启系统电源，检查各处理器状态和网络冗余状态正常。

（2）完善运行规程，补充天然气场站异常情况下运行人员操作规程。

（3）会同厂家成立天然气场站技改优化工作组，优化完善场站控制方式。

（4）巡检人员、点检人员加强日常、定期巡检力度，发现问题及时处理。

案例 158　天然气成分变化燃烧不稳定导致跳机

一、事件经过

2008 年 5 月 20 日，某电厂事故前机组负荷为 300MW，燃气进站压力为 3.4MPa，天然气增压机运行，燃气轮机进气压力为 3.7MPa，燃气轮机运行正常。00:43，监盘发现机组负荷有下降趋势，且已经下降到 290MW，检查调度设定的 AGC 目标值是 300MW 未变化，TCS 没有报警信号，但燃气流量和燃气轮机控制信号输出 CSO（燃料控制值）都缓慢上升。00:44:29，TCS 来 18 号叶片通道温度偏差大报警。00:44:34，19 号叶片通道温度偏差大报警。00:44:37，TCS 来 6、7 号压力波动高预报警、报警、限制等报警并发出燃烧室压力波动高跳闸信号，机组跳闸。

二、原因分析

检查历史曲线，跳机前负荷降低，CSO 却由 64.5%升至 75.6%，ACPFM（自动燃烧压力波动控制器）发出“燃料系统异常”和“补偿抑制”报警。现场取气发现燃气成分中甲烷含量仅为 72.23%，远低于合格燃气 95%以上甲烷的含量；氮气含量为 23.98%，远高于 0.2%的标准。

分析表明，天然气成分变化是导致机组燃烧不稳灭火跳机的直接原因。经与天然气供应商核实，天然气管道改线施工结束开始恢复运行，由于施工工艺造成约 4000m^3 氮气无法放空，与天然气混合局部形成氮气段塞，氮气含量比较高，影响机组运行。

三、防范措施

加强与天然气供应商联系，及时掌握可能影响天然气品质的工作和时间。在天然气品质无法保证安全运行的情况下，机组调整运行工况。

案例 159　温度卡件故障造成增压机跳闸停机

一、事件经过

2008 年 7 月 10 日 17:51，运行人员监盘时发现 2 号增压机跳闸，2 号燃气轮机发出“天然气入口压力低”报警，燃气轮机 RUNBACK 动作，负荷下降。17:52，2 号燃气轮机跳闸，联跳 3 号汽轮机。就地查 2 号天然气增压机跳闸原因为“NP TEMPERATURE MONITOR FAULURE”（增压机轴承温度检控失败），检查增压机各轴承温度正常（最大值为 90℃），润滑油温正常（51.8℃），冷却水畅通，未发现明显异常情况。

热工人员现场检查天然气增压机跳闸首出原因为轴承温度监控失败。检查控制器、卡件状态、保护线路各个节点、端子排接线均正常，轴承温度测点正常，显示值正常，未达到跳机保护动作值，就地温度表也正常，检查控制逻辑内部控制回路，均无异常。

二、原因分析

在查证的历史曲线显示中，轴承温度6测点跳机时信号为零，造成增压机轴承温度监控失败，引发增压机保护动作跳闸，监测卡件故障原因需进一步分析。

三、防范措施

（1）联系厂家，更换该卡件，并对2号增压机相关保护进行彻底检查，防止类似问题继续发生。

（2）加强热工专业技术管理和技术培训。

案例160　控制卡件故障致使增压机跳闸

一、事件经过

2008年11月9日，某电厂1、3号机组运行，1号燃气轮机负荷为219MW，3号汽轮机负荷为96MW，AGC退出。19:25，1号燃气轮机Mark Ⅵ发出报警“Gas Fuel Pressure Low（天然气压力低）”“Gas Fule Supply Pressure Low（天然气供应压力低）”，NCS系统发出报警“CCS退出”，1号燃气轮机RB动作，Mark Ⅵ操作站显示天然气压力迅速下降，天然气压力在不到1min内由3.32MPa降至1.43MPa。19:26，1号燃气轮机报“High Exhaust Temperature Spread Trip（排气分散度高跳机）”，联跳汽轮机。19:30，就地检查发现，控制屏上首出“增压机供油压力B、C压力低”跳增压机。19:38，由于机组辅助蒸汽联箱供汽汽源再热器冷段蒸汽电动门联锁关闭，联箱压力低，无法满足轴封系统压力，而启动锅炉至辅助蒸汽联箱的蒸汽参数也不满足要求，汽轮机转速为1100r/min时，运行人员被迫破坏机组真空，停机。

二、原因分析

停机后热工人员现场检查发现1号增压机触摸屏上显示首出为供油压力低跳机，1号增压机1号槽板上所有I/O卡件和通信卡件状态异常，所有I/O卡件OK灯红色闪烁，通信卡件上通信通道灯灭，状态灯红色长亮。通信卡件显示窗口显示故障信息为Rev 11.003 build 007timer_task.c line 1319。

11月10日，增压机厂家到现场，了解当时情况和查看现场后认为通信卡件硬件故障。PLC厂家AB公司派工程师，模拟当时故障情况并针对电源模块和槽板本身做了排除试验，确定为卡件本身硬件故障。该卡件为润滑油模块的通信卡件，润滑油油压处在增压机控制梯形图的第一行，处理器首先接收到油压低信号后，误发了首出为供油压力低的跳闸信号，1号增压机机跳闸，天然气压力快速下降，1号燃气轮机发生RB后很快跳闸，联跳3号汽轮机。

针对该卡件问题，AB 卡件厂家技术服务人员与澳大利亚技术人员沟通后得知该问题是第一次发生。AB 公司确实曾召回过一批生产日期在 2007 年 6 月之前生产的有问题卡件，虽然我厂的卡件序列号均不在召回产品中，但生产日期与 AB 公司召回的问题卡件生产日期属同一时间段内，因此不排除其存在问题的可能性。

通过以上分析，这次增压机跳机事故是由于通信卡件 1756－CNBR 自身硬件故障所导致的。对于卡件硬件自身故障 AB 卡件厂家技术服务人员认为最大可能原因为通信模块内部的一块与背板进行数据交换的芯片故障，但目前国内尚无此检测手段确认，也未能查到故障代码代表的意义，正在联系国外厂家的技术支持。

三、防范措施

（1）将故障卡件寄回生产厂家，进行故障原因检测，进一步查找故障原因，提供分析报告。

（2）结合秋季安全大检查，热工专业人员对天然气控制系统进行全面检查，查找可能出现的安全隐患、存在的安全漏洞及时防范措施整改。

（3）热工专业加强技术管理，运行人员加强技术培训，掌握进口设备的特性，总结经验教训。

（4）巡检人员、点检人员加强日常、定期巡检力度，发现问题及时处理。

（5）制定热网系统最佳运行方案，明确故障时热网的运行方式。

（6）调整“一拖一”运行工况下备用轴封供气方式，制定防止汽轮机轴封进冷空气的技术措施。

案例 161　仪用空气压力低造成增压机跳闸停机

一、事件经过

12 月 5 日 16:35，某电厂 2 号燃气轮机、3 号汽轮机并网运行，负荷为 360MW。2 号燃气轮机负荷为 260MW，3 号汽轮机负荷为 100MW，热网投入运行，供热负荷为 350GJ/h，2 号增压机运行，出口压力为 3.37MPa。16:36，2 号燃气轮机 Mark Ⅵ报警：“Gas Fuel Pressure Low（天然气压力低）”“Gas Fule Supply Pressure Low（天然气供应压力低）”，“Combustion Trouble（燃烧器故障）”。Mark Ⅵ画面上天然气压力迅速下降，2 号燃气轮机跳闸，3 号汽轮机联跳。

二、原因分析

仪用空气母管供天然气场站 $\phi 57\times3$mm 母管部分堵塞造成天然气场站仪用空气压力缓慢降低（最低至 0.2MPa），导致天然气入口及增压机入口 ESD（紧急切断）阀逐步关小，2 号增压机入口阀和入口 IGV 逐步开打，直至全开。

当仪用空气压力恢复（自然恢复，最高至 0.4MPa）时，ESD 阀迅速打开。此时，由于增压机入口阀和IGV已全部打开，在增压机入口流量瞬间增大后，增压机进入喘振区导致轴瓦振动大，增压机非驱动端振动大保护动作导致2号增压机跳闸，2号燃气轮机因天然气压力低跳闸，联锁3号汽轮机跳闸。

三、防范措施

（1）通过学习规程，加强巡检、点检技能的提高。

（2）对室外仪用空气管路进行保温、伴热。

（3）冬季运行人员严格按运行规程对仪用空气进行排污、排空。

（4）DCS画面中添加漏做的仪用空气压力YOQF.B01CP101、YOQF B04CP101、YOQF B07CP101、YOQF B09CP101；天然气场站仪用空气支管增设仪用空气压力测点，并上传至DCS。

（5）增压机电动机电流上DCS画面。

案例162　热控卡件故障造成增压机跳闸停机

一、事件经过

2009年11月26日16:24，某电厂1、2号燃气轮机拖3号汽轮机运行，总负荷为702.8MW，1号燃气轮机负荷为258.47MW，2号燃气轮机负荷为240.41MW，3号汽轮机负荷为206.92MW，热网供热负荷为1112.7GJ/h，机组AGC退出。

16:24:56，监盘人员发现1号燃气轮机入口天然气压力骤降，MARK Ⅵ发出“High Exhaust Temperature Spread Trip（排气分散度高跳机）”报警，1号燃气轮机跳闸，且DCS画面上公用报警栏内“1号增压机跳闸”闪烁，“1号燃气轮机跳闸”报警。当班值长立即要求监盘人员按照单台燃气轮机跳闸进行事故处理，减少机组供热抽汽量，确保2号燃气轮机拖3号汽轮机正常运行，同时汇报市调、热调、气调，汇报公司领导。

二、原因分析

16:26，热工专业人员到现场检查发现1号增压机1号控制器背板上冗余模块1757-SRM模块状态栏中显示报警代码E054状态指示灯红色长亮。控制器程序不运行，OK状态灯红色闪烁，检查未发现有硬件故障指示和代码。

厂家人员到场，检查后确认该故障现象为E054代码故障，是冗余模块版本存在缺陷造成的。根据厂家提出的处理意见，重新对两块背板上的控制器、控制网通信卡、冗余模块进行了冗余包的升级工作，从原来不稳定的13版本升级为官方新推出的15.61稳定版本。软件升级后，1、2号控制器上电，切换正常。19:15，启动1号增压机，1、2号切换控制器正常。

通过以上发现认为：天然气厂站控制系统存在软件缺陷是此次故障的主要原因。生产人员对于厂家公布的软件缺陷信息，没有及时掌握，并采取有效措施是此次故障的次要原因。

三、防范措施

（1）在 2 号增压机单控制器工作状态下，热工人员加强设备检查，运行人员做好事故预想，在条件具备时，对控制器软件进行升级。

（2）热工专业加强技术管理，运行人员加强技术培训，掌握进口设备的特性，总结经验教训。

（3）热工人员制定管理办法，及时浏览设备厂家网站，掌握有关软件的缺陷公布、软件升级更新等信息，采取相应的措施保证机组正常运行。

（4）尽快论证增压机控制系统改由 DCS 控制的可行性，并实施。

案例 163 增压机出口天然气温度测点故障导致停机

一、事件经过

2009 年 12 月 12 日某电厂机组总负荷为 545MW，1 号燃气轮机负荷为 187MW，2 号燃气轮机负荷为 187MW，汽轮机负荷为 173MW，热网供水流量为 5114.8t/h，回水流量为 4968.6t/h，热负荷为 1002.7GJ/h，机组 AGC 退出。

02:45，监盘人员发现 1 号燃气轮机入口天然气压力骤降，MARK Ⅵ发出“High Exhaust Temperature Spread Trip（排气分散度高跳机）”报警，1 号燃气轮机跳闸，且 DCS 画面上公用报警栏内“1 号增压机跳闸”闪烁，“1 号燃气轮机跳闸”报警。当班值长立即要求监盘人员按照单台燃气轮机跳闸进行事故处理，减少机组供热抽汽量，确保 2 号燃气轮机拖 3 号汽轮机正常运行，同时汇报市调、热调、气调，汇报公司领导。

二、原因分析

热控专业人员现场检查发现 1 号增压机触摸屏报增压机出口温度 B、增压机出口温度 C 温度高，三取二保护动作跳机；同时，事故追忆画面显示 B 点温度为 870℃，C 点温度显示星号（已坏点）。I/O 卡件状态正常，轴系温度、振动卡件状态正常，控制器状态、冗余状态正常。就地测量 B、C 点温度元件，C 点温度元件断路，B 点温度元件正常。复位报警画面后检查所有温度测点通道正常，检查接线牢固，B 点显示 19℃，正常，C 点显示故障。

更换 B、C 两支温度测点一次元件进行检查，发现出口温度 B 测点热电阻元件的防震卡套已抱死，处在损坏边缘，证明测点 B 的跳变是因为测点自身引发；温度测点 C 的护套与热电阻本身的螺纹结合面已受热变形，不能拆除。

因此，1 号增压机出口天然气温度测点 C 一次元件（双只热电阻）损坏后，温度测点 B 发生跳变，是此次引起三取二温度高保护动作、增压机跳闸的直接原因。

三、防范措施

（1）重点针对增压机控制系统，进行技改方案的论证，对增压机所有的 I/O 测点的硬件分配进行全面梳理，做好充分的事故预案，保证控制系统在任一个测点故障，任一块卡件故障的状态下，不误发保护跳闸设备。

（2）增压机涉及保护、自动的重要测点通过技术手段全部上传DCS，并制作软光字报警，完善声光报警功能。从技术上确保增压机能够得到主机设备应有的监控水平。

（3）增压机出口温度保护逻辑由原来的A、B、C 3个信号三取二修改为A、B两个信号二取二方式后，生产保障部加强点检，运行人员加强日常巡检，确保温度测点正常工作，同时特别注意冷却水正常投入。

（4）尽快联系设计院、GE公司就增加燃气轮机滑压运行软件和改造增压机旁路系统做可行性论证。如可行，尽快实施，保证在增压机跳闸情况下燃气轮机能在低压情况下滑压运行，避免机组停机造成更大损失。

案例164　增压机喘振跳闸导致燃气轮机停运

一、事件经过

2008年11月11日，某电厂1号燃气轮机运行，负荷为20MW，3号汽轮机盘车，AGC退出。00:57，1号燃气轮机MARK Ⅵ突然发出报警："Gas Fuel Pressure Low（天然气压力低）""Gas Fule Supply Pressure Low（天然气供应压力低）"。1号燃气轮机RB动作，MARK Ⅵ操作站显示天然气压力迅速下降。00:59，1号燃气轮机报警："High Exhaust Temperature Spread Trip（排气分散度高跳机）"。01:00，就地检查天然气厂站控制屏显示增压机1号轴承振动大停运。01:24，1号燃气轮机转速为36r/min，盘车投入。03:55，启动2号燃气轮机。05:34，2号燃气轮发电机并网。

01:05，热工人员赶到现场，查天然气厂站控制屏显示1号增压机振动保护动作，造成1号增压机跳闸，查热工历史趋势记录，1号轴瓦振动X向振动为9.65μm，Y向振动为51μm，热控人员对有关增压机振动保护在线监测的本特利卡件、前置器及端子进行检查未发现异常，保护状态正常，检查振动测点的间隙电压正常。机务人员对增压机本体、联轴器、增压机电动机地脚螺栓及增压机紧固件等设备进行了检查，未发现异常现象。根据检查结果，机务、热工人员分析认为，增压机发生喘振跳机，而增压机本身并无异常，建议重启1号增压机试转。同时启动2号机组。03:00，启动1号增压机，机务、热工人员就地检查润滑油系统、轴承温度、振动均正常。试运4h后未见异常情况。检查1号增压机IGV入口导叶最小开度设置及控制曲线偏置设置不合理，在低负荷下控制线波动，使增压机运行进入喘振区，引起增压机发生瞬间喘振。11月12日，经与增压机厂家开专题会决定：优化喘振控制，修改增压机控制参数如下：增压机IGV入口导叶最小开度设置由25%修改为40%；控制线偏置由−1300增加到−2300，使增压机在燃气流量低时，工作点远离喘振区。11月13日，1号增压机带1号燃气轮机运行试验30min，增压机各项参数正常。

二、原因分析

1号增压机IGV入口导叶最小开度设置及控制曲线偏置设置不合理，在低负荷下控制线波动，使增压机运行进入喘振区，引起增压机发生瞬间喘振。1 号增压机事故时供气参数：压力为 3.2MPa、流量为 4.1kg/s，处于增压机的工作区边界，此时增压机的入口导叶开度只有 25%，增压机发生了喘振，造成振动大，保护动作跳闸。1 号增压机跳闸后，天然气供气压力下降，1 号燃气轮机跳闸。

DCS 历史数据显示增压机跳机时 1 号轴瓦振动 X 向振动只有 9.65μm，经热工人员查实，这是由于 DCS 历史数据采样死区设置过大［原设置为 50.8μm（2×10^{-3}in）］，振动数据没有真实送到历史记录。

三、防范措施

（1）运行时加强监视，总结可能引发振动大的可能因素，跟踪优化后增压机运行状态，加强分析，解决类似问题。

（2）总结在低负荷运行情况下可能引发振动大的因素，加以分析，减少类似问题的发生。

（3）检查所有进 DCS 历史数据库死区的设置，确保设置进入 DCS 的数据真实准确。已将 DCS 增压机振动历史数据死区设置为 0.254μm（0.01×10^{-3}in）。

（4）根据 1 号增压机出现的问题，检查 2 号增压机的控制曲线，确保不发生喘振现象。

案例 165　调压站调压阀故障导致机组降负荷

一、事件经过

2017 年 4 月 19 日 07:19，某电厂两套燃气轮机组运行，运行人员监盘发现调压站天然气压力下降到 3.5MPa，并有持续下降趋势。值长联系中石油供气门站值班人员，经对方检查，回复因至电厂供气回路两路调压阀（主路、旁路）故障关闭，造成压力下降，现阀门已开启，天然气压力上升至 3.12MPa。07:36，天然气压力再次下降至 3.17MPa。值长再度联系供气门站，对方回复两路供气调节阀再次故障，并已关闭，无法开启。确认上述信息后，值长立即申请调度将一、二套机组出力降至最低 30MW。07:45，经调度批两套机组降负荷，一、二套机组负荷降至 30MW。

08:00，天然气压力由 2.78MPa 缓慢下降至 2.6MPa；08:20，经中石油门站处理调压阀正常后，天然气母管压力从 2.6MPa 逐渐恢复至 3.6MPa 正常值；08:42，一、二套机组升负荷至 120MW；08:42，一套机组投入 AGC；08:52，二套机组投 AGC，恢复正常运行方式。

二、原因分析

（1）天然气门站至电厂供气主路调节阀 4702 调压阀驱动管路结霜严重，阀门就地指挥器拆卸过程中发现滤芯附着物较多，是造成阀门故障的主要原因。

（2）天然气门站至电厂供气备用路调节阀 4802 阀位变化，由于电压不稳，电动调节阀内部有报警信号，是造成备用气源供气安全性较低的主要原因。

三、防范措施

（1）强化发电部运行人员处置天然气压力下降事故的处置能力。

（2）联系中石油门站，探讨进一步增加供气可靠性的措施；加强日常维护和巡视检查，及时发现设备异常，确保供气安全、稳定。

案例166　控制器故障造成增压机跳闸停机

一、事件经过

2009年11月20日，某电厂1、2、3号机组运行，总负荷为547.8MW（其中1号机组负荷为189.47MW，2号机组负荷为185.41MW，3号机组负荷为172.92MW），供热负荷为1104.4GJ，机组AGC退出。

05:37，2号燃气轮机MARK Ⅵ发出“High Exhaust Temperature Spread Trip（排气分散度高跳机）”报警，2号燃气轮机跳闸，且DCS画面上公用报警栏内“2号增压机跳闸”闪烁，“2号燃气轮机跳闸”报警。

当班值长立即要求监盘人员按照单台燃气轮机跳闸进行事故处理，减少机组供热抽汽量，确保1号燃气轮机拖3号汽轮机正常运行，同时汇报市调、热调、气调，汇报公司领导。

05:40，运行就地检查发现，2号增压机跳闸，控制屏PLC面板死机。通知热工维护人员。

05:55，热工专业人员到现场检查发现2号增压机控制面板所有数据不更新，画面维持跳机前正常运行画面。2号增压机1号控制器硬件故障报警（OK状态灯红色闪烁）。运行指示灯、I/O指示灯不亮。通信卡件OK状态灯红色闪烁。冗余模块显示在非冗余状态。所有I/O卡件硬件正常，但通信中断。TSI系统报警：1号瓦振动高报警。

对1号控制器重新上电，自检，依然显示红色闪烁，不能正常工作，冗余模块显示非冗余状态。更换1号控制器底板槽位位置，重新上电自检，不能通过。通过软件试图读取1号控制器内部逻辑信息，但在整个控制网络中找不到1号控制器的物理地址，据此判断初步分析跳闸原因为2号增压机运行中的1号控制器硬件故障，未能切换到2号控制器运行，导致所有I/O信号无法传送到就地执行机构，跳机继电器失电，2号增压机跳机，2号燃气轮机跳闸。

06:50，2号增压机1号控制器断电退出工作，断开控制器间通信光缆，2号控制器工作正常；07:11，启动2号增压机正常；08:00，申请调度启动2号燃气轮机；09:15，2号燃气轮机并网。

10月20日下午，厂家技术服务人员与热工专业人员到现场检查2号增压机PLC情况，首先重新对1号底板进行上电，1号控制器状态异常，冗余模块不能同步，后隔离2号增压机1号控制器，单独上电，自检，经复位后状态正常。更换1号控制器底板槽位置，重新上电，自检，状态正常。通过软件读取1号控制器内部逻辑信息，逻辑状态正常。

二、原因分析

1 号底板硬件故障，导致在底板上通信的各个卡件出现异常。1 号底板上的 1757-SRM 冗余模块硬件故障，影响在同一底板上的控制器运行，不能正常切换到备用控制器工作。1757-SRM 冗余模块软件冗余包版本不稳定，导致冗余模块异常。

三、防范措施

（1）在 2 号增压机单控制器工作状态下，热工人员加强设备检查，运行人员做好事故预想。

（2）条件具备时，采纳厂家建议："同时更换 1 号控制器、底板及 1757-SRM 冗余模块，更新冗余包到最新版本"。

（3）待机组停运时期，停运 2 号增压机，断 2 号增压机控制电源，更换 1、2 号板上控制器 1756-L55M24 及机架底板 1756-A7，更换 1757-SRM 冗余模块及相应冗余包软件版本。

（4）检查系统接地情况、信号干扰情况，做主动切换实验、模拟事故工况被动切换实验、设备稳定性实验，并做好相关记录。对更换下来的卡件及设备送至有资质的相关检测机构进行检测，分析硬件损坏原因。

（5）生产保障部热工专业加强技术管理，运行人员加强技术培训，掌握进口设备的特性，总结经验教训。

（6）尽快论证增压机控制系统改由 DCS 控制的可行性，并实施。

第六篇 热工控制系统

案例 167 通信网络故障导致机组跳闸

一、事件经过

某电厂 3 号机组跳闸，通过查看 SOE（事件顺序记录）事件记录，查明机组跳闸原因是工厂总线通信故障。对机组监控系统的网络及通信设备进行检查发现，其中一个网络交换器（ESM，编号为 5P）故障报警，对其进行了复位重置，但是故障未消除，报警仍然存在。利用厂内备品备件对该网络交换器进行了在线更换，更换后，报警消失。更换后数分钟内，15:36，1、2 号机组同时跳闸，相关监视界面也同时异常。

3 台机组跳闸后，按照西门子公司工程师建议，将 3 号机组 TXP（燃气轮机控制系统）系统与公用系统之间网络断开，随后 1、2 号机组监控界面及监控系统通信网络恢复正常。

在对该机组控制系统所属网络交换器、连接线等逐一进行排查后，发现其中一个网络交换器（ESM，编号为 4P）所连接的连接线接头（RJ45 接头）有松动现象；同时，通过查阅历年维护记录并根据厂家工程师建议，利用备件网络交换器（ESM，原编号为 5P，前日更换下来的）对网络交换器（ESM，编号为 7P）进行了替换，经测试后，网络恢复正常。并于 2013 年 12 月 5 日申请依次并网。

二、原因分析

（1）监控系统网络设备重要故障告警功能不足。机组监控系统对 3 号机组网络交换器连接接口（RJ45 接头）松动和另一网络交换器故障未能及时有效地告警、提示运行人员，导致设备异常同时出现时，3 号机组通信网络形成断点，监控系统故障，致使 3 号机组保护跳闸。

（2）机组监控系统对网络通信故障隔离措施不到位。机组监控系统对网络通信故障缺乏有效防护手段和隔离措施，由于 3 号机组与 1、2 号机组网络相连接，在对 3 号机组更换网络交换器不当致使机组通信网络阻塞后，引发 1、2 机组通信网络阻塞，进而导致两台机组保护跳闸。

三、防范措施

两台及以上机组控制系统均可对公用系统操作情况下，应设置优先级并增加闭锁功能，确保任何情况下仅可对本机组或公用系统操作。

案例 168 燃气轮机模块故障引起排气分散度大跳机

一、事件经过

2015 年 5 月 3 日 11:34，某电厂 3 号燃气轮机发启动令。启动前，燃气轮机控制模型（ARES）出现诊断报警（L83CA_F），检查发现基于模型控制（MBC）逻辑控制参数 RKNOB_1＝1.979 7 及 RKNOB_3＝1.998 均大于设定值 1.25。12:02，燃气轮发电机并网后，此故障一直存在，无法投入温度匹配控制，并且 RKNOB_1 和 RKNOB_3 随着燃气轮机启动并网，保持不变。为投入温度匹配，12:06:24，强制该诊断报警（L83CA_F）为 0，温度匹配投入后 IGV 开大至 42.6℃，燃烧基准 CA_CRT 从 61.822 变化至 48.534，同时燃气轮机模型中负荷 DWATTM 和压气机排气压力（CPDM）数值与实际测得数值偏差大，并发出“模型无效”报警。12:08:24，燃烧基准 CA_CRT 稳定于 46.223，负荷为 16MW，14:29:56，CA_CRT 开始小幅波动，同时伴随着 D5 燃料阀阀位 FSG1、PMI 燃料阀阀位 FSG2、MBC 控制调节变量 RKNOB_0，压气机排气压力模型 CA_CPDM 等参数波动。15:01:30，CA_CRT 波动频率变大；15:22:36；CA_CRT 波动至 73.689，燃烧模式切换至先导预混燃烧模式，CA_CRT 缓慢增大，如图 6－1 所示。

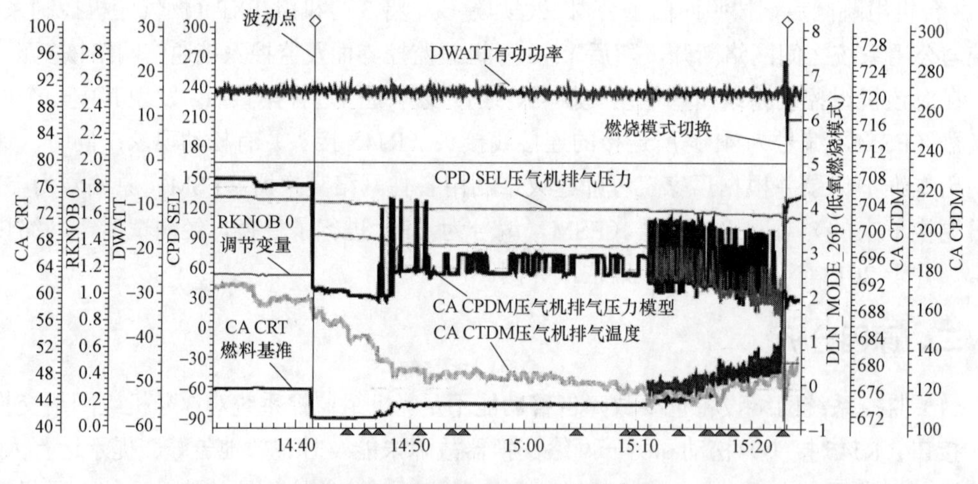

图 6－1 燃烧模式波动至模式切换

15:33:39，燃气轮机负荷开始波动；15:33:45，燃烧模式切换至亚预混模式，燃气轮机第 1 排气温度分散度 TTXSP1 为 83℃，大于允许分散度 78℃，发出排气温度分散度高报警。15:34:23，燃气轮机因排气温度分散度大跳闸。

二、原因分析

因燃气轮机自启动至并网过程中燃气轮机热力学模型（ARES）诊断报警（L83CA_F）一直存在，怀疑故障原因为小修期间重启控制器导致部分控制常数丢失引起。机组启动并网后，CA_CRT 数值异常，在 L83CA_F 强制为 0 情况下对燃气轮机传感器和模型进行了核验，核验后 CA_CRT 异常波动，最终导致机组跳闸。

3 号燃气轮机在 15MW 负荷运行工况下，一般燃烧模式仍然应该在亚先导预混（1D）模式，而本次因 MBC 模型计算燃烧温度基准 CA_CRT 异常波动，DLN 燃烧模式异常切换至预混模式。低负荷下预混模式不能稳定燃烧，最后出现排气温度分散度大跳闸是这种燃烧模式在此条件下的必然现象。因此，在机组跳闸以后，故障诊断主要围绕控制常数的变化可能导致控制模型计算错误的原因进行排查。对 3 号燃气轮机控制常数分别与备份值、1 号燃气轮机控制常数进行比对，未发现异常变动。

从以上分析可以看出，燃气轮机模型计算出来的控制参数如 CA_CPDM、CA_CTDM、DWATTM 等与实际传感器测出的实际值偏差较大，引起燃气轮机模型故障，从而导致模型计算出来的燃烧参考基准 CA_CRT 波动，燃烧模式异常切换，进而引起机组排气温度分散度大跳闸。

本次发生的故障在燃气轮机小修后首次启动中出现，考虑小修期间重新启动过控制器，燃气轮机停运较长时间，部分变送器仪表管内可能有积水，或者以往有些水在检修期间被吹干，导致个别变送器的工况发生了变化，从而使 MBC 模型计算出现了异常。

三、防范措施

对于因传感器故障导致 MBC 计算异常的现象可以通过对“传感器训练”和“传感器 MBC 模型调节”进行修复。这两个功能是用来消除各关键传感器的信号杂波的，并对控制传递函数进行修正，从而保证 MBC 模型计算的精确性。传感器训练和调整一般只有在更换相应变送器、对相关变送器重新进行标定，以及在火焰筒及热通道进行较大检修或更换等情况下进行。这次小修并没有进行这些工作，因此开始并没有考虑需要对传感器进行调整。

案例 169　燃气轮机温控电缆过热损坏保护动作导致跳机

一、事件经过

2015 年 8 月 8 日，某电厂全厂 5 台机组全部运行，全厂总负荷为 1008MW，其中“二拖一”机组负荷为 730MW，机组投协调控制。

00:15，值长令“二拖一”机组负荷降至 450MW。降负荷过程中，00:27，监盘人员发现 1 号机 Mark Ⅵ发“LOAD TUNNEL THER MOCOUPLE TROUBLE”，认为是降负荷造成负荷通道热电偶偏差大造成，之前升、降负荷时也发过此报警，没有及时看测点温度实际情况。

00:48，1 号燃气轮机 Mark Ⅵ发“WARNING－LOAD TUNNEL OVER HEATING”“HIGH LOAD TUNNEL TEMP－AUTO UNLOAD”，DCS 发“GT7 RUNBACK”，1 号燃气轮机负荷开始下降，运行人员立即将 2 号燃气轮机设为“预选”负荷控制，进行涨负荷。查看 1 号燃气轮机参数，发现已有 2 点（共 3 点）温度达到动作值（TTIB1 为 207℃，TTIB3 为 255℃），查 88BN－1、88TK－2 及其他风机电流、出口压差正常。1 号机组负荷继续下降，1 号机主蒸汽温度下降，值长令 1 号机组解汽，确保 2、3 号机组参数稳定。00:55，1

号燃气轮机自动解列停机。

现场检查发现，1 号燃气轮机 2 号轴承隧道温度测点电缆在穿越烟道下中部筒壁处，3 根电缆绝缘出现因高温烟气的炙烤而融化、破损现象，并与电缆槽盒粘连。对老化、破损部位的电缆进行了割除处理，并对穿越烟道筒壁处的电缆采取了防护措施。

13:30，市调同意 1 号燃气轮机启动。14:56，1 号燃气轮发电机并网。

二、原因分析

1 号燃气轮机 2 号轴承隧道测温电缆穿越排气扩散段外筒壁处，由于电缆受高温烟气的长期炙烤而造成电缆外绝缘损坏，损坏的电缆与金属电缆槽盒短路后测量数据失真，造成燃气轮机保护动作，燃气轮机跳闸。

三、防范措施

（1）认真汲取事故教训，举一反三，开展事故隐患排查和整改工作。要利用好本次“一拖一”机组大修和期间“二拖一”机组停备时机，重点对燃气轮机系统的保温再次进行全面检查，尤其是对热工电缆进行检查和整改。

（2）强化专业管理，加强专业技术培训，扎实开展日常管理和隐患排查工作，掌握设备实际状态，提高设备健康水平，提升人员应急处理和分析能力。

（3）加强运行人员监盘管理，杜绝麻痹思想，对各类报警信号第一时间进行核查、分析、处理、汇报，培养严谨的工作作风。

（4）对穿越高温区域的电缆采取有效的隔热防护措施，类似电缆要选用耐高温性能更好的电缆，并在“一拖一”大修及“二拖一”停备期间进行处理。

（5）要对热工保护、定值进行全面梳理，编写成册。制定针对各项保护、定值极端情况下的应对措施，供运行和相关专业人员学习，不断提高处置能力和水平。

（6）类似设备隐患未彻底消除之前，运行和设备人员要重点关注，发现问题及时联系、汇报和处置。

案例 170　热工消缺过程中保护动作导致跳机

一、事件经过

2015 年 1 月 7 日 07:20，DCS 发 3 号机组超速柜 2 号低压缸转速装置故障报警；08:19，DCS 发 3 号机组超速柜 3 号低压缸转速装置故障报警。热工人员到达现场后，对 3 号机组超速柜 2 号低压缸转速装置发故障报警原因进行直观检查：发现 3 号机超速柜 2 号低压缸转速装置故障并引发 Trip 信号，转速显示为零；3 号机组超速柜 3 号低压缸转速装置发故障报警，6s 后报警自动消失，未引发 Trip 信号，转速正常显示。

08:50，热工人员办理工作票及保护停用单后，退出低压缸超速跳机保护。检查 3 号机超速柜低压缸 2 号转速就地接线，发现磁阻探头阻值为无穷大，并且电压波动，为验证是否为 2 号探头问题，将低压缸 3 号转速探头线与低压缸 2 号转速探头线对调；09:59，在对调线过程中，超速柜检测到2个探头故障，引发Trip信号，3号机组DCS发“低压超速模块3报警，3号机组OPC动作，3号机组AST动作，3号机组主汽门关闭，3号发电机跳闸”；3号机组跳闸后，因2号余热锅炉中压旁路后温度保护高于180℃，中压旁路阀联锁快关，2号余热锅炉主保护动作，2号机跳闸，发电机解列。

二、原因分析

（1）3号机组跳闸原因分析。热工人员在检查3号机组低压缸转速装置缺陷时，因对设备逻辑不掌握，忽略了装置故障回路中硬接线直接跳汽轮机保护，将低压缸3号转速探头线与低压缸2号转速探头线对调过程中，造成ETS硬接线回路发出“低压缸超速装置故障”信号，AST动作关闭汽轮机主汽门，3号发电机逆功率保护动作，这是造成3号机组跳闸的直接原因和主要原因。

（2）2号机组跳闸原因分析。3号机组跳闸后，2号中压旁路快开，因2号炉中压旁路后温度高于保护定值180℃，触发中压旁路阀联锁快关，高压旁路系统快关，2号余热锅炉高压主蒸汽压力由11.77/11.72/11.64MPa升至14.01/14.00/13.76MPa，触发“汽轮机跳闸、高压主蒸汽压力大于14.0MPa、高压旁路开度小于5%”2号余热锅炉主保护动作，是2号机组跳闸的直接原因。

三、防范措施

（1）对直接影响机组运行安全的主要保护及定值进行整理、核对，不能沿用老厂处理问题的定式，特别是新系统、新设备更需要热工人员全面掌握。

（2）加快梳理主保护逻辑关系并落实到纸面上，做到文字与图纸相结合。各主保护盘柜、端子箱图纸粘贴，接线核对。修改逻辑需经各专业、各部门审查正式文件流转后方可修改。对重要消缺工作，如涉及主保护回路上工作，先安排3名及以上技术人员或生产管理人员，对图纸进行认真研究制定好措施后，再进行现场工作。消缺时一定要核对图纸，防止硬接线的问题再次导致保护误动。

（3）列出培训计划，将培训与各系统逻辑关系、图纸相结合，调动车间所有人员梳理测量回路间的关联测点等信息，以提高全员技术水平，使之都能够在第一时间提供处理问题的有效解决方案。开展多种方式与参加工程调试的电科院人员，进行有针对性的技术交底和相关培训。

（4）将3号机组低压缸超速装置2退出，原逻辑三取二改为二取二，并加强对1、3号超速保护装置的日常检查工作，确保保护正常投入，视测量系统的稳定性，确定是否退出低压缸超速保护装置。

（5）针对2号炉中压旁路漏流导致旁路后温度高的问题，立即与电科院联系，召开专业会，讨论高、中、低压旁路逻辑控制功能。做到对高、中、低压旁路逻辑掌握清楚。

（6）进一步梳理、修编事故应急预案及措施，并组织各值人员进行学习和掌握。

（7）加强应急演练，提高运行人员应急处理能力。

（8）事故情况下提出合理的运行调整方式，为领导决策提供建议，确保机组的稳定运行和供热。

案例 171　保护模件故障导致机组跳闸

一、事件经过

某电厂 1 号燃气轮机运行，于 18:32 跳闸，检查发现X保护卡存在转速偏差动作输出（11:56），Z 保护卡存在看门狗动作输出（18:32）。

二、原因分析

停机后检查，先是发现有 1 个转速信号异常（共 3 路），重新拆接线后恢复正常。在厂家协助下发现 X 保护模块的 Lionet 网络芯片没有焊接（另两个都是焊接状态），根据厂家信息，在其他现场出现过因保护卡 ONe 网络芯片接触不良导致触发看门狗保护。

三、防范措施

对 X、Z 保护卡进行了更换，同时更换主保护卡端子板。

案例 172　下载数据时热控模块故障导致部分辅机设备跳闸

一、事件经过

2009 年 11 月 1 日 10:55，3 号机组停机备用状态，热控检修人员进行 3 号机组数据下载备份时，3 号机组备用的 B 交流润滑油泵、A 交流顶轴油泵、A 润滑油箱排烟风机、直流密封油泵联动，盘车装置跳闸，控制油泵、控制油再生泵、密封油真空泵、循环密封油箱排烟风机跳闸。

二、原因分析

经热控检修人员检查确认，故障原因是燃气轮机控制系统 TCS 系统 DO 模块故障。

三、防范措施

进行热控设备检查、通道切换、数据备份等工作，应在机组停运时进行。同时，应对运行的系统进行密切监视，对重要系统如润滑油、密封油系统等应确保备用的设备在良好的备用状态。

案例 173　VPRO 控制卡件故障导致跳闸

一、事件经过

5 月 19 日 20:10，3 号机组甩负荷（368MW），燃气轮机熄火跳闸。MARK Ⅵ发控制卡件 ALM <X> VPRO DIAGNOSTIC ALARM 诊断报警，无首出跳闸信号。热控人员现场检查 SOE 顺序事件记录，MARK Ⅵ 在 20:10:05 时同时发出：<X> VPRO DIAGNOSTIC ALARM（Q 1804＝0）；Gas Fuel Stop Valve Command（L20FGX＝0）；Master protective signal（L4＝0），Master Protective Trip（L4T＝1；机组跳机。检查燃气轮机 MARK Ⅵ控制盘后发现保护卡件 Y 故障灯常亮，该报警信号无法复位。更换此卡件后复位报警消失，此时该卡件读到的转速信号 77HT－2 为零，检查 77HT－1、2、3 发现，进保护卡件的 77HT－2 测速头和进控制卡件的 77NH－1 测速头均发生开路故障，更换上述两个测速探头后显示正常。

二、原因分析

根据检查情况发现认为，此次事件是由进入保护卡件 77HT－2 转速探头故障和 MARK Ⅵ VPRO 保护卡件故障引起。

三、防范措施

（1）加强 MARK Ⅵ控制系统的日常巡检工作，对无法复位的诊断报警进行分析和及时处理，并做好记录。

（2）运行人员加强并重视卡件报警和 MARK Ⅵ报警信息监视，发现问题及时联系热控人员处理，并汇报相关部门管理人员。

第七篇　公用系统

案例 174　雷雨天气导致线路和辅机运行异常

一、事件经过

2007 年 7 月 29 日，当晚下暴雨，3 台机组停机备用状态，06:13，正在运行的 1、2、3、5 号空气压缩机中 3 台 2、3、5 号同时跳闸，同时 DCS 中出现“3 号机 TCS 电源故障”“1 号机 PCS 电源故障”“3 号燃气轮机点火装置电源故障”等几十个厂用电源故障报警，1、2、3 号机 6kV 备用电源自投装置位置不正常及备自投闭锁等报警。06:13，2 号主变压器冷却器电源缺相，冷却器全停，就地检查发现冷却器两路电源均未跳闸，主变压器运行正常，油温及绕组温度缓慢上升。06:40，昭风乙线 B 相差动、距离Ⅰ段保护同时动作跳闸，重合成功。07:30，3、5 号空气压缩机再次同时跳闸，就地复位后启动正常。07:47，2 号主变压器跳闸，备用电源自投成功。

2008 年 6 月 28 日，当晚下暴雨，08:24，昭风甲、乙线路 B 相跳闸后，重合闸动作成功。08:24，受昭风甲乙线跳闸影响，DCS 上发出“6kV 2A SECT BZT BLOCKED”“6kV 1A SECT BZT BLOCKED”“6kV 3A SECT BZT BLOCKED”等报警，就地检查、复位后恢复正常。启动锅炉跳闸，水浴炉跳闸，综合水泵跳闸。

2010 年 7 月 28 日 16:53，因千秋甲、乙线跳闸导致 220kV 母线电压波动，3 台机组负荷均为 320MW，最低降到 300MW，中调要求退出 AGC，降负荷至 200MW，3 台机组均出现如下报警：

（1）轴承振动变化率高报警，1 号机组 8 号轴承振动最大值为 85μm，2 号机组轴承振动最大值为 98μm，3 号机组为 107μm。

（2）机组 6kV 母线 BZT 闭锁，BZT（备自投）开关位置异常报警，就地检查无异常后 DCS 上复归正常。

（3）IGV 及燃烧器旁路阀伺服阀模块偏差大报警，随即复归。

18:30，接中调令千秋甲、乙线恢复正常，机组升负荷至 240MW，投入 AGC。调度告知千秋甲、乙线跳闸原因是雷击。

2010 年 7 月 29 日 17:59，网控后台机出现昭风甲、乙线，昭千甲、乙线，昭炼线主保护启动及昭风甲、乙线，昭千甲、乙线 B 相失灵保护启动报警，随即复归，就地检查发现昭风甲、乙线，昭千甲、乙线 B 相过流报警灯亮，复归后显示正常（期间 DCS 中只有

3 台机组发电机－变压器组故障录波器启动报警，但 3 台机组有功、无功、8 号轴承振动等均有一定变化，后恢复正常）；18:20，询问中调，其告知是由于天气恶劣，导致风岭线跳闸所致。

二、原因分析

由于电厂及周边地区出现极端恶劣天气，如雷雨、大风、台风等，造成出线线路或周边相关线路跳闸、重合闸等，其根本原因是线路保护动作或重合闸等对电厂 6kV、380V 各母线电压造成瞬时波动，尤其是电压瞬时降低，导致运行中的部分线路和电动机跳闸。

三、防范措施

此类情况自投产以来已多次出现，因此在雷雨天气要特别加强对线路及运行设备的监控。一般来说，由于雷雨天气导致线路重合闸动作或线路跳闸后，伴随出现的情况有 6kV 母线出现 TV 断线报警（随即自动复归），380V 母线出现 TV 断线报警（随即自动复归），UPS、110V 直流、220V 直流等系统出现故障报警（随即自动复归），部分有双电源切换装置的热力配电段、MCC 段等可能会进行电源切换，部分运行中的 380V 电动机，如控制油泵、工业生活水泵、循泵冷却水升压泵等电动机会自动停运，主变压器冷却器出现故障报警，启动炉控制系统出现故障报警，运行中启动炉熄火，运行的水浴炉跳闸等。上述报警除了需在 DCS 中检查、确认，进行相关备用泵的启动、检查及系统操作外，各类电气报警还需至现场检查，进行相关操作。

案例 175　燃气轮机用压缩空气中断导致机组停机

一、事件经过

2015 年 4 月 6 日，某厂“二拖一”机组“一拖一”（2 号燃气轮机+3 号汽轮机）方式运行，总负荷为 350MW；“一拖一”机组（4 号汽轮机+5 号燃气轮机）号机运行，总负荷为 230MW，其中 4 号汽轮机负荷为 95MW，5 号燃气轮机负荷为 135MW。

10:47:58，5 号燃气轮机发燃气进汽过滤器（空气滤清器）压力报警；10:50:28，发“压气机抽气阀打开”“压气机抽气阀位置故障”，5 号燃气轮发电机迅速自动减负荷至 0；“燃烧正常，旋备状态”“逆功率跳发电机主开关”，立即迅速降低 4 号机负荷。10:51，燃气轮机发“各清吹阀开关限位故障”“SSOV 阀阀位故障”“辅助截止阀阀位故障”；10:56，发“燃气轮机发燃料供给压力 P1 低”“燃料压力 P2 压力低”及“燃料压力低跳闸”，燃气轮机触发跳闸条件，自动灭火，4 号汽轮机联动跳闸，4 号发电机解列。汇报市调、发电部，通知各部门值班人员查找原因。

12:00，热工人员在试验防喘放气阀时发现没有压缩空气，联想到 10:20 左右运行“一拖一”机组主值曾关闭检修用压缩空气母管放气门、2 号仪用压缩空气母管放空气门，立即派人到就地确认并开启后，防喘放气阀处压缩空气压力恢复正常。

15:20，经市调同意，5 号燃气轮机开始启动。15:52，5 号燃气轮机定速；15:53，并列 5 号发电机；16:50，4 号汽轮机开始冲车；17:08，定速为 3000r/min；17:15，4 号发电机机并网。18:15，“一拖一”机组负荷正常。

二、原因分析

发电部运行值班员在巡回检查时，认为 5 号燃气轮机压缩空气系统存在异常声，未认真核对设备系统，对压缩空气系统不掌握，误关 5 号燃气轮机仪用压缩空气气源门，造成 5 号燃气轮机失去仪用气源，是造成 4、5 号机跳闸的直接原因。

现场管道设备标识存在错误，与实际设备系统不符，隐患排查不彻底，是造成 4、5 号机跳闸的间接原因。

三、防范措施

（1）切实做好“一看、二想、三操作”和“三讲一落实”工作要求的落实，培养严谨的工作作风，各项操作严格执行操作票，做好操作把关、监护。

（2）强化生产管理体系运行，做好各级人员“四个责任”的落实，分工负责，专业把关，杜绝违章指挥、盲目操作。

（3）制定切实可行、有效的培训计划，通过计划的落实，逐步提高生产人员技术水平和安全能力。

（4）全面做好现场设备系统标识的排查、梳理，补充遗漏、修改错误、检查系统图与现场的对应情况，确保正确。现场保温包裹的多条管道对应标识必须明确。

（5）针对压缩空气系统存在的问题，组织召开专业会，确定正常运行方式，优化系统结构，确保压缩空气系统正确、可靠投入。

（6）举一反三，针对目前设备、系统存在的问题，组织召开专题会，讨论确定治理方案，有计划、有组织治理，彻底消除安全隐患。

（7）加强生产信息汇报，遇突发、异常情况，及时通知相关部门和厂领导，共同做好应对处理。

参 考 文 献

[1] 翁史烈，宋华芬，张会生. 现代燃气轮机装置. 上海：上海交通大学出版社，2015.

[2]朱之丽，陈敏，唐海龙，等. 航空燃气涡轮发动机工作原理及性能. 上海：上海交通大学出版社，2014.

[3] 姚秀平. 燃气轮机与联合循环. 2 版. 北京：中国电力出版社，2017.

[4] 黄树红. 汽轮机原理. 北京：中国电力出版社，2008.

[5] 贺家李，李永丽，董新洲，等. 电力系统继电保护原理. 北京：中国电力出版社，2018.

[6] 苗世洪，朱永利. 发电厂电气部分. 5 版. 北京：中国电力出版社，2015.

[7] 孙长生. 燃气轮机发电机组控制系统. 北京：中国电力出版社，2013.

[8] 张磊，彭德振. 大型火力发电机组集控运行. 北京：中国电力出版社，2006.

[9] 望亭发电厂. 燃气轮机发电机组运行人员现场规范操作指导书. 北京：中国电力出版社，2015.

[10]《中国电力百科全书》编辑委员会. 中国电力百科全书. 3 版. 北京：中国电力出版社，2014.

第1章 引 言

空间数据是地理信息系统（Geographic Information System, GIS）应用的基石，空间数据格式从二维到三维、从文件存储到数据库存储、从原始数据到瓦片式的缓存数据，一定程度上反映了 GIS 发展与应用的演变过程。

GIS 的数据从何而来？每种数据格式是在怎样的时代背景下产生的，又有怎样的特点？应用之前如何存储访问，又会碰到怎样的问题？近几年迅速发展的三维数据采集技术，又是如何推动三维 GIS 技术的发展？倾斜摄影数据、激光点云数据如何处理？大数据相关的技术又怎样与 GIS 结合解决空间数据存储量和访问效率的问题？……本书将为您详细解答，细说 GIS 数据的那些事。同时，本书也试图从 GIS 数据格式的角度窥探 GIS 的发展历程，读者在了解各类数据格式特点的同时，能知晓其产生的背景和应用目的。

空间数据格式种类繁多，本书从常见的文件格式入手，包括经典 GIS 软件的文件型数据格式、常用的数据交换格式和近年来广泛使用的三维数据格式等，介绍其特点和使用场景。随着 GIS 应用数据量的增加和 GIS 软件形态全面 B/S 化，空间数据库开始广泛用来管理海量空间数据，而瓦片数据则解决了海量空间数据在浏览器端难以高效可视化的难题。本文从空间数据文件格式、空间数据库存储和瓦片数据存储三个领域，选取其中具有代表性、为 GIS 开发人员所熟知的格式进行描述。

第 1 章对本书的编写背景进行了简要介绍。

第 2 章介绍了常见的文件型数据格式，首先介绍了早期的 ArcGIS、MapInfo 等 GIS 软件的数据格式，可谓 GIS 领域非常经典的格式；然后介绍了 GIS 领域常见的开放数据格式，典型的如 GML、KML 和 GeoJson，它们是不与任何 GIS 软件绑定的可明文解析的数据格式；栅格数据格式的文件存储格式也比较多，本书选取 GeoTiff、IMG 等格式进行介绍；最后是三维相关的数据格式，包括三维模型数据、倾斜摄影数据、激光点云数据等。

第 3 章从数据库存储的角度，介绍了空间数据在数据库中存储的基本实现原理，重点对 SpatiaLite、GeoPackage、PostGIS 等基于关系型数据库的存储结构进行了描述。

第 4 章是从空间数据实际应用的角度（尤其是 B/S 类型的应用），介绍 GIS 领域的瓦片数据格式，包括二维 MVT 瓦片格式和三维瓦片数据格式，瓦片数据可离散地存储在磁盘上，也可以存储在数据库中方便维护和管理。还介绍了基于关系型数据库的 MBTiles 和 NoSQL 数据库 MongoDB 的存储方式。

第 5 章是对本书的简要总结和展望。

本书在中国科学院战略性先导 A 类项目“美丽中国”生态文明建设科技工程子课题“优化开发区地理图景重构与空间开发强度管控”（XDA23100301）的资助下完成，凝练了该课题形成的地理空间数据格式等相关成果。

第2章　空间数据文件格式

早期 GIS 软件平台通常采用文件形式存储空间数据，以 ArcGIS 和 MapInfo 为主，图形数据存储在文件中，属性数据存储在桌面小型数据库中，便于快捷地进行查询，二者通过唯一关键字进行关联；此外文件数据格式还包括目前较为流行的一些方便互联网网络共享和交换的开放标准 GML、KML、GeoJson 等格式；栅格、三维模型数据、倾斜摄影数据和激光点云数据中一些常见的数据格式也会在本章节介绍。

2.1　ArcGIS 系列文件格式

ArcGIS 对从事 GIS 专业的人来说并不陌生，在国内 GIS 行业发展早期甚至成为 GIS 的代名词。

美国环境系统研究所（Environmental Systems Research Institute，ESRI）成立于 1969 年，总部设在美国加利福尼亚州雷德兰兹（Redlands）市，是全球最大的地理信息系统技术提供商。20 世纪 80 年代，ESRI 致力于发展和应用一套可运行在计算机环境中的，用来创建地理信息系统的核心开发工具，这就是今天众人所知的地理信息系统（GIS）技术。20 世纪 80 年代 ESRI 公司发布了第一套商用软件——ArcGIS，时至今日 ArcGIS 的软件产品体系已经非常庞大。

1981 年 ESRI 发布了它的第一套商业 GIS 软件——ArcInfo 软件。它可以在计算机上显示诸如点、线、面等地理特征，并通过数据库管理工具将描述这些地理特征的属性数据结合起来。ArcInfo 被公认为是第一个现代商业 GIS 系统；1999 年发布了基于 COM 组件的 ArcInfo 8 和能在 B/S 环境使用的 ArcIMS；再到后来的 ArcGIS 系列产品对嵌入式 GIS、企业级 GIS 支持，以及近几年与云计算、大数据、AI 等 IT 技术结合，无不紧跟 IT 前沿技术，采用新技术解决传统 GIS 问题的同时，也在探究传统 GIS 与新技术的应用新方向。

ArcGIS 给人的印象是——严谨。从 GIS 的数据模型到分析算法，背后都有可靠的理论支撑，做到理论、技术、产品一体成型，这是国内外同类软件不可比拟的。国内外地学领域的很多学者把 ArcGIS 作为数据分析工具，他们关心的是，科学数据采用 GIS 的特定分析算法，能够得到怎样的结果，分析结果通常还能在地图上进行直观地展示。这是 ArcGIS 在学术界经久不衰的重要原因。

纵观其数据格式，从文件存储到数据库存储，从二进制格式到文本格式，不同数据格式有不同的适用场景，同时也是 IT 技术发展历程的侧面映射。文件型的数据格式，例如 coverage 和 shapefile，属于早期的数据格式类型，采用“文件 + 数据库”的混合方式存储空间数据，采用桌面数据库（例如 dBase）管理属性数据，从而方便对属性进行高效的管理和查询，属性数据和几何数据通过对象的 ID 进行关联；在 64 位处理器出现之前，文件的存储大小限制在 2GB 以内。随着存储需求的扩展以及 IT 技术的进步，采用数据库方式存储空间数据成为主流，于是出现了 Geodatabase，关于数据库存储将在第 3 章详细说明；64 位技术的出现使得文件存储大小几乎是无限制的，文件型数据格式也能够满足大数据量的存储需求。

2.1.1 Coverage

简 介

Coverage 是 ESRI 产品 ArcInfo Workstation 的原生数据存储方式。

Coverage 是一个集合，它可以包含一个或多个要素类，如点、线、面、注记（文本）、TIN 地形等地理要素，可以具有拓扑信息，用于表达要素间的关系。

Coverage 以目录形式存储，空间信息以二进制文件的形式存储在独立的目录中，目录名称即为该 Coverage 的名称；属性信息和拓扑数据则以 info 表的形式存储在独立的 info 目录中。多个 Coverage 要素类所在的目录，称为 Coverage 工作空间。

【Coverage 要素】

定义 Coverage 中的要素通常需要多个要素类。例如，Coverage 的面要素需要同时使用线和面要素类来表示；其中面要素还包含标注点，这些点以单独要素类的形式显示。

每个 Coverage 都具有一个包含控制点的要素类，用来表示已知的实际坐标。这些控制点可帮助定义 Coverage 的范围，但并不表示 Coverage 中的任何实际数据点。

【info 表】

每个 Coverage 工作空间都有一个 info 数据库，存储在子目录 info 下，存储属性数据和拓扑数据。Coverage 要素类目录中的每份空间数据都与 info 文件夹中的一对 [.dat] 和 [.nit] 文件关联；该关联关系记录在 info 目录中的 [.dir] 文件中，如图 2-1 所示。

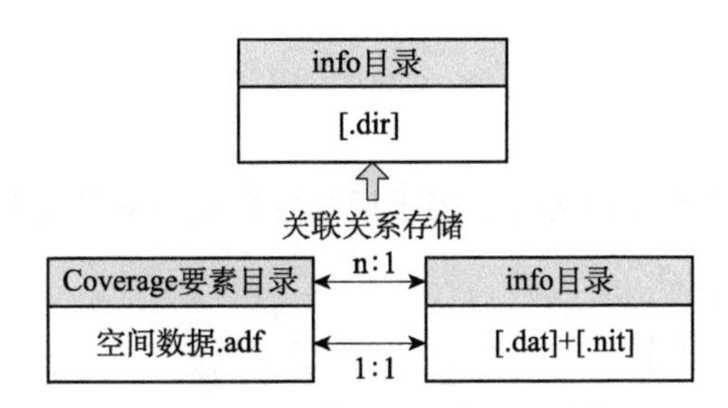

图 2-1　Coverage 要素目录与 info 目录的关联关系

文件组成

Coverage 要素类的不同类型，用不同的文件组合进行存储，见表 2-1。

表 2-1　Coverage 要素类及其文件组成

Coverage 要素类型	空间数据存储（Coverage 目录）	要素属性表（Coverage 目录）	要素属性表（info 目录）
点	lab.adf	pat.adf	[.nit] 和 [.dat]
弧 / 线	arc.adf	aat.adf	[.nit] 和 [.dat]
节点	arc.nit，arc.adf	nat.adf	[.nit] 和 [.dat]
路径	arc.adf，sec.adf	<route>.rat	[.nit] 和 [.dat]
部门	arc.adf	<route>.sec	[.nit] 和 [.dat]
多边形	pal.adf、cnt.adf、lab.adf、arc.adf	pat.adf	[.nit] 和 [.dat]
区域	rxp.adf、<region>.pal	<region>.pat	[.nit] 和 [.dat]
注记	<anno>.txt	<anno>.tat	[.nit] 和 [.dat]
控制点	tic.adf	tic.adf	[.nit] 和 [.dat]
链接	lnk.adf	lnk.adf	[.nit] 和 [.dat]
Coverage 范围	bnd.adf	bnd.adf	[.nit] 和 [.dat]

注：表格里 < > 中的文本指 Coverage 或要素类的用户指定名称。

【Coverage 要素目录下的文件类型】

[.adf] 文件包含多种存储类型：

①存储空间数据文件：lab.adf、arc.adf、sec.adf、pal.adf、cnt.adf、tic.adf、lnk.adf、bnd.adf。

②存储索引文件：arx.adf、pax.adf。

③存储属性文件：aat.adf、pat.adf。其中 aat.adf 为弧段 / 线要素属性表，记录弧段 / 线对象的起点和终点坐标信息；pat.adf 点属性表，记录 lable 点的坐标信息。

[.tic] 文件：控制点，用于配准地图的点。

【info 目录下的文件类型】

[.nit] 文件：属性表定义文件；

[.dat] 文件：属性信息；

[.dir] 文件：属性表路径管理文件，用于记录要素类空间信息与 info 中的 [.dat] 和 [.nit] 文件的关联关系，参见图 2-1。

【Coverage 的栅格数据】

[.aux] 保存栅格文件自身不能保存的辅助信息，包括彩色地图信息、直方图或表格、坐标系统、变换信息、投影信息；

[.rrd] 保存影像金字塔信息索引，加速显示和漫游；dat 保存属性信息；nit 保存属性表定义文件。

数据示例

以 datas 工作空间为例，它包含三个 Coverage 要素类：blocks、parcels 和 road_cl。

在 Windows 资源管理器中，datas 以文件夹形式存在，见图 2-2。每个要素类对应一个文件夹，info 是各要素类的共用文件夹。

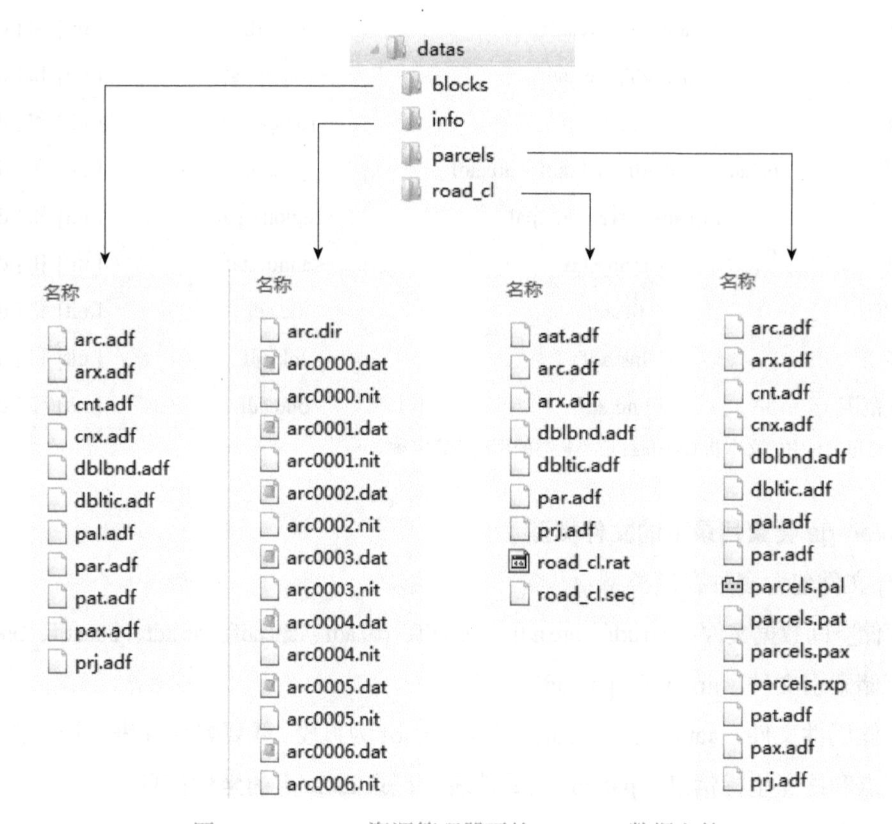

图 2-2　Windows 资源管理器下的 Coverage 数据文件

在 ArcCatalog 中，datas 的展示形式见图 2-3：blocks 和 parcels 是面要素，road_cl 是线要素；每个 Coverage 要素类又由多个常规要素类组成。Windows 资源管理器中的 Info 文件夹在 ArcCatalog 中是不可见的，对每个要素类的复制、粘贴、删除等操作通常需要通过 ArcCatalog 完成，从而保证数据的完整性。

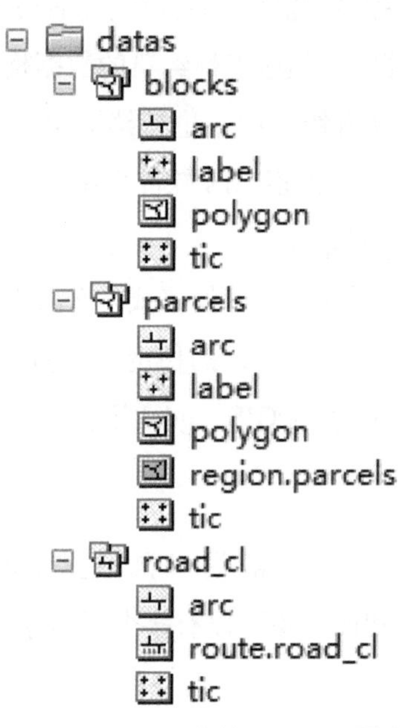

图 2-3　ArcCatalog 中的 Coverage 要素类

Coverage的版本

Coverage 格式有不同的版本，包括：PC ArcInfo coverage、ArcInfo coverage、ArcGIS Desktop advanced coverage，除了属性存储的差别之外，ArcGIS 不同产品对不同版本 Coverage 的支持程度也有所不同。

特　性

Coverage 数据格式较为复杂，主要是为了进行高效的空间分析；二进制格式，ArcGIS 虽然也提供了相应的读写接口，但其易用性远不如 shapefile，业内数据交换与共享一般不会采用该数据格式。Coverage 还有一种对应的文本交换格式—— E00，见 2.1.3 小节。

参考材料

https://desktop.arcgis.com/zh-cn/arcmap/latest/manage-data/coverages/what-is-a-coverage.htm

2.1.2 shapefile

简 介

shapefile 是 ArcView 3.x 的原生数据格式，20 世纪 90 年代，随着地理信息技术的迅速发展以及 ArcView 3.x 软件在世界范围内的推广，shapefile 格式的数据使用非常广泛，数据来源也较多，逐渐成为地理信息领域堪称经典的数据格式。

ArcGIS 产品本身在版本不断升级过程中也持续对 shapefile 进行支持，可以与其第三代数据模型 Geodatabase 相互转换。很多 GIS 软件也都提供了与 shapefile 互转的能力，比如商用 GIS 软件 MapInfo、SuperMap 等。

shapefile 文件格式以二进制形式为主，但格式是公开开放的，且有能够免费获取的成熟的数据访问接口，加上文件格式本身良好的稳定性、易用性和可操作性，开源社区许多软件也对 shapefile 格式进行支持，如 QGIS、gdal 等。

要素类型

每份 shapefile 数据只能表示一个要素类，可以是点、线、面或体类型，其中点、线、面要素可以带 Z 值或 M 值，线和面对象可以有多个子对象，见表 2-2。

表 2-2　Shapefile 表达的要素类

要素类型	含义	点的表现形式
Point	单个点	（X，Y）
Polyline	折线，用有序点串表示	（X，Y）
Polygon	多边形，用有序点串表示	（X，Y）
MultiPoint	多点，用点的集合表示	（X，Y）
PointZ	单个点，带高度值	（X，Y，Z）
PolylineZ	折线，构成折线的每个点都带有高度值	（X，Y，Z）
PolygonZ	多边形，构成多边形的每个点都带有高度值	（X，Y，Z）
MultiPointZ	多点，用带高度值的点集表示	（X，Y，Z）
PointM	单个点，带度量值	（X，Y，M）
PolylineM	折线，构成折线的每个点都带有度量值	（X，Y，M）
PolygonM	多边形，构成多边形的每个点都带有度量值	（X，Y，M）
MultiPointM	多点，用带度量值的点集表示	（X，Y，M）
MultiPatch	多面体	（X，Y，Z）

文件组成

每份 shapefile 数据由一组文件组成，每个文件的文件名相同，扩展名不同，如图 2-4 是名字为 Road_cl 的 shapefile 数据在 Windows 资源管理器中的文件组列表。

文件组中有三个文件是必须的：

① [.shp] 文件：几何要素的空间信息，即组成各空间对象的顶点坐标集；

② [.shx] 文件：几何要素在 [.shp] 文件中的存储位置索引信息，即在 [.shp] 文件中空间数据是如何存储的，每个对象的顶点坐标的起止位置、顶点个数等信息；

③ [.dbf] 文件：几何要素的属性信息，实际上是一张二维表格。

名称

Road_cl.dbf
Road_cl.prj
Road_cl.sbn
Road_cl.sbx
Road_cl.shp
Road_cl.shp.xml
Road_cl.shx

图 2-4　shapefile 数据示例

其他可选的文件中，[.prj] 文件记录了 shapefile 的坐标系信息，缺失了坐标系信息的 shapefile 只能作为局部坐标系下的数据使用。[.prj] 文件以文本形式存储，ArcGIS Desktop 9 以前是其自定义的格式，ArcGIS Desktop 9 及以后的版本使用 well-known text 格式来生成坐标系统描述信息，如图 2-5 所示。

```
PROJCS["NAD_1927_StatePlane_Alabama_East_FIPS_0101",
  GEOGCS["GCS_North_American_1927",
      DATUM["D_North_American_1927",
         SPHEROID["Clarke_1866",6378206.4,294.9786982] ],
      PRIMEM["Greenwich",0.0],
      UNIT["Degree",0.0174532925199433] ],
  PROJECTION["Transverse_Mercator"],
  PARAMETER["False_Easting",500000.0],
  PARAMETER["False_Northing",0.0],
  PARAMETER["Central_Meridian",-85.8333333333333],
  PARAMETER["Scale_Factor",0.99996],
  PARAMETER["Latitude_Of_Origin",30.5],
  UNIT["Foot_US",0.3048006096012192] ]
```

图 2-5　shapefile 的坐标系文件示例

shapefile 的可选文件，还包含以下几种：

① [.sbn]，[.sbx]：几何体的空间索引；

② [.fbn]，[.fbx]：只读几何体的空间索引；

③ [.ain]，[.aih]：列表中活动字段的属性索引；

④ [.ixs]：可读写的地理编码索引；

⑤ [.mxs]：可读写的地理编码索引（ODB 格式）；

⑥ [.atx]：[.dbf] 文件的属性索引；

⑦ [.shp]，[.xml]：以 XML 格式保存元数据；

⑧ [.cpg]：用于描述 [.dbf] 文件的代码页，指明其使用的字符编码。

拓扑信息

与 Coverage 格式不同，shapefile 不能存储拓扑信息（结点、边和面之间的关联关系），但对于多边形要素类，对顶点的走向有约束条件。

shapefile 按顺时针方向为多边形对象的所有顶点排序，然后按顶点顺序两两连接成的边线向量，向量右侧的为多边形的内部，向量左侧的是多边形的外部，见图 2-6。如此就能表示带岛或洞的多边形。

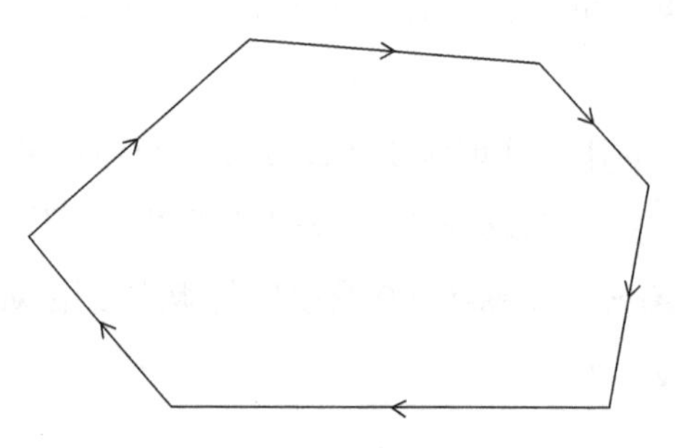

图 2-6　shapefile 的多边形顶点顺序

局限性

（1）文件大小的限制

早期的 shapefile 文件大小限制在 2GB 以内，即单个 [.shp] 文件或 [.dbf] 文件不能超过 2GB。随着 64 位处理器的普及，shapefile 与时俱进，能够支持大于 2GB 的数据存储，在 gdal 开源库中就扩展了对大于 2GB 的 shapefile 文件的支持。

（2）属性存储的限制

存储属性数据的 [.dbf] 文件基于比较古老的 dBase 标准，因此也存在一些局限性，例如：

①无法存储空值，这对于地理数据来说是一个严重的问题，用“0”代替数值型的空值、用空字符串代表文本型的空值，其含义显然是不同的，会歪曲统计表达的结果；

②字符编码不够完善，对字段名或字段值中的 Unicode 编码支持得不够好；

③字段名最多只能够有 10 个字符；

④最多只能够有 255 个字段；

⑤字段的数据类型有限，只支持浮点型、整型、日期型（不支持时间）和文本型（最

大 254 字节存储空间）。

开放性

二进制形式，ArcGIS 提供免费开放的 api 进行便捷的读、写操作，由于读、写操作方便以及稳定易用，shapefile 的认可度较高，使用也广泛。

参考材料

ESRI Shapefile Technical Description, An ESRO White Paper,1998.

2.1.3　E00

简　介

E00 是 Coverage 的文本交换格式，能够覆盖 Coverage 所能存储的内容，由于涉及拓扑关系，数据格式较为复杂。

虽然 E00 是明码的，但并不是 ESRI 官方公开的数据格式，也没有提供数据格式说明的白皮书。但可以对照 Coverage 的内容，对 E00 格式进行分析，从而完成对 E00 格式的解析。

文件组成

标准 E00 数据是单个文件，记录了空间信息的坐标、属性以及拓扑关系信息。

在 E00 文件的文本记录中，整个 E00 文件以“EXP”标志开始，以“EOS”符号标志结尾。在文件中每行记录原则上都不会超过 80 个字符。

在文件开始的第一行包括“EXP”标记、“0”标记与文件路径三个部分。

E00 数据文件包含两大部分：ARC 和 INFO，每个部分又分为若干节（section），见图 2-7。

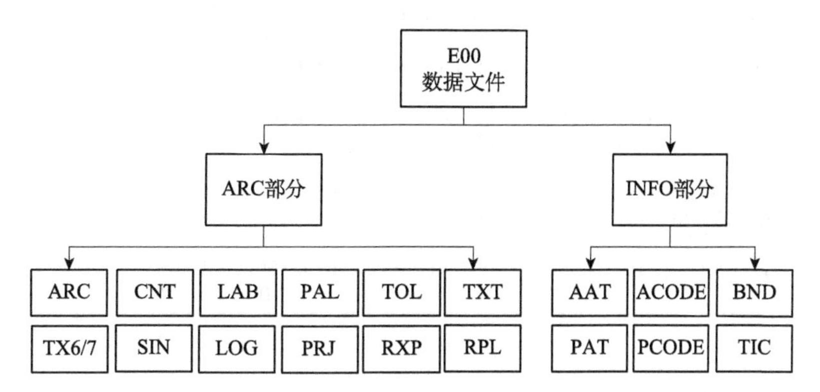

图 2-7　E00 文件组成部分

其中 ARC 部分包括 ARC、CNT、LAB、LOG、PAL、PRJ、SIN、TOL、TXT、TX6/7、

RXP、RPL 等部分，其中的 SIN、LOG、PRJ 出现在 ARC 部分的末尾，其余节以字母顺序排列；INFO 部分包括 AAT、ACODE、BND、PAT、PCODE、TIC，INFO 部分以“IFO2”作为起始标记，以“EOI”作为结束标志，其中所包含的节都以字母顺序排列。

E00 文件的节很多，但是在一般情况下我们只需要关注下面的几个节就可以了：ARC、LAB、PAL、PRJ、AAT 和 PAT。

（1）精度标识

E00 数据涉及精度问题，单精度数据在节名称后添加标记“2”，双精度数据在节名称后添加标记“3”，如“ARC2”“AAT3”。

（2）ARC 节

ARC 节中保存的是弧段，如果这是一个点文件，那么应该没有此节，或者此节没有数据；如果是一个线文件，那么这里就是线图形存储的地方；如果是一个面文件，那么面的边界就是由这里的弧段连接而成。

ARC 节以 ARC2 或者 ARC3 开始。以 –1 0 0 0 0 0 0 结束，见图 2-8。ARC 节中的数据块的格式如下：

第一行数字的含义：

ID 编号　起点 ID　终点 ID　左多边形的 ID　右多边形的 ID　所包含的点的个数

```
ARC2
         1          2          2          1          1          2          2
 3.4029994E+05 4.1001998E+06 3.4009988E+05 4.1002000E+06
         2          3          3          2          3          2          2
 3.4050000E+05 4.1001998E+06 3.4029994E+05 4.1001998E+06
         3          1          1          4          1          2          4
 3.4009988E+05 4.1002000E+06 3.4040006E+05 4.1003995E+06
 3.4090012E+05 4.1002000E+06 3.4070003E+05 4.1001995E+06
         4          4          4          3          4          2          2
 3.4070003E+05 4.1001995E+06 3.4050000E+05 4.1001998E+06
         5          6          3          4          4          3          3
 3.4050000E+05 4.1001998E+06 3.4059997E+05 4.1001002E+06
 3.4070003E+05 4.1001995E+06
         6          7          4          5          1          3          3
 3.4070003E+05 4.1001995E+06 3.4079997E+05 4.1000002E+06
 3.4019978E+05 4.1000000E+06
         7          5          5          2          1          3          2
 3.4019978E+05 4.1000000E+06 3.4029994E+05 4.1001998E+06
        -1          0          0          0          0          0          0
```

图 2-8　E00 中的 ARC 节数据示例

接下来是 ARC 中的点坐标数据，注意每行是两个坐标点。如果点的个数是奇数，那么最后一行只有一个点。

其中 ARC 的 ID 是很重要的，应为多边形使用这个 ID 来引用弧段。ARC 中所包括的点数也很重要，这决定了接下来还有多少数据属于这个块。

（3）LAB 节

LAB 节中记录的是点的信息。在点文件中，它就代表点图形信息；而在线或者面文件中，这个节的数据基本上没有用。

以 LAB2 或者 LAB3 开始。对应的以 –1 0 0.0000000E+00 0.0000000E+00 结束或者以 –1 0 0.00000000000000E+00 0.00000000000000E+00 结束，见图 2-9。

第一行数字的含义：点的 ID 点所在的多边形的 ID 点的 x 坐标 点的 y 坐标。

第二行是点坐标，与前一行的点坐标重复，已经宣布废弃，可以忽略。

后面各行的内容依次重复。

```
LAB2
         1         2  3.4046650E+05 4.1002668E+06
 3.4046650E+05 4.1002668E+06 3.4046650E+05 4.1002668E+06
         2         3  3.4048869E+05 4.1000852E+06
 3.4048869E+05 4.1000852E+06 3.4048869E+05 4.1000852E+06
        -1         0  0.0000000E+00 0.0000000E+00
```

图 2–9　E00 中的 LAB 节数据示例

（4）PAL 节

PAL 节中存储的是多边形的图形。多边形是通过连接 ARC 节中的弧段来构造的，见图 2-10。

```
PAL2
         5 3.4009988E+05 4.1000000E+06 3.4090012E+05 4.1003995E+06
         0         0         0        -1         1         2
        -7         2         3        -6         5         3
        -3         4         2
         4 3.4009988E+05 4.1001995E+06 3.4090012E+05 4.1003995E+06
         1         2         1         3         1         1
         4         4         4         2         3         3
         4 3.4019978E+05 4.1000000E+06 3.4079997E+05 4.1001998E+06
        -2         2         2         5         3         4
         6         4         1         7         5         1
         2 3.4050000E+05 4.1001002E+06 3.4070003E+05 4.1001998E+06
        -4         3         2        -5         4         3
        -1         0         0         0         0         0         0
```

图 2–10　E00 中的 LAB 节数据示例

PAL 节以 PAL2 或者 PAL3 开始，以 –1 0 0 0 0 0 0 结束。

多边形的外接矩形存储在第一行，用矩形的左下角点（X_{min}，Y_{min}）和右上角点（X_{max}，Y_{max}）表示，第一行的 5 个数值分别代表了：

弧段的个数　X_{min}　Y_{min}　X_{max}　Y_{max}

接下来是弧段信息。每一行两个弧段，如果弧段数目是奇数，那么最后一行只有一个弧段。每个弧段由三个数值组成：ARC 的 ID、弧段的起点、弧段的终点。

需要注意的是，如果 ARC 的 ID 为负数，表示这个弧段在参与这个多边形的时候要反向；第一个多边形是多余的数据，用来表示整个图层的范围，没有属性对应。

（5）PRJ 节

这一节存储的是投影信息，结构简单，见图 2-11。

```
PRJ2
Projection     UTM
~
Zone           13
~
Datum          NAD27
~
Zunits         NO
~
Units          METERS
~
Spheroid       CLARKE1866
~
Xshift         0.0000000000
~
Yshift         0.0000000000
~
Parameters
~
EOP
```

图 2-11　E00 中的 LAB 节数据示例

PRJ 节以 PRJ2 或者 PRJ3 开始，以 EOP 结束。

每一块数据占两行，第一行是参数名称和参数取值；第二行默认为固定符号 ~，可以忽略。

（6）属性的基本描述

第一行包含 6 个信息：

属性文件名字；

在原 Coverage 数据中的关联表；

有效属性字段的个数；

属性字段的总个数，包含已删除的，用索引号 –1 标识；

单条属性记录所占字节长度；

属性记录条数。

第二行开始是每个属性字段的定义，依次是：字段名、所占字节大小、常量（–1）、在单条属性记录中的起始字节位置、常量（4）、常量（–1）、字段值的输出格式、字段类型、4 个常量（–1）、备用字段名（通常为空）、字段索引号（从 1 开始，–1 表示该字段已经被删除，解析时要跳过）。

其中，字段值的输出格式按照数值型和文本型有所不同。如果是单精度 / 双精度浮点型，则指定总的输出宽度和小数点的位置，中间用空格隔开；如果是整型，则指定其输出宽度，并以常量 –1 结束；如果是文本型，则指定输出宽度，并以常量 –1 结束。

字段类型见表 2-3，与字段所占字节大小等信息配合使用。

表 2–3　E00 的字段类型

E00 中的表现形式	类型	说明
10-1	日期型	8 字节存储，两种表现形式： 8 字符（12/31/99）或 10 个字符（12/31/1999））
20-1	文本型	所占字节数与实际长度相关
30-1	整型	有效位数固定
40-1	数值型	有效位数固定
50-1	整型	双字节或四字节存储
60-1	浮点型	四字节或八字节存储，取决于文件的精度信息

属性字段的定义之后，是每个对象的属性值。

（7）AAT 节和 PAT 节

这两节是重要的属性节。[.AAT] 是弧段（Arc）属性表，示例数据见图 2-12；[.PAT] 是点（Point）或多边形（Polygon）的属性表，示例数据见图 2-13。

```
ROA_DCL. AAT              XX        7    7   28            7
FNODE#          4-1     14-1    5-1  50-1   -1   -1-1              1-
TNODE#          4-1     54-1    5-1  50-1   -1   -1-1              2-
LPOLY#          4-1     94-1    5-1  50-1   -1   -1-1              3-
RPOLY#          4-1    134-1    5-1  50-1   -1   -1-1              4-
LENGTH          4-1    174-1   12 3  60-1   -1   -1-1              5-
LANDLICL#       4-1    214-1    5-1  50-1   -1   -1-1              6-
LANDLICL-ID     4-1    254-1    5-1  50-1   -1   -1-1              7-
          2          1          0          0 2.0006265E+02         1
2
          3          2          0          0 20006250E+02          2
3
          1          4          0          0 1.0989176E+03         3
1
          4          3          0          0 2.0003140E+02         4
4
          3          4          0          0 2.8198248E+02         5
6
          4          5          0          0 8.2309576E+02         6
7
          5          2          0          0 2.2345322E+02         7
5
```

图 2–12　E00 中的 AAT 节数据示例

```
LANDLICP.PAT                      XX    4    4   16          4
AREA               4-1    14-1   12 3  60-1   -1   -1-1                  1-
PERIMETER          4-1    54-1   12 3  60-1   -1   -1-1                  2-
LANDLICP#          4-1    94-1    5-1  50-1   -1   -1-1                  3-
LANDLICP-ID        4-1   134-1    5-1  50-1   -1   -1-1                  4-
-1.7982806E+05 2.3455293E+03           1            0
 8.0025000E+04 1.6990741E+03           2            1
 8.9864000E+04 1.5285940E+03           3            2
 9.9390586E+03 4.8201389E+02           4            0
```

图 2-13　E00 中的 PAT 节数据示例

小　结

由于 E00 文件格式并没有官方给出的权威格式说明，很多内容都是通过经验总结出来的，但这些解析方法通常是适用于绝大部分数据的。

参考材料

ANALYSIS OF ARC EXPORT FILE FORMAT FOR ARC/INFO, http://avce00.maptools.org/docs/v7_e00_cover.html

2.2　MapInfo 系列文件格式

MapInfo 是美国 MapInfo 公司的桌面地理信息系统软件，MapInfo 是 Mapping 与 Information 的组合，即地图对象和属性数据。Tab 是 MapInfo 的原生数据格式，以图层为基本单位用于存放表达空间对象的点、线、面；mif/mid 则是其明码的交换格式。

2.2.1　Tab

Tab 数据由 4 个文件组成，用 4 个文件名相同、扩展名不同的一组文件来描述一个图层数据：

① [.tab] 文件是一个文本文件，用于记录表的数据结构；

② [.dat] 文件采用表格记录属性数据；

③ [.map] 格式文件描述图形信息；

④ [.id] 文件用于连接图形和其对应的属性数据。

2.2.2　mif/mid

mif/mid 是 MapInfo 软件用于和外部数据进行交换的文件格式，由扩展名为 mif 和 mid 的一组文件来描述一个图层。

① mif 文件用来存储图形信息，包括文件头和数据区两个部分，文件头存放数据的基本描述信息（版本号、字符集、文件分隔符、坐标系相关信息）及如何创建 MapInfo 表格的信息（表格的索引和列描述信息）；数据区存放任意长度的图形变量，其中每一项对应着一个图形对象。

图形对象可以被指定为如下几种类型：点（point）、线（line）、折线（polyline）、区域（region）、弧（arc）、文本（text）、矩形（rectangle）、圆角圆矩（rounded rectangle）、椭圆（ellipse）等。每个图形对象可以指定绘制风格：Pen、Brush、Symbol、Font、Color 等。

② mid 文件存储属性数据。mif 和 mid 文件记录是一一对应的，即 mif 文件的第 i 个 object 对应着 mid 文件的第 i 行，当 mif 文件中没有图形对象与 mid 文件的行对应时，一个 NONE 对象必须写在 mif 文件中相应的位置。

范例数据展示如下：

```
TestData.mif:
Version 300
Charset "Neutral"
Delimiter ","
CoordSys Earth Projection 1, 104
Columns 2
  id Decimal(10,0)
  color Char(10)
Data

Region 1
   7
109.481393158616 33.9152376602928
116.347996401109 37.5139996006357
121.746139311624 33.0879360648117
120.815425016707 28.8480153879709
116.699599579189 26.7177137796069
110.060504275453 28.8273328480838
109.481393158616 33.9152376602928
```

```
    Pen (1,2,0)
    Brush (1,0,16777215)
Region 1
  6
106.714016530846 31.8043938655798
110.628963063628 32.4589050506268
110.651852694851 32.3474800533496
110.24045958892 28.4660755321757
106.975917513723 29.5034066588738
106.714016530846 31.8043938655798
    Pen (1,2,0)
    Brush (1,0,16777215)
Region 1
  8
110.24045958892 28.4660755321757
110.651852694851 32.3474800533496
109.822129317606 36.3865108331467
113.26340963938 38.1900734114257
118.661552549894 33.7640098756017
117.730838254978 29.5240891987608
113.615012817459 27.3937875903969
110.24045958892 28.4660755321757
    Pen (1,2,0)
    Brush (1,0,16777215)
Region 1
  5
110.628963063628 32.4589050506268
106.714016530846 31.8043938655798
106.396806396887 34.5913114710828
109.822129317606 36.3865108331467
110.628963063628 32.4589050506268
```

```
    Pen (1,2,0)
    Brush (1,0,16777215)
TestData.mid:
0 "#000000"
0 "#C00000"
0 "#C00000"
0 "#C00000"
```

2.3 开放式文件格式

GIS 领域常用的开放式文件格式为 GML、KML、GeoJSON，都已经成为相关领域的标准格式，应用也较为广泛。因此，本节仅进行简要介绍。

2.3.1 GML

简　介

GML（Geographic Markup Language，地理标记语言）是基于 XML 的数据格式，用于表示地理空间对象的地理标记语言，解决网络和分布式环境下的地理数据传输与交换问题，具有扩展性好、跨平台、易于读写和编辑等优点。

GML 格式规定了在 ISO 19100 系列国际标准和开放式 GIS 抽象规范中定义的概念类的 XML 编码，是这些规范的标准化实施，因此 GML 是一个具体可实施的标准。GML 最初由 OGC（Open Geospatial Consortium，开放地理空间信息联盟）定义，到 GML 3.2 版本正式成为 ISO 标准。

目前，一些主流的 GIS、CAD 和空间数据库系统（如 ArcGIS、AutoCAD、Oracle 等）都有 GML 的导出与导入能力。

文件内容

GML 使用"要素"来描述这个世界。一个要素是"现实世界中某种现象的一个抽象（ISO 19101）"；如果一个要素对应于地球上的一个位置，那么它就是一个地理要素。因此，现实世界的数字表达可以被看作是一组要素的集合。

要素的状态由一组属性定义，每个属性可以由一个"名称、类型、值"的三元组来定义。每个要素的属性个数、属性的名称和类型是由要素的类型来确定的。地理要素是具有几何特征属性的要素。

一个要素集是多个要素的集合，其本身也可以视为一个要素；因此，一个要素集具有要素类型，同时除了具有它所包含的要素的属性外，还具有自己特有的属性。

GML 使用 XLink 来表现地理空间实体间的关系，使得实体间关系的建立不仅限于同一数据库，甚至可跨网络，因此 GML 是可以支撑分布式存储的。

GML 定义了地理信息的各个方面，包括要素、几何图形、拓扑、时间、样式等；后来又对几何图形的编码进行了优化，并扩展了 TIN（Triangulated Irregular Networks，不规则三角网）、线性参考、可参考的格网等内容，形成了一个单独的扩展的 GML 规范。

参考材料

https://www.ogc.org/standards/gml/

2.3.2 KML

简 介

KML 是 Keyhole Markup Language 的缩写，最初由 Keyhole 公司开发，2008 年成为 OGC 标准。

KML 是一种基于 XML 语法与格式的、用于描述和保存地理信息（如点、线、图像、多边形和模型等）的编码规范，最早主要用于 Google Earth 和 Google Maps 中显示地理数据，后来成为共用的一种地理数据交换 / 共享格式。Google Earth 和 Google Maps 处理 KML 文件的方式与网页浏览器处理 HTML 和 XML 文件的方式类似。像 HTML 一样，KML 使用包含名称、属性的标签（tag）来确定显示方式，也就是说，KML 文件里不仅有空间对象，还指定了对象的可视化方式。

文件内容

KML 使用包含嵌套的元素和属性的结构（基于标记），并符合 XML 标准。所有标记都区分大小写，并且必须与 KML 参考中列出的完全一样。该参考指出了哪些标记是可选的。在给定元素内，标记必须按照参考中列出的顺序显示。

KMZ 文件是经过 ZIP 压缩过的 KML 文件，文件后缀名为 [.kmz]。类似 GML，KML 有“NetworkLink”标签，能够引用网络上的资源。

参考材料

https://developers.google.com/kml

2.3.3 GeoJSON

简 介

GeoJSON 是一种基于 JSON（JavaScript Object Notation）的地理空间数据交换格式，它定义了几种类型的 JSON 对象以及它们组合在一起的方法，以表示有关地理要素、属性和它们的空间范围的数据。

2015 年，互联网工程任务组（The Internet Engineering Task Force，IETF）与原始规范作者组建了一个 GeoJSON 工作组，一起规范 GeoJSON 标准。在 2016 年 8 月，推出了最新的 GeoJSON 数据格式标准规范 RFC 7946。

文件内容

GeoJSON 使用唯一地理坐标参考系统 WGS1984 和十进制的单位，对坐标系做出明确规定，主要是为了避免数据在交换过程中产生歧义，尤其是在网络环境下，通常难以进行坐标系转换的复杂计算，规定了统一坐标系，避免坐标系不一致带来的问题。

一个 GeoJSON 对象可以是 Geometry，GeometryCollection、Feature 或者 FeatureCollection。Geometry 对象可以是点（表示地理位置）、线（表示街道、公路、边界）、多边形（表示国家、省份、区域），以及由以上类型组合成的复合几何图形。Feature 就是带属性信息的 Geometry 对象。

参考材料

https://tools.ietf.org/html/rfc7946

2.4 栅格数据

GIS 中的栅格数据可以理解成带地理位置的图片，其基本单元是像素，不同的是像素值是具有实际地理意义的，比如可以代表对应地理位置的温度、湿度等，在 GIS 中用来描述这种连续变化的地理现象或过程的数据模型称为场模型。类似与图片，栅格数据可以由多个波段组成，每个波段对应不同的含义，但通常各波段具有相同的地理位置和分辨率，如多波段影像数据等（图 2-12）。常用的栅格数据格式有 GeoTiff/Tiff、Grid 等。

图 2-14 栅格数据的维度变化

2.4.1 GeoTiff/Tiff

Tiff 是一种比较灵活的图像格式，它的全称是 Tagged Image File Format，文件扩展名为 [.tif] 或 [.tiff]。GeoTiff 是一种 Tiff6.0 文件，它继承了在 Tiff6.0 规范中的相应部分，所有的 GeoTiff 特有的信息都编码在 Tiff 的一些预留 Tag（标签）中。

Tiff 具有下述分级的文件结构：

①文件头（File Header）：提供了 Tiff 文件的字节序（byte order）、版本（Version Number 或 ID）、指向第一个 IFD 的指针等信息；

②文件目录（Image File Directories，IFDs）：一个 IFD 可以代表多页 Tiff 文件中的一页。一个 IFD 中包含数个长度为 12 字节（bytes）的标签（Tags），每个 Tag 包含了 Tag ID、数据类型、值的数量，以及（通常情况下）指向数据域的一个指针；Tiff 格式的 tag 概念具有相当好的灵活性，正好用来扩展成为 GeoTiff；

③文件数据（Data）：Tiff 文件的数据区域。

GeoTiff 利用了 Tiff 的可扩展性，在其基础上加了一系列标志地理信息的标签（Tag），来描述卫星成像系统、航空摄影、地图信息和 DEM（Digital Elevation Model，数字高程模型）等。GeoTiff 设计使得标准的地图坐标系定义可以随意存储为单一的注册标签。GeoTiff 也支持非标准坐标系的描述，为了在不同的坐标系间转换，可以通过使用 3 ～ 4 个另设的 Tiff 标签来实现。

GeoTiff 描述地理信息条理清晰、结构严谨，而且容易实现与其他遥感影像格式的转换，因此，GeoTiff 图像格式应用十分广泛，绝大多数遥感和 GIS 软件都支持读、写 GeoTiff 格式的图像，比如 ArcGIS、ERDAS IMAGINE 和 ENVI 等。在图像处理中，将经过几何纠正的图像保存为 GEOTiff，可以方便地在 GIS 软件中打开，并与已有的矢量图进行叠加显示。

Libgeotiff 是基于 Libtiff 的用于读写 GeoTiff 的一个开源库：geotiff/libgeotiff。

2.4.2 IMG

简 介

ERDAS IMAGINE 是一款遥感图像处理系统软件，IMG 是其原生数据格式。

文件组成

IMG 文件的存储格式是 HFA 树，全称是 Hierarchal File Format（层级文件结构），是由头文件、节点存储结构和一系列节点组成，其中每个节点都有自己的头文件和存储的信息，如图 2-15 所示。

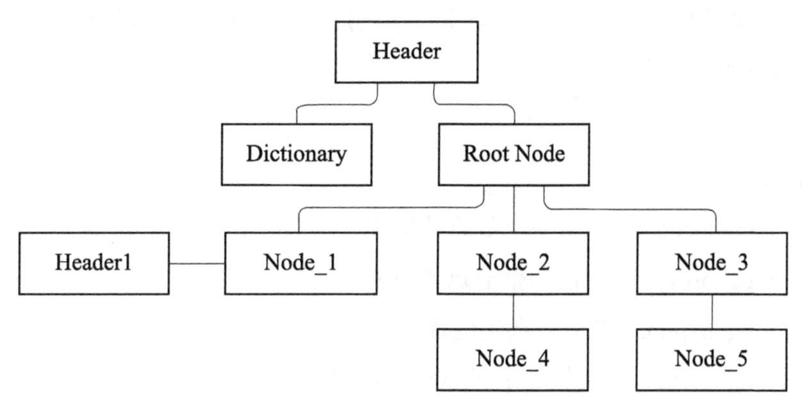

图 2–15　基本结构图

（1）基本结构

Header 是整个文件的头文件，包括两部分内容，一个是 Ehfa_HeaderTag，存储在文件最开头的地方，结构如下：

```
Ehfa_HeaderTag {
        char [16] label;        // 对象名，就是 EHFA_HEADER_TAG
        clong  headerPtr;        // 对象 Ehfa_File 的指针地址
    }
```

另一个是 Ehfa_File，起始位置从 headerPtr 读取，一般跟在 Ehfa_HeaderTag 之后，结构如下：

```
Ehfa_File {
        long  version;        // 版本号
        long  freelist;
        long  rootEntryPtr;        // 根节点的指针地址
        short  entryHeaderLength;        // 每一个节点头文件的长度
        long  dictionaryPtr;        // 节点存储结构列表的位置
    }
```

通过该对象，可以取得根节点和节点存储结构列表的位置。

（2）节点

从根节点开始的各个节点存放了图像的内容，而各个节点之间的联系是通过 Ehfa_Entry 对象来实现的，结构如下：

```
Ehfa_Entry {
        long  next;        // 下一个节点的位置
        long  prev;        // 前一个节点的位置
        long  parent;   // 父节点的位置
        long  child;       // 第一个子节点的位置
        long  data;        // 数据的存放位置
        long  datasize;   // 数据大小
        char [64] name;   // 节点的名字
        char [32] type;    // 节点数据的存储结构
        TIME modTime;       // 节点的修改时间
    }
```

通过 next、prev、parent 和 child 四个属性可以将节点联系成一棵树，而节点所存储的数据，可以通过 data 属性来找到其位置；数据的存储结构，需要在节点存储结构列表中去查找。

（3）节点存储结构列表

Dictionary 是文件的节点存储结构列表，包括每个节点所存储的数据的结构，以及头文件及节点本身的存储结构。比如 Ehfa_Entry 对象，在列表中表述如下：

```
{1:Lnext,1:Lprev,1:Lparent,1:Lchild,1:Ldata,1:ldataSize,64:cname,32:ctype,1:tmodTime,}Ehfa_Entry
```

每个存储结构之间用逗号隔开，存储结构中的变量也用逗号隔开。

在每个变量的表述中，比如 1:Lnext，1 代表一个变量，L 表示是 Long 型的，next 是变量名。

变量类型有很多种，可以确定的有 L 代表 Long，C 代表 Char，T 代表 Time，S 代表 Short，E 代表 Enum，D 代表 Double，还有一些笔者不确定的，比如 B 可能是指 Bool，pc

可能代表 String，po 和 o 可能都代表 Object，表示嵌入另一个存储结构。

因为变量类型有的是一个字符，有的是两个，并且 Enum 和 Object 等类型的存储格式和其他类型不太一样，如下：

```
{1:e2:no compression,RLC compression,compressionType,0:poEdms_VirtualBlockInfo,
blockinfo}
```

除此之外，还有下面这种笔者完全没能理解的存储格式：

```
1:x{0:pcstring,}Emif_String,title
```

由于不方便解析，而且每个文件的存储结构基本相同，因此笔者把要用到的一些节点直接写为了 JSON 对象，没有直接解析文件来生成节点存储结构列表。在读取节点存储数据的时候，必须从列表中查找其存储结构，才能够读取所存储的信息。

（4）节点存储数据

IMG 格式中一个重要的节点是 Eimg_Layer，一般是根节点的子节点，每个节点对应图像的一个波段。数据存储结构如下：

```
Eimg_Layer {
        long  width;        // 图层的宽度
        Long height;        // 图层的长度
        enum  layerType;        // 图层的类型
        enum  pixelType;        // 图层像素的存储类型
        long  blockWidth;        // 图层块的宽度
        long  blockHeight;        // 图层块的长度
    }
```

IMG 图像是二进制文件，并且采用的是 Little-Endian 模式存储。在各变量类型里，Char 占一个字节，Short 和 Enum 占两个字节，Long 和 Time 占四个字节，Double 占八个字节，String 和 Object 的占用字节数不固定。除了这些变量之外，一个像素占的字节数就需要通过 pixelType 类型来确定。另外，IMG 图像的一个重要特点是分块存储，一幅图像按照行列数被分成 N 块，然后再分块存储，blockWidth 和 blockHeight 就是存储的每块的大小。

由于一般各图层的宽、高度等属性都是相同的，笔者在读取的时候只读取第一波段的Eimg_Layer信息。

在Eimg_Layer节点下，包括Edms_State（像素数据）、Eprj_ProParameters（投影信息）、Eprj_MapInfo（地理信息）等子节点。Edms_State节点保存的是图像像素的数据，也是非常重要的节点。结构如下：

```
Edms_State {
        long numvirtualblocks;     // 块的个数
        long numobjectsperblock;     // 块的大小
        long nextobjectnum;     // 不知道是什么
        enum compressiontype;     // 是否压缩，0 是不压缩，1 是 RLC 压缩
        edms_VirtualBlockInfo blockinfo;     // 块的信息
        edms_FreelDList freelist;     // 仍然不知道是什么
        TIME modTime;     // 修改时间
    }
```

其内嵌的两个子结构如下：

```
Edms_VirtualBlockInfo {
        short filecode;     // 一般是 0
        long offset;     // 块数据的存储地址
        long size;     // 块的大小
        enum logvalid;     // 代表什么不了解，但一般是 1
        enum compression;     // 是否压缩，0 是不压缩，1 是 ESRI GRID 压缩
    }
Edms_FreelDList {
        long min;     // 大概是最小值？
        long max;     // 大概是最大值？
    }
```

在读取内嵌子结构的时候，需要先读取两个Long型的变量，一个是子结构的重复个数，另一个是子结构的地址。之后以重复个数为循环读取子结构内部的变量，如果子结构

重复个数为 0，则不读取。与其类似的是 String 型，其预读取的第一个变量不是重复个数而是字段的长度。

在读取完 Edms_State 节点之后，就可以通过其子结构 Edms_VirtualBlockInfo 的 offset 和 size 两个属性读取每个分块的图像数据。由于 IMG 文件是分块存储，还必须对所有读取出来的数据进行整理，才可以形成能够显示的数据流。

参考材料

王孝萌，曹广超，2012.Img 图像文件格式解析及读取 [J]. 科技风（24）：81-82.

朱政，刘仁义，刘南，2003.Img 图像数据格式分析及超大数据量快速读取方法 [J]. 计算机应用研究（08）：60-61，87.

2.4.3 ENVI 栅格文件格式

简　介

ENVI（The Environment for Visualizing Images）软件是一个完整的遥感图像处理平台，使用的是通用栅格数据格式，包含一个简单的二进制文件和 ASCII（文本）的头文件，单个 ENVI 栅格文件没有大小上限。

文件组成

ENVI 栅格文件必须包含头文件和数据文件两个文件：头文件的扩展名为 [.hdr]，数据文件的扩展名随意，甚至可以不带扩展名。这两个文件通过文件名来关联，即数据文件和头文件名称一致。

（1）头文件

ENVI 头文件包含用于读取图像数据文件的信息，通常创建于一个数据文件第一次被 ENVI 读取时。单独的 ENVI 头文本文件提供关于图像尺寸、嵌入的头文件（若存在）、数据格式及其他相关信息。

（2）数据文件

栅格数据会存储为二进制的字节流，通常它将以 BSQ（band sequential，按波段顺序储存）、BIP（band interleaved by pixel，按波段像元交叉储存）或者 BIL（band interleaved by line，按波段行交叉储存）的方式进行存储。

① BSQ 是最简单的存储格式，提供了最佳的空间处理能力。它先将影像同一波段的数据逐行存储下来，再以相同的方式存储下一波段的数据。如果要获取影像单个波谱波段的空间点（X，Y）的信息，那么采用 BSQ 方式存储是最佳的选择。

② BIP 格式提供了最佳的波谱处理能力。以 BIP 格式存储的影像，将按顺序存储所有波段的第一个像素，接着是第二个像素的所有波段，然后是第三个像素的所有波段，等等，交叉存取直到所有像素都存完为止。这种格式为影像数据波谱（Z）的存取提供了最佳的性能。

③以 BIL 格式存储的影像，将先存储第一个波段的第一行，接着是第二个波段的第一行，然后是第三个波段的第一行，交叉存取直到所有波段都存储完为止。每个波段随后的行都将按照类似的方式交叉存储。BIL 是介于空间处理和波谱处理之间的一种折衷的存储格式，也是大多数 ENVI 处理操作中所推荐使用的文件格式。

参考材料

https://www.docin.com/p-1223509724.html

2.4.4 NetCDF

简　介

NetCDF 全称为 Network Common Data Format，中文译为"网络通用数据格式"，它是由美国大学大气研究协会的 Unidata 项目科学家针对科学数据的特点开发的，是一种面向数组型并适于网络共享的数据描述和编码标准。

NetCDF 和 zip、jpeg、bmp 文件格式类似，都是一种文件格式的标准。NetCDF 文件开始时目的是用于存储气象科学中的数据，现在已经成为许多数据采集软件生成文件的格式。利用 NetCDF 可以对网络数据进行高效的存储、管理、获取和分发等操作。由于其灵活性强，能够传输海量的面向阵列（array-oriented）数据，目前广泛应用于大气科学、水文、海洋、环境模拟、地球物理等诸多领域。

从数学上来说，NetCDF 存储的数据就是一个多自变量的单值函数。用公式来说就是 f(x,y,z,…)=value，函数的自变量 x,y,z 等在 NetCDF 中叫作维（dimension）或坐标轴（axis），函数值 value 在 NetCDF 中叫作变量（variables）。而自变量和函数值在物理学上的一些性质，比如计量单位（量纲）、物理学名称等在 NetCDF 中就叫属性（attributes）。

文件组成

NetCDF 文件扩展名为 [.nc]，文件中的数据结构包含维（dimensions）、变量（variables）和属性（attributes）三种描述类型，每种类型都会被分配一个名字和一个 ID。

```
NetCDF name
{
    Dimensions：… // 定义维数
    Variables：… // 定义变量
    Attributes：… // 属性
    Data：…// 数据
}
```

（1）变量（Variables）

变量对应着真实的物理数据。比如我们家里的电表，每个时刻显示的读数表示用户到该时刻的已耗电量。这个读数值就可以用 NetCDF 里的变量来表示。它是一个以时间为自变量（或者说自变量个数为一维）的单值函数。再比如在气象学中要画出一个气压图，即“东经 xx 度，北纬 yy 度的点的大气压值为多少帕”，这是一个二维单值函数，二维分别是经度和纬度。函数值为大气压。

从上面的例子可以看出，NetCDF 中的变量就是一个 N 维数组，数组的维数就是实际问题中的自变量个数，数组的值就是观测得到的物理值。变量（数组值）在 NetCDF 中的存储类型有六种，即 ASCII 字符（char）、字节（byte）、短整型（short）、整型（int）、浮点（float）和双精度（double）。显然这些类型和 C 语言中的类型一致。

（2）维（Dimensions）

一个维对应着函数中的某个自变量，或者说函数图像中的一个坐标轴，在线性代数中就是一个 N 维向量的一个分量（这也是维这个名称的由来）。在 NetCDF 中，一个维具有一个名字和范围（或者说长度，也就是数学上所说的定义域，可以是离散的点集合或者连续的区间）。在 NetCDF 中，维的长度基本都是有限的，最多只能有一个具有无限长度的维。

（3）属性（Attributes）

属性是对变量值和维的具体物理含义的注释或者说解释。因为变量和维在 NetCDF 中都只是无量纲的数字，要想让人们明白这些数字的具体含义，就得靠属性这个对象了。

在 NetCDF 中，属性由一个属性名和一个属性值（一般为字符串）组成。比如，在某个文件中有这样的代码段：

```
temperature:units = “celsius” ;
```

前面的 temperature 是一个已经定义好的变量（variable），即温度，冒号后面的 units 就是属性名，表示物理单位，等号后面的就是 units 这个属性的值，为“celsius”，即摄氏度，整个一行代码的意思就是温度这个物理量的单位为 celsius，很好理解。

（4）数据（data）

NetCDF 支持的数据类型是 char、byte、short、int，或者 float 、real、double。NetCDF 接口对数据的访问是直接访问的。

参考材料

https://www.cnblogs.com/guanghma/p/11765775.html

2.4.5 HDF

简 介

HDF（Hierarchical Data File）是美国国家超级计算应用中心（National Center for Supercomputing Application，NCSA）为了满足各种领域研究需求而研制的一种能高效存储和分发科学数据的数据格式。

HDF 最初产生于 20 世纪 80 年代，目前有两类产品：从 HDF1 到 HDF4 的各个版本在本质上是一致的，因而 HDF4 可以向后兼容早期的版本；HDF5 推出于 1998 年，相较于以前的 HDF 文件，是一种全新的文件格式，它与 HDF4 只在概念上一脉相承，在数据结构的组织上却截然迥异。HDF5 的产生与发展反映了 HDF 在不断适应现代计算机发展和数据处理日益庞大复杂的要求。HDF5 紧跟时代变化也为其自身注入活力，使它被愈来愈多的领域采纳、运用，许多遥感影像采取 HDF 格式存取，一些大的图像处理软件也开始提供接口读取 HDF 文件。

HDF 强大的机制适应了遥感影像的特点，能够有条不紊、完备地保存遥感影像的属性和空间信息数据，同时使查询和提取相关数据也变得方便和容易。

文件组成

HDF4 和 HDF5 都采用分层式数据管理结构。这种结构的特点可被看成一本带目录的多章节书，HDF 文件作为“数据书”，每一章节包含不同类型的数据元素，HDF 文件用“数据目录”列出数据元素。

（1）HDF4

HDF4 的文件格式相对来说比较简单，由文件头、数据描述符块和数据元素组成，后两者组成数据对象。

数据描述符块由若干描述符组成，由标识符（tag）、参照数（reference number）、数据偏移量（data offset）、数据长度等组成。标识符和参照数唯一确定一个数据对象。

HDF4 有 8 类基本数据类型：SDS（科学数据集）、RIS8（8 位栅格影像）、RIS24（24 位栅格影像）、GR（通用栅格影像）、Palette（调色板）、Vdata（表格）、Annotation（注释）和 Group（组）。

随着计算机软硬件的不断发展，数据量和数据类型都变得十分庞大，HDF4 的局限性逐步显现，如不能存储多于 2 万个复杂对象，文件大小不能超过 2GB 字节，其数据结构不能完全包含它的内容，随着对象的增多，数据类型也受到限制等。HDF5 则应运而生。

（2）HDF5

HDF5 能处理更多的对象，存储更大的文件，数据模型变得更简单、概括性更强，HDF5 只有两种基本结构：组（group）和数据集（dataset）。组包含 0 个或多个数据集。HDF4 的 8 种数据类型除注释外都统一为 HDF5 的数据集。在 HDF5 中用一个小数据集 Attribute 表示注释信息。

HDF5 格式运用了 HDF4 和 AIO 文件的某些关键思想，比 HDF4 的自描述性更强，由一个超级块（super block）、B 树结点（B-tree node）、对象头（objectheader）、集合（collection）、局部堆（local heaps）和自由空间（free space）组成。其中的 B 树结构使得 HDF5 能处理更多更复杂的数据对象。借助数据库技术中的信息检索树，允许对象分散灵活存储的同时又能被高速访问。

参考材料

王玲，龚健雅，2003. 基于 HDF 文件的组织方式与影像提取 [J]. 测绘通报（04）：35-37.

https://www.hdfgroup.org/

2.5　三维模型数据

GIS 领域常用的三维模型数据来源包括传统的手工建模软件和近年来随着智慧城市建设在国内兴起的建筑信息模型（Building Information Modeling，BIM）建模软件，建模数据通常都包含骨架、材质、纹理三个基础的部分。

利用专业的三维建模软件进行手工建模是精细模型的传统建模方式，在测绘地理信息领域，常用的三维建模软件有 3D Max、SketchUp 等，常用的模型交换文件格式主要有 DAE、OBJ、[.X]、off 等；BIM 的建模软件，国外有 Revit、CATIA、Tekla，国内有 PKPM、广联达等，通常数据格式较为封闭，数据格式复杂。工业基础类（Industry

Foundation Classes，IFC）是业内公认的 BIM 数据交换标准。CityGML 则是地理信息领域为数不多的三维模型数据标准，但主要面向城市的基本要素进行组织，国外用得较多。

从三维数据格式的发展历程也可以看出，三维 GIS 的应用也逐步从“好看”向“好用”发展。早期的手工建模数据，如 3D Max，SkechUp 等，仅注重展示效果，数据的骨架不具备几何计算的基本基础，一定程度上导致三维 GIS 从数据源头就定性为“偶像派”。随着智慧城市、数字孪生等概念的演进，BIM 数据逐步受到重视，其数据组织更加严谨，三维 GIS 对 BIM 数据的接入，推动了三维 GIS 逐步转向“实力派”，三维 GIS 逐步变得可看、可分析。

2.5.1 DAE

简 介

DAE（Digital Asset Exchange）文件是 COLLADA（COLLAborative Design Activity）的模型文件。COLLADA 是一种用于交互式 3D 应用程序的交换文件格式，已被 ISO 作为公开可用规范 ISO/PAS 17506 采用。

COLLADA 定义了一个开放的标准 XML 模式，用于在各种图形软件应用程序之间交换数字资产，否则这些应用程序可能以不兼容的文件格式存储其资产。描述数字资产的 COLLADA 文档是 XML 文件，通常以 [.dae] 文件扩展名标识。

文件内容

文件基本结构如下：

```
<?xml version= “1.0” ?>
<COLLADA
  xmlns= “http://www.collada.org/2005/11/COLLADASchema”
  version= “1.4.1”
>
    …
</COLLADA>
```

文件标签主要包含：

```
<asset/>                          -- 描述作者和环境
```

```
<library_cameras/>
<library_lights/>      -- 灯光
<library_images/>      -- 图片
<library_materials/>   -- 材质
<library_effects/>     -- 可视化效果
<library_geometries/>  -- 几何对象
<library_controllers/>
<library_visual_scenes/> -- 可视化场景
<library_meshes>       -- Mesh 对象
<scene/>               -- 指定一个可视场景，有时也指定一个物理场景
<extra/>               -- 扩展内容
```

其中，以 library 开头的节点代表着几何体、材质、灯光等对象。如果模型带有动画，还可能会有以下节点：

```
<library_animations>   -- 动作
<library_controllers>  -- 控制器
```

文件内部使用“url”来关联其他内部元素的”id”标签，从而形成相互引用的嵌套关系。与模型数据相关的标签的示例数据如下。

（1）library_geometries：几何数据

```
<library_geometries>
    <geometry id= “box-lib” name= “box” >
      <mesh>      -- 网格
        <source id= “box-lib-positions” name= “position” >
        </source>  -- 至少 1 ～ 2 个结点，它的意义决定于它的类型，包括顶点、法
线、纹理坐标等
        <source id= “box-lib-normals” name= “normal” >
        </source>
        ...
```

```
            <vertices id= “box-lib-vertices” >
              <input semantic= “POSITION” source= “#box-lib-positions” />
            </vertices>
            <polylist count= “6” material= “BlueSG” >            -- 挂接的材质
              <input offset= “0” semantic= “VERTEX” source= “#box-lib-vertices” />
              <input offset= “1” semantic= “NORMAL” source= “#box-lib-normals” />
              <vcount>4 4 4 4 4 4 </vcount>
              <p>0 0 2 1 3 2 1 3 0 4 1 5 5 6 4 7 ...</p>
            </polylist>
          </mesh>
        </geometry>
</library_geometries>
```

（2）library_materials：材质

```
<library_materials>
        <material id= “Blue” name= “Blue” >
          <instance_effect url= “#Blue-fx” />                    -- 材质的可视化方式
        </material>
</library_materials>
```

（3）library_effects：可视化效果

```
<library_effects>
        <effect id= “Blue-fx” >
          <profile_COMMON>
            <technique sid= “common” >
              <phong>
                <emission>
                  <color>0 0 0 1 </color>
                </emission>
```

```
...
<index_of_refraction>
  <float>0</float>
</index_of_refraction>
</phong>
</technique>
</profile_COMMON>
</effect>
</library_effects>
```

（4）library_images：纹理

```
<library_images>
    <image id= "ce_jpg" name= "ce_jpg" >
        <init_from>ce.jpg</init_from>   -- 指向的纹理图片
    </image>
</library_images>
```

参考材料

https://www.cnblogs.com/baby123/p/10897301.html

2.5.2 OBJ

简　介

OBJ 是一种几何定义文件格式，由 Alias|Wavefront 公司为 3D 建模和动画软件 "Advanced Visualizer" 开发的一种标准，适合用于 3D 软件模型之间数据交换。OBJ 文件格式是公开的，并能很好地在其他的 3D 应用中被支持。

OBJ 文件可以是 ASCII 的编码（[.obj]）方式，也可以是二进制格式（[.mod]）。以 ASCII 格式存储的 obj 文件必须用 [.obj] 作为文件扩展名。

文件内容

OBJ 文件格式是一种简单的单独表示 3D 几何图元的文件格式，包括顶点的坐标、每个顶点纹理的 UV 坐标、顶点法向量，以及组成多边形的面的顶点坐标、纹理 UV 坐标序列。面的顶点默认为逆时针顺序，法向量不是必须的。OBJ 文件并非归一化的，但是可以在注释中加入缩放信息。

OBJ 文件内容以字符（#）开始的一行表示注释：

```
# this is a comment
```

一个 OBJ 格式的文件可能包含了顶点数据、自由形式的曲面 / 表面属性、绘制索引序列、自由形式的曲面 / 表面内容声明、关联自由形式的表面、组和渲染属性信息。大多数常见的绘制索引表现为几何顶点、纹理坐标、顶点法线以及多边形的面，例如：

```
# List of geometric vertices, with (x,y,z[,w]) coordinates, w is optional and defaults to 1.0.
v 0.123 0.234 0.345 1.0
v ...
...
# List of texture coordinates, in (u, v [,w]) coordinates, w is optional and defaults to 0.
vt 0.500 1 [0]
vt ...
...
# List of vertex normals in (x,y,z) form; normals might not be unit vectors.
vn 0.707 0.000 0.707
vn ...
...
# Parameter space vertices in ( u [,v] [,w] ) form; free form geometry statement
vp 0.310000 3.210000 2.100000
vp ...
...
# Polygonal face element
f 1 2 3
f 3/1 4/2 5/3
f 6/4/1 3/5/3 7/6/5
```

```
f 7//1 8//2 9//3
f ...
...
```

（1）几何顶点

一个顶点可以用字符 v 开头的一行来表示。接着后面跟上（x, y, z [w]）的值来表示顶点坐标。w 是可选项，默认为 1.0。一些应用支持顶点颜色，通过在 x, y, z 后面跟上 red, green, blue 值来表示。颜色值的范围为 0 ～ 1.0。

（2）参数顶点空间

自由形式的几何图元声明可以使用字符 vp 开头的行来表示，用于定义一个曲面或者平面的参数空间中的顶点。“u” 只能在曲面顶点中使用，u 和 v 用于表示 non-rational 剪裁曲面的点，而 u,v 以及 w 表示 rational 剪裁曲面的点。

（3）表面单元

表面通过一个包含顶点、纹理以及法线索引的序列来表示。类似四边形这种多边形可以通过多于三个包含顶点 / 纹理 / 法线索引来定义。

OBJ 文件也支持自由形式的使用曲面和表现来定义对象的几何图元，例如 NURBS 表面。

（4）顶点索引

一个合法的顶点索引符合上面定义的顶点序列格式。如果一个索引是正值，表示相对于顶点序列从 1 开始的偏移。如果一个索引是负值，则表示从顶点序列结尾的偏移从 –1 开始。

每个面都可以包含三个或者更多的顶点。

```
f v1 v2 v3···
```

（5）纹理坐标索引

在描述一个平面的时候，纹理坐标索引作为可选项用于描述该顶点相关的纹理坐标。为了描述纹理坐标索引，必须在顶点坐标索引之后紧密添加一根斜线 “/”，之后再紧密添加纹理坐标索引。在斜线的前后都不能有空格。一个合法的纹理坐标索引从 1 开始，并符合之前描述的格式。每个面可以包含三个或者更多的单元。

```
f v1/vt1 v2/vt2 v3/vt3···
```

（6）顶点法线索引

法线索引用于描述顶点的法向量，在描述面的时候是可选项。要添加顶点法线索引，必须在纹理索引之后添加第二根斜线“/”，然后在之后添加法线索引。斜线前后不能有空格。合法的法线索引从 1 开始，并符合之前描述的格式。每个面可以包含三个或者更多的单元。

```
f v1/vt1/vn1 v2/vt2/vn2 v3/vt3/vn3…
```

（7）顶点坐标法线索引（不包含纹理索引）

可以在定义几何图元的时候忽略纹理坐标索引，但是必须在顶点坐标索引后加上两根斜线“//”，然后添加法线索引。

```
f v1//vn1 v2//vn2 v3//vn3…
```

（8）其他几何格式

OBJ 文件采用若干差值方法来支持高阶表面，例如泰勒和 B 差值，尽管支持这些特性要使用一些非标准的第三方文件。OBJ 文件不支持网格分级或者任何其他形式的动画或形变，例如顶点蒙皮或纹理变形。

（9）材质引用

描述多边形的可见属性存储在外部的 [.mtl] 文件中。OBJ 文件可能会引用超过一个的 [.mtl] 文件。[.mtl] 文件可能包含一个或者多个不同命名的材质定义。

```
mtllib [external .mtl file name]
  ...
```

通过绘制单元之后的这个标签来指明使用的材质。材质名称必须和外部定义的 [.mtl] 文件名称匹配。

```
usemtl [material name]
  ...
```

objects 名称和多边形 group 标签：

```
o [object name]
  ...
  g [group name]
  ...
```

group 声明用于组织模型的单元（element）以及简化数据操作；object 声明用于标识在一个文件中的不同 object 单元。所有的 group 声明都是基于状态的。依旧是一旦声明了 group，将应用于所有之后的内容，直到下一个 group 声明。通过 smoothing group 可以实现多边形平滑渲染。

```
s 1
  ...
  # Smooth shading can be disabled as well.
  s off
  ...
```

单个 OBJ 文件中可以包含多个 object 标签或 group 标签。其中，o 标签和 g 标签仅仅是在组织上进行分组而存在的，例如一个 o 标签下可能包含多个 g，或者一个 g 开头的顶点数据集合之后包含多个 g 组织描述的三角面。也有将 usemtl 标签作为网格分组的，原因是考虑了同一组网格使用了相同的纹理。但对于需要单个控制的地方略显不便。例如：一个 o 或者 g 标签的数据集合表示人脸，之后眼睛、耳朵、鼻子等五官分作不同的 g 来组织，使用同一个纹理。采用 usemtl 分组的话，如果想对眼睛、嘴巴等进行单独变换的时候很不方便。因此，笔者还是建议采用 g 来进行网格划分。

通常处理 OBJ 文件的时候，会抛弃顶点法线数据，而通过顶点信息来进行计算。有了以上的顶点坐标、法线、纹理坐标等信息，就可以进行 3D 模型文件的渲染了。

参考材料

https://www.jianshu.com/p/f7f3e7b6ebf5

2.5.3　[.X]

简　介

[.X] 是微软定义的文件格式，用来存放 3D 模型，有文本和二进制两种存储形式。

文件内容

文件由 3 部分组成：文件头、模板、模板实例。

（1）文件头

文件头的格式：

```
xof 0303txt 0032
```

xof 表示 x 文件，0303 表示主版本号和次版本号，txt 表示是文本文件，0032 表示是 32 位的浮点数。

（2）模板

模板由模板 ID、模板类型和模板约束条件三部分组成，例子如下：

```
template ColorRGB {
 <d3e16e81-7835-11cf-8f52-0040333594a3>
 FLOAT red;
 FLOAT green;
 FLOAT blue;
[ 约束 ]
}
```

模板 ID 是全局唯一标示符；模板类型是声明各种类型，组成模板的结构；模板约束条件有 3 种形式：

开放模板，样式为 [···]，表示可以包含其他模板类型；

受限模板，样式为 [xxx]，其中 xxx 为某一指定的类型，表示此类模板只能插入 xxx 类型的模板；

封闭模板，最后没用 []，就是不能插入任何类型的模板了。

（3）模板实例

[.X] 文件的所有内容都存储在模板实例中，对 x 文件进行解析，就是读取模板实例中的具体内容。

参考材料

https://blog.csdn.net/ddupd/article/details/17000613

2.5.4　OFF

简　介

OFF（Object File Format）文件通过描述物体表面的多边形来表示一个模型的几何结构。这些多边形可以包含任意数量的顶点。

文件内容

一般来说，OFF 文件遵从以下标准：

① ASCII 文件，以 OFF 关键字开头；

②下一行是该模型的顶点数、面数和边数。边数可以忽略，对模型不会有影响（可以为 0）；

③顶点以 x y z 坐标列出，每个顶点占一行；

④在顶点列表之后是面列表，每个面占一行。对于每个边，首先指定其包含的顶点数，随后是这个面所包含的各顶点在前面顶点列表中的索引。即遵循以下格式：

```
OFF
顶点数 面数 边数
x y z
x y z
…
n 个顶点 顶点 1 的索引 顶点 2 的索引 … 顶点 n 的索引
…
```

下面是一个立方体的例子：

```
OFF
8 6 0
–0.500000 –0.500000 0.500000
0.500000 –0.500000 0.500000
–0.500000 0.500000 0.500000
0.500000 0.500000 0.500000
–0.500000 0.500000 –0.500000
```

```
0.500000 0.500000 –0.500000
–0.500000 –0.500000 –0.500000
0.500000 –0.500000 –0.500000
4 0 1 3 2
4 2 3 5 4
4 4 5 7 6
4 6 7 1 0
4 1 7 5 3
4 6 0 2 4
```

参考材料

https://www.cnblogs.com/youthlion/archive/2012/02/04/2337790.html

2.5.5 CityGML

简 介

城市地理标记语言（CityGML）是一种开放的编码标准，用来表现和传输城市三维对象的通用信息模型，是基于 XML 格式的用于存储及交换虚拟三维城市模型的开放数据模型。 它在 GML3.0 的基础上实现，不同于 GML 表现二维地理空间的要素，CityGML 主要表现城市三维对象的通用信息。以往的城市三维模型只包含了纯粹的图形和几何信息，忽略了这些模型以及模型之间的语义和拓扑信息。而且这些模型主要用于可视化的目的，不能进行专题查询、分析以及空间数据挖掘。CityGML 定义了城市中的大部分地理对象的分类及其之间的关系，而且充分地考虑了区域模型的几何、拓扑、语义、外观属性等。其中包括了主题分类之间的层次、聚合、对象之间的关系、空间属性等。这些专题信息不仅仅是一种图形交换格式，而且允许将虚拟三维城市模型部署到各种不同应用中的复杂分析任务，例如仿真、城市数据挖掘、设施管理、主题查询等。

文件内容

（1）文件结构划分

CityGML 标准中，数据模型的子集被定义 CityGML 模块，包括一个核心模块和一系列专题扩展模块。

核心模块定义 CityGML 数据模型的基本概念和组件，可以看作是整个 CityGML 数据模型的底层边界，且所有的专题扩展模块依赖它而存在。下面以 CityGML1.0.0 版本为例，说明各模块的内容。

Core：定义了 CityGML 数据模型的基本组件（成分），主要包括所有专题类所继承的抽象基类，也同样定义了例如基本数据类型等非抽象的内容。

Appearance：外观模块，为 CityGML 要素提供了展现外观的方法，比如能够观察到的要素表面的属性。

Building：建筑模块在四个细节层次（LOD 1 ～ 4）上对建筑物、建筑物部件以及内部结构进行空间和语义上的展现。

CityFurniture：城市设备模块主要对城市的设备对象进行展现。城市设备对象主要是静态对象，如灯塔、交通信息标志、广告牌、公共汽车站等。

CityObjectGroup：城市对象组为 CityGML 提供了分组概念。任意城市对象可以根据用户定义的标准进行分组来表达城市模型的一部分。一个城市对象组可以根据特定属性来进行进一步的分组。

Generics：通用模块为 CityGML 数据模型提供了通用扩展，这些通用扩展可以为那些没有被 CityGML 预定义的专题类覆盖到的附加属性和要素进行建模和交换。

LandUse：土地利用模块，主要对土地利用专题进行描述。

Relief：对城市模型中的地表模型进行描述。CityGML 支持不同层次细节的地形描述，不同层次细节反映了不同的精度和分辨率。

Transportation：运输模块主要用来表示城市中的交通运输要素，比如道路、轨道、铁路或者广场等。

Vegetation：植被模块为表示植被对象提供了专题类。

WaterBody：水体模块为河流、湖泊以及运河等提供了专题方面和三维几何的表示。

TexturedSurface：纹理表面模块允许指定视觉外观属性（颜色、光泽、透明度）和三维表面的纹理。

（2）多尺度建模

CityGML 支持对城市三维模型进行不同层次细节（LOD）的表现。在根据不同的应用要求制定独立的数据收集过程时，LODs 是必需的。此外，LODs 为高效可视化和数据分析提供了便利。

在 CityGML 数据集里面，同一个对象可能同时有不同的 LOD，使得可以对同一对象进行不同分辨率的可视化和分析。此外，两个包含同一个对象的不同 LOD 的 CityGML 数据集可以结合和集成起来。但是，用户或者应用程序必须确保不同层次细节的 LOD 对象指向同一个现实世界的对象：

LOD0 是 5 级层次细节中最粗糙的一层，本质上是 2.5 维的数字地形模型（DTM），叠加在航空影像或者被渲染过的地图上面；

LOD1 类似街区模式，仅包括平面方形建筑屋顶；

LOD2 中有不同的屋顶结构和侧面，同时也有植被对象的表示；

LOD3 有详细的墙壁、屋顶结构、阳台、投影等更多的细节来表示建筑模型。高分辨率的纹理被映射到这些要素上面；LOD3 模型中还包括了详细的植被和交通运输对象；

LOD4 则在 LOD3 模型的基础上进一步精细化，为三维对象添加了内部结构。比如建筑物里面的房间、室内门、楼梯以及家具等。

图 2-16 显示了从 LOD0 到 LOD4 五个层次的 CityGML 模型浏览图。

图 2-16　CityGML 的 LOD 层次示例

（图片引自《OGC_City_Geography_Markup_Language_CityGML_Encoding_Standard》）

（3）语义 – 几何一致模型

CityGML 的一个非常重要的设计原则就是语义和几何 / 拓扑的一致连贯模型。

在语义层面，由一些诸如建筑物、墙体、窗户以及房间等的要素来表达。这些描述还包括属性、要素之间的关系和聚合层次（部分 – 整体关系）。因此，要素之间的部分关系只是从语义层面上面得到，而不考虑几何因素。

在空间层面上，要素拥有几何对象以表达要素所在的空间位置和范围。因此，CityGML 模型包含两个层次：语义层次和通过关系连接起来的相应对象的几何层次。这种方法的优点就是我们可以在某层次之间或者任意的层次之间操纵数据，以回答专题查询、几何查询或者性能分析等方面的问题。

CityGML 数据模型中要素的空间属性通过 GML 的几何模型进行表示。简单几何模型分为 4 个维度：0 维的称为 Point，一维的称为 Curve，二维的称为 Surface，三维的称为 Solid，也就是我们常说的点、线、面、体。一个几何体由若干个面组成，一个面由若干条线组成，每个要素都拥有自己的坐标系统。Surface 用 GML 中的 Polygon 进行表示；Curve 抽象为线，也就是 GML 中的 LineString。

CityGML 还可以通过对简单几何模型的集合和复合形成复杂的几何模型，如 MultiPoint、MultiCurve、MultiSurface、MultiSolid 等。

如果对于一个特定对象的两个层次即语义层次和几何层次都存在，那么他们必须一致（即必须确保他们能够匹配和组合在一块）。比如，如果某个建筑物的一面墙体在语义层次上有两个窗户和一扇门，那么在几何层面上描述这个建筑物的一面墙体也要一样，必须同样包含两个窗户和一扇门。

参考材料

孙小涛，2011. 基于 CityGML 的城市三维建模和共享研究 [D]. 重庆：重庆师范大学 .

http://www.opengeospatial.org/，12-019_OGC_City_Geography_Markup_Language_CityGML_Encoding_Standard.pdf

2.5.6 IFC

简 介

IFC 标准是国际互操作性联盟（International Alliance of Interoperability，IAI）组织制定的建筑工程数据交换标准，用于 BIM 领域的数据表示和交换标准。该标准定义了建筑物全生命周期中的各种信息，并将这些信息分成四层进行描述：资源层、核心层、共享层、领域层。

从表达方式来看，IFC 标准和 CityGML 标准的主要区别在于 IFC 标准定义的 CAD/BIM 模型采用实体模型的表达机制，而 CityGML 标准定义的 GIS 三维模型采用的是表面模型的表达机制。

从设计思想来看，和 CityGML 标准不同的是，IFC 标准是从 BIM 不同的发展阶段以及该阶段的构件应该包含的信息为标准对建筑物模型进行定义。

文件内容

IFC 标准的核心技术内容分为两个部分：工程信息的描述和工程信息的获取。IFC 标准采用 EXPRESS 语言描述建筑工程信息，包括墙、梁、柱、门、窗等。IFC 标准推荐使用中性文件作为信息获取手段交换工程信息。

（1）IFC 的信息描述

IFC 标准整体的信息描述分为四个层次，从下往上分别为资源层、核心层、共享层和领域层。每个层次又包含若干模块，把相关工程信息集中在一个模块里描述，例如几何描述模块。

在 IFC 标准的定义中，尽量避免下一层引用上一层的定义，例如：资源层的信息描述不会引用领域层的信息描述，从而避免由于上层的改动影响整体结构。资源层主要是基础信息定义，如材料、几何、拓扑等；核心层定义信息模型的整体框架，如工程对象之间的关系、工程对象的位置和几何形状等；共享层定义跨专业交换的信息，如墙、梁、住、门、窗等；领域层定义各自领域的信息。如暖通领域的锅炉、风扇、节气阀等。

（2）IFC 的信息获取

从技术方法上划分，IFC 信息获取可以有两种手段：通过标准格式的文件交换信息和通过标准格式的程序接口访问信息。

在实际应用中第一种方法，即通过文件交换是主流，特别是中性文件格式，目前 XML 文件用得还很少。如果想进一步了解中性文件格式可以参考 ISO 10303 PART 21 英文文本或者《工业自动化系统与集成—产品数据的表达与交换》（GB/T 16656.21—2008）第 21 部分中文文本。

中性文件是一种纯文本文件格式，用普通的文本编辑器就可以查看和编辑。文件以“ISO-10303-21;”开头，以“END-ISO-10303-21;”结束，中间包括两个部分：一个文件头段和一个数据段。文件头段以“HEADER;”开始，以“ENDSEC;”结束。里面包含了有关中性文件本身的信息，如文件描述、使用的 IFC 标准版本等。数据段以“DATA;”开始，以“ENDSEC;”结束，里面包含了要交换的工程信息。

参考材料

邱奎宁，张汉义，王静，等，2010.IFC 技术标准系列文章之一：IFC 标准及实例介绍 [J]. 土木建筑工程信息技术，2（01）：68-72.

王金地，2019. 城市多源三维模型数据统一表达方法研究 [D]. 北京：北京建筑大学 .

2.6 倾斜摄影数据

2.6.1 倾斜摄影技术概况

倾斜摄影测量技术集成了传统的航空摄影和测距技术，从垂直、前方、后方、左侧、右侧等多个不同的角度进行地物影像的同步采集，获取更符合人类直观真实世界认知的影像。利用采集到的影像通过空三测量、联合平差、多视影像密集匹配、构建三角网、纹理映射等步骤制作城市实景三维表面模型。

倾斜摄影模型是连续的表面模型，没有单体化语义信息。目前，典型的倾斜影像处理系统有 Acute 3D、Pix4D、PhotoScan 等。

2.6.2　OSGB 数据格式简介

OSGB（Open Scene Graph Binary）格式是主流的倾斜摄影模型文件格式，是通用三维引擎 OSG（OpenSceneGraph）规定的一种开放的标准格式。

OpenSceneGraph是一款开源的高性能3D图形开发库。广泛应用在可视化仿真、游戏、虚拟现实、高端技术研发以及建模等领域。使用标准的 C++ 和 OpenGL 编写而成，可以运行在 Windows 系列、OSX、GNU/Linux、IRIX、Solaris、HP-Ux、AIX 以及 FreeBSD 操作系统，其功能特性涵盖了大规模场景的分页支持，多线程、多显示的渲染，粒子系统与阴影，各种文件格式的支持，以及对于 Java、Perl、Python 等语言的封装，让开发人员更加快速、便捷地创建高性能、跨平台的交互式图形程序。

扩展名为 [.osgb] 的文件是其二进制数据格式，[.osg] 是其文本数据格式。两类文件的逻辑组织结构相同，区别仅在于数据存储形式，同等条件下，二进制格式占用的存储空间更小，更易于网络传输。

总体上，此类数据采用树形结构存储，自顶向下基于分页细节层次结点（Paged LOD）进行组织，叶子节点是最精细层。一般的，每个 PagedLOD 存储为独立的文件，自顶向下，产生挂接关系，最终构成一棵树，见图 2-17。

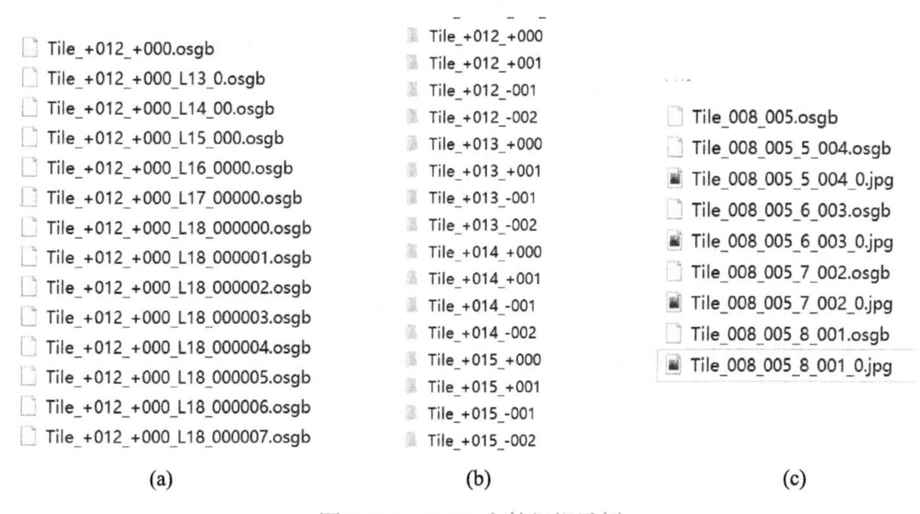

图 2-17　OSGB 文件组织示例

（a）以 Tile_+012_+000 为根节点数据；（b）由多棵树组成的区域覆盖数据；（c）根节点级别的纹理共用

通常一个区域的 OSGB 数据由多棵树构成，存储形式上对应为多个文件夹，每个文件夹下有一个根节点文件。纹理数据可以内嵌在节点对应的文件内部，也可以是外挂的图片，即可以让不同的节点共用同一张纹理图片，与建模方法有关。

因此，OSGB 数据通常文件个数较多，但单文件大小可控，且有 PagedLOD 控制数据精细程度，能够很好地还原真实地物，适合于大规模城市三维场景的可视化。

由于倾斜摄影建模过程的局限性，产生的位置数据（三角网等）是面向可视化场景，在当前技术条件下，无法基于倾斜摄影数据进行精确的三维数据分析计算，作为基础三维底图叠合其他技术手段是当前常用的方法。

2.6.3 OSGB 文件内容

OSGB 格式中包含一种高效的分页数据形式，即 osg::PagedLod，分页数据形式的基本思路是对一个物体根据不同场景的需要采用不同的精细程度进行描述，其主要有 3 种类型：离散分页节点、连续分页节点和层次分页节点，其中，OSGB 采用的是基于连续分页节点配合使用层次分页节点的方法，能够高效有序地对海量数据进行调用。

在 OSG 开源库中有多个模块，其中的 OSG 读写模块（osgDB）采用插件管理架构，允许用户程序加载、使用和写入 3D 数据库，以支持大量常见的 3D 图形文件格式。

模型数据解析主要包含有 Node、Geode（叶节点）和 Group（组节点）这三大基本类节点，可以利用 OSG 中的文件读写模块（osgDB），调用 readNodeFile 函数，将 OSGB 模型数据加载到 Node 类对象中，然后设计顶点访问器和纹理访问器，将这两个访问器都继承于 NodeVisitor 类，并重载 apply 函数，遍历整个 OSGB 模型场景函数并调用被访问子节点的函数，依次对 Node、Geode、StateSet 节点进行处理。其中 Geode 继承自 Node 节点，其包含几何体信息，用于管理几何图元，模型数据的解析主要针对该节点进行。

纹理数据是倾斜摄影模型真实表达的基础，OSGB 模型中 Texture2D 管理场景中的纹理对象，用 Image 管理图像的像素数据，若要用 2D 图像文件作为纹理图形，就要将文件名赋 Image 对象，并将 Image 关联到 Texture2D。因为 Geometry 对象将 vertex 及其属性数据（包括图元的顶点、顶点颜色、顶点关联方式、法线颜色、法线、纹理坐标等基本信息）存储在数组中，故可以通过数组索引将顶点数组映射到颜色、法线或纹理坐标数组。

参考材料

范冬林，谢美亭，康传利，2019. OSGB 模型自动转换为 DWG 的三维模型 [J]. 桂林理工大学学报，39（02）：433-438.

吕剑峰，储鼎，赵晓伟，2021. 基于根节点聚合技术的海量倾斜摄影三维模型数据管

理与应用研究 [J]. 测绘与空间地理信息，44（S1）：209-212.

2.7 激光点云数据

点云是一种具有三维坐标（X，Y，Z）和一定属性的海量、不规则空间分布的数据。常用的点云数据格式主要有 LAS、TXT、XYZ 等。按照点云获取方式的不同，主要有三维激光扫描点云和影像密集匹配点云。其中，按照搭载平台的不同，三维激光扫描点云的获取方式主要包括星载、机载、车载、地面三维激光扫描。三维激光扫描点云具有高精度（毫米级）、高冗余、局部数据缺失、点密度不均一、非结构化等特点，常用于高精度无人驾驶地图、文化遗产数字化保护等小尺度三维场景的精细化表达。

完整的激光雷达测量系统由 GNSS 定位、惯性导航（IMU）和激光测量三部分组成。由激光雷达系统发射连续激光脉冲并实时接收返回的激光脉冲，从而得到含有目标物三维信息的激光离散点数据，经软件处理之后，得到高精度的离散点数据信息，用于生成精确的 DSM、DEM、DOM 等数字化成果。

起初，激光雷达生成的点云数据并没有通用的、开放型的存储格式，其存储标准主要由硬件生产厂家及软件供应商提供，如利用 Leica 公司设备采集的点云数据采用 [.pts]、[.ptx] 文件格式存储，经 TerraScan 软件处理后的数据采用 [.bin]、[.ts] 文件格式存储。

在各软件平台之间进行数据处理、转换、共享耗费大量时间，容易增加数据损毁风险，在数据二次利用方面也不具备扩展性。随着激光雷达技术在各领域的广泛应用，亟需提高各类数据间的兼容性，开发一套标准的激光雷达点云数据格式已成为业界共识。鉴于此，隶属于美国摄影测量与遥感学会（ASPRS）的 LIDAR 专业委员会于 2003 年发布激光雷达数据的标准格式 LAS。

2.7.1 LAS

简　介

LAS 文件是二进制格式，已更新了 5 个版本，最新版本为 2019 年 7 月发布的 LAS1.4-R15。

以最新的 LAS1.4-R15 版本为例，对 LAS 文件格式结构进行分析。LAS1.4 版本可以反向兼容各历史版本数据，其与历史版本的区别主要在以下 5 个方面：

①文件结构由 32 位升级至 64 位，数据点容量最高支持 2^{64}-1 个；

②每个输出脉冲的返回数增加至 15 个；

③点分类字段的类型增加至 256 个；

④为支持更精细的角度分辨率，将扫描角度字段扩展为 2 个字节；

⑤新引入点数据格式 6 ～ 10，使用 WKT 坐标参考系统格式，原先的点数据格式 0 ～ 5 可使用 GeoTIFF 或者 WKT 坐标参考系统格式。

文件内容

LAS1.4 版本的文件结构可分为 4 部分，包括公共头文件区、变长记录区、点数据记录区和扩展变长记录区，其中扩展变长记录区为 1.3 版本之后新增的文件结构。

（1）公共头文件区

LAS1.4 版本的公共头文件区具体结构可见美国摄影测量与遥感协会（ASPRS）发布的 LAS 文件规范（ASPRS，2019）。公共头文件区记载数据点的数量、格式、数据范围、变长记录区数量等 LAS 文件的基本信息，所有项目需填写数据，若无数据则置零。公共头文件区记录 LAS 文件的两种生成方式，一种是激光雷达设备直接采集数据生成 LAS 文件，另一种是对已有点云数据进行提取、融合、修改。公共头文件区还记录了用于计算点云数据真实坐标的 X、Y、Z 方向的比例因子和偏移量。

（2）变长记录区

变长记录区位于公共头文件区之后，其数量记载于公共头文件区，主要记录投影信息、元数据信息、波形数据包信息及用户应用数据信息，其结构见 ASPRS 发布的 LAS 文件规范（ASPRS，2019）。每个变长记录区的大小为 54 个字节，包括固定变长记录头域和灵活扩展域两部分，充分体现该结构区可操作性强的特点。

（3）点数据记录区

点数据记录区位于变长记录区之后，主要用于存储点云数据，包括每个激光点的三维坐标信息、回波强度信息等相关属性，是 LAS 文件的核心。

点数据格式在公共头文件区中已经指定，每个 LAS 文件只有一种点数据格式。计算激光点坐标时，必须读取公共头文件区的偏移量和比例因子并进行计算。

原有点数据格式为 0 ～ 5，在 LAS1.4 版本中，新增点数据格式 6 ～ 10，其中格式 6 为基础格式，格式 7 ～ 10 是在格式 6 的基础上增加属性进行扩展，如格式 7 在格式 6 的基础上增加了红色、绿色、蓝色波段的记录。LAS1.4 版本中的基础格式 6（30 bytes）的结构见 ASPRS 发布的 LAS 文件规范（ASPRS，2019）。

（4）扩展变长记录区

扩展变长记录区位于 LAS 文件末尾，可存储比变长记录区更多的数据，并且更具灵活性，可以在不重写整个 LAS 文件的前提下，将数据信息添加在 LAS 文件中。其结构与变长记录区相同，不同之处在于公共头文件区后记录长度大小为 8 bytes。

2.7.2　PCD

PCD 格式是 PCL 库官方指定格式，典型的为点云量身定制的格式。优点是支持 n 维点类型扩展机制，能够更好地发挥 PCL 库的点云处理性能。文件格式有文本和二进制两种格式。

PCD 格式具有文件头，用于描绘点云的整体信息。数据本体部分由点的笛卡尔坐标构成，文本模式下以空格做分隔符。示例：

```
# .PCD v.7 - Point Cloud Data file format
VERSION .7
FIELDS x y z rgb
SIZE 4 4 4 4
TYPE F FFF
COUNT 1 1 1 1
WIDTH 213
HEIGHT 1
VIEWPOINT 0 0 0 1 0 0 0
POINTS 213
DATA ascii
0.93773 0.33763 0 4.2108e+06
0.90805 0.35641 0 4.2108e+06
```

2.7.3　PLY

一种由斯坦福大学的 Turk 等人设计开发的多边形文件格式，因而也被称为斯坦福三角格式。文件格式有文本和二进制两种。典型的 PLY 对象定义仅仅是顶点的（x，y，z）三元组列表和由顶点列表中的索引描述的面的列表。文件结构如下：

```
Header（头部）
Vertex List（顶点列表）
Face List（面列表）
（lists of other elements）（其他元素列表）
```

示例：

```
ply
format ascii1.0          { ascii/binary, formatversion number }
comment made byGreg Turk  { comments keyword specified,like all lines }
comment thisfile is a cube
element vertex8           { define“vertex” element, 8 of them in file }
property floatx          { vertex contains float “x” coordinate }
property floaty          { y coordinate is also avertex property }
property floatz          { z coordinate, too }
element face6             { there are 6 “face” elements in the file }
property listuchar int vertex_index { “vertex_indices” is a list of ints }
end_header               { delimits the end of theheader }
0 0 0                { start of vertex list }
0 0 1
0 1 1
0 1 0
1 0 0
1 0 1
1 1 1
1 1 0
4 0 1 2 3              { start of face list }
4 7 6 5 4
4 0 4 5 1
4 1 5 6 2
4 2 6 7 3
4 3 7 4 0
```

2.7.4 PTS

PTS 被称为最简便的点云格式，属于文本格式。只包含点坐标信息，按 X Y Z 顺序存储，数字之间用空格间隔。示例：

```
0.780933   –45.9836   –2.47675
4.75189   –38.1508   –4.34072
7.16471   –35.9699   –3.60734
9.12254   –46.1688   –8.60547
15.4418   –46.1823   –9.14635
2.83145   –52.2864   –7.27532
0.160988   –53.076   –5.00516
```

2.7.5　XYZ

XYZ 文件格式是一种非标准化的文件格式。它基于笛卡尔坐标（x，y，z），以 ASCII 文本行形式传递数据，前面 3 个数字表示点坐标，后面 3 个数字是点的法向量，数字间以空格分隔。示例：

```
0.031822   0.0158355   –0.047992   0.000403   –0.0620185   –0.005498
–0.002863   –0.0600555   –0.009567   –0.001945   –0.0412555   –0.001349
–0.001867   –0.0423475   –0.0019   0.002323   –0.0617885   –0.00364
```

虽然使用 XYZ 文件的程序之间具有广泛的兼容性，但是由于缺乏标准化的单元和规范，除非提供额外的信息，否则使用这种数据格式存在根本性的缺陷。

参考材料

陈佳兵，肖龙，夏晓亮，等，2021. 常用激光雷达点云数据格式分析 [J]. 浙江水利科技，49（02）：51-53，58.

https://desktop.arcgis.com/zh-cn/arcmap/10.3/manage-data/las-dataset/what-is-a-las-dataset-.htm

https://desktop.arcgis.com/zh-cn/arcmap/10.3/manage-data/las-dataset/storing-lidar-data.htm

ASPRS.LAS Specification 1.4-R15[EB/OL].[2019-07-09]. The American Society for Photogrammetry & Remote Sensing

http://www.asprs.org/wp-content/uploads/2019/07/LAS_1_4_r15.pdf.

https://cloud.tencent.com/developer/article/1475778

第 3 章　空间数据存储与管理

3.1　空间数据存储方式的进化

空间数据的存储与管理是 GIS 领域的基础需求，空间数据引擎是空间数据库的核心，负责空间数据的存储和管理。

随着 GIS 技术在新型基础测绘、实景三维中国建设、数字孪生城市、CIM 等领域的应用，一方面，空间数据量不断累积，数据类型不断丰富，数据应用形式多样；另一方面，数据库存储技术在互联网应用的推动下，从传统的关系型数据库到大数据时代的 NoSQL/NewSQL 数据库，再到数据库上云、云原生分布式数据库，数据库领域的新兴技术和概念不断演化。当前国内外数据库的发展万象丛生、百花齐放，处于“混沌”状态。

3.1.1　关系型数据库时期

这一时期，空间数据库侧重于空间数据的存储，如数据的增、删、改、查能力，典型的应用如全国及各地区的“一张图”系统，把各类地理信息基础数据入库，通过 GIS 服务端发布，在桌面、移动端、浏览器等前端进行查看及交互操作。

1995 年 ESRI 发布 ArcSDE1.0，之后各 GIS 平台纷纷推出自己的空间数据引擎，各大数据库厂商也意识到支持空间数据的重要性，在原有关系数据库的基础上开发了空间扩展模块以支持空间数据的存储和操作。空间数据库引擎是与 GIS 平台或者数据库紧密结合的，在体系结构上必然存在差异，本节提取三种典型结构并以 Oralce Spatial、ArcSDE 和 SuperMap SDX+ 为代表进行对比分析。

从空间数据库引擎和数据库管理系统（Database Management System，DBMS）与应用程序结合的紧密程度来看，可以将空间数据库引擎的体系结构分为：DBMS 内置方式、中间件方式和客户端方式，本节分别以 Oracle Spatial、ArcSDE 和 SuperMap SDX+ 为例进行对比。

（1）DBMS 内置模式

DBMS 内置模式见图 3-1，它是在数据库内核进行空间模块的扩展，定义并实现了一套空间数据模型和空间结构化查询语言（Structured Query Language，SQL），使得数据库本身支持空间类型数据的存储、查询和分析操作。一般由数据库厂商实现。Oracle Spatial 是 Oracle 数据库的空间数据扩展模块，它在数据库管理系统中提供了开放式的体系结构来管理空间数据，并提供了对空间数据的索引、查询和分析功能，采用的开放式空间数据存储模型得到了多家 GIS 平台软件的兼容支持，为不同 GIS 平台软件间的数据共享和交流提供了方便。

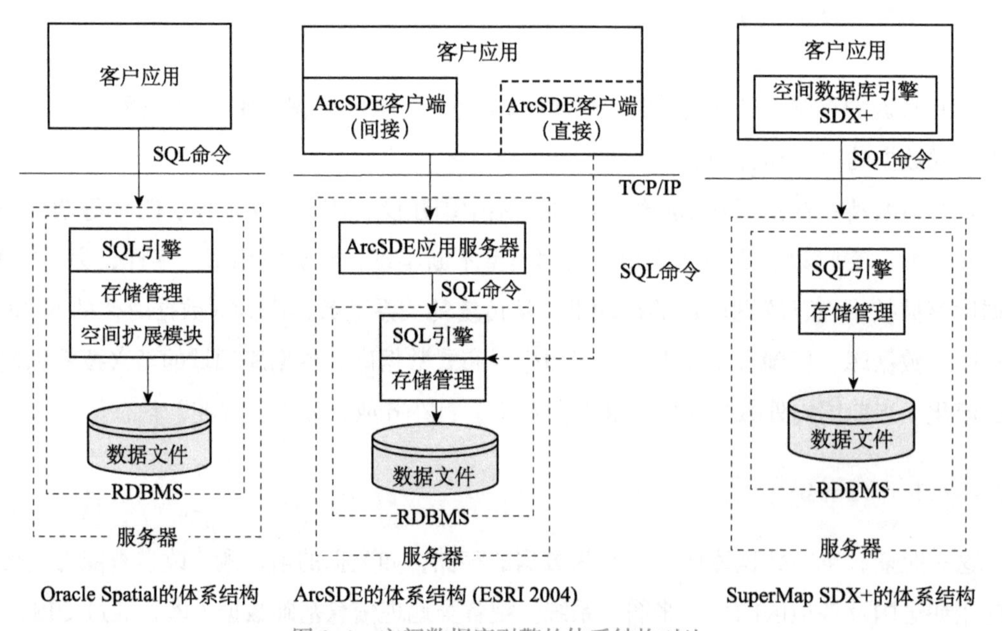

图 3–1　空间数据库引擎的体系结构对比

用户可以直接通过 SQL 语句来定义和操纵空间数据，可以直接使用 Oracle 数据库本身提供的完整性、可恢复性和安全机制，并充分利用服务器的处理能力。

但 Oracle Spatial 在栅格和影像数据的管理能力上存在着不足，直到 Oracle 10g 版本才开始提供栅格数据存储能力且没有提供有效的压缩功能，难以满足海量影像 / 栅格数据存储和管理的需求。此外，Oracle Spatial 提供的空间数据操作算子和空间分析方法有限，空间索引采用 R 树和四叉树，尽管在空间查询时采用了二级过滤模式，查询效率也不高。

在数据访问接口方面，由于缺乏面向对象的支持完整 GIS 功能的开发接口，客户端应用开发的难度很大。

（2）三层结构模式

ArcSDE是典型的三层结构模式，其体系结构见图3-1。它是美国著名的地理信息研究机构ESRI自1995年推出的空间数据库引擎，它在现有的关系数据库或对象－关系型数据库管理系统的基础上进行空间扩展，实现了基于Oracle、DB2、SQL Server等数据库管理系统的空间数据管理与操作。

ArcSDE服务器一般需要与数据库绑定，为数据库解释空间数据，把客户端对数据的请求转换为数据库识别的SQL语句，将结果数据在服务器端缓存并返回给客户端。像所有数据库应用一样，ArcSDE服务器必须通过RDBMS服务器来访问数据库中的内容。

在数据的访问和开发接口方面，ArcSDE提供了功能完备的GIS应用客户端（ArcMap、ArcCatalog、ArcIMS等）和丰富的二次开发手段（SDE C API、SDE Java API、Arc Objects），但ArcSDE没有实现在数据库端的空间数据结构化查询语言的扩展，不能通过SQL语句来直接访问和操作空间数据。

（3）两层结构模式

SuperMap SDX+采用的是两层结构模式，它可以支持Oracle、SQL Server、Sybase、DB2、KingBase、DM等多种数据库服务系统，并可以在多种操作系统上运行，包括国产化的红旗Linux等操作系统。

SuperMap SDX+可以将空间数据、索引数据和属性数据存储在关系数据库的一张连续表中，实现了空间数据与业务属性数据的一体化存储和管理。支持丰富的空间数据类型的存储和管理，既包括常规的GIS数据对象，也包括CAD参数化对象、拓扑模型以及大数据量的遥感影像数据和格网数据。

SuperMap SDX+不需要与数据库绑定，可完全作为数据库的客户端，空间操作和空间分析数据需要从数据库服务器取到本地，在本地内存中进行计算，最后获得结果数据。处理海量数据时需要将数据取到本地，网络带宽将成为性能瓶颈之一，但是其客户端缓存、批量数据获取和异步传输等技术在一定程度上缓解了这一问题。这种全客户端方式比较灵活，易于扩展，但是没有充分利用底层数据库的优势，并发处理困难。

在数据的访问和开发接口方面，SuperMap SDX+既支持通过SuperMap Deskpro和SuperMap IS对数据进行浏览和编辑，也支持通过SuperMap Objects、SuperMap Objects Java和SuperMap Objects .NET进行方便的二次开发来打造定制的客户应用程序。三种体系结构的对比情况见表3-1。

表 3–1　三种体系结构的对比

模式	实现方式	与数据库结合的紧密程度	应用灵活性	支持多种数据库	数据传输层数及效率	数据模型转换及效率	安装复杂程度	安全隐患	支持数据库集群或互备
服务器模式	数据库内核扩展	紧密	差	否	两层，效率高	需转换，影响效率	简单	同数据库安全机制	支持
中间件模式	数据库外围	较紧密	一般	是	三层，影响效率	无需转换，效率高	复杂	中间层增加安全隐患风险	不支持
客户端模式	数据库外围	松散	强	是	两层，效率高	无需转换，效率高	简单	同数据库安全机制	支持

3.1.2　大数据时期

互联网应用的发展，对数据库提出新的需求：数据存储量不断增加；大量的非结构化数据（图片、视频、文本内容等）的存储需求；注重超大规模并发的响应能力而非严格的事务的能力等。NoSQL 数据库和各类分布式存储系统成为互联网领域解决大数据存储问题的基础，HDFS、HBase 等成为大数据存储的代名词，Hadoop、Spark 等分布式计算框架得到广泛应用。

跟随大数据技术的兴起，GIS 也步入大数据时代。空间数据存储与各类 NoSQL 数据库对接，典型的空间数据引擎如开源的 GeoMesa，后台支持 Accumulo、HBase、Google Bigtable、Cassandra 等数据库，空间数据的存储逻辑在引擎层实现；开源的 GeoTrellis 提供了对海量栅格数据的处理能力。此外，随着传感器应用的普及，海量时空数据的存储方面，典型的如阿里时空数据引擎 Ganos 的 Trajectory 模块，SuperMap SDX+ 引擎的时空大数据流式分析，后台采用开源的 Elasticsearch 数据库；空间数据的瓦片数据存储也逐步从文件系统向数据库迁移，如 MongoDB、CouchDB 等 Key/Value 数据库，以适应海量瓦片数据存储和前端并发访问的需求。

可以看到，在空间大数据存储中，开源的数据库存储方案占主导地位，空间数据的存储也逐步从早期对单一的关系型数据库的依赖拓展到对多种类型数据库的适配；空间数据库管理的对象从传统的矢栅数据，逐步拓展到实时 / 近实时的传感器数据、瓦片数据等。

3.1.3　云时代

大数据时代需要对海量数据的存储和处理，但各类分布式数据库、分布式处理框架等对硬件基础设施要求较高，运行环境部署复杂，因此向云端迁移、把大数据平台的能力以服务的方式提供给前端是趋势之一。

在数据库领域，云化也是重要趋势，Gatner 预测到 2023 年将有 75% 的数据库部署在云上（中国信息通信研究院，2021）。数据库上云的思路包括：

①现有数据库部署在云环境的基础设施上；

②云原生数据库，聚焦于数据库与硬件基础设施的深度绑定，在数据库服务端实现计算资源和存储资源的弹性伸缩，实现事务型（OLTP）和分析型（OLAP）一体化的数据库。

此外，当前数据库发展的趋势还包括（周芹，2007）：

①多模，管理多种数据类型，如文本、图片、视频等；

②与新型硬件结合，如基于大内存的内存数据库；

③与 AI 结合，数据库自动调优，实现数据库的“自动驾驶”；

④与区块链技术结合，保护数据隐私安全的区块链数据库等。

参考材料

周芹，李绍俊，李云锦，等．空间数据库引擎的关键技术及发展 [C]. 中国地理信息系统协会第四次会员代表大会暨第十一届年会论文集，2007.

中国信息通信研究院．2021 年数据库发展研究报告 [R]. 2021.

3.2　基本原理与设计

本质上，各种空间数据库引擎都是通过利用和扩展符合工业技术标准的数据库的数据类型和功能，来实现空间数据在数据库中的物理存储，借助数据库的强大功能，空间数据引擎实现“矢量－栅格”一体化存储，进行空间数据完整性和一致性的维护，提供规则/有效性检查、用户权限管理和数据安全等能力。

3.2.1　存储模式分析

空间数据库的存储模式有混合模式（Hybrid Model）、统一模式（Integrated Model）、扩展结构模式（Extended Model）、面向对象模式（Object-Oriented Model）、时空模式（Spatial-Temporal Model）等。随着各种商用数据库的发展，在 GIS 领域中应用比较成熟的是混合模式、统一模式和扩展结构模式。

（1）混合模式

混合模式把空间数据和属性数据分开存储：空间数据及其拓扑关系存放在文件中，属性数据存放在关系数据库中，二者通过唯一的标识符建立联系，如 ESRI 的 Shapefile、SuperMap SDX+ for SDB（+）、SuperMap SDX+ for UDB 等。

混合管理模式适用于小型 GIS 应用系统或者作为 GIS 数据的中转或交换文件，随着应用场景的演变，其能力也在不断进化，比如早期的 SuperMap SDX+ for SDB 格式无法应对海量空间数据的存储，文件大小限制在 2GB 以内，而其下一代的跨平台文件型引擎 SuperMap SDX+ for UDB（+）则有意识地摒弃了这一限制，可以存储海量空间数据；Shapefile 文件也从早期的 2GB 文件大小限制改进到具备海量数据存储能力。

混合模式下，由于空间数据和属性数据存储的弱关联性导致空间数据在安全性、一致性上难以保证，基于文件的存储系统也难以实现多用户并发操作。

（2）统一模式

统一模式是一种基于纯关系数据库的管理模式，将空间数据和属性数据都用关系数据库的二维关系表来存储，使用标准关系连接机制建立空间数据与属性数据的关联。如 SuperMap SDX+ for Oralce、SuperMap SDX+ for SQLSever 等。

统一管理模式易于与数据库现有的功能相结合，保证数据的安全性。由于空间数据和属性数据都用关系表存储，数据的一致性容易维护，“空间数据 - 属性数据”一体化存储和“矢量 - 栅格”一体化都较容易实现；数据库提供的并发控制机制也可以用于空间数据的多用户并发操作。

（3）扩展模式

扩展模式采用统一的 DBMS 存储几何数据和属性数据，与统一管理模式不同的是，它在标准的关系数据库上增加几何管理层，也可称为对象 - 关系模型。这种扩展模型结构一般都在数据库内核进行扩展，从数据库底层提供对空间对象、空间操作、空间查询和空间分析的支持。随着 GIS 相关市场的发展被不断看好，各大数据库厂商意识到对空间数据支持的重要性，通过引入抽象数据类型等手段支持异构空间数据的存储和管理。其发展态势大有成为数据库管理系统标准配置的趋势。其中最为著名的国外商用数据库空间数据管理扩展产品有 Oracle 公司的 Oracle Spatial（Oracle，2002）、IBM 公司的 DB2 SpatialExtender（IBM，2003）和 Informix Spatial DataBlade（IBM，2003）及其以开放源码而引起广泛关注的 MySQL 公司的 Spatial Extensions（MySQL，2003）和 PostgreSQL 数据库的 PostGIS。

本节主要围绕 GIS 中常用的矢量、栅格数据存储和管理的基本原理和技术进行介绍。

3.2.2　矢量数据存储

GIS 在进行现实世界模拟的时候，会根据研究背景的不同，选择不同的数据模型来进行描述。例如，河流是人类社会和自然界中的重要元素，人类可以使用河流进行交通运输或者作为行政分界线，而自然界的动物也经常会把河流作为栖息地或者栖息地的边界等。在 GIS 中，针对不同的应用场景可以对河流有不同的建模方式，如图 3-2 所示。

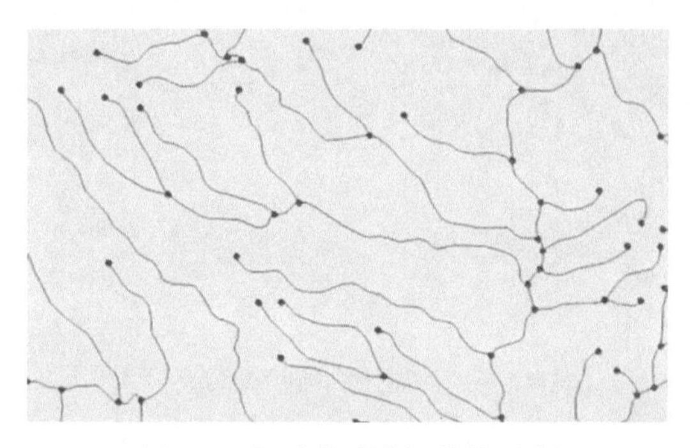

图 3–2　河流作为水网的线要素

在进行城市水网的研究中，河流作为组成城市水网的线要素，需要使用网络数据模型（Network）来进行描述，每条线都拥有长度、水流方向、容量等属性。在现实生活中，可以通过网络分析中的设施网络分析来查找河流的源头、查找几条支流的共同上游或共同下游、从污染水域追踪污染源等。

进行空间分析时如果仅关注河流长度、流向而不用考虑河流的面积和宽度时，河流可以使用线数据模型来进行描述。例如黄河中的一段作为陕西和山西的行政区边界，如图 3-3 所示。

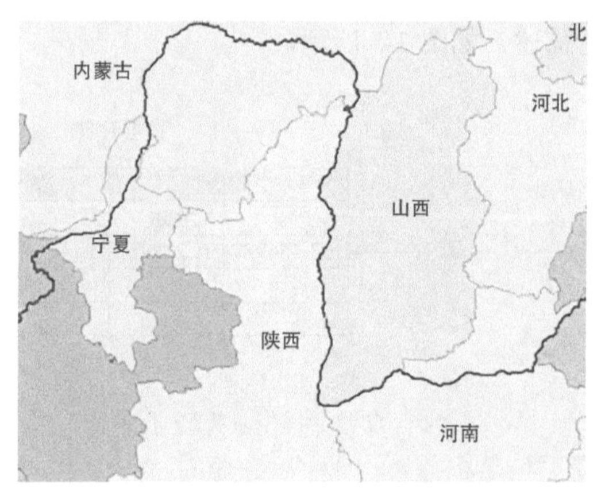

图 3–3　河流作为行政区边界

在大比例尺中，河流一般都使用面数据模型来表达，具备宽度、深度、载重等属性信息。例如我们要研究河上建桥就要考虑河流的宽度，再比如我们要研究河心岛就要考虑河流的面积，如图 3-4 所示。

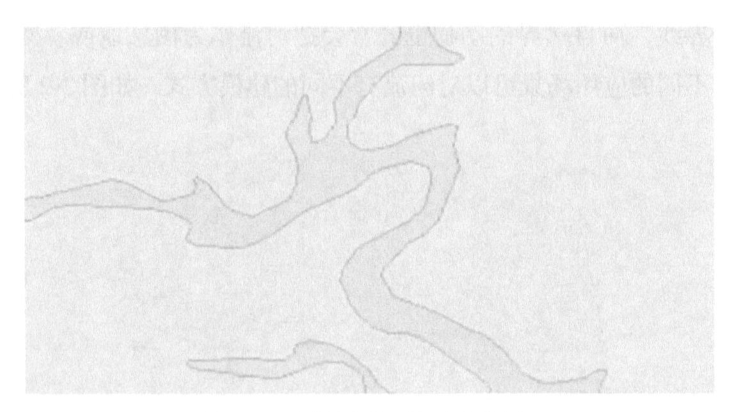

图 3–4　河流作为面状表达要素

通过河流的例子说明，像河流这样的简单要素都有多种数据模型来进行描述，因此，在进行现实世界抽象描述的时候，最好的通用数据模型是不存在的，数据模型的选择应取决于具体的应用场景，需要解决什么问题。针对不同问题，选取不同的模型来进行现实世界的模拟。

（1）点数据模型

点是零维形状的，存储为单个的带有属性值的 x, y 坐标对，用来描述很小而不能够描述为线或面的地理要素。

任何物体都是有大小、形状的，点数据模型主要是表达物体的空间位置信息，不关心它的形状、大小等。例如，我们只想知道喜马拉雅山的位置，则在世界地图上喜马拉雅山就会用点数据模型来进行描述，如图 3-5 所示。

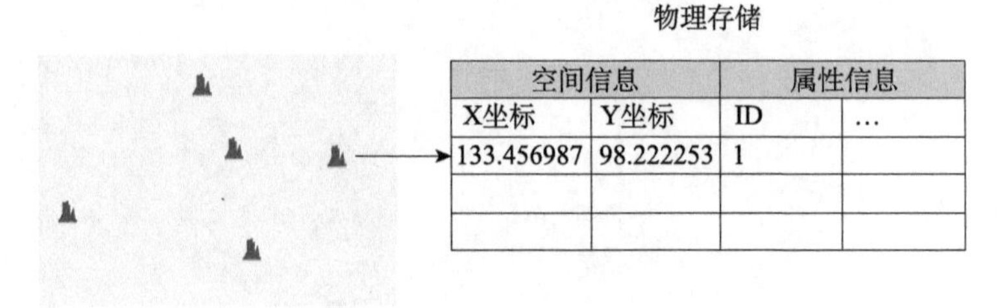

空间信息		属性信息	
X坐标	Y坐标	ID	…
133.456987	98.222253	1	

图 3–5　点数据模型及物理存储

（2）线数据模型

线是一维形状的，存储为一系列有序的带有属性值的 x，y 坐标对。线数据模型允许有线复杂对象。线的形状可以是直线、折线、圆、椭圆或旋转线等，其中圆、椭圆、圆弧等是转化为折线存储的。线数据模型用来描述狭窄而不能够描述为面的地理要素。当我们只关注这些地理要素的走向、长度等一维信息而不考虑其宽度和面积时，都可以用线数据模型来描述，例如作为省界的河流、小比例尺的城市道路等，如图 3-6 所示。

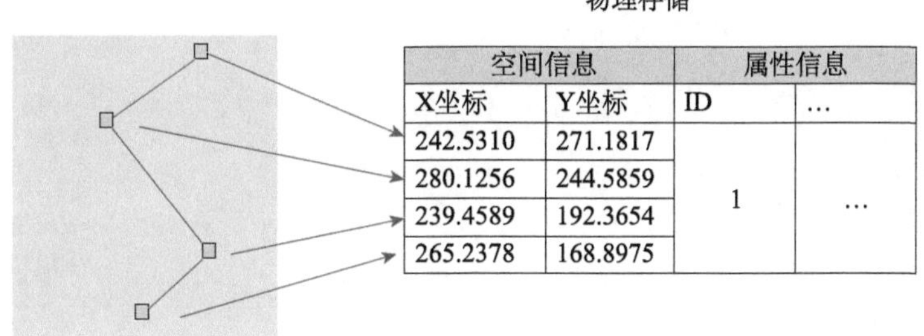

空间信息		属性信息	
X坐标	Y坐标	ID	…
242.5310	271.1817	1	…
280.1256	244.5859		
239.4589	192.3654		
265.2378	168.8975		

图 3-6 线数据模型及物理存储

简单几何对象与复杂几何对象的区别：简单的几何对象一般为单一对象，而复杂对象由多个简单对象组成或经过一定的空间运算之后产生。例如在绘制黄河流域的时候，是许多条简单线段，当我们需要把黄河干流以及其支流作为一个整体来看待时，就需要把这些支流和干流合并成为一个复杂线对象来表示黄河的整个流域。

（3）面数据模型

面是二维形状的，存储为一系列有序的带有属性值的 x，y 坐标对，最后一个点的 x，y 坐标必须与第一个点的 x，y 坐标相同。用来描述由一系列线段围绕而成的一个封闭的具有一定面积的地理要素。例如行政图中的省就会用面数据模型来表示，或者河流在大比例尺中也会用面数据模型来表示，如图 3-7 所示。

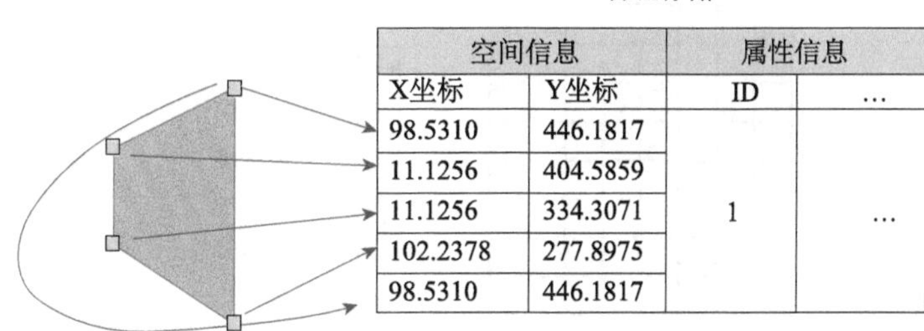

空间信息		属性信息	
X坐标	Y坐标	ID	…
98.5310	446.1817	1	…
11.1256	404.5859		
11.1256	334.3071		
102.2378	277.8975		
98.5310	446.1817		

图 3-7 面数据模型及物理存储

面数据模型有面复杂对象，这在地理要素描述时是非常必要的，例如整个上海市是由上海市区、崇明岛、长兴岛、横沙岛四个面组成的，因为这四个面是一个整体，因此就不能用简单对象进行正确的描述，这时就需要面复杂对象。

3.2.3 网络数据模型

用于存储具有网络拓扑关系的数据模型。网络数据模型包含了网络线和网络结点，还包含了两种对象之间的空间拓扑关系，如图 3-8 所示。

图 3-8 线数据模型及物理存储

基于网络数据模型，可以进行路径分析、服务区分析、最近设施查找、资源分配、选址分区以及邻接点、通达点分析等多种网络分析，多用于政府和商业决策。

3.2.4 栅格数据存储

栅格数据模型为光栅数据模型，将一个平面空间进行行和列的规则划分，形成有规律的网格，每个网格称为一个像元（像素），栅格数据模型实际就是像元的矩阵，每个像元都有给定的值来表示地理实体或地理现象，如高程值、土壤类型、土地利用类型、岩层深度等。图 3-9 为表示土地利用类型的栅格数据。

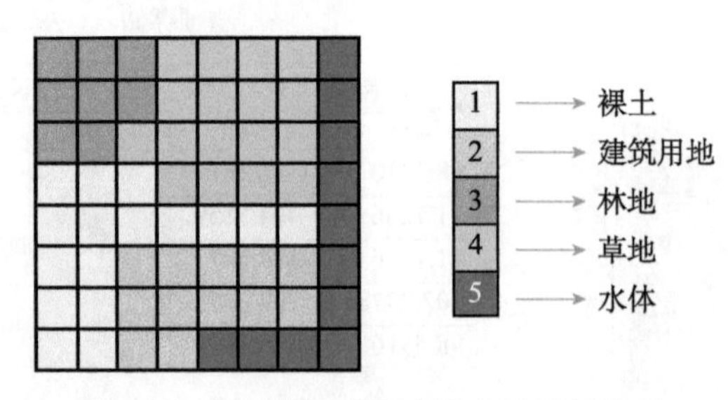

图 3-9 栅格数据模型表示土地利用类型

基于栅格数据模型，可以进行栅格数据统计、代数运算等以数学分析和图形处理为主的计算，应用最广的栅格分析为物理意义很明显的空间分析，如针对栅格地形表面的分析、基于地形表面的水文分析、地形特征线的提取、地形表面建模等在科学研究工作中常用的分析计算。下面以数字高程模型和影像数据为例进行说明。

（1）数字高程模型

数字高程模型（DEM）是一种对空间起伏变化的连续表示方法，是一种特定的栅格数据模型，每个网格的值为高程值，而且有标准的颜色表来表示，这对分幅 DEM 图像的合成很有帮助，如图 3-10 所示。

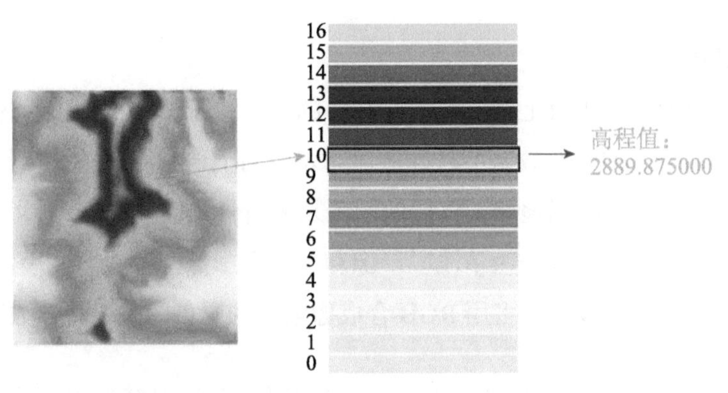

图 3-10　DEM 数据模型

图 3-11 为采用标准色彩表的分幅 DEM 图像拼接前后的过程图，可以看出，两幅相邻的 DEM 拼接后能完全融合在一起，不会出现裂缝和颜色突变。

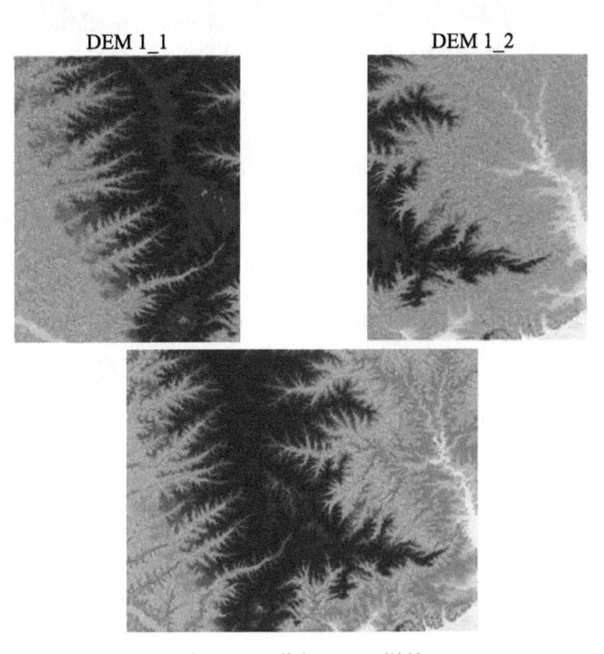

图 3-11　分幅 DEM 拼接

DEM 有许多用途，例如：在民用和军用的工程项目（如道路设计）中计算挖填土石方量；为武器精确制导进行地形匹配；为军事目的显示地形景观；进行越野通视情况分析；道路设计的路线选择、地址选择；不同地形的比较和统计分析；计算坡度和坡向，绘制坡度图、晕渲图等；用于地貌分析，计算侵蚀和径流等；与专题数据，如土壤数据等，进行组合分析；当用其他特征（如气温等）代替高程后，还可进行人口、地下水位等的分析。

（2）影像数据

影像数据是由卫星或飞机上的成像系统获得的影像，每个网格的值为光在某个波段的反射率。根据地球表面的影像数据可以分析地球表面的土地利用、植被生长情况，也可以进行矿产分布分析，或者根据地球大气层的云图来分析气象情况等。

影像根据波段的多少可以分为单波段影像和多波段影像两种，单波段影像一般用黑白色的灰度图来描述，多波段影像多用 RGB 合成像素值的彩色图来描述，如图 3-12 所示。

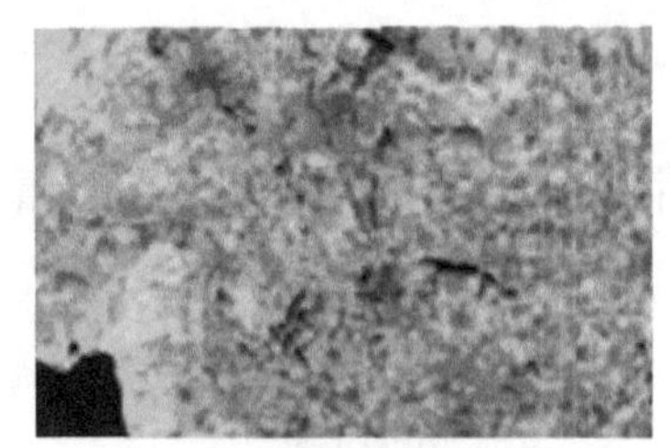
卫星遥感影像

航片

图 3-12　影像数据

栅格数据的数据量一般较大，需要采用压缩方法减少存储量，同时也有效减少了数据的 I/O 量，提升数据访问效率。用于栅格数据压缩的算法通常有有损和无损两种方式，像元中代表具体含义的，如 DEM、降雨量等数据采用无损压缩；而影像数据，通常采用有损压缩，如离散余弦编码（Discrete Cosine Transform，DCT）。

在可视化阶段，影像金字塔是提高数据的浏览速度的有效技术手段。影像金字塔是栅格数据集的简化分辨率（Reduced Resolution）图像的集合，通过影像重采样方法，建立一系列不同分辨率的影像图层，每个图层分割存储，并建立相应的空间索引机制，从而提高缩放浏览影像时的显示速度。如图 3-13 所示的影像金字塔的一个例子，这个影像金字塔共有 4 层，即 4 个等级的分辨率，对于图像分辨率为 2a × 2b（a ＞ b）的影像，一般会为其建立（b−6）+1 层的金字塔。

为影像建立了影像金字塔之后，以后每次浏览该影像时，系统都会获取其影像金字塔来显示数据，当影像放大或缩小时，系统会自动基于用户的显示比例尺选择最合适的金字塔等级来显示该影像，大大减少了显示时间。

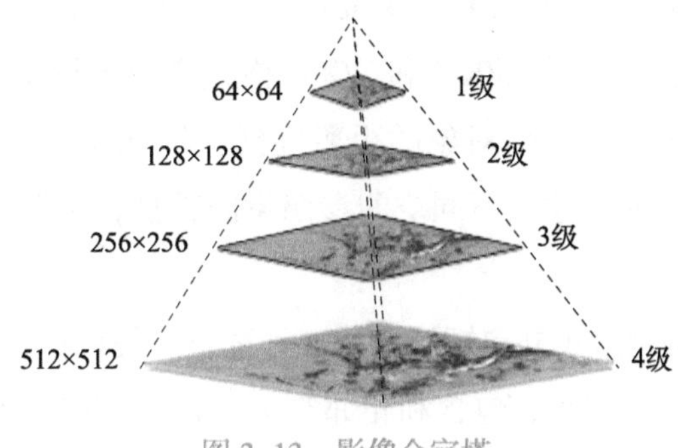

图 3-13　影像金字塔

3.3　关系型数据库存储

关系型数据库存储空间数据，主要是通过二维关系表存储空间对象：简单点、线、面对象可以存储为一张二维表，表格中的每一行代表一个对象；网络数据、栅格数据等则需要多张二维表进行关联存储，表格之间建立约束、触发器来维护数据的读写规则。对空间数据的操作同样需要满足数据库事务正确执行的 ACID 原则：原子性（Atomicity）、一致性（Consistency）、隔离性（Isolation）、持久性（Durability）。本节主要对开源领域常见的 SpatiaLite、GeoPackage、PostGIS 的存储能力进行介绍。

3.3.1　SpatiaLite

SQLite 是轻量关系型数据库管理系统，其核心是由 C 代码实现的，具有简单、稳定、易于使用和真正的轻量等特点。每个 SQLite 数据库都是一个简单文件，用户可以方便地复制、压缩，并通过网络进行传输和交换。SQLite 程序本身是跨平台的，其数据库文件也是跨平台的，所以在 Windows、Linux、Mac OS 等平台中得到了广泛的应用。由于 SQLite 的强大功能与嵌入式设计，因此被集成到许多系统与平台中，在 Python 2.5 及以上版本中，就默认为 SQLite 模块。

基本能力描述

SpatiaLite 是 SQLite 的空间数据引擎，为了使 SQLite 能够处理空间数据，需要在 SQLite 中加载空间扩展。SpatiaLite 支持 OpenGIS Consortium（OGC）规范的空间数据处理函数。

存储方面，可以处理大多数的图形数据，包括：点、线、多边形、点集合、线集合、多边形集合和几何对象集；每个几何要素都有一个空间参照标志符（spatial reference identifier，SRID）来标识其空间参照；几何对象列包括特定的几何类型和特定的 SRID；可以阻止在数据库表中保存错误的几何对象或错误的空间参照。

操作方面，支持几何对象在 WKT 和 WKB 格式之间进行转换；支持几何功能，如面积量算、多边形和线简化、几何对象的距离量算、几何对象集合计算（九交模型）以及缓冲区生成等；支持几何对象在不同空间参照系间转换，以及平移、缩放或旋转几何对象。

分析计算方面，支持用最小外包矩形来快速计算空间关系；支持用几何对象自身的空间关系运算（九交模型，如相交、包含和相邻等），而不是用最小矩形来计算；正确运用 R-Tree 索引可以大大提高空间查询的速度。

实施空间索引的另外一种方法是利用 MBR 内存缓冲。这是用最小边界矩形来索引要素的极快方法，但是受限于可用的 RAM，所以不适于大型数据集。

SpatiaLite 对 SQLite 的扩展，使其能够兼容 OGC 的空间数据规范，具体能力包括：

- 支持 WKT 和 WKB 格式；
- 支持 SQL 空间函数 AsText()，GeomFromText()，Area()，PointN()；
- 支持高级复杂空间分析函数，如：Overlaps()，Touches()，Union()，Buffer() 等，对 OpenGIS 空间函数集的完全支持需要借助于 GEOS 开源库；
- 遵循 OpenGIS 规范，完全支持空间元数据格式；
- 支持对 Shape 文件的导入与导出；
- 采用 PROJ.4 和 EPSG 支持坐标系的投影变换；
- 采用 GNU libiconv 支持各语言字符编码；
- 基于 SQLite 的 R-Tree 扩展真正地实现了空间索引；
- VirtualShape 扩展使得 SQLite 访问 Shape 文件就像操作 VIRTUAL TABLE 一样；
- 用户可以对外部 Shape 文件进行标准 SQL 查询操作，且无需导入或者转换 Shape 文件；
- VirtualText 扩展使得 SQLite 访问 CSV/TxtTab 文件就像操作 VIRTUAL TABLE 一样；
- 用于可以对外部 CSV/TxtTab 文件进行标准 SQL 查询操作，而无需导入或者转换 CSV/TxtTab 文件；
- GUI 工具用户界面友好，支持上述所有功能。

SpatiaLite 是一种轻量型数据库，且功能强大。对于具体的应用而言，SpatiaLite 可能是基于 Python 语言的空间地理项目最好的选择。

存储结构描述

（1）坐标系信息

坐标系信息存储在 spatial_ref_sys 和 spatial_ref_sys_aux 中，两张表通过 srid 关联，具体含义如表 3-2 和表 3-3 所示。

表 3–2　spatial_ref_sys 表的字段信息

字段名	字段类型	是否允许空值	描述
srid	INTEGER	N	主键； 坐标系的唯一标识
auth_name	TEXT	N	定义该坐标系的作者 / 官方名称
auth_srid	INTEGER	N	该坐标系的内部标识
ref_sys_name	TEXT	N	坐标系名字
proj4text	TEXT	N	用 proj.4 文本格式表示的坐标系
srtext	TEXT	N	用 wkt 表示的坐标系

表 3–3　spatial_ref_sys_aux 表的字段信息

字段名	字段类型	是否允许空值	描述
srid	INTEGER	N	主键； 外键，与 spatial_ref_sys（srid）关联 坐标系的唯一标识
is_geographic	INTEGER	Y	是否是地理坐标系
has_flipped_axes	INTEGER	Y	坐标轴是否翻转
spheroid	TEXT	Y	参考椭球体
prime_meridian	TEXT	Y	中央子午线
datum	TEXT	Y	大地基准面
projection	TEXT	Y	投影方式
unit	TEXT	Y	坐标系单位
axis_1_name	TEXT	Y	主轴名称
axis_1_orientation	TEXT	Y	主轴朝向
axis_2_name	TEXT	Y	副轴名称
axis_2_orientation	TEXT	Y	副轴朝向

（2）矢量数据集系统表

SpatiaLite 的矢量数据集系统表信息存储在 geometry_columns 表中，如表 3-4 所示。

表 3-4　geometry_columns 表的字段信息

字段名	字段类型	是否允许空值	描述
f_table_name	TEXT	N	数据表的名称
f_geometry_column	TEXT	N	数据表中 geometry 列名；联合主键（f_table_name, f_geometry_column）
geometry_type	INTEGER	N	geometry 类型，见表 3-9
coord_dimension	TEXT	N	geometry 坐标的维度
srid	TEXT	N	坐标系标识，与 spatial_ref_sys 表的 srid 字段关联
spatial_index_enabled	INTEGER	N	是否建立了空间索引；取值：0 表示无索引；1 表示“R 星树”索引

（3）对象存储格式

SpatiaLite 的简单对象类型即二维 / 三维的点、线、面类型。

① GAIAInfo

GAIAInfo 是 SpatiaLite 各类简单对象存储的头部信息，存储结构如下：

```
GAIAInfo {                                        // 几何对象的基本信息
        static byte        byteOrdering = 1;      // 字节序：小端存储
        int32              srid;                  // 坐标系 ID
        Rect               mbr;                   // 对象的坐标范围
        static byte        gaiaMBR=0x7c;          //MBR 结束标识
}
```

② GAIAPoint

SpatiaLite 的二维点对象：

```
GAIAPoint {
```

```
    static byte          gaiaStart = 0x00;          // 二进制流开始标记
    GAIAInfo             info;                      // 几何对象的基本信息
    static int32         geoType = 1;               //Geometry 类型标识
    Point                geoPnt;                    // 点对象的坐标值
    static byte          gaiaEnd = 0xFE;            // 二进制流结束标记
}
```

③ GAIAPointZ

SpatiaLite 的三维点对象：

```
GAIAPointZ {
    static byte          gaiaStart = 0x00;          // 二进制流开始标记
    GAIAInfo             info;                      // 几何对象的基本信息
    static int32         geoType = 1001;            //Geometry 类型标识
    PointZ               geoPntZ;                   // 点对象的坐标值
    static byte          gaiaEnd = 0xFE;            // 二进制流结束标记
}
```

④ GAIAMultiLineString

SpatiaLite 的二维多线对象：

```
GAIAMultiLineString {
    static byte          gaiaStart = 0x00;          // 二进制流开始标记
    GAIAGeoInfo          info;                      // 几何对象的基本信息
    static int32         geoType = 5;               //Geometry 类型标识
    int32                numLineStrings;            // 子对象个数
    LineStringEntity[]   lineStrings[numLineStrings];  // LineString 的几何数据
    static byte          gaiaEnd = 0xFE;            // 二进制流结束标记
}
```

其中，LineStringEntity 对象的存储结构如下：

```
LineStringEntity {
    static byte         gaiaEntityMark = 0x69;              // 子对象标识
    static int32        geoType = 2;                        //Geometry 类型标识
    int32               numPoints;                          // 点个数
    Point[]             pnts[numPoints];                    // 每个点的坐标值
}
```

⑤ GAIAMultiLineStringZ

SpatiaLite 的三维多线对象：

```
GAIAMultiLineStringZ {
    static byte          gaiaStart = 0x00;                  // 二进制流开始标记
    GAIAGeoInfo          info;                              // 几何对象的基本信息
    static int32         geoType = 1005;                    //Geometry 类型标识
    int32                numLineStrings;                    // 子对象个数
    LineStringZEntity[]  lineStrings[numLineStrings];       // LineString 的几何数据
    static byte          gaiaEnd = 0xFE;                    // 二进制流结束标记
}
```

其中，LineStringZEntity 对象的存储结构如下：

```
LineStringZEntity {
    static byte         gaiaEntityMark = 0x69;              // 子对象标识
    static int32        geoType = 1002;                     //Geometry 类型标识
    int32               numPoints;                          // 点个数
    PointZ[]            pnts[numPoints];                    // 每个点的坐标值
}
```

⑥ GAIAPolygon

SpatiaLite 的二维面对象：

```
GAIAPolygon {
        static byte          gaiaStart = 0x00;              // 二进制流开始标记
        GAIAInfo             info;                          // 几何对象的基本信息
        PolygonData          data;                          //Polygon 的几何数据
        static byte          gaiaEnd = 0xFE;                // 二进制流结束标记
}
```

其中，PolygonData 对象的存储结构如下：

```
PolygonData {                                               //Polygon 的几何数据
        static int32         geoType = 3;                   //Geometry 类型标识
        int32                numInteriors;                  // 内环个数
        Ring                 exteriorRing;                  // 外环对象
        Ring[]               interiorRings[numInteriors];   // 内环对象
}
```

⑦ GAIAMultiPolygon

SpatiaLite 的二维多面对象：

```
GAIAMultiPolygon {
        static byte          gaiaStart = 0x00;              // 二进制流开始标记
        GAIAGeoInfo          info;                          // 几何对象的基本信息
        static int32         geoType = 6;                   //Geometry 类型标识
        int32                numPolygon;                    // 子对象个数
        PolygonEntity[]      polygons[numPolygon];          // 子对象数据
}
```

其中，PolygonEntity 对象的存储结构如下：

```
PolygonEntity {
        static byte          gaiaEntityMark = 0x69;         // 子对象标识
```

```
    PolygonData         data;                       // 子对象数据
}
```

⑧ GAIAMultiPolygonZ

SpatiaLite 的三维面对象：

```
GAIAMultiPolygonZ {
    static byte         gaiaStart = 0x00;           // 二进制流开始标记
    GAIAGeoInfo         info;                       // 几何对象的基本信息
    static int32        geoType = 1006;             //Geometry 类型标识
    int32               numPolygon;                 // 子对象个数
    PolygonEntity[]     polygons[numPolygon];       // 子对象数据
}
```

其中，PolygonEntity 对象的存储结构如下：

```
PolygonEntity {
    static byte         gaiaEntityMark = 0x69;      // 子对象标识
    PolygonZData        data;                       // 子对象数据
}

PolygonZData {                                      //PolygonZ 的几何数据
    static int32        geoType = 1003;             //Geometry 类型标识
    int32               numInteriors;               // 内环个数
    RingZ               exteriorRing;               // 外环对象
    RingZ[]             interiorRings[numInteriors]; // 内环对象
}
```

参考材料

https://www.osgeo.cn/pygis/spatialite-intro.html

3.3.2 GeoPackage

GeoPackage 是由 OGC 制定的存储地理信息的开放数据格式，存储形式是独立于平台的 SQLite 数据库文件，文件的扩展名为 [.gpkg]。

与SpatiaLite的区别

与 SpatiaLite 类似，GeoPackage 的存储介质也是 SQLite 文件，但 GeoPackage 是一种数据存储格式，以自描述的形式规定各类数据的逻辑组织结构和物理存储形式，具备良好的扩展能力，发展完善的扩展模块会逐步被纳入 GeoPackage 的规范体系；SpatiaLite 则是 SQLite 数据库服务端的扩展，不仅包括空间数据的存储，还提供分析计算能力。

基本能力描述

GeoPackage 既可存储矢量要素数据，也可存储遥感影像金字塔、地图瓦片矩阵集等栅格瓦片数据。

GeoPackage 通过一系列的表来存储数据，包括坐标系、内容描述、要素数据、瓦片数据、元数据等表格或视图。其中，前两项是必须包含的，且 GeoPackage 中至少要有一个要素数据表或瓦片数据表。

存储结构描述

（1）空间参考系表（gpkg_spatial_ref_sys）

空间参考系表包含的坐标参考系定义被内容描述表和几何要素列表引用，从而将用户表中的矢量、瓦片数据与地球上的真实位置联系起来。

空间参照系采用 WKT 格式表示，数据存储在空间参照系表（gpkg_spatial_ref_sys）中，必须包含三条及以上记录，必须包含所有数据集所使用的坐标参考，见表 3-5。

表 3-5　gpkg_spatial_ref_sys 表的字段信息

字段名	类型	描述	是否允许空
srs_name	TEXT	坐标系名称，如：WGS 84	N
srs_id	INTEGER	坐标系 ID，主键，如：4326	N
organization	TEXT	组织名称，如：epsg 或 EPSG	N
organization_coordsys_id	INTEGER	组织分配的 ID，如：4326	N
definition	TEXT	参考系定义，WKT 字符串形式	N
description	TEXT	参考系描述	Y

（2）内容描述表（gpkg_contents）

内容描述表提供了具有标识性和描述性的信息。其中定义了瓦片或要素表的名称、表中数据类型、表的内容描述等，每个数据集对应一条记录，其中空间参考系标识与空间参考系表关联，见表 3-6。

表 3–6　gpkg_contents 表的字段信息

字段名	类型	描述	是否允许空
table_name	TEXT	实际存储扩展数据的表的名称；主键	N
data_type	TEXT	数据集类型，可以是矢量 features、栅格、tiles 等数据类型	N
identifier	TEXT	数据集标识，联合主键	Y
description	TEXT	数据集描述信息	Y
last_change	DATETIME	数据集最后更新日期时间，格式 %Y-%m-%dT%H:%M:%fZ	N
min_x	DOUBLE	数据集最小 x	Y
min_y	DOUBLE	数据集最小 y	Y
max_x	DOUBLE	数据集最大 x	Y
max_y	DOUBLE	数据集最大 y	Y
srs_id	INTEGER	数据集的空间参考系 ID；外键，与 gpkg_spatial_ref_sys 中 srs_id 关联	N

（3）扩展要素表（gpkg_extensions）

扩展要素表用于存储具体的扩展矢量要素数据，包括要素的标识、几何数据、属性数据，见表 3-7。

表 3–7　gpkg_extensions 表的字段信息

字段名	类型	描述	是否允许空
table_name	TEXT	扩展表的名，主键	Y
column_name	TEXT	字段名，联合主键。如果为空，则表示 table_name 的表是扩展表	Y
extension_name	TEXT	扩展规则的名称	N
definition	TEXT	扩展规则的定义	N
scope	TEXT	适用范围	N

（4）几何字段表（gpkg_geometry_columns）

几何字段表（gpkg_geometry_columns）描述数据集几何字段的名称、类型、空间参考系、坐标维度信息，每一数据集必须在几何字段表中有一行记录，存储几何字段的基本信息，其中空间参考系标识与空间参考系表关联，见表 3-8。

表 3-8　gpkg_geometry_columns 表的字段信息

字段名	类型	描述	是否允许空
table_name	TEXT	数据集表名，主键。外键，与 gpkg_contents 表中数据集的表名称关联	否
column_name	TEXT	几何对象列名，实际数据表中几何字段的列名称。联合主键	否
geometry_type_name	TEXT	几何对象类型名称。见表 3-9	否
srs_id	INTEGER	几何对象空间参考系 ID。外键，与 gpkg_spatial_ref_sys 表的 srs_id 列关联	否
z	TINYINT	是否有 Z 值，0 禁止 z 值，1 必有 z 值，2 可选 z 值	否
m	TINYINT	是否有 M 值，0 禁止 m 值，1 必有 m 值，2 可选 m 值	否

其中，几何对象类型符合 SQL/MM（ISO 13249-3）规定的几何模型，见图 3-14。

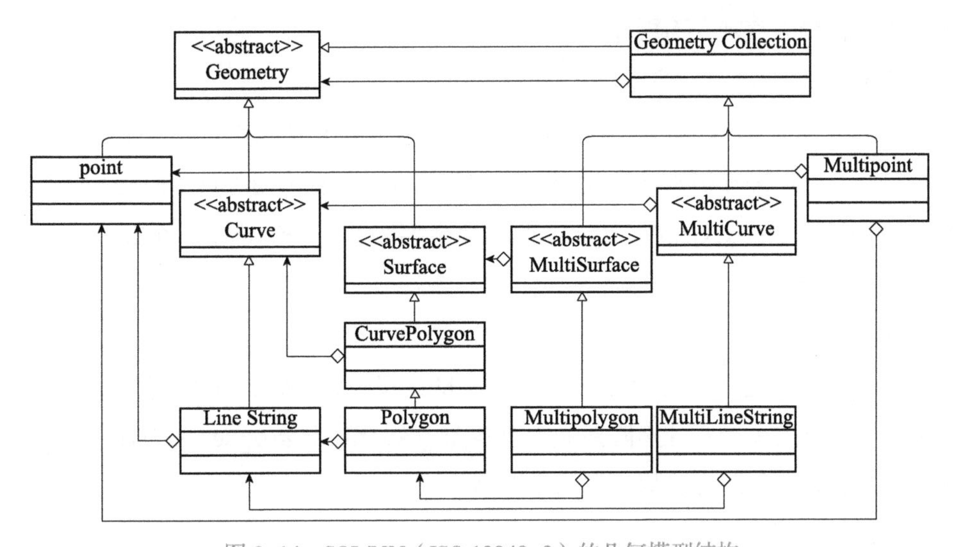

图 3-14　SQL/MM（ISO 13249-3）的几何模型结构

表 3-9　空间几何类型代码

代码	名称	含意
0	GEOMETRY	任何几何类型
1	POINT	点
2	LINESTRING	线串
3	POLYGON	多边形
4	MULTIPOINT	多点
5	MULTILINESTRING	多线串
6	MULTIPOLYGON	多多边形
7	GEOMCOLLECTION	几何集合
8	CIRCULARSTRING	圆弧串
9	COMPOUNDCURVE	混合曲线
10	CURVEPOLYGON	曲线多边形
11	MULTICURVE	多曲线
12	MULTISURFACE	多曲面
13	CURVE	曲线
14	SURFACE	曲面

（5）瓦片的描述方法

GeoPackage 中的瓦片是通过瓦片金字塔和明确的瓦片缩放级别来组织、存储和索引的。相关表结构较为直观，不再详细列举。

①瓦片金字塔

GeoPackage 中可以用不同的数据表或视图来存储多个栅格和瓦片金字塔数据集。瓦片金字塔是指在不同缩放级别下，代表不同空间范围、具有不同分辨率的瓦片所构成的金字塔结构，即瓦片数据。GeoPackage 中的瓦片金字塔数据表记录了每个瓦片所在的缩放级别、行列号等数据。

②瓦片矩阵集

瓦片矩阵集是对这种瓦片金字塔层次结构的定义。GeoPackage 中若包含了瓦片金字塔数据表，则必须有一个瓦片矩阵集的表或视图 gpkg_tile_matrix_set 来为瓦片金字塔数据表中的所有瓦片定义最小边界框和空间参考系。

③瓦片矩阵

瓦片矩阵是指在某一特定缩放级别下所有瓦片组成的行和列。每个瓦片金字塔数据表可以包含多个瓦片矩阵。瓦片矩阵表或视图记录了每个缩放级别下的瓦片矩阵的结构，包括某一缩放级别下瓦片矩阵的行列数、瓦片宽和高等。指定任一缩放级别下瓦片矩阵左上角的瓦片坐标为（0，0）。

④缩放级别

GeoPacakage 中，瓦片矩阵图层的缩放级别是 0 到 n 的有序整数，相邻缩放级别间以 1 为差值递增或递减。第 0 级比例尺为能在一张瓦片中全幅显示当前地图的最小比例尺，其他级别的比例尺在此基础上以固定倍率或不同倍率变化。随着缩放级别递增，每个瓦片所代表的实际空间范围会变小，空间分辨率也会越高。GeoPackage 中坐标为（0，0）的瓦片是指在任一缩放级别下瓦片矩阵左上角的瓦片。

⑤扩展机制

扩展机制的入口在扩展要素表（gpkg_extensions），该表是 GeoPackage 的自描述特性的基础，见表 3-10。

表 3-10　扩展要素表的字段信息

字段名	类型	描述	是否允许空
table_name	TEXT	扩展表的名；主键	是
column_name	TEXT	字段名；如果为空，则表示 table_name 的表是扩展表	是
extension_name	TEXT	扩展规则的名称	否
definition	TEXT	扩展规则的定义	否
scope	TEXT	适用范围	否

3.3.3　PostGIS

基本介绍

PostGIS 通过向 PostgreSQL 添加对空间数据类型、空间索引和空间函数的支持，将 PostgreSQL 数据库管理系统转换为空间数据库。

因为 PostGIS 是建立在 PostgreSQL 之上的，所以 PostGIS 自动继承了重要的“企业级”特性以及开放源代码的标准。可以说 PostGIS 仅仅只是 PostgreSQL 的一个插件，但是它将 PostgreSQL 变成了一个强大的空间数据库。

PostGIS 内部划分为多个扩展模块，具备矢量、栅格、拓扑、地址数据的存储、管理和分析能力，由于其功能强大、覆盖面非常广，本节仅选取最常用的矢量数据进行介绍。

矢量数据定义及使用

PostGIS 提供两种类型的存储矢量对象：geometry 和 geograhpy。一般推荐使用 geometry 类型。geograhpy 通常用于管理大范围地理数据，比如全球范围，相关对象计算长度、面积、距离等将以球面为基准进行，但提供的算子有限，且仅支持地理坐标系，不支持 CURVER、TIN、POLYHEDRALSURFACE 等类型。

（1）geometry 类型的使用

定义 geometry 可以不指定子类型，则表示可以存储任意子类型。

```
-- 指定 srid 为 4326
create table testgeoms (id int primary key, geom geometry);
```

geometry 列也可以指定子类型，支持的类型名见下一小节，示例如下：

```
-- 指定 geom 列存储 linestring
create table testlinestring (id serial, geom geometry(linestring, 4326) );
```

指定子类型时，可带单引号、双引号或不带引号，也不区分大小写。

（2）geometry 子类型

geometry 有 15 种子类型，见表 3-11。

表 3-11　geometry 的子类型

子类型	描述	构成
POINT	点	/
LINESTRING	线，折线	由点串构成
POLYGON	面	由 n 个部分组成，每个部分是首尾相连的线串
POLYHEDRALSURFACE	多面体表面	由 n 个部分组成，每个部分都是一个 Polygon
MULTIPOINT	多点	由 n 个 Point 子对象组成
MULTILINESTRING	多线	由 n 个 LineString 子对象组成
MULTIPOLYGON	多面	由 n 个 Polygon 子对象组成
CIRCULARSTRING	圆弧线	由圆弧连接而成，用点串描述。三个点确定一段圆弧，前一个圆弧的最后一个点与后一个圆弧的第一个点共用；特别地，如果圆弧的第一个点与第三个点重合，则第二个点表示圆心，以此来表达圆形

续表

子类型	描述	构成
COMPOUNDCURVE	复合线	由 n 个部分组成，每个部分可以是 LineString 或 CircularString，且前一部分的最后一个点与后续部分的第一个点重合，保证复合线对象的连续性
MULTICURVE	多（曲）线	由 n 个子对象组成，每个子对象可以是 CircularString 或 LineString 或 CompoundCurve
CURVEPOLYGON	复合面	由 n 个部分组成，每个部分是首尾相连的 CircularString 或 LineString 或 CompoundCurve。与 Polygon 类似，都表达一个闭合的区域，区别在于是否有 CircularString 对象参与构造
MULTISURFACE	多面	由 n 个子对象组成，每个子对象可以是 Polygon 或 CurvePolygon 类型。与 MultiPolygon 类似，都表达多面对象，区别在于是否有 CircularString 对象参与构造
TRIANGLE	三角形	由首尾相连的 4 个点构成
TIN	不规则三角网	由 n 个 Triangle 组成
GEOMETRYCOLLECTION	复合对象	由任意子类型构成

以上每种类型，可以指定是否带 Z 或 M 值。例如，点可以指定为：POINT、POINTZ、POINTM、POINTZM。

geometry 的 15 种子类型，有一部分容易理清其关系，见图 3-15 左图。当加入新的类型 CircularString 后，衍生出带参数化对象的线和面，进而构成 PostGIS 的全部 15 种子类型，见图 3-15 右图。

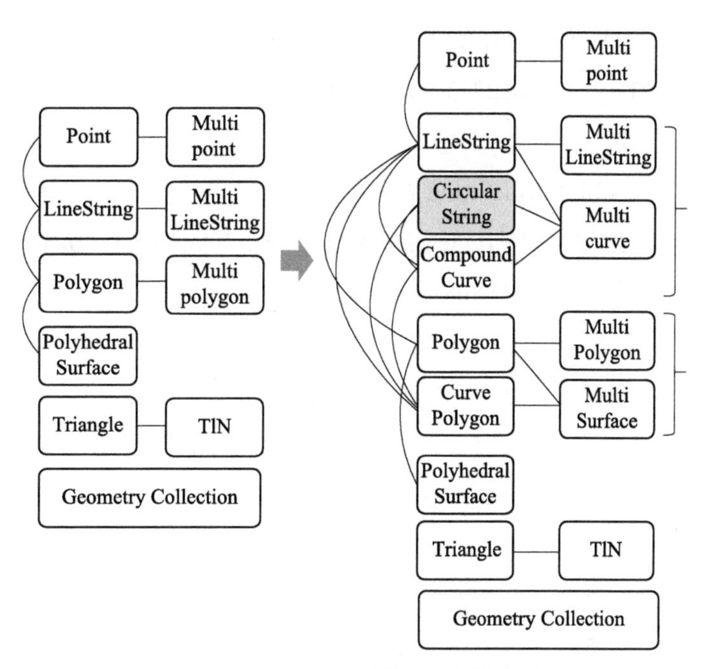

图 3-15　geometry 子类型之间的关系

（3）构造示例

① Point、LineString、Polygon

Point、LineString、Polygon、

MultiPoint、MultiLineString、MultiPolygon 容易理解，构造示例如下：

```
-- 指定 srid 为 4326
CREATE TABLE testgeomobj (id serial, geom geometry NOT NULL);

-- Point 对象
INSERT INTO testgeomobj (geom) VALUES ( 'SRID=4326;POINT(–95.363151 29.763374)' );

-- MultiPoint 对象
INSERT INTO testgeomobj (geom) VALUES ( 'SRID=4326;MULTIPOINT(–95.4 29.8,–95.4 29.8)' );

-- LineString 对象
INSERT INTO testgeomobj (geom) VALUES ( 'SRID=4326;LINESTRING(–71.1031880899493 42.3152774590236,–71.1031627617667 42.3152960829043,
–71.102923838298 42.3149156848307,–71.1023097974109 42.3151969047397,
–71.1019285062273 42.3147384934248)' );

-- MultiLineString 对象
INSERT INTO testgeomobj (geom) VALUES ( 'SRID=4326;MultiLineString (
 (–71.1031880899493 42.3152774590236,–71.1031627617667 42.3152960829043,
–71.102923838298 42.3149156848307,–71.1023097974109 42.3151969047397,
–71.1019285062273 42.3147384934248),
(–71.1766585052917 42.3912909739571, –71.1766820268866 42.391370174323896,
–71.1766063012595 42.3913825660754, –71.17658265830809 42.391303365353096) )' );

-- Polygon 对象
INSERT INTO testgeomobj(geom) VALUES ( 'SRID=4326; POLYGON (
    (–71.1776585052917 42.3902909739571, –71.1776820268866 42.3903701743239,
–71.1776063012595 42.3903825660754, –71.1775826583081 42.3903033653531,
```

```
-71.1776585052917 42.3902909739571),
    (-71.1766585052917 42.3912909739571, -71.1766820268866 42.391370174323896,
-71.1766063012595 42.3913825660754, -71.17658265830809 42.391303365353096,
-71.1766585052917 42.3912909739571) )' );

-- MultiPolygon 对象
INSERT INTO testgeomobj(geom) VALUES ( 'SRID=4326; MultiPolygon (
((-71.1776585052917 42.3902909739571, -71.1776820268866 42.3903701743239,
-71.1776063012595 42.3903825660754, -71.1775826583081 42.3903033653531,
-71.1776585052917 42.3902909739571)),
((-71.1766585052917 42.3912909739571, -71.1766820268866 42.391370174323896,
-71.1766063012595 42.3913825660754, -71.17658265830809 42.391303365353096,
-71.1766585052917 42.3912909739571)) )' );
```

② CircularString、CompoundCurve

```
CREATE TABLE testgeom (id serial,geom geometry NOT NULL);
-- CircularString：由四段组成，见图 3-16 左图
INSERT INTO testgeom (geom) VALUES ( 'CIRCULARSTRING(0 2, -1 1, 0 0, 0.5 0,
1 0, 2 1, 1 2, 0.5 2, 0 2)' );
-- CompoundCurve：由圆弧和折线段组成，'LINESTRING' 关键字可省略，生成
的图形见图 3-16 右图
INSERT INTO testgeom (geom) VALUES ( 'COMPOUNDCURVE(CIRCULARSTRI
NG(0 0, 1 1, 1 0),LINESTRING(1 0, 2 0))' );
```

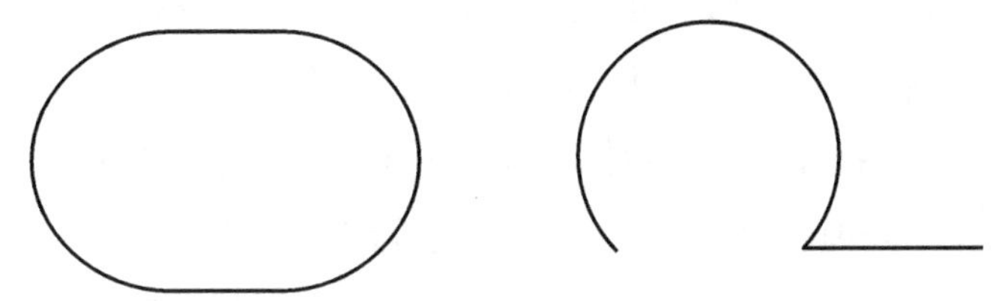

图 3-16　CircularString 和 CompoundCurve 示例

③ CurvePolygon

```
-- 由首尾相连的圆弧线串和折线构成
 INSERT INTO testgeom (geom) VALUES('CURVEPOLYGON(CIRCULARSTRI
NG(0 0, 4 0, 4 4, 0 4, 0 0),(1 1, 3 3, 3 1, 1 1))');
```

④ PolyhedralSurface

PolyhedralSurface 由 n 个 Polygon 构成，PolyhedralSurface 对象不一定是闭合的，可以用 ST_IsClosed() 方法判断。

```
-- PolyhedralSurface 对象
 INSERT INTO testgeom (geom) VALUES ('POLYHEDRALSURFACE( ((0 0 0, 0 0 1,
0 1 1, 0 1 0, 0 0 0)), ((0 0 0, 0 1 0, 1 1 0, 1 0 0, 0 0 0)), ((0 0 0, 1 0 0, 1 0 1, 0 0 1, 0 0 0)), ((1
1 0, 1 1 1, 1 0 1, 1 0 0, 1 1 0)), ((0 1 0, 0 1 1, 1 1 1, 1 1 0, 0 1 0)), ((0 0 1, 1 0 1, 1 1 1, 0 1 1, 0
0 1)) )');

SELECT ST_IsClosed(geom) from testgeom;
```

3.4 NoSQL 数据库存储

互联网应用的发展，对数据库提出了新的需求：数据存储量不断增加；大量的非结构化数据（图片、视频、文本内容等）的存储需求；注重超大规模并发的响应能力而非严格的事务的能力等。NoSQL 数据库和各类分布式存储系统成为互联网领域解决大数据存储问题的基础，HDFS、HBase 等成为大数据存储的代名词，Hadoop、Spark 等分布式计算框架得到广泛应用。

跟随大数据技术的兴起，GIS 也步入大数据时代。空间数据存储与各类 NoSQL 数据库对接，典型的空间数据引擎如开源的 GeoMesa，后台支持 Accumulo、HBase、Google Bigtable、Cassandra 等数据库，空间数据的存储逻辑在引擎层实现；开源的 GeoTrellis 提供了对海量栅格数据的处理能力。此外，随着传感器应用的普及，海量时空数据的存储方面，典型的如阿里时空数据引擎 Ganos 的 Trajectory 模块，SuperMap SDX+ 引擎的时空大数据流式分析，后台采用开源的 Elasticsearch 数据库；空间数据的瓦片数据存储也逐步从文件系统向数据库迁移，如 MongoDB、CouchDB 等 Key/Value 数据库，以适应海量瓦片数据存储和前端并发访问的需求。

可以看到，在空间大数据存储中，开源方案占主导地位，空间数据的存储也逐步从早期对单一的关系型数据库的依赖拓展到对多种类型数据库的适配。

大数据时代对海量数据的存储和处理，各类分布式数据库、分布式处理框架等对硬件基础设施要求较高，运行环境部署复杂，向云端迁移、把大数据平台的能力以服务的方式提供给前端，是趋势之一。

在数据库领域，云化也是重要趋势，Gartner 预测到 2023 年将有 75% 的数据库部署在云上。数据库上云的思路包括：

①现有数据库部署在云环境的基础设施上；

②云原生数据库，聚焦于数据库与硬件基础设施的深度绑定，在数据库服务端实现计算资源和存储资源的弹性伸缩，实现事务型（OLTP）和分析型（OLAP）一体化的数据库。

此外，当前数据库发展的趋势还包括：

①多模，管理多种数据类型，如文本、图片、视频等；

②与新型硬件结合，如基于大内存的内存数据库；

③与 AI 结合，数据库自动调优，实现数据库的“自动驾驶”；

④与区块链技术结合以保护数据隐私安全的区块链数据库等。

第4章　瓦片数据存储与管理

4.1　瓦片数据格式及其管理方式的演进

空间数据的可视化是GIS区别于其他信息系统的重要特点，尤其是在B/S应用模式下，通常是将配置好的地图或场景按特定的层级、行、列划分规则进行切片处理，生成瓦片数据，再以地图服务或场景服务的形式发布，客户端解析请求返回的瓦片数据，并在浏览器中显示。

瓦片数据的组织通常是树形结构，自上而下从粗糙层过渡到精细层，每一层又划分为多个瓦片，每个瓦片对应一个小文件。

早期二维瓦片数据的内容按组织形式可以分为栅格瓦片和矢量瓦片。栅格瓦片按像素组织瓦片数据，如png、jpg等图片的存储形式，常见的大小有256×256，512×512（单位为像素数）；矢量瓦片技术继承了矢量数据和切片地图的双重优势，有以下优点。

①动态配图。作为矢量数据，可以在前端动态调整地图的配图风格，而无需下载新的瓦片数据。

②存储体量小。矢量瓦片的物理存储可以非常小，非常适合网络传输，且由于采用树形结构组织各个层级的瓦片数据，前端可视化时需要在细节水平和性能之间取得平衡。

③流畅的地图交互。因为所有地图数据都加载到地图客户端中，所以可以快速重新渲染地图，从而实现平滑的缩放、倾斜和旋转。

④动态查询。矢量瓦片自带了图层中对象的属性数据，因此对属性数据的查询可以在前端进行，不需要把请求传回服务端，提升了客户端的响应能力。

随着三维数据应用的普及以及WebGL技术的推广，三维空间数据的缓存也逐步成为各类应用的重要基础，由于二维和三维数据在数据组织结构、可视化/渲染技术等方面的差异，三维空间数据的缓存格式逐步脱离传统的二维缓存格式，并发展出如3D-Tiles、I3S、S3M等二三维一体的缓存格式。

同时，在存储方面，也从传统的散文件或 MBTiles 方式逐步发展成 MongoDB 等适用于海量瓦片存储的大数据存储方案。

4.2 MVT 瓦片格式

简　介

MVT（Mapbox Vector Tile）是 Mapbox 的矢量瓦片格式。Mapbox 公司于 2010 年在美国成立，致力于打造全球最漂亮的个性化地图。2013 年 Mapbox 推出了一个新的开源矢量瓦片规范 MVT，应用到 Mapbox 所有的 Web 地图中。MVT 提供了一种超快速、高效的格式，强化了地图在交互特性、GeoJSON 数据流、移动端渲染等方面的性能。

文件内容

MVT 是设置有关如何存储和编码数据的标准的重要手段。就像应用程序假设数据库中存在哪些信息一样，Mapbox 工具也假设矢量瓦片如何存储地理信息。Mapbox 矢量瓦片规范明确提供了有关文件格式和扩展名、投影和范围以及矢量瓦片的内部组织结构等信息。

（1）文件的编码方式及后缀

MVT 的瓦片文件采用 Google Protocol Buffers 进行编码。Google Protocol Buffers 是一种兼容多语言、多平台、易扩展的数据序列化格式。MVT 文件的后缀应为 [.mvt]。

（2）关于坐标系和瓦片组织方式

MVT 中每个瓦片对应于一个正方形投影区域的数据，矢量瓦片本身不包括地理范围和坐标系信息；瓦片的组织方式也会有多种，比如四叉树、八叉树等。

实际应用中，很多场景都默认 MVT 的坐标系为 Web Mercator，瓦片的组织形式采用 Google tile scheme；实际上，矢量瓦片可以用来表示任意投影方式、任意瓦片编号方案的数据。这些信息会被作为元信息，与 MVT 数据一起，确定单个瓦片与任意范围、任意精度的地理区域的一一对应关系。

矢量瓦片格式的 schema 如下：

```
package vector_tile;
option optimize_for = LITE_RUNTIME;
message Tile {
        enum GeomType {
```

```
        UNKNOWN = 0;
        POINT = 1;
        LINESTRING = 2;
        POLYGON = 3;
    }

    // Variant type encoding
    message Value {
        // Exactly one of these values must be present in a valid message
        optional string string_value = 1;
        optional float float_value = 2;
        optional double double_value = 3;
        optional int64 int_value = 4;
        optional uint64 uint_value = 5;
        optional sint64 sint_value = 6;
        optional bool bool_value = 7;

        extensions 8 to max;
    }

    message Feature {
        optional uint64 id = 1 [ default = 0 ];

        // Tags of this feature are encoded as repeated pairs of
        // integers.
        // A detailed description of tags is located in sections
        repeated uint32 tags = 2 [ packed = true ];

        // The type of geometry stored in this feature.
        optional GeomType type = 3 [ default = UNKNOWN ];
```

```
        // Contains a stream of commands and parameters (vertices).
        repeated uint32 geometry = 4 [ packed = true ];
    }

    message Layer {
        // Any compliant implementation must first read the version
        // number encoded in this message and choose the correct
        // implementation for this version number before proceeding to
        // decode other parts of this message.
        required uint32 version = 15 [ default = 1 ];

        required string name = 1;

        // The actual features in this tile.
        repeated Feature features = 2;

        // Dictionary encoding for keys
        repeated string keys = 3;

        // Dictionary encoding for values
        repeated Value values = 4;

        // Although this is an "optional" field it is required by the specification.
        optional uint32 extent = 5 [ default = 4096 ];

        extensions 16 to max;
    }

    repeated Layer layers = 3;
```

```
        extensions 16 to 8191;
}
```

（3）瓦片内部组织结构

①图层

矢量瓦片可以包含多个图层，每个图层包含几何要素和元数据信息。图层出现的顺序代表其在瓦片中出现的顺序，因此在图层组末尾添加一个新的图层就可以不用更改已有的数据。以下结合 MTV 规范的具体内容进行详细说明。

图层必须包含一个 version 字段表示此图层所遵守的《矢量瓦片标准》的主版本号。例如，某个图层遵守 2.1 版本的标准，那么它的 version 字段的值则为整数 2。version 字段应该设定为图层的第一个字段。解码器应该首先解析 version 字段，以确定是否能够解析该版本的图层。当遇到一个未知版本的矢量瓦片图层时，解码器可以尝试去解析它，或者可以跳过该图层。以上两种情况下，解码器都应该继续解析后续的图层。

每个矢量瓦片应该至少包含一个图层。每个图层应该至少包含一个要素。

图层由 name 字段进行标识，即在同一个矢量瓦片中，图层的 name 是唯一的。在向一块矢量瓦片添加一个新的图层之前，编码器必须检查已有的 name 值以防止重复。

图层中的每个要素可以包含一个或多个 key-value 作为它的元数据。所有要素的 key 和 value 被分别索引为两个列表：keys 和 values，并为图层中的所有要素共享。

图层 keys 字段的每个元素都是字符串。keys 字段包含了图层中所有要素的 key，并且每个 key 可以通过它在 keys 列表中的索引号引用，第一个 key 的索引号是 0。keys 列表中的 key 具有唯一性。图层 values 字段的每个元素是多种类型的值的编码。values 字段包含了图层中所有要素的 value，并且每个 value 可以通过它在 values 列表中的索引号引用，第一个 value 的索引号是 0。values 列表中的 value 值具有唯一性。

为了支持字符串型、布尔型、整型、浮点型多种类型的值，对 value 字段的编码包含了一组 optional 字段。每个 value 必须包含其中的一个字段。

图层必须包含一个 extent 字段，表示瓦片的宽度和高度，以整数表示。矢量瓦片中的几何坐标可以超出 extent 定义的范围。超出 extent 范围的几何要素被经常用来作为缓冲区，以渲染重叠在多块相邻瓦片上的要素。例如，如果一块瓦片的 extent 范围是 4096，那么坐标的单位是瓦片长宽的 1/4096。坐标 0 在瓦片的顶部或左边缘，坐标 4096 在瓦片的底部或右边缘。坐标从 1 到 4095 都是在瓦片内部，坐标小于 0 或者大于 4096 都在瓦片外部。坐标（1,10）或（4095,10）在瓦片内部，坐标（0,10）或（4096,10）在瓦片边缘，坐标

（–1,10）或（4097,10）在瓦片外部。

②要素

每个要素必须包含一个 geometry 字段和一个 type 字段。

每个要素可以包含一个 tags 字段。如果存在属于要素级别的元数据，应该存储到 tags 字段中。每个要素可以包含一个 ID 字段。如果一个要素包含一个 ID 字段，那么 ID 字段的值应该相对于图层中的其他要素是唯一的。

③几何图形编码

矢量瓦片中的几何数据被定义为屏幕坐标系。瓦片的左上角（显示默认如此）是坐标系的原点。X 轴向右为正，Y 轴向下为正。几何图形中的坐标必须为整数。

几何图形被编码为要素的 geometry 字段的一个 32 位无符号型整数序列。每个整数是 CommandInteger 或者 ParameterInteger。解码器解析这些整数序列作为生成几何图形的一系列有序操作。

指令涉及的位置是相对于“游标”的，即一个可重定义的点。对于要素中的第一条指令，游标在坐标系中的位置是（0，0）。有些指令能够移动游标，因而会影响到接下来执行的指令。

CommandInteger 指代所要执行的操作和执行的次数，分别以 command ID 和 command count 表示。command ID 以 CommandInteger 最末尾的 3 个比特位表示，即从 0 到 7。command count 以 CommandInteger 剩下的 29 个比特位表示，即 0 到 pow（2，29）–1。

command ID、command count 和 CommandInteger 三者可以通过以下位运算相互转换。

CommandInteger = (id & 0 × 7) | (count << 3)

id = CommandInteger & 0 × 7

count = CommandInteger >> 3

每个 command ID 为表 4-1 指令中的一种。

表 4–1　MVT 的指令类型

指令	ID	参数	参数个数
MoveTo	1	dX, dY	2
LineTo	2	dX, dY	2
ClosePath	7	无参数	0

指令的所有参数紧跟在 ParameterInteger 之后。跟在 CommandInteger 之后的 ParameterInteger 个数等于指令所需要参数的个数乘以指令执行的次数。例如，一条指示 MoveTo 指令执行 3 次的 CommandInteger 之后会跟随 6 个 ParameterInteger。

ParameterInteger由zigzag方式编码得到，以使小负数和正数都被编码为小整数。zigzag编码的出现是为了解决对负数编码效率低的问题，其原理非常简单，就是将有符号整数映射为无符号整数。在实现方式上，映射通过移位即可实现，而不需要使用映射表来存储。将参数值编码为ParameterInteger按以下公式转换：

```
ParameterInteger = (value << 1) ^ (value >> 31)
```

参数值不支持大于pow（2，31）–1或–1*（pow（2，31）–1）的数值。

以下公式用来将ParameterInteger解码为实际值：

```
value = ((ParameterInteger >> 1) ^ (-(ParameterInteger & 1)))
```

以下关于指令的描述中，游标的初始位置定义为坐标（cX，cY），其中cX指代游标在X轴上的位置，cY指代游标在Y轴上的位置。

MoveTo指令。n个MoveTo指令必须立即接上n对ParameterInteger。对于（dX, dY）参数：

- 定义坐标（pX, pY），其中pX = cX + dX和pY = cY + dY。
  对于点要素，这个坐标定义了一个新的点要素。
  对于线要素，这个坐标定义了一条新的线要素的起点。
  对于面要素，这个坐标定义了一个新环的起点。
- 将游标移至（pX, pY）。

LineTo指令。N个LineTo指令必须立即接上n对ParameterInteger。对于（dX, dY）参数：

- 定义一条以游标位置（cX, cY）为起点、（pX, pY）为终点的线段，其中pX = cX + dX和pY = cY + dY。
  对于线要素，这条线段延长了当前线要素。
  对于面要素，这条线段延长了当前环。
- 将游标移至（pX, pY）。

对于任意一对（dX, dY），dX 和 dY 必须不能同时为 0。

ClosePath 指令。每条 ClosePath 指令必须只能执行一次并且无附带参数。这条指令通过构造一条以游标（cX, cY）为起点、当前环的起点为终点的线段，闭合面要素的当前环。这条指令不改变游标的位置。

④几何类型

要素 geometry 字段的 type 取值必须是 GeomType 枚举值之一。支持的几何类型如下：

```
UNKNOWN
POINT
LINESTRINGs
POLYGON
```

不支持 GeometryCollection 类型。

a. Unknown 几何类型，可以用来编码试验性的几何类型。解码器可以选择忽略这种几何类型的要素。

b. Point 几何类型，用来表示单点或多点几何。每个点几何的指令序列必须包含一个 MoveTo 指令，并且该指令的 command count 大于 0。如果 POINT 几何的 MoveTo 指令的 command count 为 1，那么必须将其解析为单点，否则必须解析为多点，指令后面的每对 ParameterInteger 表示一个单点。

c. Linestring 几何类型，用来表示单线或多线几何。线几何的指令序列必须包含一个或多个下列序列：

一个 MoveTo 指令，其 command count 为 1；

一个 LineTo 指令，其 command count 大于 0。

如果 LINESTRING 的指令序列只包含 1 个 MoveTo 指令，那么必须将其解析为单线，否则必须将其解析为多线，其中的每个 MoveTo 指令开始构造一条新线几何。

d. Polygon 几何类型，表示面或多面几何，每个面有且只有一个外环和零个或多个内环。面几何的指令序列包含一个或多个下列序列：

一个 ExteriorRing；

零个或多个 InteriorRing。

每个 ExteriorRing 和 InteriorRing 必须包含以下序列：

一个 MoveTo 指令，其 command count 为 1；

一个 LineTo 指令，其 command count 大于 1；

一个 ClosePath 指令。

一个外环被定义为一个线性的环，以多边形的节点在瓦片坐标系下的坐标计算面积时，其面积为正。在瓦片坐标系下（X 向右为正，Y 向下为正），外环节点以顺时针旋转。

一个内环被定义为一个线性的环，以多边形的节点在瓦片坐标系下的坐标计算面积时，其面积为负。在瓦片坐标系下（X 向右为正，Y 向下为正），内环节点以逆时针旋转。

如果 POLYGON 的指令序列只包含一个外环，那么必须将其解析为单面，否则必须解析为多面几何，其中每个外环表示一个新面的开始。如果面几何包含内环，那么必须将其编码到所属的外环之后。

线性环必须不包含异常点，例如自相交或自相切。在 ClosePath 之前的坐标不应该与线性环的起始点坐标相同，因为会产生零长度的线段。线性环经过面积不应该为 0，因为这意味着环包含有异常点。

面几何必须不能有内环相交，并且内环必须被包围在外环之中。

⑤要素属性

要素属性被编码为 tag 字段中的一对整数。在每对 tag 中，第一个整数表示 key 在其所属的 layer 的 keys 列表的中索引号（以 0 开始）。第二个整数表示 value 在其所属的 layer 的 values 列表的中索引号（以 0 开始）。一个要素的所有 key 索引必须唯一，以保证要素中没有重复的属性项。每个要素的 tag 字段必须为偶数。要素中的 tag 字段包含的 key 索引号或 value 索引号必须不能大于或等于相应图层中 keys 或 values 列表中的元素数目。

参考材料

https://github.com/mapbox/vector-tile-spec

https://blog.csdn.net/qq_40985985/article/details/107693914

https://blog.csdn.net/terrychinaz/article/details/113736563

https://docs.mapbox.com/data/tilesets/guides/vector-tiles-introduction/

https://www.shuzhiduo.com/A/l1dybE4Vze/

4.3　三维空间数据缓存

4.3.1　基本原理

类似于二维瓦片缓存，三维空间数据缓存也是按树形结构组织的层次模型，不同的是二维瓦片缓存是对二维空间进行划分，三维空间数据缓存是对三维空间进行划分。常见的三维空间划分算法有 K-D 树、四叉树（QuadTrees）、八叉树（OcTrees）、格网（Grids）等。当一个三维空间被划分为多个子空间时，每个子空间都被存储为该空间节点的一个子节点，节点中会存储空间范围的要素信息，本节统称为三维瓦片。树形结构使得每个层级的瓦片自顶向下逐步精细，不同的缓存格式会采用不同的参数对数据的精细程度进行描述，目的是在三维场景渲染过程中快速判断出适合的瓦片层级。

此外，瓦片内数据的组织方式都会尽量以接近图形处理器（graphics processing unit，GPU）渲染的数据结构进行组织，避免渲染过程中因数据结构转换带来的性能损失。

综上，三维空间数据缓存对前端渲染性能的提升技术主要集中在两个方面：①树形结构对数据精细程度的控制；②三维瓦片数据尽量靠近 GPU 渲染格式的数据组织结构。

本节将以 3D-Tiles、I3S 和 S3M 三种当前应用得较为广泛的三维空间数据缓存格式进行详细说明。

4.3.2 3D-Tiles

简 介

Cesium 是一款面向三维地球和地图的世界级的 JavaScript 开源产品，隶属于 AGI（Analytical Graphics Incorporation）公司，该公司致力于时空数据业务。Cesium 提供了基于 JavaScript 语言的开发包，方便用户快速搭建一款零插件的虚拟地球 Web 应用，并在性能、精度、渲染质量以及多平台、易用性上都有高质量的保证。通过 Cesium 提供的 JS API，可以实现全球级别的高精度地形和影像服务、矢量以及模型数据可视化、基于时态的数据可视化以及对多种场景模式（3D，2.5D 及 2D 场景）的支持，实现真正的二三维一体化。

Cesium 于 1.35 版本推出了 3D-Tiles 规范，支持海量模型数据，包括倾斜摄影、BIM、点云等三维空间数据。

3D-Tiles 是一种开放的三维空间数据标准，其设计目的主要是为了提升大的三维场景中模型的加载和渲染速度，技术上采用分块、分级渲染的方式，将大数据量三维数据以分块、分层的形式组织起来，实现模型的按需加载和渲染，减轻浏览器和 GPU 的负担，从而实现流畅的三维模型浏览体验。3D-Tiles 是一个优秀的且内容公开的数据格式，主要特点如下。

①开放：3D-Tiles 是在 Cesium 开源实现的开放规范，长远目标是推广 3D-Tiles 能够被足够多的三维引擎及转换工具使用。

②优化传输、渲染：3D-Tiles 的主要目的是改进海量异构数据集的传输和渲染性能。3D-Tiles 的基础在于它是具有分层层次细节的空间数据结构，因此 3D-Tiles 仅传输可见的

瓦片，并且这些瓦片是给定三维视图中最重要的瓦片。3D-Tiles 类似于图形语言传输格式（Graphics Language Transmission Format，GLTF），从接收瓦片数据到 WebGL 渲染的流水线被简化得快速而简单，并且将客户端的处理最小化。为了减少 WebGL 绘制调用次数，可在运行中对切片进行预批处理或批处理。

③为 3D 而生：3D-Tiles 是彻底地为真三维而生，支持自由漫游相机，它不受诸如 2.5 维透视限制。3D-Tiles 不是依赖于如缩放层级的二维结构，它是通过几何误差和可调像素误差来选择 LOD 层级。因此它允许调整性能 / 可视化质量，并在同一视图中构建多个“缩放层级”。3D-Tiles 的包围盒是三维的，而非二维地图范围。二维切片方案通常基于 Web 墨卡托投影，但对三维而言，Web 墨卡托投影并不是理想的投影方式，因为其极点投射到无穷远，并且 NGA 也不推荐 Web 墨卡托投影用于美国国防部（United States Department of Defense，DoD) 国防应用。相比之下，3D-Tiles 的切片方案在三个维度上都是自适应的，它取决于数据集中的模型及其分布情况。诸如多边形、折线的传统地理空间特征，它们能够被拉伸或在表面绘制。不同于点、线、面，3D-Tiles 是兼顾网格、材质与节点层级的完整三维模型。

④交互：3D-Tiles 支持交互选择与风格化。即便使用如批处理的 WebGL 优化，3D-Tiles 也允许单独的模块交互，例如鼠标悬停时模型高亮，或删除一个建筑模型。瓦片可以包含每个模型的元数据，使其能够进行其他交互，如通过建筑编号（ID）来查询第三方网络（Web）服务。

⑤风格化：各个模型的元数据（如建筑高度或建造年份）无需编写代码即可在运行时渲染。样式可以在运行中更改。

⑥自适应：如在瓦片地图服务（Tile Map Service，TMS）中使用传统的四叉树剖分，此剖分对于地图瓦片与二维是足够的，但对三维以及非均匀分布的数据集，四叉树剖分是次优的方式。3D-Tiles 在三维中能够自适应空间剖分，包括 K-D 树、四叉树、八叉树、格网和其他空间数据结构。代替刚性空间剖分，转换工具可以自适应地剖分数据集，例如基于每个模型的渲染成本和模型分布进行剖分，从而产生平衡的数据结构。Cesium 这样的运行时引擎是通用的，并支持所有的剖分技术。

⑦灵活多变：使用传统的二维地图切片，当用户放大时，可见地图瓦片被更高分辨率的瓦片代替，这称之为“细化”。在某种意义上，相同内容的子集以更高分辨率被再次下载，这称之为“替代细化”，对于影像切片及三维地形，替代细化是合理的解决方案。然而，对于如建筑物和点云的其他三维数据集，还需要更灵活的细化方式。例如，当用户放大时，代替本质上多次下载相同建筑物模型的方式，3D-Tiles 仅传输新的建筑物模型，这称之为“添加细化”。添加细化的方式具有额外好处，即子瓦片可以在下载时被渲染，而替代

细化方式需要首先下载父切片下的所有子切片。3D-Tiles 支持替代细化和添加细化方式。

⑧异构：由于目前还没有一个能够适用于所有三维数据集的格式，因此 3D-Tiles 是异构的。对比实例化模型（如树木），批量建模模型（如建筑物）需要不同的表示，同样对比点云数据及其他模型，它的表示也不相同。3D-Tiles 支持异构数据集，它能够自适应剖分、灵活细化，并且它是一组可扩展的切片格式。3D-Tiles 的异构性质允许将离散细节层次与分层层次细节（HLOD）相结合，例如，在某一 LOD 层级，建筑物可能是一个广告牌和商标；在更高 LOD 层级，它可能是拉伸足迹（extruded footprint）；在下一 LOD 层级，它是三维模型；在 LOD 最精细层，它是一个具有纹理的三维模型。

文件内容

（1）瓦片的树形组织结构

3D-Tiles 中，瓦片集是用树形空间数据结构组织的瓦片集合。每个瓦片都有一个包围体完全包围它的内容（content）。

树具有空间相干性，子瓦片的内容完全包含在父瓦片的包围体内。为了满足灵活性的需求，树可以是任何具有空间相干性的空间数据结构，包括 K-D 树、四叉树（QuadTrees）、八叉树（OcTrees）、格网（Grids）等。

为了使各种各样数据集（从规则分割的地形，到不沿经纬线对齐的城市，到任意点云）的包围体紧凑，包围体可以是有向包围盒、包围球，或者最大最小经纬度和高程定义的地理区域。

一个瓦片代表一个要素或一个要素集，例如，以建筑物、绿化为代表的 3D 模型，点云中的点，以及向量数据集中的点、多边形、折线。这些要素可能被批处理成单个要素，以便减少客户端加载时间和 WebGL 绘制调用的开销。

（2）瓦片元数据

每个瓦片的元数据并不是实际的内容数据，元数据定义在 JSON 文件中。例如：

```
{
  "boundingVolume" : {
    "region" : [
      -1.2419052957251926,
      0.7395016240301894,
      -1.2415404171917719,
      0.7396563300150859,
```

```
          0,
          20.4
        ]
      },
      "geometricError" : 43.88464075650763,
      "refine" : "ADD" ,
      "content" : {
        "boundingVolume" : {
          "region" : [
          -1.2418882438584018,
          0.7395016240301894,
          -1.2415422846940714,
          0.7396461198389616,
          0,
          19.4
          ]
        },
        "url" : "2/0/0.b3dm"
      },
      "children" : [...]
}
```

boundingVolume.region 属性是 6 个数的数组，定义了 WGS84/EPSG:4326 坐标系下的包围地域，数组顺序是 [西经，南纬，东经，北纬，最小高程，最大高程]。经纬度单位是弧度，高程单位是米（高于或低于 WGS84 椭球体）。除了 region，也可以用 box、sphere 属性。

geometricError 属性是一个非负数字，定义了一个以米为单位的误差，如果当前瓦片被渲染而它的子瓦片不被渲染，则引入这个误差。在三维场景中，需要设置模型空间误差的阈值，当模型显示误差超过这个阈值时，就需要加载更精细的模型。阈值的设置需要在模型的精度和渲染速度上寻求一个最佳的平衡点。

可选属性 ViewerRequestVolume，当观察点在 ViewerRequestVolume 内时，瓦片才会显

示。所以该属性的作用是，对每个瓦片的可见性又做了一个精细化的控制，更有利于用户精确控制瓦片的可见性。

refine 属性是这两个字符串之一："REPLACE"（置换模式，比如用精细层瓦片内容直接置换粗糙层瓦片），"ADD"（添加模式，即保留原瓦片内容，追加新的瓦片内容）。这个属性对于瓦片集的根瓦片是必需的，对其他瓦片是可选的。当省略 refine 属性时，从父瓦片继承。

transform 可选属性是一个以列主序存储的 4×4 矩阵，通过此属性，瓦片的坐标就可以是自己的局部坐标系内的坐标，最后通过自己的 transform 矩阵变换到父节点的坐标系中。transform 会对以下属性的数据进行变换：

① tile.content：（这个字段实际是瓦片数据的具体存放位置字段，下面有介绍）tranform 矩阵会应用到 content 中的每个 feature 的位置坐标、法向量（实际上只有在进行缩放旋转变换时，法向量才需要变换，故只需要应用 4×4 矩阵左上角的 3×3 矩阵对法向量进行变化即可，具体过程可以参见图形学的相关介绍）；

② tile.boudingVolume：包围体，除非包围体是以 region 定义的，因为 region 是明确在 EPSG:4979 坐标系的；

③ tile.viewerRequestVolume：观察者请求体，和包围体一样，region 定义的除外。

当 transform 未定义时，其默认是一个单位矩阵。

对瓦片的变化是一个从上到下的多个变换的级联变换过程，这个很容易理解，因为 LOD 是一个树的结构，所以叶子节点的变换就是从根节点到下一个矩阵级联变换的过程。

content 属性是一个对象，包含关于瓦片内容的元数据和一个到瓦片的连接。content.url 是一个字符串，指向瓦片数据，连接可以是绝对或相对 url。例子中的 url：2/0/0.b3dm 是瓦片地图服务（TMS）命名规则：{z}/{y}/{x}.extension。

url 可以是另外一个 tileset.json 文件，用来链接瓦片集的子瓦片集。

content.url 的文件扩展名不是必需的。content 的瓦片格式（[.b3dm], [.i3dm], [.pnts], [.vctr], [.cmpt]）可以通过在其 header 处的 magic 字段进行判断，或者如果是 JSON 文件就作为外部瓦片集对待。

content.boundingVolume 属性定义一个可选的包围体属性，类似顶层的 boundingVolume 属性。不同的是，它是一个紧凑的包围体，仅仅包含瓦片内容。它用来做置换细化，boundingVolume 提供空间相干性，content.boundingVolume 允许紧凑视锥体筛选。

children 属性，因为 3D-Tiles 是以树结构组织的，每个瓦片（叶子节点除外）还有其孩子节点，孩子节点就存储在 children 数组中，数组中每个元素仍然是 tile 对象，这样就形成了一种递归定义的树结构，叶子节点的 children 的元素个数为 0。需要注意的是，孩子节点的 boudingVolume 必须被父节点的 boudingVolume 包含，孩子节点的 geometricError 必须要比父节点的小，因为越接近叶子节点，模型越精细，所以其与原模型的几何误差越小。

（3）瓦片数据文件

在 3D-Tiles 1.0 版本的规范中，瓦片所引用的二进制的瓦片数据文件有四种类型，见表 4-2。

表 4-2　3D-Tiles 中瓦片数据的文件类型

类型	英文名称	文件后缀名
批量三维模型	Batch 3D Model	b3dm
实例三维模型	Batch	i3dm
点云	PointCloud	pnts
复合模型	Component	cmpt

每种类型可以表达的实际数据类型如表 4-3 所示。

表 4-3　3D-Tiles 文件类型与实际类型的对应关系

瓦片类型	对应实际数据
b3dm	传统三维建模数据、BIM 数据、倾斜摄影数据
i3dm	一个模型多次渲染的数据，如灯塔、树木、椅子等
pnts	点云数据
cmpt	前三种数据的复合（允许一个 cmpt 文件内嵌多个其他类型的瓦片）

参考材料

https://blog.csdn.net/u011295947/article/details/75003544

https://www.cnblogs.com/onsummer/p/12799366.html

https://zhuanlan.zhihu.com/p/389652357

https://blog.csdn.net/qq_31709249/article/details/102615931

4.3.3　I3S

简　介

I3S（Indexed 3D Scene Layer）是 ESRI 发起的开放标准格式，用于流式传输具有大数据量、多种类型空间数据集的三维内容。三维内容可包含离散的三维模型、密集格网（倾斜摄影测量建模成果，3D Mesh）、三维矢量点、点云以及其他内容。

I3S 支持非常大的数据集的存储和传输，大到可包含数百万个具有属性对象的离散三维模型或覆盖数千平方千米的倾斜摄影测量建模成果。I3S 的特点：

①为三维数据专门设计。I3S 专门设计用于支持三维地理空间的内容，并支持必要的坐标系统、高度模型以及丰富的图层类型。

②为 Web、移动和云专门设计。I3S 在底层设计时就考虑到友好地支持 Web、移动和云。I3S 基于 JSON、REST 以及最新的 Web 标准，可高效地在 Web 和移动端解析和呈现。流式处理大数据量三维数据集的设计旨在实现在 Web 和移动端的高性能和高可扩展性。

③多种类型的三维数据支持。I3S 标准的数据格式（SPK/SLPK）具备声明性和可扩展性，并已经用于不同类型的三维数据：离散三维模型（3D Objects），主要指独立建模物、建筑构造物；密集格网（Integrated Meshes），主要指倾斜摄影测量建模成果；点（Points），主要指城市小品如行道树、城市道路设施等；点云（Point Clouds），主要指 Las 数据集。未来进一步支持的数据类型，包括，线（Lines），如道路、管线等；面（Polygons），如森林覆盖等。

文件内容

（1）树形结构

I3S 同样使用树形结构组织数据，同时支持规则四叉树或者 R 树组织。每个树节点代表的地理数据的范围，由外包围球（mbs）或外包围盒（obb）表示。官方推荐使用外包围盒表示范围（类似于二维的外包矩形），点云数据仅支持外包围盒。

在树形结构中，I3S 采用“节点（Node）”的概念来表达瓦片，组织这些节点的结构叫做“节点页（NodePage）”。

（2）节点构成

节点由两个部分构成：要素和节点资源，即：Node = Feature + NodeResources。

要素的概念和二维上的要素是一样的，都表示一个地理实体，比如一栋建筑；节点资源，包括要素的几何数据、属性数据以及三维数据中的材质纹理信息。即：NodeResources = Geometry + Attribute + Texture。

注意：并不是所有的节点都包括这三种资源。而 3D 模型类型的地理数据和建筑数据均包括这三种资源：

Geometry：几何数据在不同版本的 I3S（社区版本）有不同的表达。在 1.7 版本中，

3D 模型和表面模型几何数据用 draco 压缩格式的二进制文件存储。在构造三角面时，顺序为逆时针方向。

Attribute：同一个要素的几何数据和属性数据分别存储在两个不同的二进制文件中，属性数据的顺序和几何数据的顺序保持一致。

Texture：纹理就是指纹理图像文件，被存储为二进制文件。

（3）I3S 中的统计数据

统计数据可以用来在前端进行快速可视化，避免读取所有的数据。比如，要用唯一值进行制图，可以从预先存储的唯一值列表中获取，避免遍历节点的属性数据进行统计。

（4）坐标系和高程

I3S 使用 WKT 来指定坐标系统。使用 WKT1 或者 WKT2 均可。

全局 I3S 数据仅支持 WGS84 坐标系和中国国家 2000 坐标系，即仅支持地理坐标系，X 和 Y 代表十进制的经度、纬度；局部小场景支持任意坐标系统。因此，如果 WKID 不是 4326 或者 4490，那就被视作局部小场景 I3S 数据。1.5 版本添加了对高程坐标系的支持。

slpk数据格式

slpk（SceneLayer Package）是 I3S 的大文件 / 单文件格式，以 zip 压缩的方式存储，文件后缀名是 [.slpk]。slpk 内的 JSON 文件、二进制文件均使用 gzip 压缩；表示纹理材质的 png、jpg 文件不压缩。

slpk 中的主要 JSON 的类有如下几种。

① 3dSceneLayerInfo.json.gz：位于 slpk 压缩包内的根目录，用于描述整个 slpk 的信息；可以人为继续往这个 JSON 里加属性，不影响已有属性的查询。

参见文档：https://github.com/Esri/i3s-spec/blob/master/docs/1.7/3DSceneLayer.cmn.md

② 3dNodeIndexDocument.json.gz：位于 slpk 压缩包内根目录下 nodes 文件夹下的每个顶点文件夹下，也存在 root 节点，1.7 版本为了兼容 1.6 版本保留了这个文件，1.7 版本改用 nodepages 来提高性能。

参见文档：https://github.com/Esri/i3s-spec/blob/master/docs/1.7/3DNodeIndexDocument.cmn.md

③节点页：slpk 压缩包根目录下的 nodepages 下的 *.json.gz（可能有多个）是节点页信息，用来描述整个 slpk 节点树形结构和每个节点的大致信息。

参见文档（node 的文档，因为节点页 JSON 就是节点 JSON 数组）：https://github.com/Esri/i3s-spec/blob/master/docs/1.7/node.cmn.md

④统计数据：slpk 压缩包根目录下的 statistics 目录下的每个字段文件夹（f_*）下的 0.json.gz 文件，用来描述这个字段的统计信息。

参见文档：https://github.com/Esri/i3s-spec/blob/master/docs/1.7/statsInfo.cmn.md

⑤要素数据：slpk 压缩包根目录下的 nodes 文件夹下的每个顶点文件夹下的 features 文件夹下的 *.json.gz 文件，描述的是要素的信息（要素包括几何数据和属性数据）。

参见文档：https://github.com/Esri/i3s-spec/blob/master/docs/1.7/featureData.cmn.md

⑥共享资源：1.7 版本兼容 1.6 版本的 JSON 文档，位于每个顶点文件夹下的 shared 文件夹下的 *.json.gz 文件。

参见文档：https://github.com/Esri/i3s-spec/blob/master/docs/1.7/sharedResource.cmn.md

参考材料

https://github.com/Esri/i3s-pec/blob/master/docs/1.7/sharedResource.cmn.md

https://zhuanlan.zhihu.com/p/102725862

http://zhihu.geoscene.cn/article/3434

4.3.4 S3M

简　介

S3M（Spatial 3D Model）定义了一种开放式可扩展的三维地理空间数据格式，由北京超图软件股份有限公司主导制定。S3M 对倾斜摄影模型、人工建模数据、BIM、点云、三维管线、二维 / 三维点线面等各类数据进行了整合，适用于海量、多源异构三维地理空间数据和 Web 环境下的传输与解析，为多源三维地理空间数据在不同终端（移动设备、浏览器、桌面电脑）地理信息平台中的存储、高效绘制、共享与互操作等问题提供解决方案。

S3M 数据格式的技术特点和优势如下：

- 支持表达多源地理空间数据：倾斜摄影模型、BIM、人工建模、激光点云、矢量、地下管线等多源数据。
- 具备海量数据高效绘制的能力：支持 LOD、批次绘制、实例化等，提升渲染性能。
- 具备单体化选择和查询能力：支持高效选择、支持批量修改对象颜色、批量修改对象可见性。
- 简洁易读：格式简洁，易解析，适用于 WebGL 等轻量级客户端。
- 高效传输：数据紧凑，以二进制形式保存，占用空间小，传输性能高。

- 快速载入显卡：数据结构尽可能跟 OpenGL 接口保持一致，减少加载时间，高性能，低消耗。
- 跨终端：可在任何终端独立使用，适用于 PC 端、Web 端、移动端，具有较好的兼容性。
- 扩展性强：支持扩展，允许增加一些多用途扩展或特定厂商的扩展。
- 完善的工具支撑：提供开源免费的 S3M 数据解析和转换工具，支持 3D-Tiles、OSGB 等格式与 S3M 格式相互转换（开源地址：https://github.com/Super Map/s3m-spec）。
- 完善的配套设施：完整的解决方案，成熟的可行性，强大的实用性。基于 S3M 形成了完整的 B/S 及 C/S 架构的三维 GIS 应用解决方案，从数据生成、服务器端发布到多种客户端加载应用等多个环节解决用户实际问题。

数据文件内容

S3M 规定了三维地理空间数据格式的逻辑结构及存储格式要求。逻辑结构主要方便使用者理解该格式的总体结构。S3M 采用树形结构对数据进行组织，自上而下逐步过渡到精细层。其主要组成文件包括：描述文件、属性文件、索引文件、数据文件。存储格式通俗易懂，规定了各类文件的存储形式及具体内容。

S3M 基于地理范围对三维地理空间数据按照瓦片方式进行组织。

（1）树形结构

TileTree（瓦片树）中所有的 Tile 构成树形逻辑结构，由 PagedLOD 描述父子关系，自上而下由粗糙层逐步过渡到精细层。树形结构可以是四叉树、八叉树、K-D 树、R 树等，现以四叉树为例，其划分结构见图 4-1。

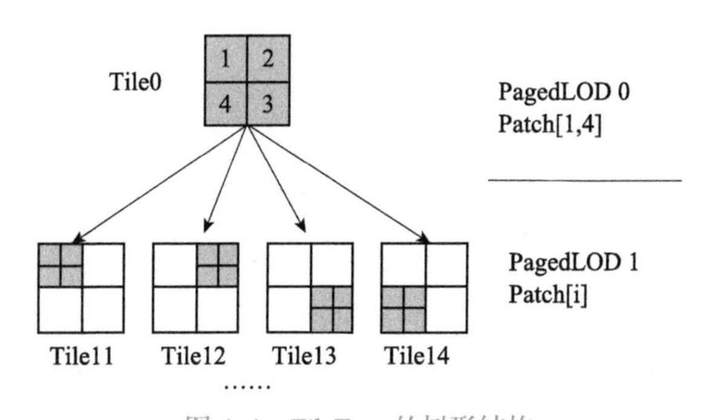

图 4-1 TileTree 的树形结构

S3M 的树形结构中，每个 LOD 层级用 PagedLOD 表示，标识了该 Tile 在 TileTree 中所处的 LOD 层级。

每个 PagedLOD 在树形结构的横向上又有一个或多个划分，每个划分用 Patch 表示。每个 Patch 有零个或一个父 Patch，有零个或多个子 Patch，每个子 Patch 是父 Patch 的一个空间划分；Patch 的父子关系构建成树形结构。

每个 Patch 由零个或多个数据包构成，用 Geode 表示；每个 Geode 包含一个或多个实体对象（ModelEntity），并且有一个矩阵作用于 Geode 中所有的骨架对象。

ModelEntity 分为 Skeleton、Material、Texture 三种实体类型，分别对应骨架、材质、纹理三种实体对象；Geode 记录了数据包包含的实体对象的名字，从而实现同一个实体对象可以被不同 Geode 引用。

相关对象的 UML 图见图 4-2。

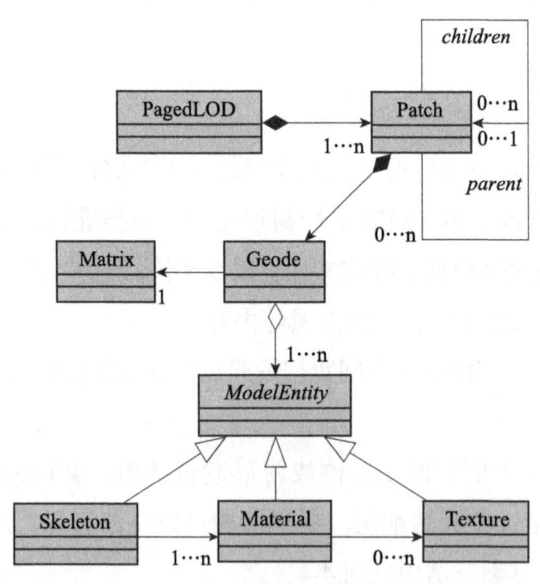

图 4-2　S3M 树形结构 UML 图

（2）数据的逻辑组织结构

对指定地理范围内的三维地理空间数据进行空间划分，每个空间划分对应一个采用树结构进行组织的瓦片集合，用 TileTree 对象表示；IndexTree 是其树结构的索引信息；TileTree 可以有属性数据 AttributeData，记录 TileTree 中各对象的属性数据。

每个 TileTree 自上而下逐步细分，每个空间划分对应一个瓦片，用 Tile 对象表示。

TileTreeSet 是指定地理范围内所有 TileTree 的集合；TileTreeSetInfo 是其描述信息，是对数据的整体描述；TileTreeSet 如果是基于点、线、面或模型数据集进行构建，则可以有 AttributeInfos，表示每个数据集的属性描述信息。

对象之间的关系见图 4-3。

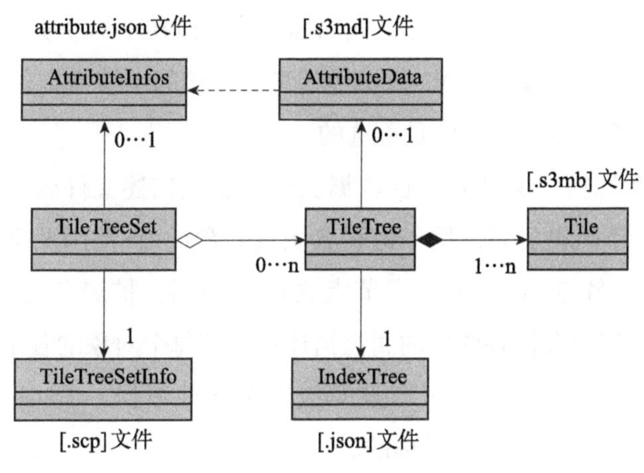

图 4-3　S3M 瓦片数据组织 UML 图

（3）数据的文件组织

S3M 组成文件主要包括：描述文件、索引树文件、数据文件、属性文件。各对象存储的文件组织形式见表 4-4。

表 4-4　S3M 对象存储的文件组织形式

对象	存储形式	文件类型	描述
TileTreeSet	多个文件夹	数据文件夹	所有 TileTree 的文件夹数据集合
TileTreeSetInfo	[.scp] 文件	描述文件	整个数据的描述信息 文件名可自定义，扩展名限定为 [.scp]
AttributeInfos	attribute.json	属性描述文件	TileTreeSet 中各数据集属性描述信息 文件全名限定为“attribute.json”
TileTree	文件夹	数据文件夹	存放瓦片范围内所有数据
AttributeData	[.s3md] 文件	属性数据文件	该 Tile 下所有对象的属性数据 文件名限定为该切片根节点名，扩展名限定为 [.s3md]
IndexTree	[.json] 文件	索引树文件	该 Tile 下所有 PagedLOD 信息 文件名限定为该切片根节点名，扩展名限定为 [.json]
Tile	[.s3mb] 文件	数据文件	一个 S3MB 文件存储了该 LOD 层一个空间划分的数据 文件名可自定义，扩展名限定为 [.s3mb]

描述文件 [.scp] 和数据文件夹是基础组成部分；描述文件包含每个 TileTree 的索引树文件 [.json] 路径名。

索引树文件是对该瓦片数据的树形结构的描述，可以在不加载实际数据的情况下获取每层的每个瓦片文件的包围盒、LOD 的切换信息、挂接的子节点文件等，主要作用是加速瓦片文件检索的效率。索引树文件是可选的。

属性文件包括属性描述文件和属性数据文件。属性描述文件名规定为 attribute.json，与描述文件 [.scp] 处于同级目录，用于描述各图层对象的 ID 范围及字段信息，采用 json 格式；属性数据文件名与 TileTree 的根节点文件名相同，扩展名为 [.s3md]（Spatial 3D Model Description），用于存储各图层的属性描述信息和每个对象的各个属性值，采用 json 文件存储，并进行 zip 压缩；一个根节点对应一个属性数据 [.s3md] 文件，与数据文件 [.s3mb] 处于同级目录。属性文件是可选的。

数据文件是数据的主要组成部分，由 [.s3mb]（Spatial 3D Model Binary）文件组成；一个 PatchLOD 的数据对应存储为一个 [.s3mb] 文件。

参考材料

T/CAGIS 1—2019《空间三维模型数据格式》

4.4 瓦片数据存储

4.4.1 MBTiles

简 介

MBTiles 利用 SQLite 数据库存储瓦片数据，并提供一种规范，使得数百万个瓦片数据可以存储在一个文件中。

SQLite 和其他数据库之间的区别是：每个 SQLite 数据库只包含一个数据库文件，且没有外部权限系统、数据库后台进程及配置等限制；每个数据库文件是一份独立的数据库文件，方便数据的拷贝和共享；此外，SQLite 数据库支持多种平台。

因此，相对于瓦片数据的散列文件存储方式，MBTiles 单个文件比较容易迁移，适合作为移动设备上瓦片数据的存储格式，且通过数据库字段索引技术能够提高海量瓦片的搜索效率。

MBTiles 具备以下特点：

①瓦片编号遵循 TMS 规范，原点坐标为左下角，向北、向东增长；

②只支持 Web Mercator 投影（EPSG：3857 或 EPSG：900913）；

③通过建立视图，减少重复瓦片的存储，减少数据大小；

④后缀名为 [.mbtiles]，可以通过通用的 SQLite 数据库工具查看数据库对象，也可通过 GIS 软件（如 QGIS、GlobalMapper）查看可视化效果。

文件内容

MBTiles 的地图瓦片通过 metadata 元数据表、tiles 表或视图管理地图瓦片数据。MBTiles 中表格文本列中的所有文本必须编码为 UTF-8。

（1）metadata 元数据表

数据库必须包含名为 metadata 的表或视图。创建元数据表的 SQL 语句如下：

```
CREATE TABLE metadata (name text, value text);
```

元数据表以键 / 值对的形式存储基本设置信息。它必须包含以下两行：

① name（string 类型）：瓦片集的可读名称；

② format（string 类型）：瓦片数据的文件格式，包括 pbf、jpg、png、webp 或其他格式的 IETF 媒体类型。其中，pbf 是指 MVT 的 gzip 压缩矢量瓦片数据格式。

元数据表应包含以下四行：

① bounds：表示渲染贴图区域的最大范围，以逗号作为分隔符的数字字符串。bounds 代表的矩形区域必须涵盖所有缩放级别所覆盖的范围。边界表示为 WGS 84 坐标系下的纬度值和经度值，采用 OpenLayers 的边界格式，即（left, bottom, right, top）的形式。例如，整个地球减去极点的界限为：–180.0，–85，180,85；

② center：地图默认视图的经度、纬度和缩放级别，以逗号作为分隔符的数字串。示例：–122.1906，37.7599，11；

③ minzoom（number 类型）：瓦片集中数据的最小缩放级别；

④ maxzoom（number 类型）：瓦片集中数据的最大缩放级别。

元数据表可能包含以下四行：

① attribution（HTMLstring 类型）：一个属性字符串，用于解释地图的数据源、样式等信息；

② description（string 类型）：瓦片集的内容描述；

③ type（string 类型）：覆盖层或基层；

④ version（number 类型）：瓦片集的版本。这是指瓦片集数据本身的修订版号，而不是 MBTiles 规范的版本号。

如果格式为 pbf，元数据表必须包含以下行：

json（json 字符串类型）：列出 MVT 瓦片中出现的图层，以及这些图层中出现的属性名称和数据类型。详见本节第（4）小节。

元数据表可能包含用于实现基于 UTFGrid 的交互或用于其他目的的瓦片数据的附加行。详见本节第（3）小节。

（2）tiles 表 / 视图

数据库必须包含名为 tiles 的表或视图。该对象必须包含三列 integer 类型，分别命名为 zoom_level、tile_column、tile_row，以及一列 blob 类型，命名为 tile_data。

① tiles 表

tiles 可以对应数据库的一张表格，创建 tiles 表的 SQL 语句如下：

```
CREATE TABLE tiles (zoom_level integer, tile_column integer, tile_row integer, tile_data blob);
```

同时需要为 tiles 表创建联合索引，以提升查询效率，创建索引的 SQL 语句如下：

```
CREATE UNIQUE INDEX tile_index on tiles (zoom_level, tile_column, tile_row);
```

tiles 表的每一行存储一个瓦片，包括瓦片的位置和值。zoom_level、tile_column 和 tile_row 列必须按照 TMS 规范（参见 https://wiki.osgeo.org/wiki/Tile_Map_Service_Specification）对 tile 的位置进行编码，但必须使用全局墨卡托（也称为球形墨卡托）配置文件。

请注意，在 TMS 的瓦片编码方案（Z/X/Y）中，Y 轴与 URL 中常用的坐标系相反，以编号为 11/327/791 的瓦片为例，对应 MBTiles 的 zoom_level=11、tile_column=327 和 tile_row=1256，因为 $1256=2^{11}-1-791$。

tile_data 采用 blob 字段存储瓦片的实际内容，根据瓦片集的 format，可以是原始二进制图像（png、jpg 图片数据）或 MVT 数据。

② tiles 视图

有些特殊情况，例如地图覆盖大面积的纯蓝色像海洋或空的土地，造成成千上万的重复、冗余的瓦片数据，比如：4/2/8 的瓦片在太平洋中间，可能看起来就是一张蓝色图片。虽然它可能是一些处于第 3 级的，但在 16 级可能存在数以百万计的蓝色图片，他们都完全一样。

MBTiles 通过视图使用这些冗余瓦片数据可以减少占用的存储空间，MBTiles 实现者通常把瓦片表分成两种：一个用来存储原始图像，一个存储瓦片坐标对应的图片，SQL 语句如下：

```
CREATE TABLE images (tile_data BLOB, tile_id TEXT);
CREATE TABLE map (zoom_level INTEGER, tile_column INTEGER, tile_row INTEGER, tile_id TEXT);
```

tiles 对应的是这两个表的视图：

```
CREATE VIEW tiles AS SELECT
        map.zoom_level AS zoom_level,
        map.tile_column AS tile_column,
        map.tile_row AS tile_row,
        images.tile_data AS tile_data
FROM map JOIN images ON images.tile_id = map.tile_id;
```

这样成千上万的瓦片索引就可以指向同一个瓦片图像，从而大大减少纯色瓦片的冗余存储，提升磁盘利用率以及瓦片检索效率。使用这种技术，MBTiles 可以比普通文件系统存储更高效，有时可以提高 60% 或更多。

（3）grids 网格

有关网格和交互元数据本身的实现细节，请参见 UTFGrid 规范（https://github.com/mapbox/utfgrid-spec），MBTiles 只涉及存储。

与 grids 数据相关的表格为 grids 和 grid_data。

grids 表必须包含三列 integer 类型，字段名为 zoom_level、tile_column 和 tile_row，以及一列 blob 类型，字段名为 grid。创建 grids 表的 SQL 语句如下：

```
CREATE TABLE grids (zoom_level integer, tile_column integer, tile_row integer, grid blob);
```

grid_data 表必须包含三列 integer 类型，字段名分别为 zoom_level、tile_column 和 tile_row，以及两列 text 类型，字段名分别为 key_name 和 key_json。创建 grid_data 表的 SQL 语句如下：

```
CREATE TABLE grid_data (zoom_level integer, tile_column integer, tile_row integer, key_name text, key_json text);
```

grids 表（如果存在）必须包含以 gzip 格式压缩的 UTFGrid 数据。

grid_data 表（如果存在）必须包含从网格键到网格值的映射，网格值编码为 JSON 对象。

（4）MVT 元数据

如前第（1）条所述，如果存储 MVT 瓦片集，则必须在元数据表中包含一个 name 为“json”的行，对应的值用于描述 MVT 瓦片集中的图层信息以及各图层中对象的属性和类型，即 MVT 的元数据。

① MVT 的元数据描述

a. 必须是以 UTF-8 字符串表示的 JSON 对象。

b. 必须包含 vector_layers 键，其值是 JSON 对象数组，数组中每个 JSON 对象代表一个图层。

每个图层必须包含的键值对有：

id（string 类型）：图层 id，在 MVT 中图层的名称；

fields（object 类型）：JSON 对象，其键和值是该层中可用属性的名称和类型。每种类型都必须是字符串“Number”“Boolean”或“String”。

每个图层可能包含的键值对有：

description（string 类型）：图层的描述信息；

minzoom（number 类型）：图层的最小瓦片层级；

maxzoom（number 类型）：图层的最大瓦片层级；

（maxzoom 必须大于或等于 minzoom，minzoom 必须小于或等于 maxzoom）

minzoom 和 maxzoom 键值对主要用于描述在同一瓦片集的不同缩放级别中出现不同矢量层集的情况，如“次要道路”层仅在高缩放级别出现的情况。

c. 可能包含 tilestats 键，其值是 mapbox geostats 存储库中记录的“geostats”格式的对象（参见：https://github.com/mapbox/mapbox-geostats#output-the-stats）。与 vector_layers 键一样，它也列出了图层和在每个层中的属性，同时还列出了每个属性的样本值和数值属性的值范围。

② MVT 的元数据示例

包含 TIGER 的美国各县和主要道路的矢量 tileset 元数据表示例如表 4-5 所示。

表 4-5 矢量 tileset 元数据表示例

name（text）	Value（text）
name	TIGER 2016

续表

name（text）	Value（text）
format	pbf
bounds	–179.231086,–14.601813,179.859681,71.441059
center	–84.375000,36.466030,5
minzoom	0
maxzoom	5
attribution	United States Census
description	US Census counties and primary roads
type	overlay
version	2

json	{
	"vector_layers" : [
	{
	"id" : "tl_2016_us_county" ,
	"description" : "Census counties" ,
	"minzoom" : 0,
	"maxzoom" : 5,
	"fields" : {
	"ALAND" : "Number" ,
	"AWATER" : "Number" ,
	"GEOID" : "String" ,
	"MTFCC" : "String" ,
	"NAME" : "String"
	}
	},
	{
	"id" : "tl_2016_us_primaryroads" ,
	"description" : "Census primary roads" ,
	"minzoom" : 0,
	"maxzoom" : 5,
	"fields" : {
	"FULLNAME" : "String" ,
	"LINEARID" : "String" ,

续表

name（text）	Value（text）

json	"MTFCC"："String"，
	"RTTYP"："String"
	}
	}
	],
	"tilestats"：{
	"layerCount"：2,
	"layers"：[
	{
	"layer"："tl_2016_us_county"，
	"count"：3233,
	"geometry"："Polygon"，
	"attributeCount"：5,
	"attributes"：[
	{
	"attribute"："ALAND"，
	"count"：6,
	"type"："number"，
	"values"：[
	1000508839,
	1001065264,
	1001787870,
	1002071716,
	1002509543,
	1003451714
	],
	"min"：82093,
	"max"：376825063576
	},
	{
	"attribute"："AWATER"，
	"count"：6,
	"type"："number"，
	"values"：[

续表

name（text）	Value（text）
json	0, 100091246, 10017651, 100334057, 10040117, 1004128585], “min”：0, “max”：25190628850 }, { “attribute”：“GEOID”， “count”：6, “type”：“string”， “values”：[“01001”， “01003”， “01005”， “01007”， “01009”， “01011”] }, { “attribute”：“MTFCC”， “count”：1, “type”：“string”， “values”：[“G4020”] }, { “attribute”：“NAME”，

续表

name（text）	Value（text）

json	"count" : 6,
	"type" : "string" ,
	"values" : [
	"Abbeville" ,
	"Acadia" ,
	"Accomack" ,
	"Ada" ,
	"Adair" ,
	"Adams"
	]
	}
	]
	},
	{
	"layer" : "tl_2016_us_primaryroads" ,
	"count" : 12509,
	"geometry" : "LineString" ,
	"attributeCount" : 4,
	"attributes" : [
	{
	"attribute" : "FULLNAME" ,
	"count" : 6,
	"type" : "string" ,
	"values" : [
	"1- 80" ,
	"10" ,
	"10-Hov Fwy" ,
	"12th St" ,
	"14 Th St" ,
	"17th St NE"
	]
	},
	{

续表

name（text）	Value（text）

json	"attribute"："LINEARID"，
	"count"：6,
	"type"："string"，
	"values"：[
	"1101000363000"，
	"1101000363004"，
	"1101019172643"，
	"1101019172644"，
	"1101019172674"，
	"1101019172675"
	]
	},
	{
	"attribute"："MTFCC"，
	"count"：1,
	"type"："string"，
	"values"：[
	"S1100"
	]
	},
	{
	"attribute"："RTTYP"，
	"count"：6,
	"type"："string"，
	"values"：[
	"C"，
	"I"，
	"M"，
	"O"，
	"S"，
	"U"
	]
	}
	}

续表

name（text）	Value（text）
json	] }] }

参考材料

https://github.com/mapbox/mbtiles-spec/blob/master/1.3/spec.md

https://www.cnblogs.com/rainbow70626/p/8278727.html

4.4.2 MongoDB

简　介

如前所述，MBTiles 采用单文件存储方式，可以满足海量瓦片数据的跨平台、跨应用环境的高效拷贝、分发、共享及快速检索。但基于 SQLite 的单文件存储能力有限，且无法满足高并发访问的需求。因此，针对超大瓦片数据的高效存储和访问，通常会采用分布式 key-value 数据库存储，目前尚未有特定的开放存储格式，但大致思路与 MBTiles 类似，采用元数据表 + 瓦片数据表的形式存储。

本节以 S3M 瓦片数据在 MongoDB 中的存储为例，进行简要说明。

文件内容

（1）逻辑结构

S3M的[.scp]文件对应一个Tileset，Tileset包含元数据信息和一个实体数据表，见图4-4。

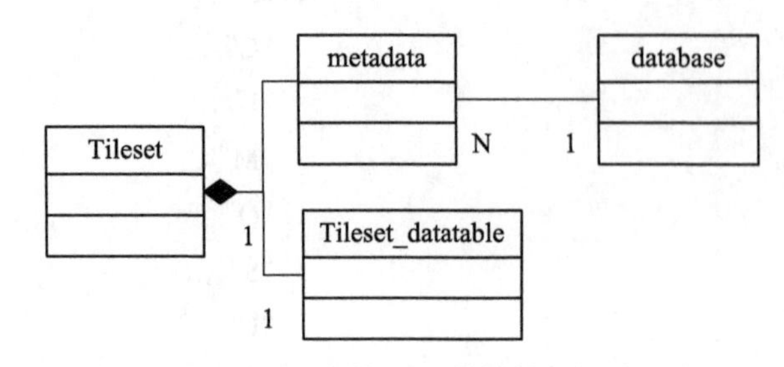

图 4–4　MongoDB 存储 S3M 数据的逻辑关系描述

其中，元数据 metadata 包含的内容如图 4-5 所示。

（2）存储结构

①元数据表 metadatas_osgb

表格名称固定为：metadatas_osgb，该表格用于存储各 Tileset 的 metadata；采用列存储方式，方便后续扩展存储结构。如表 4-6 所示。

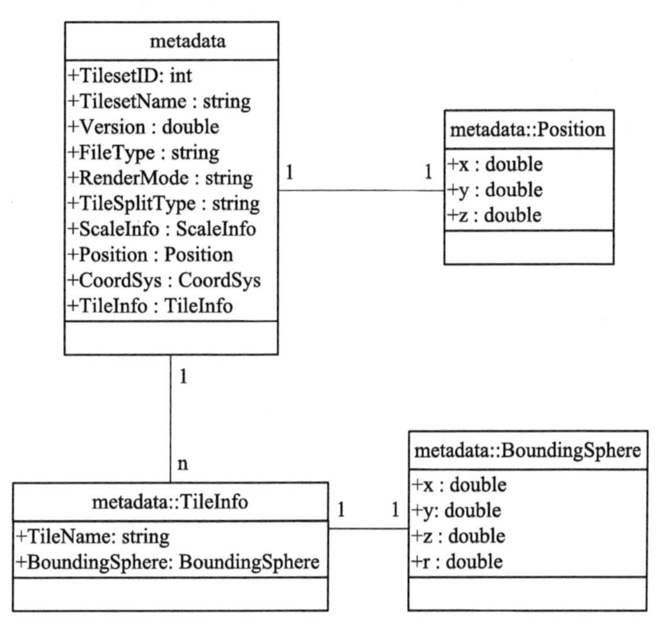

图 4–5　S3M 元数据结构描述

表 4–6　MongoDB 中 metadatas_osgb 表结构

字段名	字段类型	含义	默认值	必须 / 可选
ID	int	一个 Tileset 的唯一标识	/	必须
Name	string	元数据的描述名称	/	必须
Value	variable	元数据的值	/	必须

Name 列描述名称包括（参见图 4-5）：TilesetID、TilesetName、Version、FileType、RenderMode、TileSplitType、ScaleInfo、Position、CoordSys、TileInfo。

通常需要为 metadatas_osgb 表格创建字段索引以加速查询，索引表达式为：{ ID:1}。

②瓦片数据表

瓦片数据表的命名规则是：Tileset_Name（强制规则），如：Name 为 jinjiang 的 Tileset 瓦片数据表名为 Tileset_jinjiang；索引表达式：{ Tileset_Key:1}。瓦片数据表结构如表 4-7 所示。

表 4-7 MongoDB 中瓦片数据表结构

字段名	字段类型	含义	默认值	必须 / 可选
Tileset_Key	Stirng	文件名称（含文件扩展名），作为 Key 值 文件扩展名可以是：s3mb、s3md、dat	/	必须
Tileset_Value	Binary	文件二进制数据	/	必须

第 5 章　结语与展望

GIS 领域，从数据库到大数据，再到 AI，每一次技术的变革几乎都是因为 IT 界的浪潮；另一方面，各类应用需求也推动着 GIS 向前发展，近几年兴起的三维 GIS 应用，就是典型的例证。在智慧城市、数字孪生等场景的推动下，出现了 BIM、CIM 与 GIS 的融合应用，打通相关领域的数据接入链，是应用融合的首要难题，本书介绍的三维相关数据格式正是基于此背景。

每种空间数据格式的产生都有 GIS 应用的时代背景，本书从空间数据的角度，结合 GIS 自身的需求与 IT 技术的发展，尽可能详尽地阐述 GIS 发展过程中与空间数据相关的技术，一方面总结了前人的工作成果，另一方面也希望为当前的 GIS 应用提供参考。